Konrad Lorenz

Über tierisches und menschliches Verhalten

Band II

SERIE PIPER
Band 361

Zu diesem Buch

Während die Aufsätze des ersten Bandes der Verhaltensstudien von Konrad Lorenz vor allem der subtilen Tierbeobachtung gewidmet sind, zieht der weltbekannte Verhaltensforscher im zweiten Band aus diesen Ergebnissen Folgerungen, die für das Verständnis des Menschen von grundlegender Bedeutung sind.

Der Autor beschreibt die in langer Evolution entstandenen angeborenen Schemata tierischen Verhaltens, erklärt Phänomene der menschlichen Erfahrung, Wahrnehmung und Erkenntnis, um daraus eine neue erkenntnistheoretische Einstellung zu entwickeln. Der Band zeigt in besonderem Maße, welchen entscheidenden Beitrag die Verhaltenslehre von Konrad Lorenz für eine neue Anthropologie leistet.

Konrad Lorenz, geboren am 7. November 1903 in Wien, Professor Dr. med. Dr. phil.; Studium der Medizin und Zoologie. 1940 o. Professor für vergleichende Psychologie in Königsberg. 1950 bis 1973 Direktor am Max-Planck-Institut für Verhaltensphysiologie in Buldern und später Seewiesen. Jetzt Leiter des »Konrad-Lorenz-Instituts« der Österreichischen Akademie der Wissenschaften. 1973 Nobelpreis für Medizin und Physiologie. Zahlreiche deutsche und ausländische Ehrungen und Auszeichnungen.

Veröffentlichungen im Piper Verlag u. a.: Die acht Todsünden der zivilisierten Menschheit, [19]1988 (SP 50); Die Rückseite des Spiegels. Versuch einer Naturgeschichte menschlichen Erkennens, [4]1983; Das Wirkungsgefüge der Natur und das Schicksal des Menschen. Gesammelte Arbeiten, hrsg. und eingel. von I. Eibl-Eibesfeldt, [5]1987 (SP 309); Das Jahr der Graugans, 1979; (mit Franz Kreuzer) Leben ist Lernen. Von Immanuel Kant zu Konrad Lorenz, [4]1988 (SP 223); Der Abbau des Menschlichen, 1983; Das sogenannte Böse. Zur Naturgeschichte der Aggression, 1984; Er redete mit dem Vieh, den Vögeln und den Fischen, 1985; So kam der Mensch auf den Hund, 1986.

Konrad Lorenz

Über tierisches und menschliches Verhalten

Aus dem Werdegang der Verhaltenslehre
Gesammelte Abhandlungen Band II

Piper
München Zürich

Mit 62 Zeichnungen von Hermann Kacher

Von Konrad Lorenz liegen in der Serie Piper außerdem vor:

Die acht Todsünden der zivilisierten Menschheit (50)
Leben ist Lernen (mit Franz Kreuzer) (223)
Das Wirkungsgefüge der Natur und das Schicksal des Menschen (309)
Die Zukunft ist offen (mit Karl R. Popper) (340)
Über tierisches und menschliches Verhalten I (360)
Der Abbau des Menschlichen (489)

ISBN 3-492-10361-8
Neuausgabe Oktober 1984
14. Auflage, 112.–114. Tausend Juni 1988
2. Auflage, 9.–11. Tausend dieser Ausgabe)

Umschlag: Federico Luci,
unter Verwendung eines Fotos von Sybille Kalas
Gesamtherstellung: Clausen & Bosse, Leck
Printed in Germany

Inhalt

Vorwort

Die Abhandlungen, die in dem vorliegenden Sammelband abgedruckt sind, wurden nach einem anderen Gesichtspunkt ausgewählt als die des ersten Bandes, der darauf abzielte, den Entwicklungsgang einer jungen Wissenschaft anschaulich zu machen. Im zweiten Band wird eingestandenermaßen das ehrgeizigere Ziel verfolgt, aus den Ergebnissen der vergleichenden Verhaltensforschung einige Folgerungen zu ziehen, die auch für unser Verständnis des Menschen von Bedeutung sind.

Unser Forschungszweig, der das Verhalten von Lebewesen schlechthin zum Gegenstand hat, steht zu jenen Disziplinen, die sich *nur* mit dem Menschen, einem sehr besonderen und einmaligen Lebewesen, beschäftigen, in einem Verhältnis, in dem jeder basalere, allgemeinere Zweig der Naturforschung zum nächstspezielleren, in gewissem Sinne höheren steht. Es ist zu erwarten, daß Naturgesetze, die in dem allgemeineren Wissensgebiet aufgefunden worden sind, *auch* in dem spezielleren gelten, ebenso aber, daß in diesem *außerdem* noch andere, besondere Gesetzlichkeiten höherer Ordnung obwalten. Zum Verständnis der Erscheinungen seines eigenen Forschungsgebietes braucht der Mann »im unteren Stockwerk« von jenen spezielleren, für komplexere Wirkungsgefüge gültigen Gesetzlichkeiten prinzipiell nichts zu wissen, sein eigenes Tatsachenmaterial sagt ihm ja auch nichts über sie. Doch obliegt ihm im Interesse der kollektiven Zusammenarbeit aller Wissenschaften die Pflicht, eine ausreichende Kenntnis der Problematik des nächstspezielleren Wissensgebietes zu erwerben, um dem Mann im oberen Stockwerk jene basaleren Gesetzlichkeiten anbieten zu können, deren dieser zur Erklärung der spezielleren Erscheinungen bedarf, die er zu analysieren trachtet.

Die Auswahl der im vorliegenden Band wiedergegebenen Arbeiten ist von dem Bestreben geleitet, ebendieser Pflicht zu genügen. In den letzten Jahren hat eine Anzahl von Humanpsychologen, Psychiatern, Psychoanalytikern, Soziologen, Anthropologen, philosophischen Anthropologen und selbst von Erkenntnistheoretikern ein zunehmendes Verständnis für unsere biologische Fragestellung gezeigt. Dies stärkt unser Vertrauen, daß wir ihnen gegenüber die Rolle der nächstbasaleren Wissenschaft allmählich zu übernehmen beginnen.

Nach dem Gesagten ist es verständlich, weshalb in diesem Band viel von der Fragestellung und Methodik biologischer Verhaltensforschung die Rede ist. Wenn manchmal auch über den Menschen etwas ausgesagt wird, so möge mir das nicht als illegitime Überschreitung der Grenzen zur nächsthöheren Wissenschaft ausgelegt werden. Ich spreche nur von den im Laufe der Phylogenese entstandenen, angeborenen Grundlagen menschlichen Verhaltens, die unserer Untersuchungsweise zugänglich sind. Gerade diese Seite des Menschlichen, das »Allzumenschliche«, dürfte dazu beitragen, dieses Buch auch für den Nichtwissenschaftler interessant zu machen.

Die Abstammung der Tiere und des Menschen von gemeinsamen Vorfahren ist keine hypothetische Annahme, sondern eine historische Tatsache, die unwiderlegbarer dokumentiert ist als irgendeine aus der Geschichtsschreibung. Von der Richtigkeit der Abstammungslehre kann sich am besten derjenige eine eigene Meinung bilden, der auf irgendeinem Gebiete selbst vergleichend geforscht hat, d. h. versucht hat, aus Ähnlichkeiten und Unähnlichkeiten von Merkmalen verwandter Lebensformen deren Stammbaum zu rekonstruieren. Das Attribut »vergleichend«, auf eine Wissenschaft angewandt, bezeichnet also eine Methode, die z. B. in der vergleichenden Anatomie und in der vergleichenden Sprachwissenschaft prinzipiell dieselbe ist. Um eine Vorstellung davon zu vermitteln, wie die vergleichende Forschung im einzelnen vorgeht, wie gut die Einzelmerkmale verwandter Arten mit der Tatsache der gemeinsamen Abstammung zu erklären sind, und nicht zuletzt, um zu zeigen, wieviel saure und geduldige Arbeit diese Art von Untersuchung erheischt, haben wir meine alte Arbeit über das Verhalten der Schwimmenten, *Anatini*, in diesen Band aufgenommen.

In der nächsten Abhandlung wird die in der Biologie längst selbstverständliche Methode dargestellt, mit deren Hilfe man ursächliche Einsicht in das Wirkungsgefüge von ganzheitlichen Systemen gewinnen kann. Über dieses gut verständliche, vom gesunden Menschenverstand diktierte Verfahren haben der Gestaltpsychologe Rupert Matthaei (1929) und der Zoologe Otto Koehler (1933) alles Wesentliche in klarer Weise gesagt. Daß die methodologischen »Spielregeln« in der Psychologie noch wenig bekannt sind, ist wohl eine der vielen Folgen des Meinungsstreites der mechanistischen und der vitalistischen Schulen. Je komplexer ein Systemganzes ist, desto unentbehrlicher wird die Methode ganzheitsbezogener Analyse, desto weniger Erfolg kann atomistischem Vorgehen beschieden sein. (Diese Arbeit war die erste wissenschaftliche Publikation nach meiner Rückkehr aus der Kriegsgefangenschaft; diesem Umstand möge der auffallende Wortreichtum zugute gehalten werden.)

Die Abhandlung *Psychologie und Stammesgeschichte* stellt zusammenfassend die Entstehung der im biologischen Sinne des Wortes vergleichenden Psychologie und Verhaltensforschung dar. Sie schildert auch deren einzelne Erkenntnisschritte und die Art und Weise, in der einer von diesen den jeweils nächsten im Gefolge hatte, insbesondere wie die Entdeckung der Spontaneität instinktiven Verhaltens die des angeborenen Auslösemechanismus und seiner Gesetzlichkeiten nach sich zog. Ein wichtiger Abschnitt handelt von den Voraussetzungen, die erfüllt sein mußten, damit aus dem Anthropoidenstamm der Mensch, diese einmalige und gewagte Konstruktion des Artenwandels, hervorgehen konnte.

Schon in der eben skizzierten Arbeit klingt bei Besprechung der Auslösemechanismen und der Funktion der Gestaltwahrnehmung die Frage nach der stammesgeschichtlichen Herkunft menschlicher Erkenntnisleistungen an. Das Interesse für diese Fragestellung hatte in mir schon früh mein humanpsychologischer Lehrer Karl Bühler geweckt. Er betonte immer, daß die Wahrnehmung an sich schon eine Erkenntnisleistung sei und sich einer Definition füge, die Immanuel Kant vom Apriorischen gegeben hat: Sie ist in ihrer ganzen Struktur vor jeder Erfahrung gegeben und muß es sein, damit Erfahrungen möglich werden. Von diesem Gedankengang aus lag es für die vergleichende Verhaltensforschung nahe, den gesamten Erkenntnisapparat, die »Weltbild-Apparatur« des Menschen, als etwas in natürlicher Entwicklung und in Auseinandersetzung des Organismus mit seiner Umwelt Entstandenes zu betrachten. Daraus ergibt sich eine neue erkenntnistheoretische Einstellung. Wenn menschliche Erkenntnis die Leistung eines körperlichen Apparates ist, dem gleiche Realität zukommt wie den Dingen der außersubjektiven Wirklichkeit, die er widerspiegelt, dann kann unser Wissen über die Erkenntnisleistung selbst nur Hand in Hand mit dem Wissen um die von ihr erfaßte äußere Wirklichkeit weiter vorangetrieben werden. Gleichzeitig wird damit die Erkenntnisleistung an ihrer Übereinstimmung mit den erkannten Außendingen prüfbar. Nach unserer Überzeugung ergeben sich aus diesen Übereinstimmungen starke Argumente für die Annahme einer realen Außenwelt, weshalb man die in Rede stehende erkenntnistheoretische Einstellung – die bedeutsamerweise von Atomphysikern gleicherweise wie von Verhaltensforschern vertreten wird – als hypothetischen Realismus bezeichnet. Über die drei Abhandlungen, die ich über dieses Thema geschrieben habe, hinaus enthält die hier wiedergegebene eine zusammenfassende Darstellung. Ich habe sie Karl Bühler zu seinem 80. Geburtstag gewidmet.

Als nächstes wurde eine Schrift aufgenommen, in der die Einstellungen verschiedener Schulen der Verhaltensforschung zu den Begriffen des »Angeborenen« und des »Lernens« diskutiert werden. Sie enthält die Kritik des Biologen an Lerntheorien, die vergessen, daß alle Angepaßtheit an Gegebenheiten der Umwelt Information zur Voraussetzung hat, die das organische System entweder in seiner Stammesgeschichte oder in seinem individuellen Leben erworben haben muß. Die experimentelle Methodik, mittels deren man die Herkunft der allem angepaßten Verhalten zugrunde liegenden Informationen feststellen kann, wird ausführlich besprochen.

Die letzte kleine Abhandlung handelt vom Leib-Seele-Problem. Die Frage nach den Beziehungen zwischen den physiologischen Vorgängen im Zentralnervensystem und den Erlebnissen, die manche von ihnen begleiten oder die, besser gesagt, ihre ebenso reale subjektive Seite darstellen, ist grundsätzlich unbeantwortbar. Doch gibt die vergleichende Verhaltensforschung gewisse Hinweise dafür, welche besonderen nervenphysiologischen Vorgänge es sind, die in unserem subjektiven Erleben aufleuchten.

Alle wiedergegebenen Arbeiten gründen sich auf dasselbe Tatsachenmaterial, daher sind Wiederholungen unvermeidlich. Doch glaube ich, daß dies die verschiedenen Gesichtspunkte entschuldigen, von denen aus gleiche oder ähnliche Tatsachen betrachtet werden.

Ich bin dem Piper-Verlag für die Herausgabe meiner in sehr verschiedenen Zeitschriften erschienenen Arbeiten aufrichtig dankbar, insbesondere deshalb, weil sie in ihrer Gesamtheit den methodischen und erkenntnistheoretischen Standpunkt des Biologen besser verständlich machen, als jede einzelne von ihnen dies zu tun imstande ist.

Seewiesen 1965 Konrad Lorenz

Vergleichende Bewegungsstudien an Anatinen (1941)

I Einleitung und Aufgabestellung

Mehr als in anderen Zweigen biologischer Forschung ist in der zoologischen Systematik der Erfolg des Forschers von einem »Fingerspitzengefühl« abhängig, das sich zwar lernen, aber nicht lehren läßt. Gadow hat in der Einleitung zu seinem Werke *Die Vögel* in Bronns *Klassen und Ordnungen des Tierreiches* das schöne Gedankenexperiment einer »Dreißig-Merkmale-Systematik« angestellt. Er hat dreißig allgemein verwendete, systematisch sicherlich besonders schwerwiegende Merkmale ausgewählt und rein tabellarisch Vogelgruppen nach ihrem Vorhandensein oder Nichtvorhandensein eingeteilt. Die so gewonnene Systematik zeigte – neben weitgehenden Übereinstimmungen bei manchen Gruppen – stellenweise erstaunlich grobe Abweichungen von der »offensichtlich« den wirklichen Verwandtschaftsverhältnissen entsprechenden und allgemein angenommenen Einteilung. Diese erklärt sich in erster Linie daraus, daß das sogenannte »systematische Taktgefühl« auf einem unbewußten Verwerten *einer sehr viel größeren Zahl von Merkmalen* beruht, die, unbewußt und der Selbstbeobachtung schwer zugänglich, in den Gesamteindruck eingewoben sind, den eine Tiergruppe auf den Untersucher macht. Solche unanalysierte Komplexqualitäten schließen feine und feinste Einzelmerkmale in sich, die aus dem Gesamteindruck gar nicht willkürlich herausgeschält werden können, obwohl sie ihn qualitätsbestimmend beeinflussen. Diese dem Wahrnehmungs- und Gestaltpsychologen selbstverständliche Tatsache muß nun berücksichtigt werden, wenn man das systematische Taktgefühl analysieren und die Gründe wissen will, die für das eigene Urteil über den Grad der Stammesverwandtschaft verschiedener Tierformen maßgebend waren.

Die Unzulänglichkeit einer auf eine beschränkte Zahl vorwegnehmend bestimmter Merkmale aufgebauten Systematik beruht aber durchaus nicht nur darauf, daß deren *Zahl* zu gering angesetzt wurde. Noch viel störender macht sich der Umstand bemerkbar, daß ein bestimmtes Merkmal innerhalb der verschiedenen Teile einer größeren systematischen Einheit durchaus *nicht das gleiche Gewicht besitzt.* Die Differenzierungsgeschwindigkeit, die Veränderlichkeit eines bestimmten Merkmals, kann schon bei zwei nahverwandten Arten durchaus verschieden sein; die Voraussetzung, daß ein Merkmal, wie etwa das Fehlen der fünften Armschwinge oder die Form des Gabelbeins, in der ganzen Klasse der Vögel, bei allen Ordnungen und Familien, die gleiche taxonomische Dignität besitze, ist von vornherein falsch. Das Gewicht, das einem Merkmal als Gradmesser stammesgeschichtlicher Verwandtschaft zugeschrieben werden darf, muß von Fall zu Fall aus seinem relativen Verhalten zu den anderen Merkmalen der untersuchten Gruppe bestimmt werden. Die Aussage darüber, ob ein Merkmal »konservativ« oder »veränderlich« ist, kann immer nur eine enge Auswahl nahe zusammengehöriger Formen betreffen. Dies gilt nicht nur für feinsystematische Merkmale geringerer Verbreitung, sondern sehr oft für allgemein verbreitete Charaktere. Selbst die im allgemeinen so konservativen Merkmale der Ontogenese, wie etwa die Jugendkleider so vieler Vogelgruppen, können in einer eng umschriebenen systematischen Einheit derart von känogenetischen Veränderungen betroffen sein, daß es zu den größten Verwirrungen führen würde, wollte man ihnen auch in dieser Gruppe jene taxonomische Dignität zuschreiben, die ihnen im allgemeinen zukommt. Man stelle sich etwa vor, daß man Einzelheiten der Kükenzeichnung, die bei Anatiden so ungemein konservativ und taxonomisch verwendbar sind, in der Systematik der Rallen in gleicher Weise berücksichtigen wollte, bei denen sie durch känogenetische, als Auslöser wirkende Differenzierungen überlagert werden. Die *Zahl* der dem Beurteiler stammesgeschichtlicher Verwandtschaftsgrade bekannten Merkmale wirkt also nicht nur an sich, durch Bestimmen besonderer, gruppenspezifischer »Komplexqualitäten«, sondern darüber hinaus dadurch, daß das *relative Gewicht des Einzelmerkmals* um so richtiger bestimmt werden kann, je mehr Merkmale der Untersucher bewußt oder unbewußt in Anschlag bringen kann. Alles dies leistet das »systematische Taktgefühl«, ohne daß sein Besitzer es selbst analysieren zu können braucht. Wissenschaft aber wird seine Leistung erst, wenn diese Analyse gelungen ist.

Aus den hier kurz dargelegten Grundlagen bewußter oder gefühlsmäßiger Beurteilung stammesgeschichtlicher Zusammenhänge kann schon entnommen werden, daß nicht derjenige das zuverlässigste Urteil über sie besitzt, der, wie es von vergleichenden Anatomen sehr häufig angestrebt wird, *ein Organ* in allen Erscheinungsformen kennt, in denen es in einer großen Systemeinheit vertreten ist, sondern derjenige, der eine *kleine* systematische Einheit in bezug auf eine möglichst *große* Zahl ihrer Merkmale genau überblickt. Es steigt ja die Möglichkeit zu stammesgeschichtlichen Rückschlüssen nicht nur in arithmetischer Progression mit der Zahl der bekannten Merkmale, sondern ausgesprochen in geometrischer, da mit jedem hinzukommenden, an allen Vertretern der Gruppe untersuchten Merkmal unsere Einschätzung des Gewichtes der bisher bekannten an Richtigkeit gewinnt. Nun können wir mit einemmal auch verstehen, warum gerade Zoologen, die als Tiergärtner oder Liebhaber eine bestimmte Tiergruppe in sehr vielen ihrer Vertreter lebend kennen, Gipfelleistungen in systematischem Taktgefühl und kritischer Beleuchtung stammesgeschichtlicher Zusammenhänge erreichen; man denke an Heinroths Anatidenarbeit und an die Equidenstudien von Antonius. Der Tiergärtner, der über die Anatomie und womöglich auch die Paläontologie sehr vieler Vertreter einer Tiergruppe verfügt, hat offensichtlich in den *Merkmalen des angeborenen arteigenen Verhaltens* eine Wissensquelle vor dem reinen Museumssystematiker voraus, die von ganz ausschlaggebender Bedeutung ist. Diese unzweifelhafte Tatsache ist nicht nur für den Systematiker von Bedeutung und Wert, viel näher noch geht sie den Psychologen an. Schon seit Wundt wurde betont, daß die Fragestellung der vergleichenden Stammesgeschichte in Psychologie und Verhaltenslehre zum Verständnis der gegebenen Strukturen von Mensch und Tier genauso unerläßlich sei wie in der Morphologie. Auch psychisch sind alle Lebewesen etwas stammesgeschichtlich Gewordenes, dessen spezielles Sosein ohne Kenntnis des phylogenetischen Werdeganges völlig dunkel bleiben muß. Es besteht also für die vergleichende Psychologie, die bisher ja leider fast durchweg nur Programm geblieben ist, die dringende Aufgabe, an einer hierzu geeigneten Tiergruppe zunächst rein deskriptiv Verhaltensforschung zu treiben, um dann die so gewonnenen Merkmale mit allen nur irgend erreichbaren morphologischen Merkmalen zusammen in eine Feinsystematik der Gruppe einzubauen. Aus ihrer Übereinstimmung mit den verwandten körperlichen Merkmalen wäre vor allem einmal die Anwendbarkeit des stammesgeschichtlichen *Homologiebegriffes* auch auf arteigene Verhaltensweisen gegen alle Angriffe zu sichern und so die Voraussetzung für jede im wahren Sinne des Wortes *vergleichende* Psychologie zu schaffen. Nur eine solche Feinsystematik einer genau durchforschten Tiergruppe kann uns Kenntnisse über die Art und Weise vermitteln, in der stammesgeschichtliche Veränderungen von Instinktbewegungen, Taxien und angeborenen Schemata, in weiterer Hinsicht aber von seelischen Strukturen schlechthin, vor sich gehen können. Die geradezu grundlegende Wichtigkeit derartiger, uns heute völlig fehlender Kenntnisse braucht nicht betont zu werden. Der Weg, den die Forschung zu beschreiten hat, liegt klar vor uns, nur ist er äußerst mühsam und dornenvoll. Die vorliegende Arbeit stellt einen recht unvollständigen Versuch dar, eine den eben erläuterten Aufgaben dienende, Verhaltensmerkmale einbeziehende Feinsystematik einer Gruppe zu liefern.

II Technisches

Die Aufgabe, zunächst rein deskriptiv Verhaltensinventare sehr vieler Tierarten aufzustellen, stellt die größten Anforderungen an die Beobachtungsfähigkeit des Untersuchers. Um eine auch nur annähernd genügende Vollständigkeit der Inventare zu erreichen, muß der Untersucher Tag um Tag, Jahr um Jahr mit den Tieren leben. Schon dadurch erscheint es als ausgeschlossen, die nötigen Kenntnisse durch Freilandbeobachtung zu erwerben. Selbst wenn man die untersuchten Arten jahrelang gehalten und aufs gewissenhafteste jede Beobachtung im Tagebuch verzeichnet hat, fehlen nach Abschluß der Arbeit Einzeldaten, die für den Vergleich von größter Wichtigkeit wären, wovon vorliegende Arbeit leider ein nur zu beredtes Zeugnis ablegt. Man muß also die zu untersuchende Tiergruppe gut in Gefangenschaft halten können. Weiter muß die betreffende Gruppe reich an vergleichbaren Arten und Gattungen möglichst abgestuften Verwandtschaftsgrades sein, die Einzelformen ihrerseits wiederum reich an vergleichbaren arteigenen Verhaltensweisen, die von Art zu Art ähnlich, aber doch wieder genügend verschieden sind, um als Prüfstein der Anwendbarkeit des Homologiebegriffes dienen zu können. Alle diese Anforderungen werden von zwei Tiergruppen in idealer Weise erfüllt, die ich beide als Objekte der in Rede stehenden Forschungsaufgabe herangezogen habe, die *Anatinae* unter den Vögeln und die *Cichlidae* unter den Fischen. Von ersteren soll hier berichtet werden. Die *Anatinae* sind von Heinroth, Delacour, von Boetticher u. a. besonders genau durchforscht, überdies bieten sie dem vergleichend-stammesgeschichtlichen Forscher einen besonderen Vorteil dadurch, daß sie besonders leicht *Artbastarde* erzüchten lassen, die zum Überfluß in sehr vielen Fällen fruchtbar sind, so daß der Erbgang arteigener Verhaltensweisen an ihnen erforscht werden kann. Hier liegt ein fruchtbares Feld für eine Synthese von Phylogenetik und Genetik vor. Auch verhilft uns in vielen Fällen eine besondere Eigenheit von Mischlingen zu stammesgeschichtlichen Aussagen über arteigene Verhaltensweisen, die darin liegt, daß sie kein Intermedium zwischen den Elternarten bilden, sondern körperlich und im Verhalten einen dritten, und zwar *primitiveren*

Zustand zeigen. Ein weiterer Wert der Mischlinge liegt darin, daß der Grad ihrer Fruchtbarkeit zum Maßstab des Verwandtschaftsgrades der Elternarten gemacht werden kann, wie Poll gezeigt hat.

Ich habe aus der Familie der Anatinen und der beiden angrenzenden Familien der Cairininen und Casarcinen folgende Arten untersuchen können: *Anatini:* Stockente, *Anas platyrhynchos* L.; Madagaskarente, *Anas melleri* Scl.; Japanische Fleckschnabelente, *Anas zonorhyncha zonorhyncha* Swinhoe; Indische Fleckschnabelente, *Anas z. poecilorhyncha* Forster; Spießente, *Dafila acuta* L.; Chilenische Spießente, *Dafila spinicauda* Vieillot; Bahamaente, *Poecilonetta bahamensis* L.; Rotschnabelente, *Poecilonetta erythrorhyncha* Gm.; Krickente, *Nettion crecca* L.; Chilenische Krickente, *Nettion flavirostre* Vieillot; Schnatterente, *Chaulelasmus strepera* L.; Pfeifente, *Mareca penelope* L.; Chilenische Pfeifente, *Mareca sibilatrix* Poepp.; Knäckente, *Querquedula querquedula* L.; Löffelente, *Spatula clypeata* L. – *Cairinini:* Türkenente, *Cairina moschata* L.; Brautente, *Lampronessa sponsa* L.; Mandarinente, *Aix galericulata* L. – *Tadornini:* Brandente, *Tadorna tadorna* L.; Rote Casarca, *Casarca ferruginea* Pallas; Nilgans, *Alopochen aegyptiacus* L. – Von den Mischlingen soll anderen Ortes genauer die Rede sein.[1]

III Allgemeines über Ausdrucksbewegungen

1 Die taxonomische Verwendbarkeit von Signalbewegungen

Seit Whitman 1898 klar hervorhob, daß Instinkthandlungen gleiche Zeiträume zu ihrer phylogenetischen Entstehung brauchen wie körperliche Strukturen, und seit Heinroth 1910 seine Anatidenstudien und 1930 seine Arbeit über die systematische Verbreitung bestimmter Bewegungsweisen bei Wirbeltieren veröffentlichte, ist die Verwendbarkeit angeborener arteigener Verhaltensweisen als taxonomische Kriterien allmählich Allgemeingut der zoologischen Systematik geworden (Stresemann, *Aves* im Kükenthalschen Handbuch). Ich selbst habe vor mehreren Jahren darauf hingewiesen, daß sich bestimmte Instinktbewegungen in ganz besonderem Maße zur Verwendung in der Systematik und damit selbstverständlich rückwirkend zur Erforschung des stammesgeschichtlichen Entstehens angeborener Bewegungsweisen eignen, jene Instinktbewegungen nämlich, deren arterhaltender Sinn im *Aussenden von Reizen* liegt, die vom Artgenossen in spezifischer Weise beantwortet werden. Solche als »Auslöser« (Lorenz 1935) funktionierenden Bewegungsweisen gibt es ganz besonders bei Vögeln, da bei diesen das Reagieren auf optische Bewegungswahrnehmung eine besonders große Rolle spielt. Bei anderen Tiergruppen treten chemische, akustische und taktile Auslöser in den Vordergrund, die der vergleichenden und experimentellen Erforschung durch das Augentier Mensch lange nicht so günstige Gelegenheiten bieten. Aber auch abgesehen von rein wahrnehmungstechnischen Gründen, sind die optisch wirksamen Signalbewegungen der Vögel – für die der Knochenfische gilt ähnliches – besonders fruchtbare Forschungsobjekte. Zunächst sind sie ungemein reich an kennzeichnenden und auffallenden Einzelmerkmalen, die ein stammesgeschichtliches Vergleichen von Art zu Art, von Gruppe zu Gruppe sehr unterstützen. Dieser Merkmalreichtum steht in engstem Zusammenhang mit ihrer Signalfunktion, denn ganz wie ein menschliches Signal muß auch der tierische Auslöser *unverwechselbar* sein, wenn er seine Funktion voll erfüllen soll. Ich bin in einer besonderen Arbeit auf diese Verhältnisse näher eingegangen (Lorenz 1935) und habe dort auseinandergesetzt, wie eine Kombination von möglichster *Einfachheit* und möglichster genereller *Unwahrscheinlichkeit* die Haupteigenschaft eines eindeutigen und leicht erfaßbaren Signals ist. Beide Eigenschaften machen den Auslöser begreiflicherweise zu einem besonders günstigen Objekt stammesgeschichtlichen Vergleichens von Merkmalen; schon die aus ihnen sich ergebende leichte Beschreibbarkeit trägt viel hierzu bei.

Darüber hinaus aber ist es ein zweiter Umstand, der die Auslöser zu einer besonders wertvollen Hilfe stammesgeschichtlicher Forschung werden läßt: Weil ihre spezielle Form nicht wie bei mechanisch wirksamen Bewegungen aus ihrer Funktion unmittelbar ableitbar und von ihr aus beeinflußt ist, kann bei der Übereinstimmung einer auslösenden Zeremonie bei zwei verwandten Arten die *Möglichkeit einer Konvergenz* mit größter Wahrscheinlichkeit ausgeschlossen werden. Daß Schwanzwedeln bei einem Hund freundliche Begrüßung, bei einer Katze aber feindliche Gespanntheit bedeutet, hat mit einer Auslösefunktion nichts zu tun, die Bedeutung beruht rein auf einer »Konvention« zwischen der angeborenen Ausdrucksbewegung bei dem einen und ihrem ebenso angeborenen Verstehen bei dem anderen Artgenossen; sie könnte, was die spezielle Bewegungsform anlangt, ebensogut umgekehrt sein. Wie der Sprachforscher, der bei zwei verschiedenen Völkern ein gleiches Wort für den gleichen Begriff findet, sich mit der nahezu unendlich geringen Wahrscheinlichkeit nicht abzugeben braucht, daß dies durch reinen Zufall so sei, sondern ohne weiteres und mit Recht eine einheitliche historische Wurzel jenes Wortes annimmt, so kann auch der vergleichende Psychologe in vielen Fällen ohne weiteres stammesgeschichtliche Homologie annehmen, wenn die oft sehr merkmalreichen Auslösezeremonien zweier verwandter Formen übereinstimmen. Alle diese Umstände haben dazu geführt, daß wir über die stammesgeschichtliche Entstehungsweise der auslösenden Instinktbewegungen weit mehr wissen als über diejenige anderer angeborener Verhaltensweisen. Wir können sehr viele, wenn nicht die meisten von ihnen mit großer Wahrscheinlichkeit auf zwei voneinander durchaus unabhängigen Wegen aus anderen, primitiveren und mechanisch wirksamen Instinktbewegungen ableiten, ohne natürlich zu wissen, auf welche Weise diese ihrerseits entstanden sind. Immerhin ist bei unserer heutigen Armut an Kenntnissen über die Phylogenese von Verhaltensweisen schon dieses geringe nachweisbare Stück eines stammesgeschichtlichen Entwicklungsvorganges hochwillkommen.

2 Die Symbolbewegung

Es ist ein kennzeichnendes Merkmal jener zentral koordinierten autonomen Automatismen, deren Auswirkung wir als Instinktbewegungen bezeichnen, daß sie sich schon bei allergeringsten Intensitäten der von ihnen erzeugten Erregung in sichtbare Bewegungen umsetzen. So entstehen stärkere oder schwächere *Andeutungen* von Bewegungsweisen, die nur bei sehr viel höheren Reaktionsintensitäten ihren arterhaltenden Zweck erfüllen. Die schwachen Andeutungen, die schon bei schwächsten Graden der reaktionsspezifischen Erregung bemerkbar werden, sind an sich arterhaltend sinn- und zwecklos. Der Kenner aber kann aus ihnen die Qualität der Erregung entnehmen, die im Organismus aufzusteigen beginnt, und weiß nun, in welcher Richtung gegebenenfalls Handlungen des Tieres zu erwarten sind. Deshalb hat man diese Handlungsinitien auch als *Intentionsbewegungen* bezeichnet. Da viele Instinkthandlungen, wie etwa das Auffliegen einer Ente oder Gans, nur auf starke *äußere* Reize plötzlich erfolgen, bei allmählicher Kumulierung des *inneren* Triebes aber dem eigentlichen, voll intensiven und den biologischen Sinn erfüllenden Hervorbrechen der betreffenden Bewegungsfolge regelmäßig Serien von Intentionsbewegungen mit allmählich sich steigernder Intensität vorausgehen, besteht die Möglichkeit, daß sich in der betreffenden Tierart ein »Verständnis« für die Intentionsbewegungen der Artgenossen entwickelt, indem angeborene Schemata (Lorenz 1935) ausgebildet werden, die den durch bestimmte Intentionsbewegungen gesetzten Reizen etwa so zugeordnet sind wie der Radioempfänger dem Sender. Diese angeborenen Schemata bewirken zunächst in den meisten Fällen beim Artgenossen ein Ansprechen derselben Instinkthandlung, wie sie das den Reiz setzende Tier ausführt. Die dieser Bewegung zugeordnete spezifische Erregungsqualität wird so durch das Ausführen von Intentionsbewegungen und das Ansprechen der ihnen entsprechenden angeborenen Schemata der Artgenossen von einem Individuum auf alle anwesenden Artgenossen übertragen. In meiner Arbeit *Der Kumpan in der Umwelt des Vogels* (1935) habe ich sehr viele Beispiele für diese Form der Stimmungsübertragung zusammengestellt, die so gut wie immer dann vorliegt, wenn eine oft fälschlich als »Nachahmung« bezeichnete Gleichschaltung der Handlungen sozialer Tiere stattfindet. Durch diesen bei sozialen Tieren selbstverständlich im höchsten Maße arterhaltend sinnvollen Vorgang erhalten nun die vorher sinnlosen Intentionsbewegungen eine hohe Bedeutung und *werden, wie jedes funktionierende Organ, jenen Faktoren unterworfen, die eine Höherdifferenzierung bewirken.* Auslösende Intentionsbewegungen werden dabei, entsprechend ihrer »Signal«-Funktion, regelmäßig in solcher Weise von der ursprünglichen Form abgewandelt, daß sie *optisch besser wirksam* werden. Sie werden »mimisch übertrieben«, wie die Nickbewegungen führender Stockenten, die Auffliegebewegung der Casarcinen und Anserinen, die Schwimmbewegung nestablösender Buntbarsche usw. Die mimische Übertreibung kann oft so weit gehen, daß die ursprüngliche Wurzel der Bewegung – die Intentionsbewegung zu einer nicht signalmäßig, sondern rein mechanisch arterhaltend wirksamen Bewegungsweise – in ihr kaum noch zu erkennen ist und nur unter Heranziehung verwandter Arten, bei denen sie weniger verändert wurde, auf dem Wege stammesgeschichtlichen Vergleichens erschlossen werden kann. Die Auffliegebewegung der Nilgans, die Bewegung des Jungeführens von *Nannacara* u. a. m. stammen ganz sicher von Intentionsbewegungen zum Abfliegen bzw. Wegschwimmen, aber niemand, der nicht die homologen Bewegungen von Verwandten kennt, würde sie als solche erkennen. Solche aus Intentionsbewegungen entstandenen, aber oft bis zur Unkenntlichkeit »formalisierten« Zeremonien bezeichnen wir mit dem Ausdruck *Symbolbewegungen.*

3 Die Übersprungbewegung

Neben diesen aus Intentionsbewegungen entstandenen auslösenden Symbolhandlungen gibt es aber noch solche einer grundsätzlich andersartigen Entstehungsweise, die von N. Tinbergen so bezeichneten *Übersprungbewegungen.* Bei höheren Graden allgemeiner Erregung kommt es vor, daß Instinktbewegungen, die ihrem eigentlichen arterhaltenden Sinne nach gar nicht zu der betreffenden biologischen Situation gehören, sozusagen »irrtümlich« ausgelöst werden. Besonders scheint dies dann stattzufinden, wenn die normale, der Situation adäquate Bewegung aus irgendwelchen Gründen am Ablauf verhindert wird. Dann »springt« die spezifische Erregung sozusagen in eine andere Bahn »über«, und es erfolgt eine ebenso unerwartete wie unpassende Bewegungsweise. Auch der Mensch zeigt viele Beispiele für diesen Vorgang. Am bekanntesten ist das Kopfkratzen bei Verlegenheit; auch die verschiedenen automatischen Bewegungen, die Vortragende im Affekt ihrer Rede durchbrechen lassen, kennt wohl jeder. Tinbergen und Kortlandt, die unabhängig voneinander diesen Vorgang erstmalig beschrieben, haben viele Beispiele für ihn erbracht, die meisten aus dem Verhalten der Knochenfische und der Vögel. In der ornithologischen Literatur finden sich die Übersprunghandlungen meist als »Schein«-Bewegungen (englisch *sham-reaction)*, als Scheinputzen, Scheinpicken usw. bezeichnet. Ganz ebenso, wie die von einer *»autochthonen«* Reaktionsenergie hervorgebrachten Intentionsbewegungen durch optisch wirksame »mimische« Übertreibung kennzeichnender Bewegungsphasen zu bizarren Symbolen ihrer selbst werden, so können auch die durch »Übersprung« aktivierten Bewegungen in ihrer stammesgeschichtlichen Höherentwicklung einer so starken Formalisierung unterliegen, daß wir wie bei jenen die vergleichende Untersuchung vieler verwandter Formen brauchen, um ihren Ursprung entschleiern zu können.

Die meisten Balzbewegungen, die wir im folgenden an Schwimmerpeln zu beschreiben haben werden, lassen sich als Symbolbewegungen und Übersprungbewegungen deuten, und diese Deutungen besitzen angesichts der sich ergebenden stammesgeschichtlichen Zusammenhänge und deren Stimmigkeit zu denen aus dem Vergleich anderer Merkmale zu entnehmenden einen hohen Grad von Wahrscheinlichkeit. Übersprungbewegungen sind weitaus häufiger als Symbolhandlungen; die meisten von ihnen sind Bewegungen, die aus den Bewegungsweisen des Sichputzens und des Sichschüttelns entstanden sind. Auch bei anderen Tieren herrschen unter den Automatismen, die als Übersprungbewegungen von »allochthoner« Erregung (Kortlandt) innerviert werden, die alltäglichen Automatismen der Körperpflege (Kopfkratzen des Menschen, Scheinputzen bei Taube, Kranich u. a.), der Nahrungsaufnahme (Scheinpicken des drohenden Haushahnes) und ähnliche bedeutend vor. Bezüglich genauerer Angaben über Symbol- und Übersprungbewegungen sei auf meine Arbeit *Der Kumpan in der Umwelt des Vogels* sowie auf Tinbergens Arbeit *Die Übersprungbewegung* verwiesen.

IV Die Stockente, Anas platyrhynchos L.

1 Allgemeines

Die Stockente ist nicht nur die in ihrem Verhalten am längsten und genauesten bekannte aller *Anatini*, sondern sie nimmt auch in sehr vieler Hinsicht eine zentrale Stellung unter ihnen ein. Als ein ausgesprochen »primitives« Merkmal dieser Art kann es gelten, daß der Erpel neben dem Balzpfiff »noch« eine ziemlich laute Stimme hat, die auch als einsilbiger gezogener Lockruf *rähb* und als zweisilbiger Stimmfühlungslaut (Unterhaltungslaut) *räbräb* in Wirkung tritt und in gleicher Weise verwendet wird wie die entsprechenden, in bezug auf Rhythmus und Bedeutung gleichen Laute der Ente. Bei allen anderen *Anatinae*, den drei hier behandelten *Cairinini* sowie bei der Casarcine *Tadorna* ist die eigentliche in der Syrinx erzeugte Stimme des Männchens zugunsten des durch ein besonderes Organ, die Knochentrommel der Trachea, hervorgebrachten Pfeiflautes sehr weitgehend zurückgebildet.[2]

2 Die nichtepigamen[3] Ausdrucksbewegungen und -laute

Der einsilbige Lockruf beider Stockentengeschlechter entsteht ontogenetisch in fließendem Übergang aus dem ebenfalls einsilbigen »Pfeifen des Verlassenseins«, das sämtlichen bisher bekannten Anatidenküken in homologer Weise zukommt, und entspricht ihm auch völlig bezüglich der

Abb. 1 Das Pfeifen des Verlassenseins bei einem Schwimmentenküken.
Abb. 2 Einsilbiger Lockruf des Stockerpels, Anas platyrhynchos L.: gezogenes »rääb«.

Kopf- und Gefiederhaltung (Abb. 1 u. 2). Ebenso ist der Stimmfühlungslaut bei allen mir bekannten Anatidenküken, also auch bei Anserinen, ursprünglich zweisilbig. Bei der Gattung *Anser* dauert dieser sicherlich ursprüngliche Zustand nur wenige Stunden, worauf sich aus dem zweisilbigen, allgemein anatidenhaften der mehrsilbige, die Gattungen *Anser, Eulabea, Branta* usw. kennzeichnende Stimmfühlungslaut entwickelt. Bei beiden Geschlechtern der Stockente hat der einsilbige Lockruf bei für menschliche Ohren durchaus gleichem Klang die Nebenbedeutung des *Warnlautes*. Durch das Erscheinen eines fremden Hundes wird das gezogene *rääb* bei allen Erpeln ausgelöst. Es klingt in diesem Falle vielleicht besonders laut und langgezogen, immerhin aber gelingt es mir nicht, aus dem Laut allein zu entnehmen, ob ein Erpel warnt oder nach seiner Gattin ruft. Besonders bei der Ente bezeichnet ein wiederholtes Ausstoßen des einsilbigen Lockrufes die Absicht, *Ortsveränderungen* vorzunehmen. Besonders laut und andauernd wird er vor dem Abfliegen geäußert. Von der nestsuchenden, unruhig umherwandernden Ente wird er leiser, aber noch beharrlicher ausgestoßen, ebenso, wenn sie ihre Kükenschar über eine größere Strecke zu führen beabsichtigt. Diese von uns als »*Weggehlaut*« bezeichnete Form des Lockrufes findet sich bei sehr vielen Anatinen, aber auch bei *Aix* und *Lampronessa*, bei denen der eigentliche Lockruf in seiner ursprünglichen Form nicht mehr vorhanden bzw. durch eine spezialisierte Lautäußerung ersetzt ist. Beim Männchen *fehlt* der »Weggehlaut«.

Der zweisilbige Stimmfühlungslaut, dessen Akzent auf der zweiten Silbe liegt, wird schon von Küken einer Geschwisterschar, noch mehr aber von den Gatten eines Paares mit besonderer Intensität dann gebracht, wenn sich die Tiere nach längerer Trennung wiederfinden oder wenn, nach der Einwirkung eines Schreckreizes, der die Tiere zu längerem, gedrückten Stillesein veranlaßte, *Beruhigung* eintritt. In beiden Fällen ist es besonders der Erpel, der sein zweisilbiges *räbräb* zu einer sehr großen Geschwindigkeit und Lautstärke steigert, während die Ente bei höherer Reaktionsintensität meist zu »hetzen« beginnt. Ein derartiges Palaver eines Paares oder einer Kükenschar erinnert sehr stark an das sogenannte *Triumphgeschrei* der Casarcinen und Anserinen, dessen phylogenetische Vorstufe es wahrscheinlich darstellt. Bei hohen Graden der Reaktionsintensität, etwa entsprechend dem Umschlagen der Ente ins Hetzen, zeigt besonders der Erpel eine bestimmte Kopfhaltung mit erhobenem Kinn (Abb. 3), bei noch höheren tritt – allerdings sehr selten – eine später unter den Balzbewegungen zu besprechende besondere Bewegungsform, das sogenannte *Abauf*, in Erscheinung. Es beruht sicher auf phylogenetischen Zusammenhängen, daß bei den in bezug auf ein wirkliches Triumphgeschrei höher spezialisierten Anatinen, nämlich bei *Chaulelasmus*, *Mareca penelope* und *M. sibilatrix*, das Kinnheben und die Abaufbewegung eine besondere Differenzierung erfahren, auf die ich bei diesen Arten noch zurückkommen werde. Wenn diese triumphgeschreiähnlichen *räbräb*-Palaver der Stockerpel ganz ausnahmsweise hohe, noch über das Auftreten der Abaufbewegung hinausgehende Erregungsgrade erreichen, so tritt im *räbräb* der

Abb. 3 Das einem Triumphgeschrei ähnliche »räbräb«-Palaver eines Stockentenpaares mit Kinnheben. Beachte die Gefiederstellung des Kopfes und vergleiche mit Abb. 43, 44 und 45.

Erpel und manchmal sogar in dem zweisilbigen Laut der Enten eine eigenartige Betonung schattenhaft auf, die bei der Schnatterente zu einer weiteren Differenzierung geführt hat. Sie besteht darin, daß in drei aufeinanderfolgenden Doppellauten immer die zweite Silbe des *mittleren* stärker betont wird als bei dem vorangehenden und bei dem nachfolgenden, also: *räbrä'b räbRÄ'B, räbrä'b.*

3 Die epigamen Ausdrucksbewegungen und -laute des Weibchens

Ähnlich wie im Morphologischen die Weibchen naheverwandter Anatinenformen viel weniger voneinander verschieden sind als die Männchen, so sind sie es auch bezüglich des Inventars ihrer Verhaltensweisen. Eine genauere Beschreibung der Stockente erspart daher eine solche der anderen Anatinen mit Ausnahme von *Mareca*.

a) Das Hetzen

Die verbreitetste weibliche Werbehandlung ist das sogenannte Hetzen, das sich bei allen Anatinen, bei *Tadorna* und *Casarca*, und unter den Cairininen bei *Aix*, *Lampronessa* und *Amazonetta* in grundsätzlich gleicher und sicher homologer Form vorfindet. Die Ente wendet sich dem Gatten – oder dem umworbenen Zukünftigen – zu, schwimmt hinter ihm her und droht gleichzeitig über die Schulter weg nach einem anderen artgleichen Männchen hin. Bei der Nilgans sind diese beiden Orientierungsreaktionen, nämlich Allgemeineinstellung der Körperlängsachse zum wirklichen oder potentiellen Gatten und Drohbewegung nach dem »symbolischen Feind« hin, durchaus unabhängig voneinander und in ihrer Beziehung zueinander völlig plastisch. Der Winkel zwischen Körperachse und der Richtung der Drohbewegungen des Kopfes ist nur durch die Lagebeziehung von Weibchen, Männchen und angedrohtem Feind bestimmt. Es kann z. B. der Fall eintreten, daß der »Feind«, vom Weibchen aus gesehen, hinter dem Männchen steht, so daß die Nilgans dann, dicht an ihren Gatten geschmiegt, gerade nach vorn auf den Symbolfeind hin droht. Am häufigsten steht das Weibchen beim Hetzen mehr oder weniger mit dem Schwanz gegen den »Feind«, und zwar deshalb, weil sie meist erst selbst einen kleinen Vorstoß auf ihn macht, aber dann nicht tätlich zu werden wagt und nun vom »Feind« zum Männchen laufen oder schwimmen muß, um dort zu hetzen. Durch diesen Vorgang ergibt sich der kennzeichnende Winkel zwischen Kopf- und Körperachse ganz von selbst. »Schon« bei *Casarca ferruginea* sieht man aber häufig eine in dieser Weise über die Schulter weg nach hinten gehende Hetzbewegung des Kopfes, die *nicht* durch die Lagebeziehung zwischen Weibchen, Männchen und »Feind« bedingt ist. Bei den hetzenden Anatinen vollends, bei denen das Hetzen zur reinen Zeremonie »formalisiert« ist und bei denen die ursprüngliche Bedeutung der Instinkthandlung, das Männchen zu einem Angriff auf einen wirklichen Gegner zu veranlassen, völlig hinter der sekundären Bedeutung einer »Liebeserklärung« dem gehetzten Mann gegenüber verschwindet, *ist die Kopfbewegung über die Schulter hin reine, taxienfreie Instinktbewegung*; die Tiere können sie auch gar nicht mehr anders als in der ein für allemal festgelegten Weise ausführen. Eine Stockente z. B. hetzt auch dann über die Schulter hin, wenn der »Feind« sich nicht in der sich daraus ergebenden Richtung der Drohbewegung befindet! Nur innerhalb ganz weniger Winkelgrade ist die Richtung der Drohbewegung steuerbar! Ich betone, daß mir jede lamarckistische Erklärung dieser merkwürdigen Differenzierungsreihe der Hetzbewegung durchaus fernliegt, so überzeugt ich davon bin, daß sie eine wirkliche »phylogenetische Reihe« darstellt, da ohne allen Zweifel die Formen des Hetzens, wie sie sich bei Casarcinen, ja bis zu einem gewissen Grade schon bei Anserinen finden, die ursprüngliche Form der Bewegung darstellen. Ehe man diese kennt, können die in ihrer Bedeutung stark abgewandelten »Zeremonien« der Anatinen gar nicht verstanden werden. Dennoch liegt mir die Annahme, eine Instinktbewegung könne aus einer zur »Gewohnheit« gewordenen Orientierungsreaktion durch Vererbung erworbener Eigenschaften entstehen, völlig fern. Andererseits aber kennen wir viele Beispiele für das Entstehen durchaus starrer, zentral koordinierter Bewegungsformen aus ursprünglich orientierten Bewegungen, wie z. B. den sogenannten Zickzacktanz (Leiner) des männlichen Stichlings.

Beim Hetzen läßt die Stockente eine spezifische Lautäußerung hören, ein eigenartig meckerndes, meist auf der dritten Silbe betontes *queggegéggeggeggeggegg*, wodurch eine eigenartig »quärulante« Betonung zustande kommt. Diese Lautäußerung ist nicht mit jener zu verwechseln, die die Ente bei der Verfolgung durch einen fremden Erpel ausstößt. Beim Hetzen ist der Oberschnabel in dem sehr beweglichen Kopfgelenk extrem bauchwärts abgebogen (Abb. 4), Kopf und Rückengefieder sind glatt ange-

Abb. 4 Das Hetzen der Stockente. Beachte den Winkel zwischen Stirn und Schnabel und vergleiche mit Abb. 5. Hinterkopfzudrehen des Erpels mit Kinnheben, vergleiche mit Abb. 14.

legt. Durch beides entsteht ein eigenartig »schafiger« Gesichtsausdruck; durch die Abwärtsknickung des Schnabels schmiegt sich die Kinnlinie glatt der Wölbung der Rumpfseite an, an der der Kopf entlanggleitet.

b) Die Abweisungsgebärde

Der »Abweisungslaut« der von einem fremden Erpel verfolgten Ente, den man besonders von bereits brütenden Stücken zu hören bekommt, klingt nur oberflächlich ähnlich, besteht aber nicht aus einer fortlaufenden Reihe von *quegg*-Lauten, sondern aus einer abgebrochenen Folge von einzelnen, scharf wie Hustenstöße ausgestoßenen *gäck*-Lauten. Der Oberschnabel ist dabei im sogenannten »Fronto-Nasalgelenk« aufs äußerste aufwärts gebogen, Kopf- und Rückengefieder sind stark gesträubt, der Kopf ist weit in den Nacken gezogen (Abb. 5). Dieselbe Körper- und Gefiederstellung, verbunden mit einem sehr ähnlichen Laut, haben auch Casarcinenweibchen, wenn sie auf dem Nest gestört werden, ebenso die brütende *Cairina*, wenn ein Erpel sie treten will. Da bei der Stockente wie bei den genannten Arten ganz besonders auch die Küken führenden Mütter auf jede kleinste Stö-

Abb. 5 Die Abweisungsgebärde der Stockente.

rung mit derselben Bewegungsweise und Lautäußerung antworten, liegt die Vermutung nahe, daß dies die primäre Bedeutung dieses Ausdruckes ist, von der sich dann bei der Stockente die besondere, spezifischere Bedeutung der Abweisung des fremden Erpels auch durch eine noch nicht brütende, aber fest verpaarte Ente abgezweigt hat. Die Ausdrucksbewegungen und -laute, die ursprünglich nur der wegen ihrer »Brütigkeit« absolut paarungsunwilligen Ente zukamen, fanden bei der Stock-, ebenso bei der Spieß- und wahrscheinlich auch bei der Krickente durch die später zu besprechende Vergewaltigungsreaktion der Erpel ein neues Feld der Anwendung. Wenn man von einer Stockente, die fliegend von zwei Erpeln verfolgt wird, gäckernde Laute hört, so handelt es sich so gut wie immer um den eben besprochenen »Abweisungslaut«. Nur ein einziges Mal in meinem Leben hörte ich eine Stockente im Flug hetzen.

c) Der Decrescendoruf

Alle weiblichen Anatinen, einschließlich der Gattung *Mareca*, verfügen über eine ganz eigenartige Lautäußerung, die, vierzehnsilbig bei *Nettion flavirostre* und einsilbig bei *Mareca*, dennoch zweifellos bei allen Formen die homologe Instinktbewegung repräsentiert. Bei der Stockente ist es ein meist sechssilbiges *quägägägägäg*, mit stärkster Betonung der zweiten Silbe und abfallendem Ton auf der folgenden. Dieser Laut wird besonders von *unverheirateten* Enten ausgestoßen, von fest verpaarten meist nur dann, wenn ihr Gatte fortgeflogen ist. Auslösend wirkt vor allem das *Flugbild* artgleicher Enten; bei starker Schwellenerniedrigung spricht die Reaktion unverheirateter Enten auf jeden fliegenden Entenvogel, manchmal sogar auf fliegende Vögel anderer Art an.

d) Das Nickschwimmen

Diese von Heinroth als *»Kokettierschwimmen«* bezeichnete Instinktbewegung entspricht bei der Stockente den vielen hochdifferenzierten Bewegungsweisen der sozialen Balz des Erpels, die Heinroth »Gesellschaftsspiel«

nennt. Wir werden noch sehen, daß der Erpel über die Bewegungsweise des Nickschwimmens ebenfalls verfügt, nur ist sie bei ihm an andere Bewegungen gekoppelt, nicht unabhängig wie bei der Ente. Die Ente bringt die in Rede stehende Bewegungsweise meist erst dann, wenn sich mehrere Erpel versammelt haben und durch das später zu beschreibende Sträuben des Kopfgefieders und Sichschütteln Balzstimmung kundtun. Dann schießt die Ente plötzlich in eigenartig flacher Körperhaltung und unter stark ausgeprägter Nickbewegung des Kopfes zwischen den Erpeln dahin, in kurzen Bögen möglichst viele von ihnen umschwimmend. Der Kopf wird beim Nicken so dicht über der Wasserfläche gehalten, daß das Kinn der Ente die Oberfläche streift (Abb. 6). Dieses Nickschwimmen wirkt

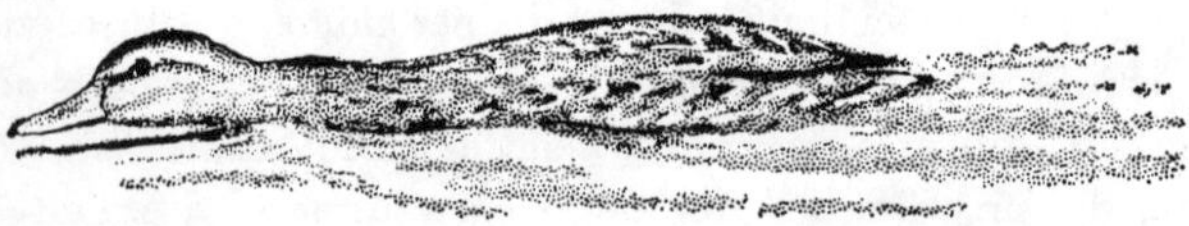

Abb. 6 Das Nickschwimmen der Stockente.

deutlich auslösend auf die nun folgenden Balzbewegungen der Erpel. Die phylogenetische Herkunft des Nickschwimmens ist völlig unklar, da wir bis jetzt keinerlei Vorstufen der Zeremonie kennen. Vorhanden ist die Bewegungsweise außer bei der Stockente und den nächstverwandten Mitgliedern der Gattung *Anas* im alten Sinne nur noch bei der Kastanienente, *Virago castanea*, und der Weißkehlente, *Virago gibberifrons* E. Virchow.

e) Die Paarungseinleitung

Diese besteht in ruckartigen Kopfbewegungen, die eine große Ähnlichkeit mit der Intentionsbewegung des Auffliegens haben, aber *umgekehrt* verlaufen. Es wird nämlich nicht der Kopf langsam abwärts und ruckweise aufwärts bewegt wie dort, sondern eben umgekehrt. Die Ausdrucksbewegung ist offenbar aus einer Intentionsbewegung zum flachen Sichhinducken entstanden. Während nämlich bei der Auffliegebewegung der Kopf mit waagerecht gehaltenem Schnabel rasch aufwärts gestoßen und mit geringerer Geschwindigkeit in die Ausgangsstellung zurückgenommen wird, wird bei der Paarungseinleitung die Abwärtsbewegung ruckartig beschleunigt. Wahrscheinlich ist diese Ausdrucksbewegung aus einer Intentionsbewegung zu jenem flachen Sichhinducken entstanden, wie es bei der Paarung selbst zustande kommt. Diese Annahme gewinnt durch folgende Zufallsbeobachtung an Wahrscheinlichkeit: Ich sah einst an der oberen Kante einer sehr steilen Böschung einen Stockerpel stehen, der, wie ich meinte, die

»Pumpbewegung« der Paarungseinleitung ausführte, konnte aber keine Ente erblicken. Im nächsten Augenblick flog der Erpel ab und über die Böschung hinab, um an ihrem Fuß zu landen. Was ich für Paarungseinleitung gehalten hatte, war die – sonst eben kaum je vorkommende – Intentionsbewegung zum Flug nach abwärts gewesen! Ganz sicher ist also eine Intentionsbewegung nach abwärts, d. h. zum Flachwerden, der Ursprung der pumpenden Paarungseinleitung der meisten Anatinen. Bei der Stockente sowohl wie bei sämtlichen anderen Anatinen, vielleicht mit

Abb. 7 Das »Pumpen« als Paarungseinleitung bei der Stockente. Die beiden Gatten befinden sich gerade in entgegengesetzten Extremstellungen der lotrechten Kopfbewegung.

Ausschluß von *Mareca*, sind die Bewegungen der Paarungseinleitung bei beiden Geschlechtern der Form nach gleich. An Intensität überwiegen meist die des Weibchens, das auch meist den Anlaß zur Einleitungszeremonie und zur Begattung selbst gibt. Wir bezeichnen diese Bewegungsweise kurz als das *»Pumpen«* (Abb. 7).

4 Die epigamen Ausdrucksbewegungen und -laute des Erpels

a) Die allgemeine Form der Balz

Wie bekannt, versammeln sich die Männchen der meisten Anatinen, aber auch die von *Aix galericulata* unter den *Cairininae* und eine Anzahl der zu den *Fuligulinae* gerechneten Arten zu sozialen Balzspielen, an denen die Weibchen – von wenigen die Erpel zur Balz anreizenden Auslösehandlungen (siehe S. 27 f.) abgesehen – nur als Zuschauer teilnehmen. Andererseits scheint den Weibchen aller über ein solches »Gesellschaftsspiel« (Heinroth) verfügenden Anatinen eine höchst aktive Rolle bei der Gattenwahl zuzufallen, worauf wir speziell bei der Mandarinente zurückkommen werden. Die Stockerpel sind neben den Mandarinerpeln wohl diejenigen, bei deren Gesellschaftsspiel die An- oder Abwesenheit der Ente die geringste

Rolle spielt. Wie bei Birk-, Auer-, Puten- und Pfauhähnen ist ihre Balz nicht eine Werbung um ein bestimmtes Weibchen, sondern eine allgemeine Schaustellung, die in ziemlich gleicher Weise stattfindet, ob nun Weibchen anwesend sind oder nicht. Wir werden innerhalb der Anatinen alle nur denkbaren fließenden Übergänge von einer solchen »unpersönlichen« Massenbalz zur persönlichen Umwerbung eines bestimmten Weibchens kennenlernen. Bei ihrer sozialen Balz vollführen die Erpel gemeinsam eine von Art zu Art verschieden große Anzahl hochdifferenzierter Bewegungen, die meist von Lauten begleitet werden, die vermittels der *Knochentrommel* an der Syrinx der Erpel hervorgebracht werden. Die mit Lauten verbundenen Bewegungen, die, wie wir noch sehen werden, auf dem Wege der Symbol- und der Übersprungbewegung aus sehr verschiedenen Instinktbewegungen entstanden sind, haben untereinander das eine gemeinsam, daß sie mit nur ganz wenigen Ausnahmen zu einer *Spannung der Luftröhre* führen, die offenbar zur Hervorbringung des Balzlautes notwendig ist. Den eigentlichen, mit Lauten einhergehenden Balzbewegungen gehen stets einige einleitende, vielleicht der Selbststimulation dienende Instinkthandlungen voraus, deren Verbreitung innerhalb der Gruppe auf ein größeres stammesgeschichtliches Alter schließen läßt, als es den eigentlichen Balzbewegungen zukommt.

b) Das Antrinken

Als erstes sei eine solche »einleitende« Bewegungsweise beschrieben, die vielleicht nicht ausschließlich epigamen Charakter hat. Wenn sich zwei Enten auf der Wasserfläche eines Teiches treffen, weicht entweder die eine der anderen aus, oder beide *trinken*. Dieses Trinken möchte man zunächst für Zufall halten. Heinroth pflegt sehr anschaulich zu erzählen, wie lange es dauerte, bis ihm selbst bei Beobachtung dieser Bewegung klarwurde, daß das Trinken bei Begegnungen kein Zufall, sondern eine Zeremonie von bestimmter sozialer Funktion ist und die Bedeutung eines *Friedenszeichens* hat. Die Entstehung der Bedeutung des Antrinkens erklärt Heinroth als Symbolhandlung, in dem Sinne, daß zwei Vögel, die unmittelbar nebeneinander essen oder trinken, nichts Böses gegeneinander im Schilde führen. Ursprünglich ist das Antrinken also eine Ausdrucksbewegung rein sozialer Bedeutung und ist deshalb auch durchaus nicht auf den Verkehr zwischen den Gatten eines Paares beschränkt, wenn es auch zwischen diesen besonders häufig ausgeführt wird. Bei höherer Differenzierung erhält es bei manchen Arten eine Koppelung an die Bewegung des Scheinputzens hinter dem Flügel, die bei der Schnatterente und der zu den Cairininen gehörigen Mandarinente (siehe diese) durchaus fest geworden ist. Bei der Stockente ist eine solche Koppelung nur angedeutet; die Erpel zeigen das

Scheinputzen ganz besonders oft, unmittelbar nachdem sie gegenüber ihrer Ente angetrunken haben, bringen aber dann stets beide Bewegungen mehrmals und durcheinander, ohne feste Reihenfolge. Daß die feste Koppelung zwischen Antrinken und Scheinputzen bei Schnatterente und Mandarinente eine umgekehrte Reihenfolge der beiden Bewegungen festlegt, sei hier schon erwähnt.

Das Antrinken ist in der Familie ungemein weit verbreitet. Unter den Anatinen gibt es keine Form, der es fehlt (Tabelle). In der Bedeutung einer männlichen Balzbewegung tritt es in Koppelung mit anderen epigamen Handlungen auch bei den Cairininen *Aix* und *Lampronessa* sowie bei den beiden den Anatinen ebenfalls sehr nahestehenden Fuligulinen *Netta* und *Metopiana* auf.

c) *Das Scheinputzen*

Wenn ein Erpel gegenüber einer von ihm umworbenen Ente angetrunken hat, langt er häufig mit dem Schnabel hinter den leicht angehobenen Flügel, ganz als wolle er sich dort putzen (Abb. 8), fährt aber statt dessen mit

Abb. 8 Das Scheinputzen des Stockerpels. Durch Berührung des Schnabels mit den Schwungfederkielen entsteht ein lautes Geräusch. Vergleiche Abb. 28 und 49.

dem Schnabelnagel kurz und rauh über die Unterseite der Kiele seiner Schwingen, so daß ein ziemlich lauter, auf viele Meter hin hörbarer *rrr*-Laut entsteht. Die Bewegung ist so rasch, daß ich bis jetzt nicht zu entscheiden wage, ob der Schnabel über die Arm- oder die Handschwingen geführt wird; die Stärke des Tones spricht für letzteres, wogegen zu bedenken bleibt, daß Pfeif-, Knäck-, Braut- und Mandarinerpel ganz sicher an der Innenseite der Armschwingen scheinputzen, die beiden letztgenannten je an *einer* bestimmten, hierzu differenzierten und besonders gefärbten Feder (siehe Braut- und Mandarinente). Es ist für die Psychologie des Tierbeobachtens methodologisch interessant, daß das Scheinputzen des Stockerpels erst 1939 von uns entdeckt wurde, nachdem wir uns so viele Jahre mit der zielbewußten Beobachtung dieser Tiere abgegeben hatten. Was mir die Augen für den oft gesehenen Vorgang öffnete, war die erstmalige Beobachtung der etwas anders ausgeführten, homologen Bewegung beim Knäckerpel, bei dem die – offenbar gerade für diese Bewegung herausdifferenzierten – Farben des Flügelkleingefieders ein Übersehen unmöglich machten. Da wurde mir zunächst dunkel bewußt, daß ich diese Zeremonie ja doch schon »irgendwo« gesehen haben mußte, und die auf der Suche nach diesem Wo angestellte spezielle Beobachtung brachte das überraschende Ergebnis, daß wohl alle von mir gehaltenen Entenarten über diese Bewegungsweise verfügen (Tabelle). Schier unglaublich will es mir heute scheinen, daß mich der ungemein kennzeichnende Ton auf die Bewegung nicht schon viel früher aufmerksam machte.

Stockerpel beginnen das Scheinputzen, das so gut wie immer mit Antrinken einhergeht (nicht aber umgekehrt!) nicht nur bei der Begegnung mit dem Weibchen, sondern ebenso und vielleicht noch intensiver bei der Begegnung mit Erpeln, wenn Stimmung zur sozialen Balz aufzukommen beginnt. In dieser Bedeutung kann die Bewegung als die erste Einleitung zu dem von Heinroth so benannten Gesellschaftsspiel aufgefaßt werden.

Seiner stammesgeschichtlichen Herkunft nach ist das Scheinputzen sicher als Übersprungbewegung aufzufassen. Es gibt kaum eine Bewegungsweise, die so vielerlei Bedeutungen annehmen kann wie das Putzen als Übersprunghandlung innerhalb der Klasse der Vögel. Neben seiner ungemein häufigen Verwendung als Balzbewegung kann es als Drohung, wie beim Kranich, als Paarungseinleitung, wie beim Gänsesäger und der Felsentaube, fungieren. Im letztgenannten Falle bestehen allerdings berechtigte Zweifel, ob die Putzzeremonie aus einem echten Übersprung und nicht als Symbolbewegung aus einer autochthonen Handlung entstanden sei, und zwar in etwa der gleichen Weise, die Heinroth für die Entstehung des Antrinkens (siehe dieses) angenommen hat.

d) Das einleitende Sichschütteln

Haben sich mehrere Erpel in der oben beschriebenen Weise versammelt, so drückt sich das Ansteigen ihrer spezifischen Balzerregung zunächst in einer besonderen Körper- und Gefiederstellung aus. Der Kopf wird fest zwischen die Schultern eingezogen, so daß der weiße Halsring völlig verschwindet, das Untergefieder wird leicht gesträubt, so daß der Vogel »imponierend« hoch auf dem Wasser schwimmt, während das Rückengefieder in »gewolltem« Gegensatz zur gewöhnlichen Ruhestellung sehr glatt angelegt wird. Das Kopfgefieder wird aufs alleräußerste aufgerichtet, so daß der grüne Glanz für die meisten Gesichtswinkel völlig verschwindet und einem tiefen Samtschwarz weicht (Abb. 9). Diese Stellung unterscheidet sich von der Stellung, die eine Stockente unmittelbar vor dem normalen, autochthonen Sichschütteln einnimmt, nur dadurch, daß sie länger, oft mehrere Mi-

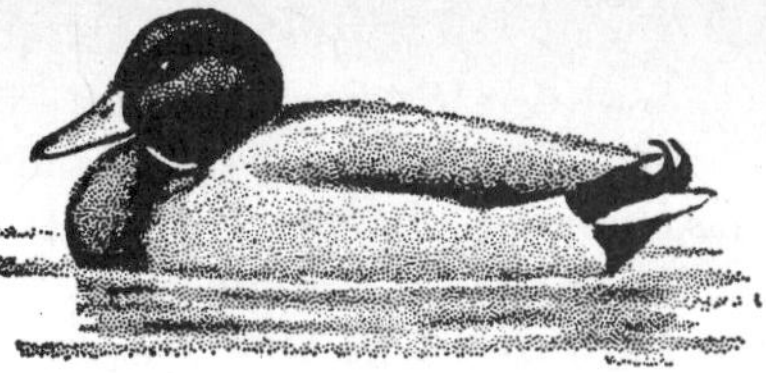

Abb. 9 Die Ausgangsstellung der zum »Gesellschaftsspiel« (Heinroth) versammelten Stockerpel. Gesträubtes Kopf-, glattes Rückengefieder. Vergleiche Abb. 19 und Abb. 48.

nuten lang, beibehalten wird. Beim gewöhnlichen Sichschütteln dauern das Einziehen des Kopfes und das Sträuben des Kopfgefieders nur mehrere Sekunden und nehmen an Intensität zu. Der Kenner kann aus ihrem Ansteigen genau voraussagen, wann das Sichschütteln tatsächlich eintritt, durchaus analog, wie man den Augenblick des Niesens an dem Grad des vorangehenden Verziehens des Gesichtes eines Nebenmenschen ziemlich genau bestimmen kann. Beim Gesellschaftsspiel der Stockerpel bleibt nun das zu erwartende Sichschüteln nicht nur viel länger aus, sondern es bringt auch, wenn es schließlich eintritt, keine Entspannung, keine Lösung der vorbereitenden Stellung. Vielmehr folgt auf des erste Sichschütteln, bei dem der Kopf eigenartig gehemmt, zaghaft und zugleich hastig-nervös nach oben gestoßen wird (Abb. 10), nach wenigen Sekunden ein zweites

Abb. 10 Schema der Bewegung des einleitenden Sichschüttelns.

und drittes. Die Intensität der Bewegung nimmt dann von Mal zu Mal ganz allmählich zu, bis schließlich die Schüttelbewegung den Erpel wie im Krampf hoch aus dem Wasser emporzureißen scheint. Ist diese Intensitätsstufe erreicht, so folgt fast regelmäßig statt eines nächsten Sichschüttelns eine der drei nunmehr zu beschreibenden Balzbewegungen (Grunzpfiff, Abauf, Kurzhochwerden), worauf alle Erpel mitbalzen. Die ganze Versammlung ist dann bis auf weiteres entspannt und hört zu balzen auf, oder aber sie beginnt nach kurzer Pause von neuem mit einleitendem Sichschütteln geringer Intensität usf. Das einleitende Sichschütteln ist sicher eine *Übersprungbewegung*. Es findet sich bei allen *Anatini* mit Ausschluß von *Spatula* (?).

e) Der Grunzpfiff

Wie beim gewöhnlichen Sichschütteln wird der Schnabel zunächst gesenkt, so daß die Schüttelbewegung unten beginnt und nach oben verläuft (Abb. 11a). Diese Senkung ist aber so ausgesprochen, daß die Schnabelspitze bei den ersten Querbewegungen die Wasserfläche streift und einen Schauer von Tröpfchen in hohem Bogen emporwirft. Dieser Umstand wurde von keinem bisherigen Beschreiber der Erpelbalz beobachtet, von uns selbst erst, als uns auffiel, daß der »Schichtfehler vieler schwarzer Pünktchen« hart-

Abb. 11 a und b Stockerpel. Zwei Bewegungsphasen des Grunzpfiffs. Beachte den Bogen hochgeworfener Wassertropfen.

näckig gerade auf Aufnahmen des Grunzpfiffes wiederkam. Die Aufrichtung des Körpers läuft dann, im Gegensatz zu einem gewöhnlichen Sichschütteln, der des Kopfes so weit voraus, daß der Körper schon ziemlich aufrecht im Wasser steht, wenn sich der Kopf noch ganz tief, mit dem Schnabel dicht über der Wasserfläche befindet. Diese merkwürdig zusammengekrümmte Stellung (Abb. 11 b) hat ihre mechanische Bedeutung offenbar in der Spannung der Luftröhre, denn gerade im Augenblick ihres Maximums erfolgt ein lauter scharfer Pfiff, dem ein tiefer Grunzton folgt, während sich der Kopf wieder aufrichtet und der Körper auf die Wasserfläche zurücksinkt. Das Grunzen klingt, als ob eine beim Pfeifen komprimierte Luftmenge wieder entwiche.

Die Verbreitung des Grunzpfiffs innerhalb der Ordnung der Anatinen ist insofern eigenartig (Tabelle), als einerseits nicht alle Anatinen diese Bewegung oder eine zu ihr homologe haben, andererseits aber sowohl die Cairininen *Aix* und *Lampronessa* als auch die Casarcine *Tadorna tadorna* sichere, wenn auch in verschiedener Richtung differenzierte Homologa besitzen. Außer den Arten der Gattung *Anas* im engeren Sinne, die sich in der Bewegungsweise so gut wie nicht von der Stockente unterscheiden, haben den Grunzpfiff in fast gleicher Weise die Spießente, *Dafila acuta*, die chilenische Spießente, *Dafila spinicauda*, die heimische und die chilenische Krickente, *Nettion crecca* und *Nettion flavirostre*; wahrscheinlich haben ihn auch alle anderen, mir nicht bekannten Arten dieser Gattungen, ferner die Kastanienente, *Virago castanea*, und, in etwas abgeänderter Form, die Schnatterente, *Chalelasmus strepera*. Der Grunzpfiff fehlt der Bahamaente, *Poecilonetta bahamensis*, der Rotschnabelente, *Poecilonetta erythrorhyncha*, den Knäckentenarten und der Löffelente.

Es kann angesichts der bei Braut- und Mandarinente noch näher zu besprechenden Zwischenformen zwischen Grunzpfiff und Sichschütteln sowie der angedeuteten Schüttelbewegung, die beim Stockerpel selbst am Anfang der Bewegung steht, kein Zweifel darüber herrschen, daß sie ihren stammesgeschichtlichen Ursprung aus einer mimischen Übertreibung eines als Übersprung auftretenden »einleitenden« Sichschüttelns genommen hat. Während bei der Stockente, anderen Anatinen und der Brautente neben dem gewöhnlichen Sichschütteln als Ausdrucksbewegungen zwei Formalisierungen dieser Bewegung vorhanden sind, bei der Mandarinente sogar nicht weniger als vier deutlich voneinander und vom ursprünglichen Sichschütteln verschiedene Balzbewegungen entstanden sind, liegt bei *Tadorna* ein eigenartiges gegenteiliges Verhalten vor: Der *Tadorna*-Mann hat ein der entsprechenden Bewegungsweise des Mandarinerpels sehr ähnliches Imponierschütteln, bei dessen Beginn der Kopf wie in einer Andeutung eines Grunzpfiffs gesenkt und dann schüttelnd und unter Ausstoßen eines trillernden Pfiffes hoch emporgerissen wird, ohne daß sich indessen der Leib mit aufrichtet. Diese für den Branderpel so ungemein bezeichnende Bewegung ist nun im Gegensatz zu der aller anderen homologe Bewegungen ausführenden Anatidenmänner seine einzige Schüttelbewegung, d. h. das ursprüngliche, gewöhnliche, mechanisch sinnvolle Sichschütteln ist in dieser Ausdrucksbewegung aufgegangen. Greift man z. B. einen Branderpel und läßt ihn wieder frei, so erfolgt reflektorisch nicht wie bei allen anderen Erpeln ein gewöhnliches Sichschütteln, sondern regelmäßig die beschriebene Imponiergeste, von der man meinen möchte, daß ihre die Federn ordnende Wirkung viel geringer sei als die der ursprünglichen, nur auf die mechanische Wirkung hin »konstruierten« Bewegung. Ich möchte den phylogenetischen Vorgang dieser Verwandlung einer mechanisch wirksamen Instinktbewegung in eine auslösende Zeremonie der Balz etwa jener Differenzierung morphologischer Strukturen vergleichen, die am Flügel einer Flaggennachtschwalbe und eines Argusfasans zu sehen sind. Zweifellos sind diese beiden so verschiedenen Balzorgane erst auf Grund einer schon vor ihrem Vorhandensein ausgebildeten spezifischen Verwendung des Flügels bei der Balz entstanden. Während sich nun bei dem Ziegenmelker aus dem Flügel sozusagen ein zweiter, besonderer Balzflügel herausgebildet hat, neben dem das ursprüngliche Flugorgan ziemlich intakt und funktionsfähig bestehen geblieben ist, ist beim

Argus der Flügel im Balzorgan so »aufgegangen«, daß seine ursprüngliche, mechanische Funktion durch die neu hinzugekommene Leistung als Auslöser ganz wesentlich beeinträchtigt wurde. Ganz ebenso blieb die ursprüngliche Bewegungsform des Sichschüttelns bei *Anas* und *Aix* neben der aus dem Balzorgan entstehenden Balzbewegung in Existenz, während es beim brünstigen *Tadorna*-Männchen in ihr verschwindet.

f) Das Kurzhochwerden

Neben dem Grunzpfiff hat der Stockerpel noch zwei weitere, gleichwertige Balzbewegungen, das »Kurzhochwerden« und die »Abaufbewegung«. Welche von den dreien nach dem einleitenden Sichschütteln als erste ein-

Abb. 12 Das Kurzhochwerden des Stockerpels, die gleiche Bewegungsphase von verschiedenen Seiten gesehen. Beachte das Hervortreten aller besonders bunten und morphologisch differenzierten Gefiederteile. Vergleiche mit Abb. 20, 25, 35 und 41.

tritt, scheint dem Zufall überlassen zu sein. Heinroth schreibt, daß meist *ein* Erpel den Grunzpfiff ausführe und die anderen am Gesellschaftsspiel beteiligten mit Kurzhochwerden oder Abauf antworten. Dies ist zwar häufig, darf aber keineswegs als unbedingt gelten. Alle nur denkbaren anderen Kombinationen kommen ebenfalls vor. Das Kurzhochwerden ist vielleicht die auffallendste unter den Balzbewegungen des Stockerpels, sicherlich die komplizierteste. Der Erpel reißt zunächst unter einem lauten Pfiff den Kopf mit eingezogenem Kinn nach hinten und oben und krümmt gleichzeitig den Steiß mit stark gesträubtem Bürzelgefieder aufwärts, so daß der ganze Vogel eigenartig kurz und hoch wird. Die Ellenbogen werden dabei hochgehoben, so daß die doch emporragende Ringelfeder am Bürzel von der Seite her sichtbar bleibt (Abb. 12). Diese Phase dauert etwa $^1/_{20}$ Sekunde, dann sinkt der Körper in Normallage zurück. Nur der Kopf bleibt für einen Augenblick hoch emporgereckt, und dabei wird der Schnabel auf eine bestimmte der beim Gesellschaftsspiel der Erpel anwe-

Abb. 13 Das unmittelbar auf das Kurzhochwerden folgende Hindrehen des Kopfes nach der Ente. Beachte die Stellung des Kopfgefieders.

senden Enten gerichtet, bei verheirateten Erpeln immer auf die Gattin (Abb. 13). Im nächsten Augenblick setzt sich der Erpel in Bewegung und schießt im »Nickschwimmen« (siehe S. 27 f.) flach ausgestreckt über die Wasserfläche davon, meist im Kreise um die angebalzte Ente herum (Abb. 14). Gegen Schluß des Nickschwimmens, wenn der Erpel allmählich wieder in die gewöhnliche Schwimmlage zurückkehrt, wird der Kopf hoch aufgerichtet und der Hinterkopf nunmehr jener Ente zugewandt, auf die vorher der Schnabel zeigte (Abb. 15). Schon während des Kurzhochwerdens und des Aufstoßens nimmt das Kopfgefieder eine eigenartige »Frisur« an: Die Federn werden an die Kopfseiten angelegt, aber in Richtung der Medianen gesträubt, so daß der Kopf zu einer schmalen, aber hohen Scheibe wird, die, von der Seite gesehen, stark glänzt, einen auffallenden Gegensatz zu dem mattschwarzen Ball bildend, der der Kopf während des einleitenden Schüttelns war. Während des Nickschwimmens wird diese Frisur dahin abgeändert, daß sich das ganze Kopfgefieder glatt anlegt und nur im Nacken ein kleines Areal starr emporgerichteter Federn bestehen bleibt (Abb. 14). Diese Federstellung wird erst in der nächsten Phase, beim Hinterkopfzudrehen, verständlich: Nun ist in glänzend grüner Umrahmung ein kleines schwarzes Feld vorhanden, das dem Blick der umworbenen Ente in auffälliger Weise dargeboten wird.

Abb. 14 Das an Kurzhochwerden und Kopfhindrehen gekoppelte Nickschwimmen des Stockerpels.

Abb. 15 Das Hinterkopfzudrehen des Stockerpels ohne Kinnheben, meist in der Form ans Nickschwimmen gekoppelt. Beachte die Stellung des Hinterkopfgefieders und seine Glanzlichter und vgl. mit Abb. 23.

Es ist hier ein Wort über die vergleichende Morphologie dieser Gefiederstellungen am Platze, wobei das Wort »Morphologie« die Lehre von der Gestalt der Bewegung *und* der organischen Form bezeichnen soll. Die Gefiederstellungen, die beim Stockerpel rein *funktionell* sind, sind ganz bestimmt beim Spieß-, Krick-, Braut- und Mandarinerpel zur unveränderlichen Form geworden. Alle vier genannten Arten – und wahrscheinlich eine ganze Reihe weiterer – besitzen nicht nur die Homologa der Bewegungen des Stockerpels, sondern auch die entsprechenden Gefiederstellungen. Bei ihnen sind aber auch Farb- und Formmerkmale vorhanden, die als *dauernde* morphologische Charaktere dieselben Linien bezeichnen, die am Kopfe des Stockerpels nur durch die verschiedenen Einstellungen der Federn zustande kommen. Die scheibenförmige »Frisur«, die der Stockerpel im Augenblick des »Aufstoßens« zeigt, hat ihre scharfe Kante genau an jener Stelle, an der beim Krickerpel jene feine weiße Linie entlangläuft, die das Grün der Brille von der matten Farbe des Oberkopfes trennt. Beim Brauterpel ist es nicht nur dieselbe weiße Linie, sondern es sind auch Verlängerungen der Federn, die ein räumliches Hervortreten der beim Krickerpel nur durch eine Linie bezeichneten Kante bedingen. Die Haube von *Lampronessa* und *Aix* »dient« in erster Linie der »Scheibenfrisur«. Beim Mandarinerpel ist die gleiche Linie durch die Grenze des weißen Schläfenfeldes gegen die bunten Farben des Oberkopfes noch stärker unterstrichen, die Federverlängerungen aber gehen bei ihm so weit, daß die räumlich vorspringende Kante auch bei Ruhestellung des Gefieders vorhanden ist. Beim Spießerpel ist die »Scheibenfrisur« weniger deutlich als beim Stockerpel, dagegen ist bei ihm das Hinterkopfzudrehen besonders entwickelt (siehe auch Abb. 23) und mit ihm das Aufrichten des Nackengefieders. Das schwarze

Samtkissen, das bei dieser Stellung im Nacken des Stockerpels erscheint, ist bei *Dafila acuta* zum dauernd vorhandenen morphologischen Merkmal geworden. Die ihm entsprechenden Federn sind nicht nur, wie bekannt, tiefschwarz und rechts und links von einer weißen Linie umrahmt, sondern auch länger als die der Umgebung, so daß bei der Gefiederstellung des Hinterkopfzudrehens ein räumlich vortretendes Federpolster entsteht. Es besteht kein Zweifel, daß bei allen diesen Körper- und Gefiederbewegungen *die Bewegung älter ist als das zur Vergrößerung ihrer optischen Wirkung herausdifferenzierte Organ.* Die weite systematische Verbreitung der Bewegungen, die viel engere der einzelnen Gefiederformen und -farben sowie die deutlichen Beziehungen der letzteren zu den ihnen allen als gemeinsame Unterlage zugrunde liegenden, in der Familie offensichtlich schon sehr lange vorhandenen Bewegungsformen lassen gar keine andere Annahme zu. Dafür spricht auch, daß die kennzeichnenden Körperbewegungen in durchaus gleicher Weise wie bei der Stockente auch bei den *nicht* mit Prachtkleidern ausgestatteten Männchen der anderen *Anas*-Arten vorhanden sind. Die Stellungen des Kopfgefieders sind bei ihnen auch nachweisbar, aber in deutlich geringerem Ausmaß als bei den mit glänzenden oder gar verlängerten Kopffedern versehenen Entenarten.

Das Kurzhochwerden ist in der Familie viel seltener als der Grunzpfiff (Tabelle). Außer den eigentlichen *Anas*-Arten kommt es nur dem Spießerpel und dem einheimischen Krickerpel zu, ferner dem Bahamaerpel, dessen einzige Balzbewegung es darstellt. Es fehlt interessanterweise dem Erpel von *Dafila spinicauda.* Bei *Nettion flavirostre* sind Teile der Bewegungsweise vorhanden, nämlich das Aufstoßen mit nachfolgender Kopfdrehung auf das Weibchen zu. Über die Herkunft des Kurzhochwerdens können wir uns vorläufig keine Vorstellung bilden. Wie beim Grunzpfiff hat die starke Verkrümmung der Wirbelsäule offensichtlich mit der Spannung der Luftröhre beim Ausstoßen des Pfiffes etwas zu tun, aber ob sich die Bewegung selbst aus irgendeiner ursprünglich mechanisch wirksamen Instinkthandlung ableitet, sei es auf dem Wege der Symbol- oder dem der Übersprunghandlung, ist heute nicht entscheidbar.

g) Die Abaufbewegung

Statt Grunzpfiff und Kurzhochwerden kann auch eine dritte Bewegung erfolgen, bei der der Erpel blitzrasch mit dem Schnabel ins Wasser fährt, um im nächsten Augenblick den Kopf allein hochzureißen, ohne dabei zunächst die tief ins Wasser eingesenkte Brust zu heben (Abb. 16). Im Augenblick, in dem der Kopf am höchsten und die Brust am tiefsten liegt, erfolgt der Pfiff, also wieder gerade bei der größten Spannung der Trachea. Beim Emporreißen des Schnabels wird oft aus dem Wasser durch die rasche

Schnabelbewegung eine kleine Fontäne emporgerissen, die bei der raschen Reaktionszeit eines Vogels vielleicht optisch auf die Ente mitwirkt. Unmittelbar nach dieser sehr kurzen Bewegung sagt der Erpel mit weiterhin hocherhobenem Kinn ganz rasch sein *räbräb*. Mehr als bei anderen Balzbewegungen hat man bei dem Abauf den Eindruck, daß die Erpel sich in irgendeiner Weise gegenseitig beeinflussen müssen; denn mit einer weit über die zufällige Wahrscheinlichkeit hinausgehenden Häufigkeit führen viele, ja häufig alle Erpel einer Balzgesellschaft gerade diese Bewegung aus. Dann pflegt das nachfolgende *räbräb*-Palaver die Balz vorläufig zu beenden.

Abb. 16 Die Abaufbewegung des Stockerpels, der linke Erpel im Tiefpunkt, der andere im unmittelbar darauf folgenden Gipfelpunkt der Bewegung. Beachte die aus der Oberfläche gezogene Wassersäule, aus der die große Schnelligkeit der Bewegung hervorgeht.

Das Abauf ist die einzige im Gesellschaftsspiel vorkommende Bewegungsweise, die ausnahmsweise auch *außerhalb* desselben gebracht wird, und zwar dann immer in einer ganz bestimmten Situation, nämlich aus einem maximal intensiven *räbräb*-Palaver (siehe S. 23) heraus, wie es besonders häufig nach Beunruhigung oder nach Kämpfen zweier Erpel zustande kommt.

Die Verbreitung der Abaufbewegung liegt innerhalb der nächsten Verwandtschaft der Stockente sozusagen in umgekehrter Richtung wie die des Kurzhochwerdens. Außer bei den *Anas*-Arten im engsten Sinne findet es sich in sicher homologer Weise nur bei der Schnatterente und bei den Pfeifentenarten. Eine wahrscheinlich homologe Differenzierung findet sich bei *Virago castanea*. Es fehlt allen Spieß- und Krickentenarten, die doch sonst der Stockente in den Balzbewegungen so ähnlich sind. Eine vielleicht homologe Bewegungsweise ist das extreme Anheben des Kopfes: die wichtigste Balzbewegung des *Peposaca*-Erpels, *Metopiana peposaca*.

Die Herkunft der Abaufbewegung ist mit einiger Wahrscheinlichkeit anzugeben. Es dürfte eine formalisierte Übertreibung des Antrinkens sein, wie es sich bei fast allen Anatiden findet. Wenn man die Bewegung des *Kinnhebens*, wie es der Stockerpel nach der Abaufbewegung und auch sonst bei heftigen *räbräb*-Palavern ausführt, als eine schwächere Intensitätsstufe des Abauf auffaßt, so ergibt sich eine etwas weitere Verbreitung der Bewegung innerhalb der Familie und gleichzeitig eine deutlichere Beziehung zum Antrinken. Zumal beim Brauterpel folgen auf das Antrinken häufig Kinnheben und Hinterkopfzudrehen.

h) Das »Keuchen«

Manchmal sagen einzelne Erpel ohne besonders auffallende Bewegungen genau im Augenblicke, in dem die übrigen Teilnehmer der Balzgesellschaft den Pfiff ausstoßen, einen eigenartig heiseren Ton, den man am besten nachahmt, indem man ein dreisilbiges, heiseres *chachacha* aus-, ein- und wieder ausatmend sagt. Man hört den Ton besonders von schwachen oder sonst nicht ganz reaktionsstarken Erpeln, außerdem hörte ich ihn in genau gleicher Weise, nur in der Stimmlage entsprechend verändert, von einer weiblichen Kaki-Campbellente und von einem weiblichen Mischling von *Virago castanea* und *Poecilonetta bahamensis*, der sich für die Gesellschaftsspiele der Stockerpel interessierte. Herkunft und Bedeutung der Äußerung sind unklar, ebenso ihre weitere Verbreitung.

i) Der Kampf der Erpel

Kämpfende Stockerpel packen einander mit eingezogenem Hals am Kropfgefieder und schieben sich mit Gewalt aufeinander zu, so daß einer den anderen zurückzuschieben trachtet. Man sieht als Folge dieser arteigenen Kampfesweise schon früh im Frühling runde kahlgerupfte Stellen im Kropfgefieder. Nur bei sehr hoher Intensität der Kampfeserregung beginnen die Erpel mit den Flügelbugen aufeinander einzuschlagen. Dann zeigt es sich, daß die eigenartig kurzhalsige Kopfhaltung von vornherein auf das Hinzukommen dieser weiteren Bewegungsweise abgestimmt ist. Auch andere Anatiden, die im Kampfe mit den Flügelbugen schlagen, halten den Gegner mit eingezogenem Hals dicht vor ihrer Brust fest, genau an der Stelle, wohin der Flügelbug trifft.

k) Das Paarungsnachspiel

Dieses ist beim Stockerpel durch eine besondere Bewegungsweise gekennzeichnet. Unmittelbar nach dem Treten, noch während des Hängens, reißt der Erpel plötzlich Kopf und Hals, ohne sie hochzurecken, weit auf den Rücken. Oft hält er bei dieser Bewegung das Nackengefieder der Ente noch im Schnabel, so daß der Kopf der Ente mit nach hinten gezogen wird (Abb. 17). Dann, als wäre diese Rückwärtsbewegung nur das Ausholen zu einem mimisch übertriebenen Kopfnicken gewesen, schießt der Erpel mit der typischen Bewegungsweise des Nickschwimmens davon und im Kreis um die Ente herum, ganz wie nach dem Kurzhochwerden (siehe S. 36). Die Bewegungsweise des Auf- und Zurückreißens des Kopfes, für die wir die Bezeichnung *»Aufreißen«* einführen wollen, tritt manchmal in die Bewegungsweise des Kurzhochwerdens eingeschaltet auf, und zwar in der Weise, daß auf das Kopfheben und Hindrehen des Schnabels nach der Ente das Aufreißen mit darauffolgendem Nickschwimmen in derselben Weise folgt wie auf das Treten.

Abb. 17 Das Aufreißen des Stockerpels nach der Begattung. Die gleiche Bewegung erfolgt nach dem Kurzhochwerden (Abb. 12) mit Hindrehen des Kopfes nach der Ente (Abb. 15) vor Beginn des Nickschwimmens (Abb. 14) als einleitende Bewegung zu diesem (S. 37).

Dasselbe Paarungsnachspiel findet sich bei allen *Anas*-Arten, bei *Nettion flavirostre* (ob bei *crecca*, weiß ich nicht) und *Virago castanea.* Bei den beiden letztgenannten Formen kommt aber das Aufreißen auch als völlig selbständige Bewegungsweise des Gesellschaftsspieles vor (Tabelle), bei *Nettion flavirostre* ohne darauffolgendes Nickschwimmen, bei *Virago castanea* entweder ebenso isoliert oder aber, wie noch genau zu beschreiben, in eine einzige feste Kette von Bewegungen eingegliedert, die mit dem Grunzpfiff beginnt und mit Nickschwimmen und Hinterkopfzudrehen ihren Abschluß findet.

V Die Fleckschnabelenten, Anas poecilorhyncha Forster und Anas poecilorhyncha Swinhoe

Über diese beiden Arten kann nur berichtet werden, daß sie in allen Bewegungsweisen und Stimmäußerungen mit der Stockente völlig übereinstimmen. Der einzige Unterschied, den ich feststellen konnte, betraf die Federstellungen des Kopfes bei den S. 38 beschriebenen Bewegungen. Die kennzeichnenden »Frisuren« sind zwar vorhanden, aber deutlich weniger extrem als bei der Stockente. Stockente, Fleckschnabelente und Madagaskarente halten sich untereinander insofern für »dasselbe«, als die Erpel wie Artgenossen miteinander kämpfen, die Arten Mischehen untereinander ebenso leicht eingehen wie artgleiche. Nur bei der Vergewaltigungsreaktion besteht merkwürdigerweise ein elektives Reagieren auf die eigene Art: Fleckschnabel- und Mellerenten werden von Stockerpeln nur ganz ausnahmsweise verfolgt, ebenso zeigen die Erpel dieser Arten Stockentenweibchen gegenüber nie Vergewaltigungsgelüste. Wohl aber heiraten sie solche ebensogerne wie artgleiche Weibchen.

VI Die Madagaskarente, Anas melleri Sclater

Während bei der Fleckschnabelente, wenn auch ein eigentliches Männchenprachtkleid nicht vorhanden ist, der Erpel doch in Gefieder- und Schnabelfarbe vom Weibchen deutlich verschieden ist, ist der Mellererpel dem Weibchen fast gleich. Das Gefieder zeigt die typische, längsgerichtete Schaftfleckung des *Anas*-Weibchenkleides ohne eine Spur der sowohl bei Fleckschnabelerpeln wie beim Dunklen Erpel, *Anas rubripes*, angedeuteten, an das Sommerkleid des Stockerpels gemahnenden Neigung zur Querbänderung. Im Gehaben unterscheidet sich der Mellererpel von Stock- und Fleckschnabelerpel durch seine außerordentliche Kampfesfreudigkeit und seine damit einhergehende Neigung zum Kinnheben und zu *räbräb*-Palavern. Die Erpel verteidigen ihre Gattinnen intensiver gegen fremde Erpel, als Stockerpel es tun, und kämpfen auch bei der Brautwerbung mehr miteinander. Die Mellerenten ihrerseits scheinen interessanterweise besonders leicht auf nicht artgleiche Erpel anzusprechen. Besonders ein großer Mischling zwischen Stock- und Türkenente erfreute sich dauernd der Liebe – und daher des intensivsten Gehetztwerdens durch eine ganze Reihe verschiedener Mellerenten. Diese Umstellbarkeit hängt zweifellos mit dem Fehlen eines kennzeichnenden männlichen Prachtkleides zusammen. Andererseits machen die Mellererpel durch ihren außerordentlichen Kampfesmut den Mangel an Prachtkleid wett. Beim Wettbewerb zwischen einem Stock- und einem Mellererpel führt regelmäßig letzterer die Braut davon. Selbst der Mellererpel, dessen »rechtmäßige« Gattin sich in den Türken-Stock-Mischling verliebt hatte, wurde durch die Hartnäckigkeit seiner Angriffe schließlich des mehr als doppelt so schweren und durchaus nicht feigen Nebenbuhlers Herr! Diese große Kampfesfreudigkeit und insbesondere die Neigung zur wütenden Verteidigung der Gattin legten den

Gedanken an männliche Brutpflege nahe, wozu auch der Mangel jedes Geschlechtsdimorphismus gestimmt hätte. Diese Erwartung bestätigte sich bis jetzt jedoch nicht: In den wenigen (3) Fällen, in denen ich Mellerenten ebendieser Frage halber ihre Brut frei führen ließ, kümmerte sich der zugehörige Erpel genausowenig um die Küken wie ein Stockerpel.

Die weiblichen wie die männlichen epigamen und nichtsexuellen Ausdrucksbewegungen und -laute unterscheiden sich so wenig von denen der Stockente, daß es genügt, die vorhandenen Unterschiede zu erwähnen. Das Hetzen der Ente klingt hoch und dünn und ist von dem der Stockente und Fleckschnabelente – die untereinander völlig gleich klingen – sofort und sicher zu unterscheiden, auch der Decrescendoruf ist etwas rauher und dünner. Man könnte sagen, beides klingt, als ob es von einer kleineren Ente käme. Am Erpel ist der auffallendste Unterschied gegenüber Stock- und Fleckschnabelerpel, daß er statt des *räbräb* des Stimmfühlungslautes und des Palavers ein dreisilbiges *räbräbräb* sagt, das bei hoher Erregung sogar viersilbig werden kann. Dies fiel mir zuerst nicht akustisch, sondern optisch dadurch auf, daß sich der Unterschnabel palavernder Mellererpel so merkwürdig schnell bewegte. Im Gesellschaftsspiel der Mellererpel finden sich sämtliche beim Stockerpel erwähnten Bewegungsfolgen, *dazu aber noch das Nickschwimmen, das im Gesellschaftsspiel von Stock- und Fleckschnabelenten als gesonderte Bewegungsform nur dem Weibchen zukommt.* Auch in der Anwendungsweise entspricht dieses Nickschwimmen des Mellererpels durchaus dem der *Anas*-Weibchen, indem es nicht, wie das im Kurzhochwerden des Stockerpels eingebaute Nickschwimmen, erst nach langer Einleitung und nach Vorangehen vieler anderer Bewegungen erfolgt, sondern ganz wie das der Weibchen sozusagen als Einleitung und Aufforderung zur Balz, ohne jedes vorangehende einleitende Schütteln, Antrinken oder Scheinputzen völlig unvermittelt gebracht wird. Es ist vielleicht kein Zufall, daß gerade der einzige wirklich weibchenfarbige unter allen Schwimmerpeln auch diese weibliche Balzbewegung besitzt.

VII Die Spießente, Dafila acuta L.

1 Allgemeines

Der allgemeine Aufbau der Balzgesellschaften der Spießente und damit die Bedeutung der einzelnen hier zum Vergleich herangezogenen Bewegungsweisen unterscheiden sich dadurch von dem der bisher besprochenen Enten, daß die Erpel ihre Gesellschaftsspiele nicht unabhängig vom Beisein der Weibchen beginnen und diese sozusagen »eingeladene« Zuschauer abgeben. Vielmehr balzen die Erpel ausgesprochen vor den Enten, drängen diesen ihre Balzbewegungen geradezu auf, was Stockerpel niemals tun. Ein Stockerpel schwimmt niemals auf eine Ente zu oder gar ihr nach, um dann vor ihren Augen eine Balzbewegung auszuführen, wohl aber tut dies der Spießerpel. Dies schließt nicht ganz aus, daß eine kleine Gesellschaft von Erpeln unabhängig von der Anwesenheit einer Ente zu balzen beginnt, aber sowie eine Ente auf dem Plan erscheint, beginnen sich die Erpel um sie zu drängen. Bei ihr angelangt, »müssen« sie dann aber doch ein paarmal das einleitende Schnabelschütteln ausführen, ehe sich ihnen der Grunzpfiff oder das Kurzhochwerden entringt. Man hat bei diesem Vorgang immer den Eindruck, die Spießerpel »wollten« eigentlich ganz wie Stockerpel nach langer »feierlicher« Einleitung am Platze balzen, würden aber durch die Unstetigkeit der zusehenden Ente gezwungen, den Schauplatz ihrer Balz wieder und wieder zu verlegen. Ich bin nicht ganz sicher, ob nicht unter normalen Bedingungen die Spießenten mehr Interesse für die Balz der Erpel haben, als es auf meinem Teiche der Fall war. Dafür spricht auch, daß die Stockenten erfolgreicher im Brüten waren als die Spießenten; offenbar waren die Bedingungen für die Stockenten im ganzen günstiger. Immerhin sei betont, daß Stockerpel bei mangelndem Interesse der Enten ihr Gesellschaftsspiel nicht unterbrechen oder gar ihren Platz nach der Ente hin verlegen.

2 Die nichtepigamen Ausdrucksbewegungen und -laute

Der Stimmfühlungslaut und der Lockruf sind ebenso wie die zugehörigen Körperstellungen bei den kleinen Küken denen der Stockente gleich. Schon vor Erreichen der Flugfähigkeit, gleichzeitig mit dem Stimmbruch, verliert der Erpel den zweisilbigen Stimmfühlungslaut. Seine Stimme verwandelt sich in einen dünnen, eigenartig an gewisse Singvogellaute erinnernden Quetschlaut, ein feines nasales *geeeee*, das auch dann einsilbig und gezogen vorgebracht wird, wenn es in seiner Bedeutung dem zweisilbigen *räbräb* des Stockerpels entspricht, z. B. wenn man zahme Tiere vor sich hertreibt, wobei Stockerpel geärgert gerade ihr raschestes *räbräb* sagen und die Enten beider Arten ihr zweisilbiges *quegeg, quegeg*. Wie beim Stockerpel vereinigt ein einsilbiger gezogener Stimmlaut die Funktion von Lock- und Warnruf. Die Ausdrucksbewegungen der Auffliege- und Fortgehstimmung sind bei der Spießente durchaus denen der Stockente ähnlich, nur ist die Stimme wesentlich tiefer und rauher, ungemein reich an rollenden *r*-Lauten.

3 Die epigamen Ausdrucksbewegungen und -laute des Weibchens

a) Das Hetzen

Das Hetzen der Spießente unterscheidet sich in seiner Bedeutung und Anwendungsweise nicht von dem der Stockente. Obwohl es diesem sicher homolog ist – ist es doch bei weiblichen Mischlingen verschiedener Blutzusammensetzung in allen nur denkbaren Übergängen zwischen beiden Ursprungsformen ausgebildet –, unterscheidet es sich in Bewegungsform und Laut ganz wesentlich von dem von *Anas*. Die Spießente trägt sich beim Hetzen vorne sehr hoch, so daß sie auf dem Lande vorne geradezu aufgerichtet dasteht (Abb. 18), und bewegt den Kopf viel dichter an den Körper gepreßt nach hinten. Die ursprünglich nach dem Feinde zu gerichtete Schnabelbewegung, bei der Stockente noch deutlich zu erkennen, ist kaum sichtbar, die ganze Bewegungsweise von der primitiven Form, wie sie sich bei Casarcinen findet, wesentlich weiter abgewandelt als die der Stockente. Die Senkung des Schnabels in den Kopfgelenken ist weniger deutlich als bei dieser. Die Stimmäußerung läßt einzelne *queg*-Laute kaum erkennen, diese folgen einander viel rascher als bei *Anas* und fließen, entsprechend der Stimmlage der Spießente, zu einem fast fortlaufenden *arrrrrrrrr* zusammen, das aber noch das eigenartig »querulante«, schimpfende An- und Abschwellen des Lautes genauso hören läßt wie bei *Anas*.

Abb. 18 Das Hetzen der Spießente. Beachte den hochstehenden Vorderleib. Aufstoßen des Spießerpels. Bei so extremer Ausführung wie in der Abbildung erfolgt regelmäßig ein Pfiff.

b) Die Abweisungsgebärde

Diese ist bei der Spießente intensiver und leichter auszulösen als bei der Stockente. Schon wenn man zahme Stücke etwas unsanft vor sich hertreibt, heben sich die Oberschnäbel der Enten und sträubt sich deren Vorderkopfgefieder. Das »Gäckern« klingt ähnlich, nur rauher und tiefer als das von *Anas*-Weibchen. Während der Brutpause ergehen sich Spießenten, auch ohne daß überhaupt ein Erpel in die Nähe kommt, in wahrhaft »hysterischen« Ausbrüchen der Abweisungsgebärde, wodurch der Pfleger oft erst auf das Vorhandensein eines bebrüteten Geleges aufmerksam gemacht wird. Die Erpel, die sich sonst bezüglich der Vergewaltigungsjagden ähnlich denen der *Anas*-Arten verhalten, scheinen solche brütige Enten grundsätzlich in Ruhe zu lassen.

c) Der Decrescendoruf
Dieser ist seltener zu hören als bei der Stockente, meist in tiefer Abenddämmerung zur Zeit der intensivsten Flugstimmung. Er besteht in einem ungemein lauten und tiefen zweisilbigen *quahrrrquack*, von dem man nicht recht weiß, ob es aus zwei langsamen oder sehr vielen schnellsten *queg*-Lauten entstanden ist. Die Stimm- und Tonsenkung innerhalb jeder Silbe entspricht durchaus derjenigen von *Anas*.

d) Die Paarungseinleitung
Sie gleicht derjenigen der Stockente, nur will mir scheinen, als ob die Spießente nicht so wie jene dem Erpel gegenüber der auffordernde Teil sei. Doch mag dies an einer gefangenschaftsbedingten Verringerung der Fortpflanzungsstimmung meiner Spießenten liegen, die ja meist das weibliche Geschlecht stärker heimsucht als das männliche.

4 Die epigamen Ausdrucksbewegungen und -laute des Erpels

a) Das Scheinputzen
Das Scheinputzen erfolgt ganz wie beim Stockerpel mit oder ohne Antrinken. Da die Spießenten, *acuta* sowohl wie *spinicauda*, nach Geschlechtern verschiedene Spiegel haben, und zwar im männlichen Geschlechte weit buntere, scheint die von Heinroth hervorgehobene Funktion des Spiegels als Flugsignal bei diesen Arten hinter der eines epigamen Merkmals zurückzutreten. Denn bei diesen Enten fliegt das Weibchen genau wie bei der Stockente dem Erpel so gut wie immer voraus, obwohl sie nicht wie er bunte Abzeichen am Flügel trägt. Es ist sicher kein Zufall, daß das Scheinputzen am Flügel gerade bei jenen Arten die größte Rolle spielt, bei denen der Geschlechtsdimorphismus der Flügel am größten ist, so bei *Aix*, *Lampronessa*, *Chaulelasmus* und *Mareca*.

b) Das Antrinken
Das Antrinken verhält sich in jeder Hinsicht wie das der Stockente.

c) Das einleitende Sichschütteln

Bei der Körperstellung und dem Kopfschütteln, die den eigentlichen Balzbewegungen vorangehen, wirken die Spießerpel ganz besonders lang und elegant. Der kurz eingezogene, dick gesträubte Kopf steht in eigenartig reizvollem Gegensatz zu dem lang hingestreckten Körper und dem fast waagerecht getragenen Spieß (Abb. 19). Das Sichschütteln pflegt weniger oft und anhaltend wiederholt zu werden als beim Stockerpel, dafür aber schiebt sich zwischen diese Einleitungsgebärde und die höher differenzierten Balzhandlungen noch eine besondere Bewegung ein.

Abb. 19 Die Ausgangsstellung zum Gesellschaftsspiel der Spießerpel. Vergleiche auch Abb. 9.

d) Das Aufstoßen

Während das Kopfgefieder die S. 38 für den Stockerpel beschriebene Scheibenfrisur annimmt, wird der Kopf mit horizontal oder sogar etwas abwärts gehaltenem Schnabel sehr hoch nach oben gestoßen. Die Bewegung erfolgt nicht ruckartig schnell wie die Abaufbewegung des Stockerpels, sondern gemessen langsam. Gleichzeitig wird der einsilbige Stimmfühlungslaut mit steigender, wie fragend klingender Tonhöhe geäußert, im nächsten Augenblick wandert der Kopf unter nochmaligem Ausstoßen eines zweiten, nunmehr im Tone sinkenden Stimmfühlungslautes wieder nach abwärts. Mit dem Symbol *g e e e e e g e e e e e* werden Kopf- und Stimmbewegung gleich gut wiedergegeben, der Terminus des »Aufstoßens« stellt sie in einem wenig poetischen Gleichnis ebenfalls gut dar. Das Aufstoßen des Spießerpels ist im Gegensatz zu den mit Pfeifen verbundenen Balzbewegungen des Stockerpels nicht an ein »Alles-oder-nichts-Gesetz« gebunden, sondern sieht je nach Intensität verschieden aus, sowohl was den Umfang der Kopfbewegung, als was den der durchlaufenen Tonskala anlangt. Auch ist nach einem einmaligen Aufstoßen die gespeicherte reaktionsspezifische Energie keineswegs in ähnlichem Maße abgelassen wie nach Ausstoßen des Grunzpfiffs, vielmehr wirkt es, zumal bei geringerer Intensität, ganz sicher ähnlich wie das einleitende Sichschütteln als Selbststimulierung. Bei höherer Reaktionsintensität wird das Aufstoßen durch einen leise hauchend-flötenden, wie *pfüh* klingenden Pfiff bereichert, der genau im Kulminationspunkte der Kopf- und Stimmbewegung eintritt, wie alle Knochentrommelpfiffe der Schwimmerpel also in jenem Zeitpunkte der zugeordneten Bewegung, in dem die Luftröhre die größte Spannung aufweist. Während des Pfiffes wird die Äußerung des Stimmlautes nicht unterbrochen, und das ganze Tongemälde läßt sich mit *pfüh geeeeeeeegeeeeeeeee* wiedergeben. Zweifellos wird auch die Tonsteigerung des *geeee* mechanisch durch das Empordrücken des Kopfes und die dadurch verursachte Spannung der Trachea hervorgerufen, denn man kann aus der Kopfbewegung wie aus dem Ansteigen des Tones ungemein

Abb. 20 Das Aufstoßen des Spießerpels, weniger extrem als in Abb. 18. In solchen Fällen ohne Pfiff, nur mit Stimmlaut. Vergleiche Abb. 24, 39, 46 und 50.

sicher voraussagen, ob und an welchem Punkte ein Pfiff erfolgen wird oder ob die Bewegung, ohne die Schwelle des Pfeiflautes erreicht zu haben, wieder abklingen wird (Abb. 20).

Die einzige Bewegung des Stockerpels, die dem Aufstoßen vielleicht unmittelbar homolog ist, ist jenes eigenartige Emporrecken des Kopfes unter Hindrehen desselben nach der Ente und Ausstoßen eines gezogenen *rääb*, das wir als zweites Tempo des Kurzhochwerdens kennengelernt haben (S. 36). Beim Schnattererpel gibt es eine Bewegung mit Emporstoßen des Kopfes und leiser Äußerung des bei dieser Art fast stimmlosen Lockrufes, die der des Spießerpels viel mehr ähnelt, gleichzeitig aber sicher der der *Anas*-Arten homolog ist. Ein sicher homologes Aufstoßen haben neben *Dafila spinicauda*, bei der es völlig gleich wie bei *acuta* verläuft. *Virago castanea, Nettion crecca* und *flavirostre*. Ohne Pfiff, aber mit sehr ähnlichem Stimmlaut verläuft es bei *Poecilonetta bahamensis* und *erythrorhyncha*, wobei das Aufstoßen der letztgenannten einen eindeutigen Übergang zu dem der Knäckentengruppe und in weiterer Hinsicht zu dem der Löffelenten bildet. Aber auch *Aix* und *Lampronessa* haben entsprechende Kopfbewegungen, allerdings mit ganz anderen Lauten. Seiner Herkunft nach halte ich das Aufstoßen für eine mimische Übertreibung des Kopfhochstreckens bei Ausstoßen des Lockrufes. Dazu stimmt erstens das fragliche Intermedium des Kopfhochreckens, das bei *Anas* in das Kurzhochwerden eingebaut ist, zweitens aber auch der Umstand, daß auch an das Kurzhochwerden des Spießerpels ein völlig unverkennbares Aufstoßen gekoppelt ist (siehe dieses). Drittens vertritt das Aufstoßen bei Spieß-, Krick- und Knäckenten den Lockruf funktionell, kann also *unabhängig von der Balz*, ohne einleitendes Sichschütteln, gebracht werden, durchaus analog dem langgezogenen *rääb* des Stockerpels in den für dieses kennzeichnenden Reizsituationen. Man sieht und hört das Aufstoßen also, wenn ein Erpel seine Ente verloren hat, wenn eine Ente über ihn hinfliegt, wenn eine Ente in einiger Entfernung den Decrescendoruf hören läßt, vor allem aber auch ganz wie das *rääb* des Stockerpels in der Bedeutung des Warnlautes. Die Aufstoßbewegungen von *Aix* und *Lampronessa* sind zwar sicher auch dem *rääb* homolog, aber wohl unabhängig vom Aufstoßen der *Dafila-Virago*-Krickentengruppe aus dem Lockruf herausdifferenziert worden.

e) Der Grunzpfiff

Dieser ist bei der Spießente völlig gleich dem der Stockente; wie bei dieser streift der Schnabel die Wasseroberfläche, und wie bei dieser erfolgt der

Abb. 21 Der Grunzpfiff des Spießerpels. Vergleiche Abb. 11 b und 38.

Pfiff im Augenblick der größten Luftröhrenspannung. Dagegen fehlt der für die *Anas*-Arten bezeichnende Grunzlaut, und der Pfiff selbst ist weniger scharf und mehr auf *ü* lautend als bei jenen (Abb. 21).

f) Das Kurzhochwerden

Diese Bewegungsweise sieht beim Spießerpel etwas anders aus als bei *Anas*. Vor allem bleiben die Ellenbogen flach am Rücken angelegt, und das Bürzelgefieder wird nicht gesträubt. Dagegen sind die Kopf-, Rumpf- und Schwanzbewegungen denen des Stockerpels durchaus gleich, ebenso die Koppelung an ein Kopfheben mit Hindrehen des Schnabels nach dem Weibchen (Abb. 22). Ein anschließendes Aufreißen und Nickschwimmen fehlen bei *Dafila acuta* völlig. Unter allen anderen Anatinen hat die Bahamaente das dem der Spießente ähnlichste Kurzhochwerden. Bei *Dafila spinicauda* fehlt es.

g) Das Hinterkopfzudrehen

Diese Orientierungsreaktion spielt als Balzhandlung bei *Dafila acuta* zweifellos eine besondere Rolle, da ja ihre Wirkung durch eine besondere Gefiederdifferenzierung erhöht wird, nämlich das schon S. 38 f. erwähnte schwarze Plüschkissen am Hinterkopf des Erpels. Die Bewegungsweise unterscheidet sich von der nur teilweise homologen des Stockerpels grundlegend darin, daß sie nicht mit einem Anheben des Kinns verbunden ist. Das Kinnheben und das vielleicht nur seine mimische Übertreibung darstellende Abauf fehlt ja bei *Dafila* ebenso wie der zweisilbige Stimmfühlungslaut, der beim Stockerpel mit ihm einhergeht. Der werbende Spießerpel »verwendet« in allen biologischen Situationen, in denen der Stockerpel sein *räbräb* sagt, das Aufstoßen mit *g e e e e g e e e e* mit und ohne Pfiff ganz ebenso, wie es bei ihm die Stelle des langgezogenen *rääb* als Lock- und Warnruf vertritt. *Dafila* hat also anstelle zweier unterschiedener Reaktionen von *Anas* nur eine, und zwar, wie mir aus vergleichenden Tatsachen ebenso wie aus der ontogenetischen Entwicklung hervorzugehen

Abb. 22 Das Kurzhochwerden des Spießerpels (rechts) mit nachfolgendem Kopfhindrehen nach der Ente. Vergleiche mit Abb. 12 und 13.

scheint, sicher nur sekundär (siehe S. 23 und S. 45). So wirbt denn der Spießerpel, auch wenn er mit dem Weibchen ganz allein ist, dauernd durch Aufstoßen anstatt durch Kinnheben, und die in dieser Situation ausgelöste Orientierungsreaktion, dem Weibchen den prächtig gefärbten Hinterkopf zuzuwenden, erfolgt daher meist in der Ausgangsstellung zum Aufstoßen, oder – besonders häufig – unmittelbar nach seinem Abklingen. Eine Orientierung des Schnabels auf die Ente zu kommt, wie erwähnt, nur bei dem ans Kurzhochwerden gekoppelten Aufstoßen vor. Die Stellung des Kopfgefieders ist bei der Ausgangsstellung mit eingezogenem Hals, die ganz der das Gesellschaftsspiel einleitenden Haltung entspricht, ein gleichmäßiges und allseitiges Sträuben. Dabei sieht man sehr gut, wie das Kissen am Hinterkopf auch räumlich vorspringt (Abb. 23).

Sonstige epigame Bewegungsweisen und Laute fehlen dem Spießerpel, es sei denn, daß man eine eigenartige Drohstellung dazu rechnet, die eine Formalisierung der Angriffsstellung des Stockerpels darstellt. Unmittelbar bevor kämpfende Stockerpel sich gegenseitig mit den Schnäbeln ins Brustgefieder fahren, schwimmen sie mit tief bis auf die Wasserfläche gesenkten Schnäbeln aufeinander los. Diese Stellung nehmen nun der Spießerpel und auch der Bahamaerpel als Drohstellung auch dann ein, wenn ein tätlicher Angriff mit Zufassen in der Folge gar nicht zustande kommt. Im Gegensatz zum Stockerpel nimmt er diese Haltung auch ein, wenn er gehend oder schwimmend mit Vergewaltigungsabsichten auf eine fremde Ente zueilt.

Abb. 23 Das Hinterkopfzudrehen des Spießerpels, stets ohne Kinnheben. Beachte die besonders dieser Bewegungsweise dienende Differenzierung des Hinterkopfgefieders und vergleiche mit Abb. 14 und Abb. 42.

h) Der Kampf der Erpel

Das gegenseitige frontale Gegeneinanderschieben der einander am Brustgefieder haltenden Erpel sieht ganz ähnlich aus wie bei Stockerpeln, nur zeigen die Spießerpel eine weit größere Abneigung gegen die körperliche und grobe Berührung ihres Gefieders durch den Gegner. Sie neigen daher mehr als *Anas*-Erpel zum Loslassen und Schlagen mit dem Flügelbug, was bei ihnen im Gegensatz zu jenen auch vorkommt, ohne daß der Schnabel den Gegner gefaßt hält. Die Bahamaerpel sind in ihrer Kampfesweise in derselben Richtung noch weiter spezialisiert.

i) Das Paarungsnachspiel

Eine besondere, nur ihm dienende Bewegungsweise *fehlt* bei *Dafila acuta*. Der Erpel schwimmt nach vollzogener Begattung unter mehrmaligem Aufstoßen mit oder ohne Peifen um die Ente herum, die zu baden beginnt.

VIII Die südamerikanische Spießente, Dafila spinicauda

1 Allgemeines

Bei aller Ähnlichkeit steht diese kleine und des männlichen Prachtkleides ermangelnde Spießente der einheimischen weit weniger nahe als etwa die prachtkleidlosen *Anas*-Arten unserer Stockente. Nicht nur die einzelnen Bewegungsweisen, sondern das ganz allgemeine Verhalten der Entchen ist eigenartig temperamentvoll, ja fahrig. Von irgendwelchen näheren verwandtschaftlichen Beziehungen zu der in der Färbung sehr ähnlichen chilenischen Krickente, *Nettion flavirostre*, konnte ich im Verhalten der Tiere nichts bemerken.

2 Die nichtepigamen Ausdrucksbewegungen und -laute

Sie entsprechen völlig denen von *Dafila acuta*, nur daß der Erpel von *Dafila spinicauda* mehr dazu neigt, beim Lockruf das *geeeeegeeeee* wegzulassen und den Pfiff allein auszustoßen, was Spießerpel nur bei besonders hoher Erregung tun.

3 Die epigamen Ausdrucksbewegungen und -laute des Weibchens

Sie entsprechen ebenfalls jenen der Spießente, insbesondere das sehr häufig hörbare, fortlaufend knarrende Hetzen ist für mein Ohr bei beiden Arten völlig gleich. Dagegen ist der Decrescendoruf mehrsilbig und dem der Stockente weit ähnlicher als der von *acuta*, er klingt sehr ähnlich dem von *Poecilonetta bahamensis*.

Über die Abweisungsgebärde vermag ich nichts auszusagen, da die Tiere bei mir nicht brüteten.

4 Die epigamen Ausdrucksbewegungen und -laute des Erpels

a) Die allgemeine Form der Balz

Die Erpel balzen fast das ganze Jahr hindurch und versammeln sich dazu in kleinen Gesellschaften, die aber von denen der Stock- und Spießenten dadurch verschieden sind, daß die Tiere nicht einen Augenblick stilleliegen, sondern dauernd hastig und ruhelos durcheinanderwimmeln, woran sich, wiederum im Gegensatz zu den vorbesprochenen Arten, die Enten in ganz gleicher Weise beteiligen wie die Erpel.

b) Antrinken und Scheinputzen

Beides habe ich nur gelegentlich gesehen. Eine große Rolle kommt, schon wegen der beschriebenen Hast und Ruhelosigkeit der Gesellschaftsspiele, keiner der beiden Gebärden zu.

c) Das einleitende Sichschütteln

Aus dem gleichen Grunde ist auch diese Bewegung stark eingeschränkt und wird nur kurz und wenige Male ausgeführt, ehe die eigentlichen Balzbewegungen folgen.

Abb. 24 Das Aufstoßen des südamerikanischen Spießerpels, Dafila spinicauda. Beachte die »Scheibenfrisur« des Kopfgefieders und vergleiche mit Abb. 2, 15, 20, 34, 46 u. 50.

d) Das Aufstoßen

Die rasch durcheinanderwimmelnden Erpel stoßen in ganz kurzen Abständen auf: je höher die Reaktionsintensität, desto rascher die Aufeinanderfolge und desto stärker das Zurücktreten des Stimmlautes *geeeeegeeeee* hinter den Pfiffen. Wenn meine drei Erpel richtig in Stimmung waren, hätte jemand, der nur die Stockentenbalz kennt und ihre Zahl aus der Häufigkeit der Pfiffe zu erschließen trachtete, ihre Anzahl wohl um das Zehnfache überschätzt (Abb. 24).

e) Der Grunzpfiff

Auch dieser folgt schnell hintereinander, regellos zwischen die häufigeren Aufstoßbewegungen eingestreut. Obwohl beide Bewegungen je für sich absolut denen von *Dafila acuta* gleich sind, ist der Gesamteindruck eines Gesellschaftsspieles von *Dafila spinicauda* durchaus verschieden.

f) Das Kurzhochwerden

Das Kurzhochwerden fehlt völlig, ebenso das bei *Dafila acuta* mit ihm verbundene Hinterkopfzudrehen. Diesem wesentlichen Unterschied entspricht auch die besondere Differenzierung des Kopfgefieders von *Dafila spinicauda*. Die Federn der Schläfen und der Kopfoberseite sind stark verlängert und bilden bei der S. 38 beschriebenen, ans Aufstoßen gekoppelten Scheibenfrisur geradezu eine Haube, die dem kleinen Erpel im Verein mit der »Stülpnase« und der diese noch unterstreichenden Schnabelzeichnung ein eigenartiges und trotz seiner Einfachheit reizvolles Aussehen verleiht (Abb. 24).

g) Paarungsnachspiel und Kampfesweise

Paarungsnachspiel und Kampfesweise entsprechen völlig denen von *Dafila acuta*, nur daß *spinicauda* noch mehr zum Flügelbugschlagen neigt. Dies ist aber überhaupt eine Eigenart *kleinerer* Enten. Vielleicht hängt es mit der Empfindlichkeit des Gefieders zusammen, daß ganz allgemein kleinere Vögel weniger »handgemein« zu kämpfen pflegen als größere Formen, die nah genug verwandt sind, um den Vergleich sinnvoll sein zu lassen.

IX Die Bahamaente, Poecilonetta bahamensis L.

1 Allgemeines

Diese Ente bildet zur vorbesprochenen Art insofern einen Gegensatz, als bei ihr nicht der Erpel weibchenfarbig, sondern das Weibchen mit dem Prachtkleid ausgestattet ist, d. h. sowohl die prächtig rostrote Gefiederfarbe als auch die weißen Backen und den blauroten Schnabel des Erpels hat. Das Gesellschaftsspiel der Erpel bildet durch seine besondere Feierlichkeit und Ortsbeständigkeit ebenfalls einen Gegensatz zur Quecksilbrigkeit von *spinicauda*, der die Bahamaente im übrigen in manchen Punkten ähnelt, wohl nur, weil sie in vielen Punkten eine kleinere Spießente ist. Andererseits ist sie in mancher Hinsicht differenzierter als diese Gruppe, so in der Ausbildung des Kurzhochwerdens als einzige und »übertriebene« Balzbewegung, ferner darin, daß dem Erpel, wohl sicher sekundär, ein Pfiff völlig fehlt.

2 Die nichtepigamen Ausdrucksbewegungen und -laute

Diese sind bei beiden Geschlechtern insofern weniger verschieden, als bei den beiden *Dafila*-Arten der Erpel »noch« ein leises, nur in allernächster Nähe hörbares *g'e, g'e* hat, das, obwohl der Vorschlag kaum eine Andeutung einer zweiten Silbe ist, doch sicherlich dem zweisilbigen Stimmfühlungslaut der Küken und beider Stockentengeschlechter entspricht. Die Ente gleicht im allgemeinen in Ausdrucksbewegungen und -lauten dem Weibchen der *Dafila*-Arten. Interessant ist dabei eine in der Richtung auf das Überwiegen von *rrrr*-Lauten noch weiter getriebene Differenzierung der Weibchenstimme. So wie bei den *Dafila*-Arten aus den aufeinanderfolgenden *queg*-Lauten der hetzenden Ente ein zusammenhängendes rollendes *arrrrr* geworden ist, ist dies bei der Bahamaente auch bezüglich des einsilbigen Weggehlautes der Fall. Während dieser bei *Dafila* noch aus getrennten *queg*-Lauten besteht, stellt bei *Poecilonetta bahamensis* auch er ein leises, aber durchaus kontinuierliches Rollen dar.

3 Die epigamen Ausdrucksbewegungen und -laute des Weibchens

a) Das Hetzen

Die Stimme der Bahamaente ist höher als die der Weibchen der beiden Spießentenarten, neigt aber, wie gesagt, noch mehr zu rollenden *rr*-Lauten. Das Hetzen ist durchaus spießentenähnlich, aber vielleicht noch kontinuierlicher rollend als bei jenen.

b) Die Abweisungsgebärde

Die Abweisungsgebärde ist durchaus spießentenähnlich, wie bei *Dafila acuta* sehr leicht auslösbar, mir wohlbekannt, obwohl *Poecilonetta bahamensis* bei mir noch nie gebrütet hat, die eigentlichen physiologischen Voraussetzungen der Reaktion also noch gar nicht gegeben waren. Das Aufwärtsbiegen des Oberschnabels ist wegen dessen bunter Färbung überaus auffallend, ebenso das Sträuben der Rückenfedern wegen ihrer »erpelhaften«, spitz ausgezogenen Form.

c) Der Decrescendoruf

Der Decrescendoruf entspricht an Silbenzahl etwa dem von *Dafila spinicauda*, ist aber, der besonderen Stimme der Art entsprechend, sehr rauh, vielleicht noch eigenartiger und auffallender als der von *Dafila acuta* (S. 47).

d) Das Keuchen

Beim Weibchen von *Poecilonetta bahamensis* ist das Interesse an der sozialen Balz der Erpel besonders groß. Der Ausdruckslaut des »Keuchens« (S.

41), den Stockenten nur so ausnahmsweise bringen, daß ich ihn kaum zu ihrem normalen Reaktionsinventar zu zählen wage, gehört bei der Bahamaente zu den regelmäßigen Balzlauten der Ente. Er wird regelmäßig im Augenblick ausgestoßen, in dem die Erpel ihre fast stimmlose Balzbewegung ausführen. Er klingt schärfer und stimmhafter als bei der Stock- und Hausente, ist aber im Rhythmus fast gleich, ein dreisilbiges, scharf keuchendes *chä'chächä'*. Dieses »Mitspielen« der Enten im Gesellschaftsspiel der Erpel erinnert stark an die Knäckente, was man für Zufall halten würde, wenn nicht die Rotschnabelente, deren Weibchen ich leider nicht kenne, ein so deutliches Bindeglied zwischen Bahamaenten und echten Knäckenten bildete. Angesichts dieser Tatsache aber erhält das Keuchen der Bahamaente eine besondere taxonomische Bedeutung.

e) Das Nickschwimmen

Das Nickschwimmen fehlt völlig.

f) Die Paarungseinleitung

Die Paarungseinleitung entspricht durchaus der der vorher besprochenen Enten.

4 Die epigamen Ausdrucksbewegungen und -laute des Erpels

a) Das Scheinputzen und das Antrinken

Das Scheinputzen und das Antrinken sind vorhanden, aber wenig differenziert. Es wäre schwer, einem Skeptiker zu beweisen, beide Bewegungen seien nicht zufällig ausgeführte, autochthone Auswirkungen der entsprechenden Instinkte.

b) Das einleitende Sichschütteln

Der Bahamaerpel braucht ganz wie der Stockerpel eine verhältnismäßig lange Zeit der Selbststimulierung durch einleitendes Sichschütteln, um sich zur Ausführung seiner einzigen höher differenzierten Balzbewegung aufzupeitschen. Das Sichschütteln wird immer nur nach feierlichem Zusammenrücken und Stillehalten der Erpel ausgeführt. Schwimmt ihnen die angebalzte Ente davon, so daß sie zur Verlegung ihres Gesellschaftsspieles gezwungen werden, so müssen sie umständlich von neuem beginnen, sich zu schütteln, ehe sie ihr hübsches Kurzhochwerden ausführen können. Mit dieser Umständlichkeit stehen sie im scharfen Gegensatz zu den Spießerpeln, besonders zu *Dafila spinicauda*. Das einleitende Sichschütteln reißt den Erpel oft hoch aus dem Wasser, ganz wie den Stockerpel. Bei solch starkem Sichschütteln erwartet der Kenner anderer Anatinen ganz zwangsläufig den Grunzpfiff, dem sich die Bewegung auf dieser Intensitätsstufe ja in ihrer äußeren Form bereits stark nähert. Man meint, der kleine Erpel *muß* im nächsten Augenblick grunzpfeifen, statt dessen aber folgt auf dieses hochintensive Sichschütteln stets das Kurzhochwerden. Ein Aufstoßen ist nur nach weniger intensivem vorbereitenden Sichschütteln möglich.

c) Das Aufstoßen

Das Aufstoßen ist in der Bewegungsweise völlig gleich dem der *Dafila*-Arten. Der Laut ist noch feiner und singvogelhafter als bei jenen, in Buchstaben vielleicht eher mit *hiiihiii* als mit *geeeegeeee* wiederzugeben. Ein Pfiff fehlt auch bei höheren Intensitäten. Wie beim Spießerpel, nur vielleicht noch ausgesprochener, wird das Aufstoßen vom Bahamaerpel zum persönlichen Anbalzen einer bestimmten Ente benutzt, häufig wechselweise mit Hinterkopfzudrehen.

d) Das Kurzhochwerden

Nach dem beschriebenen, hochintensiven Schütteln richtet der Erpel plötzlich den Schwanz auf und legt ihn über den eingezogenen und auf den Vorderrücken gedrückten Kopf weg so weit nach vorne, daß er sich fast der

Abb. 25 Das Kurzhochwerden des Bahamaerpels, Poecilonetta bahamensis L. Einzige aber hochdifferenzierte Balzbewegung der Art. Die Extremstellung wird rudernd mehrere Sekunden aufrechterhalten. Sehr auffallend wirken die hellen Unterschwanzdecken.

Waagerechten nähert. Ellenbogen sowie Rücken- und Bürzelgefieder bleiben dabei straff angelegt, erstere aber müssen, um dem Steuer Spielraum zu gewähren, sehr stark nach einer Seite ausweichen, und zwar immer beide Flügel nach derselben, nie wird das Steuer zwischen die Flügel gebracht (Abb. 25). Sehr auffallend wirken dabei die hell-rostfarbenen Unterschwanzdecken, die bei dieser Bewegung ziemlich stark gesträubt werden. Im Gipfelpunkt der Bewegung *verharrt* der Erpel etwa $^3/_4$ Sekunden, indem er, mit den Rudern rückwärts trampelnd, die vornüber gekippte Stellung aufrecht erhält. Nach dem Zurücksinken in Normalstellung erfolgt ein dem entsprechenden von *Dafila acuta* gleichendes Aufstoßen mit einem meist sehr exakten Hinwenden des Schnabels nach der Ente. Während dieses überbetonten Kurzhochwerdens stößt der Bahamaerpel im Gegensatz zu Stock-, Spieß- und Kastanienerpel *keinen Pfiff* aus, sondern sagt ein stimmliches, sehr leises *i-hieb, i-hieb, i-hieb,* das im Rhythmus sehr stark an das »Keuchen« des Stockerpels und der weiblichen *Poecilonetta bahamensis* erinnert.

Abb. 26 Das Hinterkopfzudrehen des Bahamaerpels. Vergleiche Abb. 14 und 23.

e) Das Hinterkopfzudrehen

Das Hinterkopfzudrehen gleicht durchaus dem von *Dafila acuta* (S. 50 f.). Es sind dabei, von hinten gesehen, die weißen Backen besonders auffallend, die im Schwimmen mit eingezogenem Kopf ohne vorherige Balz nicht so hervortreten, ja es will mir scheinen, als ob ihr Gefieder mehr als das des übrigen Kopfes gesträubt würde (Abb. 26).

f) Der Kampf der Erpel

Der Kampf der Erpel beginnt mit Annehmen der für *Dafila acuta* kennzeichnenden geduckten Stellung mit eingezogenem und gesträubtem Kopf. Diese aus einer Intentionsbewegung zum Packen des Gegners entstandene Ausdrucksbewegung hat sich von ihrem stammesgeschichtlichen Ursprung insofern weit entfernt, als es bei Bahamaerpeln zu einem Packen des Gegners mit dem Schnabel nicht mehr kommt. Vielmehr wird der Schnabel nur drohend sehr weit aufgerissen, wobei seine ebenfalls auffallend rotblaue Innenseite zur Geltung kommt. In dieser Stellung jagt der Erpel in rasendem Schwimmen dicht am Gegner vorüber. Beide Gegner jagen nebeneinander her, und dabei traktieren sie sich in voller Fahrt mit ganzen »Breitseiten« von Flügelbugschlägen, die wie ein Feuern von Miniatur-Maschinengewehren klingen. Diese Kampfesweise entspricht durchaus derjenigen von *Lampronessa*. Bei *Aix* ist sie interessanterweise zu einer Balzzeremonie verflacht, die nie mehr zur Besiegung oder auch nur zur Einschüchterung des Gegners führt. Bei *Poecilonetta bahamensis* jedoch ist sie voll mechanisch wirksam, und oft gelingt es den wie Torpedoboote dahinschießenden kleinen Erpeln, auch sehr viel größere Gegner in die Flucht zu schlagen.

g) Das Paarungsnachspiel

Ich habe bisher nur zwei Paarungen von *Poecilonetta bahamensis* gesehen. Beide Male entsprach das Nachspiel dem von *Dafila acuta*, nur war vielleicht das Aufstoßen weniger intensiv als bei dieser.

X Die Rotschnabelente, Poecilonetta erythrorhyncha Vieillot

1 Allgemeines

Von dieser Art kenne ich leider nur einen Erpel, diesen aber seit vielen Jahren und in bester Gesundheit. Die Rotschnabelente steht der Bahamaente durchaus nicht so nahe, wie man bei äußerlicher Betrachtung ihres Gefieders annehmen möchte. Die Zeichnung der weißen Backen mit ihrer kennzeichnenden fließenden Abschattierung gegen die Kopfunterseite zu erinnert ebenso wie die dunkle Kopfkappe an *Querquedula versicolor*. Die Knochentrommel stellt, wie ich an Hand von Heinroths prächtiger Sammlung feststellen konnte, ein genaues Mittelding zwischen derjenigen von *Poecilonetta bahamensis* und derjenigen der echten Knäckenten dar. Auch die Form und Zeichnungsweise des Rückengefieders hält zwischen Spieß- und Knäckente die Mitte.

2 Die nichtepigamen Ausdrucksbewegungen und -laute

Abgesehen von seinem einzigen Balzlaut scheint der Erpel ziemlich stumm zu sein. Er hat zwar einen Stimmfühlungslaut, aber dieser ist so leise, daß man ihn im Freien und von einem nicht besonders zahmen Stück kaum hört. Ich vermag nicht zu sagen, ob er ein- oder zweisilbig ist. Als Lockruf wirkt, wie bei der Spießentengruppe, das Aufstoßen.

3 Die epigamen Ausdrucksbewegungen und -laute des Erpels

a) Das Antrinken und das Scheinputzen
Das Antrinken und das Scheinputzen habe ich leider nicht beobachtet. Besonders auffallend, etwa wie bei Knäckerpeln besonders differenziert, ist beides sicher nicht.

b) Das einleitende Sichschütteln
Das einleitende Sichschütteln ist deutlich ausgeprägt, aber nicht so ritualisiert wie bei *Poecilonetta bahamensis.* Es folgt ihm meist unmittelbar das Aufstoßen.

c) Das Aufstoßen
Das Aufstoßen ist die einzige Bewegung des Gesellschaftsspieles, die mein Erpel bringt. Da er aber im Kreise der Bahamaerpel intensiv balzt, glaube ich nicht, daß dies auf einem gefangenschaftsbedingten Ausfall beruht. Die Bewegungsweise entspricht durchaus der von *Dafila* und *Poecilonetta bahamensis*, auch der dabei ausgestoßene Ton hat große Ähnlichkeit mit dem dieser Arten. Gleichzeitig aber erinnert er durch ein eigentümliches Auseinanderweichen seiner Einzelschwingungen deutlich an den Holzknarrenlaut des Knäckerpels. Im Gegensatz zu Spieß- und Bahamaenten und wiederum in Übereinstimmung mit dem Knäckerpel wird der Ton aber nicht beim Auf- und Abgehen des Kopfes geäußert, sondern nur bei *einem* dieser Takte. Während der Knäckerpel seinen Ton »von oben herunterholt«, stößt der Rotschnabelerpel den Kopf rätschend nach oben und holt ihn schweigend wieder herunter. Wie dem Bahamaerpel und dem Knäckerpel fehlt auch dem Rotschnabelerpel ein Pfiff.

XI Die Knäckente, Querquedula querquedula L.

1 Allgemeines

Die Knäckente steht ohne allen Zweifel den bisher besprochenen Enten weit ferner als diese einander. Andererseits ist sie durch die mir leider in ihrem Verhalten unbekannte *Querquedula versicolor*, die in Knochentrommel und manchen anderen Merkmalen eine Knäckente ist, in Kopfzeichnung, Schnabelfärbung u. a. aber deutliche Beziehungen zu Rotschnabel- und Bahamaente zeigt, mit jenen Arten und damit mit der Spießentengruppe verbunden, während sie auf der anderen Seite durch

Querquedula cyanoptera und *Spatula platalea* eine ebenso deutliche verwandtschaftliche Beziehung zu der Gruppe der Löffelenten aufweist, was sich, wie wir sehen werden, auch schon im Reaktionsinventar von *Querquedula querquedula* etwas ausdrückt.

2 Die nichtepigamen Ausdrucksbewegungen und -laute

Als Stimmfühlungslaut hat der Erpel ein einsilbiges kurzes *geg* ..... *geg* .... *geg*, das er genau in denselben Lebenslagen ausstößt wie der Stockerpel sein *räbräb*, insbesondere also auch bei Ärger, z. B. wenn sich zwei Erpel durch ein Gitter hindurch nicht an den Federn fassen können. Lock- und Stimmfühlungsruf der Ente sind denen der Stockente ähnlicher als die durch ihr Knarren abweichenden Laute der zuletzt besprochenen Arten. Die Ente ist recht sparsam mit Lauten. Weggeh- und Abfliegestimmung werden ganz wie bei der Stockente ausgedrückt, die Neigung zum vertikalen »Pumpen« des Kopfes bei jeder größeren Allgemeinerregung ist aber größer, worin *Querquedula* sehr an die Löffelenten erinnert.

3 Die epigamen Ausdrucksbewegungen und -laute des Weibchens

a) Das Hetzen

Das Hetzen der Ente unterscheidet sich von demjenigen der Stock- und Spießentengruppe wie auch von dem der Kastanien- und Krickenten dadurch, daß ihm die kennzeichnende, wie ärgerlich aufbegehrend klingende Folge in der Tonhöhe steigender Einzeltöne fehlt und statt dessen mit jeder Hetzbewegung ein einsilbiger, abgebrochener *gäeg*-Laut ausgestoßen wird. Außerdem ist mit dem Hetzen, und zwar mit jeder Stimmäußerung, eine *Pumpbewegung* verbunden, als wollte die Ente abfliegen. *In beiden Punkten gleicht die Knäckente der Löffelente.* Sie bildet aber insofern ein Bindeglied zwischen dieser und den anderen Schwimmentenweibchen, als sie zwischen den Pumpbewegungen eine typische, sogar mit besonders deutlichem Vorstrecken des Kopfes gegen den »Feind« verbundene Hetzbewegung über die Schulter hin ausführt, was die Löffelente »nicht mehr« tut.

b) Der Decrescendoruf

Der Decrescendoruf ist sehr selten; ich glaubte längere Zeit, er fehle der Art. Er ist zwei- bis höchstens dreisilbig, die letzten Silben klingen wie verschluckt, das An- und Abschwellen erfolgt so rasch, daß eine eigenartig aufbrüllende Betonung entsteht, die wiederum an die Löffelente erinnert.

c) Das Nachhintenausholen

Bemerkenswerterweise verfügt die Knäckente über die hervorstechendste Balzbewegung des Erpels, bei der der Kopf, die Oberseite nach unten, über den Rücken nach hinten gestreckt und dann in großem, weit ausholendem Bogen wieder in die Normallage zurückgeholt wird; dazu sagt die Ente ein auf der ersten Silbe betontes *quähgeg*. Diesen Ton sagt die Ente, wenn sie besonders intensiv am Gesellschaftsspiel der Erpel teilnimmt, also etwa in der gleichen Stimmung, in der die Bahamaente ihr *chächächä* sagt. Ähnlich wie das Nickschwimmen der Stock- und Kastanienente ist diese Ausdrucksbewegung offenbar ein »aretisches«, d. h. vom männlichen Geschlecht übernommenes Merkmal.

d) Die Paarungseinleitung

Die Paarungseinleitung habe ich nie gesehen, sie entspricht, bei der sowieso großen Neigung der Knäckente zur Pumpbewegung, wahrscheinlich derjenigen der vorher beschriebenen Arten.

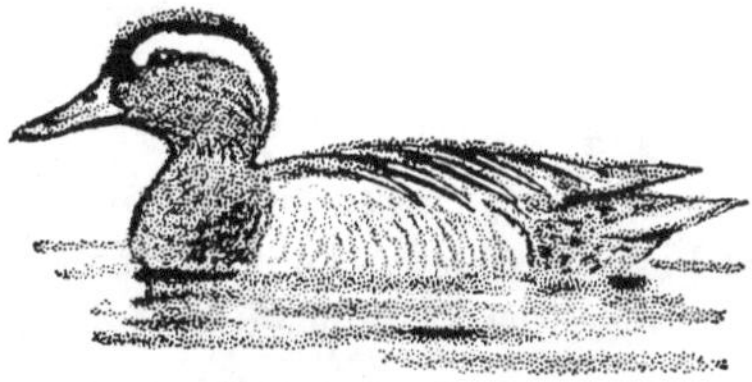

Abb. 27 Die Ausgangsstellung zum Gesellschaftsspiel der Knäckerpel, Querquedula querquedula L. Beachte die gespannt an der Kehle vortretende Luftröhre.

e) Das Paarungsnachspiel

Das Paarungsnachspiel habe ich nie gesehen, verläßliche diesbezügliche Mitteilungen wären mir sehr erwünscht!

4 Die epigamen Ausdrucksbewegungen und -laute des Erpels

a) Das einleitende Sichschütteln, das Antrinken und das Scheinputzen

Das einleitende Sichschütteln, das Antrinken und das Scheinputzen spielen beim Knäckerpel eine eigenartige Rolle. Das Antrinken findet sich nämlich nicht nur als unabhängige Einleitung des Gesellschaftsspieles, sondern daneben auch als fest in bestimmte Balzhandlungen eingebauter Bestandteil. Andererseits ist das Scheinputzen stark an der Einleitung der Balz beteiligt und erfolgt bei manchen Balzen fast ebensooft wiederholt wie das einleitende Sichschütteln. Im Gegensatz zu den meisten anderen Schwimm-

Abb. 28 Das Scheinputzen des Knäckerpels. Beachte, daß hier die Außenseite des Flügels geputzt wird, wobei das hellblaue Flügelkleingefieder sehr auffällt. Vergleiche Abb. 8 und 49.

erpeln putzen sich die Knäckerpel dabei aber an der *Außenseite* des Flügels, wobei das hellblaue Flügelkleingefieder sehr auffällt (Abb. 28; siehe auch S. 31). Schon während der Einleitung zur Balz schwimmen die Erpel wimmelnd durcheinander (Abb. 27), wobei das fortwährende Sichschütteln und Sichputzen den Eindruck fiebernder »Nervosität« erregt.

b) Das Sichflügeln

Von allen mir bekannten Entenarten ist nur bei der Knäckente das von Heinroth so benannte »Sichflügeln« zu einer Balzhandlung geworden. Während des oben beschriebenen ruhelosen Durcheinanderschwimmens der sich putzenden und schüttelnden Erpel geschieht es mit zunehmender Erregung immer häufiger, daß sich einer aufrichtet und eigenartig kurz und überbetont mit den Flügeln schlägt. Dieses Sichflügeln ist zweifellos als »Übersprung-Toilettieren«, wie Tinbergen sagen würde, in analoger Weise aus der ursprünglichen Instinktbewegung zur auslösenden Zeremonie geworden wie Scheinputzen und einleitendes Sichschütteln. Schon ehe die beiden nun zu beschreibenden Balzbewegungen folgen, sieht man an der Kehle des Erpels, der nach Art des ein Gesellschaftsspiel einleitenden Stockerpels den Hals kurz eingezogen trägt, die Trachea hervortreten, ähnlich wie es bei *Dafila*, bei dieser aber nur im Augenblick des Balzlautes selbst, der Fall ist (Abb. 27).

c) Das Aufstoßen

Alle bisher beschriebenen Bewegungsweisen gehören insofern zur »Einleitung« und nicht zur eigentlichen sozialen Balz, als sie die spezifische Erregungsqualität nicht abreagieren, sondern sichtlich der Selbststimulierung dienen, wie dies für das einleitende Sichschütteln des Stockerpels im Gegensatz zu seinen »eigentlichen« Balzbewegungen auseinandergesetzt wurde. Die erste »entspannende« Balzbewegung, die wir beim Gesellschaftsspiel der Knäckerpel zu sehen bekommen, besteht darin, daß ein Vogel den Kopf mit ziemlich horizontal bleibendem Schnabel nach hinten und oben stößt, um ihn dann so rasch und ruckhaft wieder nach vorne und unten zu nehmen, daß ein Kenner der *Anas*-Arten und der Kastanienente unbedingt an den ersten, auf das »Aufreißen« folgenden Takt des Nickschwimmens gemahnt wird (Abb. 29). Dennoch scheint die Bewegung des Knäckerpels mit diesem nichts zu tun zu haben. Während das Heben des Kopfes im Gegensatz zum Aufstoßen des Rotschnabelerpels (S. 61) stumm erfolgt, wird während seines Zurückschnellens in die Normallage ein kurzes *rerrrp* hörbar, das sich vor allem dadurch auszeichnet, daß es so ungemein schwer zu lokalisieren ist. Man glaubt den Erpel auf viele Meter Entfernung zu hören und sieht ihn im nächsten Augenblick dicht vor sich. Die Qualität des Tones erinnert täuschend an den einer »Ratsche«, wie jene in Süddeutschland gebräuchlichen Holzknarren im Volksmunde heißen, die während der Karwoche das Glockengeläute vertreten und dadurch Lärm erzeugen, daß ein federnder Holzspan über die Zähne eines harthölzernen Zahnrades springt. Die Knäckente heißt daher bei den Umwohnern des Neusiedler Sees ausschließlich und sehr treffend die »Ratscherente«. Bei Kenntnis der Bewegung und des Lautes beim Rotschnabelerpel, bei dem das Aufstoßen auch schon spurenhaft rückwärts gerichtet ist, kann an der Homologie des Aufstoßens der Knäckente mit dem von *Dafila* und *Poecilonetta* kein Zweifel bestehen. Zweifelhafter ist dagegen der Ursprung der nun zu beschreibenden Bewegungsweise.

Abb. 29 Das Aufstoßen des Knäckerpels. Beachte die Trachea an der Kehle des Vogels und vergleiche mit Abb. 20, 24, 34, 39, 46 u. 50.

d) Das Kopfzurücklegen

Der Kopf wird bei dieser auffallenden Bewegung langhin über den Rücken zurückgelegt, so daß die Stirn auf die Schwanzwurzel zu liegen kommt (Abb. 30), ganz so, wie man es von der Schellente, *Bucephala clangula*, abgebildet sehen kann.[4]

Nun wird der Kopf unter Ausstoßen eines lauten »Ratschens« in schwunghaftem Bogen wieder in die Normalstellung zurückgeholt, dabei springt die gespannte Luftröhre wie die Saite eines Bogens an der Vorderseite des Halses vor, eine hohe Hautfalte abhebend. Hierauf folgt in absoluter Koppelung ein Antrinken. Diese Bewegung wird bei höherer Intensität des Balzens häufiger ausgeführt als das vorerwähnte Aufstoßen, bei geringerer Intensität aber seltener. Es besteht zwischen den beiden also eine Beziehung, die zwischen den völlig »wahlweise« ausgeführten Bewegungen des Stockerpels nicht vorhanden ist. Obwohl vermittelnde Zwischenstufen zwischen dem Aufstoßen und dem Kopfzurücklegen des Knäckerpels nicht vorhanden sind, möchte ich doch glauben, daß das Kopfzurücklegen aus einem »übertriebenen« Aufstoßen entstanden ist. Dazu stimmt auch die Gleichheit der Einleitung und die bei beiden gleiche Koppelung ans Antrinken. Über die Verbreitung der Bewegung, insbesondere bei den amerikanischen Knäckenten *Querquedula discors* und *Querquedula cyanoptera*,

Abb. 30 Das Kopfzurücklegen des Knäckerpels.

konnte ich nichts in Erfahrung bringen. Die Ähnlichkeit mit *Bucephala* beruht ganz sicher auf Konvergenz, die aus der bei beiden Formen bestehenden Notwendigkeit einer besonders starken Spannung der Knochentrommel entstanden ist.

e) Das Kopfzudrehen

Auch der Knäckerpel verfügt über eine besondere Orientierungsreaktion, durch die die Zeichnungsmuster der Kopfseiten zur Blickrichtung der Ente in die wirksamste Lage gebracht werden. Im Gegensatz zu sämtlichen anderen in bezug auf derartige Kopfbewegungen bekannten Schwimmerpeln kehrt der Knäckerpel der Ente weder den Schnabel noch den Hinterkopf, sondern die *Kopfseite* zu und erhält diese Lagebeziehung mit einer auch bei anderen Erpeln deutlichen »nystagmischen« Nachorientierungsbewegung mehrere Sekunden lang aufrecht. Bei dem hastigen Durcheinanderschwimmen der um eine Ente herum balzenden Erpel ruckt oft eine ganze Anzahl gleichzeitig nystagmisch mit dem Kopf. Natürlich ist gerade bei dieser Bewegung das Kopfgefieder so gestellt, daß der weiße Augenbrauenstreifen maximal zur Geltung kommt.

f) Der Kampf der Erpel

Der Kampf der Erpel ist wenig kennzeichnend. Daß die Erpel im Ärger einsilbige Knochentrommeltöne wie *geg geg geg* ausstoßen, wurde schon erwähnt.

g) Das Paarungsnachspiel

Das Paarungsnachspiel habe ich leider nie gesehen.

XII Die Löffelente, Spatula clypeata L.

1 Allgemeines

Die Löffelente reiht sich ohne Zweifel als extremer Typus an die Knäckenten an. Nicht nur im Verhalten wird dies deutlich, sondern auch in gewissen, beiden Gruppen gemeinsamen Färbungsmerkmalen: Ich erinnere an die kennzeichnende und fast gleiche Zeichnungsweise von *Querquedula cyanoptera* und *Spatula platalea*, beide in Südamerika heimisch. Nach allen bisher vorliegenden Angaben sollen die Löffelerpel keine soziale Balz wie andere Schwimmerpel haben. Nun hat aber kaum je ein Tiergarten oder ein Liebhaber gleichzeitig eine größere Anzahl vollwertiger Löffelerpel gehalten, und ich glaube angesichts des so ungemein hochdifferenzierten Prachtkleides der Art, daß die Löffelente über eine uns noch unbekannte Form der Balz verfügt.

2 Die nichtepigamen Ausdrucksbewegungen und -laute

Löffelentenküken haben im Gegensatz zu sämtlichen anderen mir bekannten Anatiden zwei deutlich verschiedene Arten des »Pfeifens des Verlassenseins«. Das bei niedriger Intensität ziemlich hastig vorgetragene *tüt tüt tüt* usw. schlägt bei höherer plötzlich in ein langgezogenes *tüht . . . tüht . . . tüht . . .* usw. um. Stimmfühlungslaut und Lockruf der Ente sind im allgemeinen stockentenähnlich, der Erpel jedoch verfügt nur über einen einzigen Laut, ein heiseres *chat*, das, langsamer oder schneller hintereinander ausgestoßen, sowohl die Rolle des langen *rääb* als die des zweisilbigen *rääb-rääb* des Stockerpels spielen muß. Ein von allen mir bekannten Schwimmenten, ja sogar allen Anatiden schlechthin, der Löffelente allein zukommender Zug liegt darin, daß ihr das *Antrinken* fehlt. An seiner Stelle wird das bei der Löffelente zugleich mit der entsprechenden Herausdifferenzierung des Schnabels so sehr in den Vordergrund tretende *Schnattern* als Übersprunghandlung gebracht, das seiner Bedeutung nach völlig dem Antrinken anderer Entenvögel gleicht. Der Erpel sagt bei diesem »Anschnattern« ein besonders rasches *chat . . . chat . . . chat . . .*

Bei jeder Erregung vollführen die Löffelenten jene pumpenden Kopfbewegungen, die bei anderen Anatiden nur bei der Paarungseinleitung ausgeführt werden. Auch Küken und Halbwüchsige tun dies. Schon die kleinen Küken verfügen über eine eigenartige Reaktion, die bereits Heinroth beschrieben hat. Sie schwimmen nämlich beim seihenden Schnattern eng aneinandergereiht in kleinen Kreisen umher, so daß eine Löffelente unmittelbar hinter dem Heck der anderen das Wasser durchschnattert und so offenbar die von dieser aufgewirbelten Kleinlebewesen wegfängt.

3 Die epigamen Ausdrucksbewegungen und -laute des Weibchens

a) Das Hetzen

Das Hetzen der Ente entspricht, was die dabei ausgeführte Bewegung von Kopf und Hals anlangt, durchaus dem paarungseinleitenden »Pumpen« aller echten Schwimmenten. Die Lautäußerung ist in Rhythmus und Klangfarbe ebensowohl wie ihrer Bedeutung nach deutlich als Hetzen zu erkennen, es fehlt jedoch die begleitende, nach dem Feinde hin drohende Kopfbewegung, die bei der Knäckente noch vorhanden ist und mit der Pumpbewegung abwechselt.

b) Der Decrescendoruf

Der Decrescendoruf ist in der bei der Knäckente angedeuteten Richtung noch weiter differenziert. Das einseitige, jäh an- und wieder abschwellende Geschrei hat etwas geradezu Erschreckendes. Man glaubt den Todesschrei einer zertretenen oder von einem Raubvogel gefaßten Ente zu hören.

c) Die Paarungseinleitung

Sie verdient hier deshalb besonders besprochen zu werden, weil die Bewegungsweise des »Pumpens«, die bei anderen Schwimmenten ausschließlich dieser einen Funktion dient, bei der Löffelente so sehr überhandgenommen hat, daß sie zu einer allgemeinen Erregungsgeste sehr vieldeutiger Anwendungsmöglichkeit geworden ist. Wie schon erwähnt, hat sie beim Hetzen die ursprüngliche Seitenbewegung des Kopfes völlig verdrängt.

4 Die epigamen Ausdrucksbewegungen und -laute des Erpels

Wie schon erwähnt, glaube ich nicht an ein völliges Fehlen einer sozialen Erpelbalz bei *Spatula*. Die bunten Farben des Erpels sprechen meines Erachtens deutlicher für ihr Vorhandensein, als das Fehlen einschlägiger Beobachtungen dagegen spricht. Die Schwierigkeit der Löffelentenhaltung wird in Fachkreisen meist überschätzt. Ein aus dem Ei aufgezogenes Weibchen brachte tadellose Nachzucht und befand sich auch, nachdem es sämtliche Gefahren des Winters 1939/40 und den Transport nach Königsberg überstanden hatte, in bester Verfassung.

a) Das Hinterkopfzudrehen
Die einzige weitere mir jetzt schon bekannte Balzbewegung des Löffelerpels ist neben dem schon erwähnten, bei jeder Gelegenheit der Ente gegenüber ausgeführten »Anschnattern« ein deutliches Hinterkopfzudrehen, bei dem eine Gefiederstellung angenommen wird, die durchaus der dem Stockerpel bei der entsprechenden Bewegung eigenen »Kopffrisur« entspricht.

b) Der Kampf der Erpel
Da mein alter Löffelerpel verschwand, ehe sein Sohn in Farbe war, weiß ich über den Kampfkomment der Erpel nichts. Die Enten pflegen sich bei gelegentlichen Reibereien ganz nach Stockentenmanier am Brustgefieder zu packen; ein Flügelbugschlagen sah ich dabei nie.

c) Das Paarungsnachspiel
Nach dem von intensivstem »Pumpen« eingeleiteten Treten macht der Erpel eine *deutliche Aufstoßbewegung* und stößt dabei einen besonderen, sonst nie gehörten, nasalen Ton aus. Dann schwimmt er unruhig umher, so daß fast der Eindruck des Nickschwimmens entstehen könnte, und dreht dabei eindeutig der Ente den Hinterkopf zu. Während des ganzen Nachspiels sagt er, wie beim Anschnattern, mit höchster Intensität sein *chat ... chat ... chat ...*

XIII Die Kastanienente, Virago castanea Eyton

1 Allgemeines

Mit dieser Form gelangen wir zu einer neuen Entengruppe, die sich ebenso deutlich an die Stockenten anschließen läßt wie die Reihe der bisher erwähnten Anatinen, aber in einer durchaus anderen Entwicklungsrichtung. Ich erinnere an das anfangs über die Methodik der Rekonstruktion verwandtschaftlicher Zusammenhänge Gesagte. Lassen sich die bisher besprochenen Enten ganz ungefähr in einer von der Stock- zur Löffelente verlaufenden Linie anordnen, so bilden die nun zu besprechenden Formen eine kleine Gruppe, in der eine solche Anordnung sich keineswegs aufdrängt. Die mir bekannten hierher gehörigen Formen sind die Kastanienente, die

Weißwangenente, *Virago gibberifrons*, die einheimische Krickente, *Nettion crecca*, und die chilenische Krickente, *Nettion flavirostre*. Alle diese Enten könnte man insofern unter dem Namen »Krickenten« zusammenfassen, als sie neben einer sehr bezeichnenden schwarzen und grünen Spiegelzeichnung einen nur sie kennzeichnenden, mit einem eigenartigen Vorschlag versehenen Balzpfiff besitzen, der der Krickente ihren Namen gegeben hat.

Die Kastanienente selbst zeigt in mehreren Belangen deutliche Beziehung zur Gattung *Anas*, ebenso *Virago gibberifrons*, die sich zu ihr so verhält wie die nicht prachtkleidbegabten, sonst aber in jeder Beziehung der Stockente ähnlichen *Anas*-Arten zu dieser.

2 Die nichtepigamen Ausdrucksbewegungen und -laute

Diese entsprechen beim Weibchen ziemlich genau denen der Stockente, erinnern aber durch ein Vorherrschen kontinuierlicher Knarrlaute etwas an die der Spießenten. Der Erpel ist, von seinen Balzpfiffen abgesehen, fast stumm, dennoch benutzt er die leise hauchende »Stimme« häufig. Ob er dabei einen einsilbigen Lock- und einen zweisilbigen Stimmfühlungslaut hat, vermag ich nicht sicher anzugeben. Sicher hingegen ist mir, daß der später zu beschreibende »Krick«-Pfiff sowohl bei *Virago* als bei den beiden mir bekannten *Nettion*-Arten, ganz entsprechend dem *rääb* des Stockerpels und dem *g e e e e g e e e e* der Spießerpel, den Lock- und gleichzeitig den Warnlaut des Erpels darstellt. Die Küken sind mir leider unbekannt.

3 Die epigamen Ausdrucksbewegungen und -laute des Weibchens

a) Das Hetzen

Das Hetzen klingt des kontinuierlich steigenden Knarrlautes wegen etwas spieß- bzw. bahamaentenähnlich, hat aber in seiner besonders stark steigenden wie aufbegehrenden Betonung etwas durchaus Eigenartiges. Es klingt fast wie das Geschrei eines Schweinchens.

b) Der Decrescendoruf

Der Decrescendoruf besteht aus vielen sehr rasch hintereinander ausgestoßenen Silben, von denen gleich die erste die stärkste ist.

c) Das Nickschwimmen

Als einzige mir bekannte Schwimmente außer den *Anas*-Arten im engeren Sinn verfügt die weibliche Kastanienente über ein ausgesprochenes Nickschwimmen. Die Bewegungsweise ist im Vergleich zu der der Stockente ausgesprochen höher differenziert. Es sind nicht nur die Nickbewegungen ausgesprochener, nämlich wesentlich stärker »mimisch übertrieben«, als bei jener, sondern sie werden auch durch ein angedeutetes »Aufreißen« (S. 42) eingeleitet, wie es bei *Anas* nur dem Erpel zukommt. Schließlich dreht die Kastanienente ihrem Erpel am Ende des Nickschwimmens deutlich den *Hinterkopf* zu, was Stockenten niemals tun. Man hat den Eindruck, daß die Höherdifferenzierung des Aufreißens und Nickschwimmens, die das auffallendste Merkmal der Balz der Kastanienerpel darstellt, in irgendeiner Weise auf das Weibchen »übergegriffen« habe.

d) Die Paarungseinleitung

Die Paarungseinleitung ist durchaus stockentenähnlich.

4 Die epigamen Ausdrucksbewegungen und -laute des Erpels

a) Die allgemeine Form der Balz

Die allgemeine Form der Balz gleicht von allen Schwimmenten wohl am meisten derjenigen der *Anas*-Arten. Die Versammlung der Erpel, die verhältnismäßig geringe Beachtung der anwesenden Enten, auf die nur durch Kopfzudrehen (S. 36) Bezug genommen wird, die »feierliche« Ruhe vor den Balzbewegungen und das einleitende Sichschütteln erinnern durchaus an *Anas*. Weiterhin verfügt *Virago* als *einzige* unter sämtlichen Anatinen (Tabelle) über sämtliche Balzbewegungen, die wir bei der Stockente kennenlernten, und dazu noch über eine Balzbewegung, die der Stockente fehlt.

b) Der Krickpfiff

Der Erpel hebt nach einleitendem Sichschütteln den Kopf nicht allzuweit, stößt ihn jedenfalls nicht wie beim Aufstoßen extrem weit nach oben. Aus ruhiger Haltung heraus erfolgt nun eine kleine nickende Niesbewegung, bei der der Unterschnabel sprunghaft abwärts klappt und ein mit einem Vorschlag versehener Pfiff, in Buchstaben etwa mit *p-zih* wiederzugeben, ausgestoßen wird. Der Laut macht im Verein mit der Kopfbewegung zwingend den Eindruck eines Niesens. Beim Aufstoßen der Spießerpel hat man den Eindruck, daß das Hochstoßen des Kopfes selbst die mechanische Ursache zur Auslösung des Pfiffes ist. Bei höherer Intensität der Bewegung und dementsprechend höherem Anheben des Kopfes erfolgt nämlich der Pfiff mitten aus der Bewegung heraus und immer beim Erreichen eines ganz bestimmten Streckungsgrades, als würde ein mechanischer Auslösemechanismus in der Syrinx durch das Anspannen der Trachea etwa nach Art eines Gewehrhahns betätigt. Bei dem Krickpfiff von *Virago castanea* dagegen ist es sichtlich eine vom Kopfheben unabhängige Muskelfunktion, die das »Losgehen« des Pfiffes bewerkstelligt, und zwar eine, an der die Unterkiefermuskulatur ausschlaggebend beteiligt ist. Der Pfiff erfolgt, während der Kopf ruhig auf gestrecktem Hals hochgehalten wird.

Die Verteilung des Krickpfiffes unter den Arten der Familie scheint genau die gleiche zu sein wie die des eigenartigen, scharf in zwei Teile zerschnittenen schwarzen und goldgrünen Armschwingenspiegels. Ich kenne den Pfiff von *Virago* und *Nettion*. Die Ähnlichkeit, die er bei *Virago* mit der Aufstoßbewegung hat, und insbesondere der Umstand, daß er ganz wie das echte Aufstoßen der *Dafila*- und *Poecilonetta*-Erpel die vereinigte Lock- und Warnbedeutung hat, die wir am langgezogenen *rääib* des Stockerpels kennengelernt haben, läßt mich vermuten, daß er eine weitergetriebene Differenzierungsstufe des Aufstoßens darstellt, ganz wie dieses selbst aus einer Höherdifferenzierung des gewöhnlichen, sichernden Kopfhebens entstanden sein dürfte, das mit jedem Locken und Warnen aller Anatiden einhergeht. Dazu stimmt auch, daß der Krickpfiff eben in seiner Lock- und Warnfunktion von der ursprünglichen Funktion aller Erpelpfiffe bei der sozialen Balz unabhängiger geworden ist als irgendein anderer. *Virago*- und *Nettion*-Erpel pfeifen, auch ohne in Balzstimmung zu sein, bei jeder Gelegenheit ihren Krickpfiff, etwa ebensooft und ebenso vieldeutig, wie ein Stockerpel sein *rääb* äußert.

c) Das Aufstoßen

Das Aufstoßen ähnelt durchaus dem der Spießenten und tritt wie bei diesen als selbständige Bewegung auf, nicht wie beim Stockerpel nur in der dort beschriebenen (S. 36) Koppelung mit dem Kurzhochwerden. Ein Stimmlaut ist nicht zu hören, jedoch glaube ich aus der Schnabelbewegung entnehmen zu dürfen, daß die Muskelkoordination des Atemapparates noch ähnlich ist wie beim *geeeegeeee* der *Dafila*-Erpel; sie verursacht aber nur einen unhörbaren Hauch als Rudiment des Stimmlautes. Der Pfiff, der beim Aufstoßen der *Virago*- und *Nettion*-Erpel *immer* zu hören ist – nicht, wie bei *Dafila*, nur bei höherer Reaktionsintensität –, ist kurz und einsilbig und klingt scharf auf *i*, nicht flötend auf *ü* wie bei *Dafila*.

d) Der Grunzpfiff

Der Grunzpfiff entspricht in allen Punkten genau dem von *Anas*, nur fehlt der Grunzlaut.

e) Das Kurzhochwerden

Das Kurzhochwerden unterscheidet sich darin von dem bei *Anas*, daß die obligate Koppelung an die darauffolgenden Bewegungen des Aufstoßens, Aufreißens und Nickschwimmens *fehlt.* Die Bewegungsweise des ersten Taktes, also des eigentlichen Kurzhochwerdens, entspricht ziemlich genau der von *Anas*, nur werden die Ellenbogen viel weniger, der Bürzel etwas weniger hoch emporgerissen als bei jener Gattung.

Abb. 31 Das Aufreißen des Kastanienerpels, Virago castanea Eyton. Vergleiche mit Abb. 17 und 40.

f) Das Aufreißen

Das Aufreißen tritt als völlig isolierte Balzbewegung auf. Die Bewegung ist deutlich stärker und weiter ausholend als bei Stockerpeln, der Kopf wird fast bis zur Schwanzwurzel zurückgerissen, ohne sich aber zu erheben oder von der oberen Kontur des Rückens zu entfernen; es sieht aus, als gleite der Hinterkopf des Erpels in einer Schienenführung den Rücken entlang (Abb. 31). Dabei äußert der Kastanienerpel einen einsilbigen, nach Stockentenart schrillen Pfiff.

Die Verbreitung des isoliert ausgeführten Aufreißpfiffes ist genau die gleiche wie die des Krickpfiffes und des schwarzgrünen Spiegels. Über seine wahrscheinliche Herkunft aus der einleitenden Intentionsbewegung zum Nickschwimmen wurde schon bei der Stockente gesprochen.

g) Das Kinnheben

Mitten aus dem Gesellschaftsspiel heraus, ungemein häufig, gleich nachdem einer der Erpel Grunzpfiff, Kurzhochwerden oder Aufreißen gebracht hat, stoßen mehrere Erpel den Kopf mit hocherhobenem Kinn hoch in die Höhe und verharren in dem Höhepunkt dieser Bewegung mehrere Sekunden lang, wobei sie, ganz wie es der Bahamaerpel bei seinem übertriebenen, in die Länge gezogenen Kurzhochwerden tut, trampelnd rudern müssen, um in dieser Stellung bleiben zu können (Abb. 32). Die Bewegung erinnert zwingend an das Kinnheben, das beim Stockerpel auf die Abaufbewegung (siehe S. 40 f.) folgt, auch die Anwendungsweise der Bewegung und ihr gleichzeitiges Auftreten bei mehreren Erpeln wirkt ungemein ähnlich. Sicher ist dieses Kinnheben aus dem Abauf und somit mittelbar aus einer

Antrinkbewegung entstanden. Das Weglassen des in dieser ursprünglichen Bewegungsform vorhandenen Senkens des Schnabels bis auf den Wasserspiegel spricht ebensowenig gegen die Homologie wie die Übertreibung des nachfolgenden Kinnhochhaltens. Wir werden bei der Schnatterente noch ein völlig sicheres Homologon des Abauf der Stockerpel kennenlernen, bei dem ebenfalls die einleitende Abwärtsbewegung des Schnabels weggefallen ist.

Abb. 32 Das stark mimisch übertriebene Kinnheben des Kastanienerpels. Die Stellung wird rudernd für mehrere Sekunden beibehalten. Vergleiche Abb. 3, 16, 42, 44, 45 und 47.

h) Das Nickschwimmen

Wie beim Stockerpel tritt das Nickschwimmen bei der männlichen Kastanienente nur an andere vorhergehende Balzbewegungen gekoppelt auf. Diese Koppelung aber gehört zu den reizphysiologisch wie stammesgeschichtlich interessantesten Einzelheiten der Instinktbewegungen der Schwimmentenbalz. Beim Stockerpel treten, wie schon auseinandergesetzt, Aufreißen und Nickschwimmen nur entweder nach dem Kurzhochwerden (S. 36) oder nach der Paarung in obligater Koppelung an diese beiden so verschiedenen Instinktbewegungen auf. Weder Aufreißen noch Nickschwimmen kommen beim Stockerpel je allein vor, während das sehr viel höher differenzierte Aufreißen beim Kastanienerpel zur selbständigen Balzbewegung geworden ist. Bei höchster Intensität der Balz, ganz offensichtlich oberhalb eines genau vorgezeichneten Schwellenwertes reaktionsspezifischer Energie, treten nun beim Kastanienerpel Grunzpfiff, Kurzhochwerden, Aufstoßen, Kopfhindrehen, Aufreißen, Nickschwimmen, Hinterkopfzudrehen *zu einer einzigen umständlichen und absolut starr gekoppelten Bewegungsfolge* zusammen. Gekoppelt sind also bei *Virago* entweder *alle* genannten Bewegungsweisen, oder aber *jede* tritt für sich allein auf, mit alleiniger Ausnahme des Nickschwimmens und Hinterkopfzudrehens, die nur in Koppelung vorkommen. Das physiologisch Eigenartige ist hierbei, daß die Koppelung zwischen Grunzpfiff und Kurzhochwerden, zwischen Kurzhochwerden und Aufreißen und zwischen Aufreißen und Nickschwim-

Abb. 33 Schema der Bewegung beim Nickschwimmen des Kastanienerpels. Vergleiche mit Abb. 6 und 14.

men augenscheinlich bei haargenau demselben Schwellenwert auftreten oder ausfallen, denn Bruchstücke der Bewegungskette treten *niemals* auf, immer nur Einzelglieder oder die ganze Handlungsfolge. Das Nickschwimmen selbst ist ebenso wie das Aufreißen wesentlich stärker mimisch übertrieben als das der Stockente. Die Herkunft des Aufreißens aus dem Nach-hinten-Ausholen zur ersten Nickbewegung wird bei der Kastanienente dadurch ungemein deutlich, daß nicht nur beim ersten Losschwimmen, sondern auch vor jeder folgenden Nickbewegung der Kopf weitausholend so weit auf den Rücken zurückgenommen wird, daß der Eindruck des Aufreißens entsteht (Abb. 33). Das Hinterkopfzudrehen gleicht in Bewegungsweise und Kopfgefiederstellung völlig dem des Stockerpels und wirkt wegen der schönen kupfriggrünen Kopffarbe des Kastanienerpels besonders auffallend.

i) Der Kampf der Erpel

Der Kampf der Erpel scheint dem der Stockerpel zu entsprechen, es entstehen auch die Rupfstellen vorne an der Brust in analoger Weise.

k) Das Paarungsnachspiel

Das Paarungsnachspiel entspricht dem der Stockenten, nur ist das Nickschwimmen dabei in der für die Art kennzeichnenden Weise überbetont.

XIV Die Krickente, Nettion crecca L.

1 Allgemeines

Die einheimische Krickente unterscheidet sich zu ihren Ungunsten dadurch von so ziemlich allen anderen Anatinen, merkwürdigerweise auch einschließlich ihrer nahen nordamerikanischen Verwandten *Nettion carolinense*, daß sie zu den als Wildfang hartnäckig scheuesten Vögeln gehört, die ich überhaupt kenne. Weder frei auf dem Teich noch auch im engsten Gehege gehalten, wurden Krickenten bei mir auch nur erträglich zahm, so daß ich heute über ihr Gehaben trotz mühsamster und vorsichtigster Fernbeobachtung weniger weiß als über irgendeine andere von mir gehaltene Ente.

In der Färbungsweise gehört die Krickente in die Nähe von Stock- und Kastanienente, mit beiden hat sie die scharf gegen den Hals abgesetzte Kopffärbung mit grünen Glanzfedern, mit letzterer die schwarzgrüne Spiegelfärbung gemeinsam.

Noch ähnlicher ist der Spiegel von *Nettion flavirostre* dem von *Virago*. Eine eigenartige Kopfzeichnung des Kükens, nämlich eine fast einheitliche Dunkelfärbung der Kopfseiten, teilt die Krickente mit ihrer chilenischen Verwandten *Nettion flavirostre*.

2 Die nichtepigamen Ausdrucksbewegungen und -laute

Während die Ente in jeder Hinsicht als die verkleinerte Ausgabe einer Stockente wirkt, weicht der Erpel insofern besonders weit vom Stockerpel ab, als er vollständig stimmlos ist und den Krickpfiff, der dem des Kastanienerpels sicher homolog ist, als einzigen Laut besitzt, der wie bei jenem Lock- und Warnfunktion in sich vereinigt. Obwohl der Krickpfiff auch im eigentlichen Gesellschaftsspiel der Erpel gebraucht wird, hat er in seiner häufigen Anwendung die eigentliche Bedeutung eines Balzlautes völlig verloren und ist in jeder Hinsicht zum Vertreter der Ausdruckslaute geworden, die beim Stockerpel dem Bereich der nicht pfeifenden Stimme angehören. Krickerpel pfeifen denn auch in Lebenslagen, in denen dies kein anderer Schwimmerpel tut, z. B. in ausgesprochener Angst, wenn ein Mensch sich ihrem Gelege nähert.

3 Die epigamen Ausdrucksbewegungen und -laute des Weibchens

Ich habe von meinen wenigen und scheuen Krickentenweibchen nie das Nickschwimmen gesehen, wage aber nicht zu behaupten, daß es der Art fehlt, was ich für *Nettion flavirostre* mit Sicherheit angeben kann. In allen übrigen Bewegungen und Lauten gleicht die europäische Krickente durchaus der Stockente, nur daß ihre Stimme entsprechend der geringen Körpergröße weit höher liegt.

4 Die epigamen Ausdrucksbewegungen und -laute des Erpels

a) Die allgemeine Form der Balz

Die Umständlichkeit und »Feierlichkeit« der Balz ist mindestens so groß wie bei der Stockente. Die Erpel müssen lange zurecht- und zusammenrücken, schnabelschütteln usw., ehe der erste Pfiff erfolgt. Dabei suchen sie aber im Gegensatz zu Stockerpeln, und ähnlich wie Spieß-, Bahama- und Knäckerpel dies tun, aktiv die Gegenwart eines Weibchens auf, schwimmen diesem gegebenenfalls, die Balz unterbrechend, auch nach, um, bei ihm angelangt, mit Sichschütteln und Zusammenrücken von vorne anzufangen. Im übrigen sieht eine Krickerpelbalz wie ein zu schnell ablaufender Film einer Stockerpelbalz aus; alle Bewegungen und Pfiffe sowie das neuerliche Antrinken, Anschütteln usw. gehen so rasch und eilig vor sich, daß der Beobachter gar nicht zu Atem kommt, schon bei der Vielzahl meiner Erpel klang das Pfeifen fast kontinuierlich. Die Balz flaut dann sehr rasch wieder ab, und man hat nur einen Bruchteil der Bewegungen richtig gesehen und aufgezeichnet.

b) Das Antrinken und das einleitende Sichschütteln

Das Antrinken und das einleitende Sichschütteln gleichen völlig denen des Stockerpels, nur dauern sie kürzer, da entsprechend der geringen Größe der Art das An- und Abschwellen jeder Erregung rascher erfolgt als bei *Anas*. Ein Scheinputzen habe ich bisher nie verzeichnet.

Abb. 34 Das Kurzhochwerden des Krickerpels. Beachte die optische Wirksamkeit der gelben Dreiecke an den Schwanzseiten, vergleiche mit Abb. 12, 22, 25 und 41.

c) Der Krickpfiff

Der Krickpfiff, wie schon erwähnt, auch außerhalb der sozialen Balz häufig, ist deutlich zweisilbig, die Krickente müßte genauer »Küdick«-Ente heißen, der Unterschnabel schnappt bei dem *d* zwischen *ü* und *i* genauso ruckartig nach unten wie bei *Virago castanea* und *gibberifrons*, deren Knochentrommelmechanismus dabei offensichtlich der gleiche ist. Der Kopf wird beim Ausstoßen dieses Lautes *überhaupt nicht gehoben*, was wohl für die Häufigkeit und Mühelosigkeit seiner Äußerung von Belang ist.

d) Der Grunzpfiff

Der Grunzpfiff gleicht in der Bewegungsweise völlig dem der vorbesprochenen Arten, der Ton ist sanft flötend, ein Grunzen fehlt.

e) Das Kurzhochwerden

Das Kurzhochwerden spielt, wie ich schon aus der Zeichnungsweise der Schwanzseiten vermutet hatte, beim Krickerpel eine große Rolle. Die gelben, sich scharf vom schwarzen Grund abhebenden Dreiecke der Unterschwanzdecken werden dabei blitzschnell gespreizt und kommen prächtig zur Geltung (Abb. 34). Das Kurzhochwerden kommt in zwei verschiedenen Koppelungen vor. Die in meiner Beobachtung häufigere zeichnet sich durch das Fehlen der nachfolgenden Aufstoßbewegung aus, an deren Stelle ein *Kinnheben* eintritt, aber ohne daß der Kopf dabei gehoben bzw. der Hals gestreckt wird. Andernfalls, und zwar nach meinem bisherigen Eindruck bei höherer Reaktionsintensität, folgt auf das Kurzhochwerden ganz wie beim Stockerpel ein *Aufstoßen*, das immer mit intensivstem Hindrehen des Kopfes nach der Ente einhergeht (Abb. 35). Der Kopf geht auch hierbei

Abb. 35 Das Aufstoßen des Krickerpels, Nettion crecca L. Vergleiche mit Abb. 20, 24, 39, 46 und 50.

nur wenig weit in die Höhe; wenn er den höchsten Punkt erreicht hat, erfolgt ein *Krickpfiff*. Die Tatsache, daß dieser hier völlig in der gleichen Koppelung auftritt wie der gewöhnliche Aufstoßpfiff bei der Spießente und der Kastanienente, spricht sicher stark für seine genetische Ableitbarkeit aus jenem. Wie beim Stockerpel kommt das Aufstoßen nie als gesonderte Bewegung, sondern immer nur in Koppelung an das Kurzhochwerden vor. Beim Hochheben des Kopfes bleibt das Gefieder jener Fläche des Nakkens und Hinterkopfes, die vorher dem Rücken anlag, wie eine »verlegene« Frisur glatt zusammengedrückt, die hintere Kante, mit der die Kopfkontur bei angezogenem Kopf glatt in den Rücken überging, steht nun frei und scharf in die Luft hinaus, wobei das Schöpfchen am Hinterkopf weit vorragt. Es ist eben »dazu da« und hat bei *Nettion flavirostre*, bei dem die morphologische Differenzierung des »Zöpfchens« weiter geht, dieselbe Funktion.

f) Das Aufreißen

Das Aufreißen kommt nur als völlig isolierte, selbständige Balzbewegung vor. Der Kopf geht dabei womöglich noch weiter nach hinten als bei *Virago*. Wormald hat in seiner Beschreibung der Balz der Krick- und Stockente dieses starke Aufreißen mit dem Kurzhochwerden durcheinandergebracht, denn er sagt anläßlich des Kurzhochwerdens der Stockerpel, dieselbe Bewegung sei beim Krickerpel noch stärker ausgebildet: »He makes his head and his tail meet over his back.« Zweifellos ist damit die Aufreißbewegung gemeint, die, wie aus allem Gesagten hervorgeht, keineswegs mit dem Kurzhochwerden homolog ist. Der Pfiff ist dabei einsilbig.

g) Das Kinnheben

Das Kinnheben erfolgt stets ganz langsam und meist außerhalb des eigentlichen Balzspieles. Ganz wie beim Kastanienerpel wird die Stellung lange beibehalten. Der Kopf steht dabei tief im Nacken, ähnlich wie beim Kinnheben der Pfeifentenarten. Die Bedeutung der Bewegung ist die gleiche wie die bei der Stockente, man sieht sie in dauernder Wiederholung von dem sich »höflich« um ein Weibchen bemühenden Erpel.

h) Das Hinterkopfzudrehen

Das Hinterkopfzudrehen der Krickerpel erfolgt nicht wie beim Stock-, Kastanien- und Brauterpel in der eben besprochenen Kopfhaltung mit hohem Kinn und glatt angelegtem Gefieder, sondern, wie ich aus dem Zeichnungsmuster und der Gefiederstruktur des Hinterkopfes schon vorher vermutet hatte, ganz wie beim Spießerpel mit eingezogenem Kopf, herausgedrücktem Nacken und dick gesträubtem Kopf- und Nackengefieder.

i) Der Kampf der Erpel und das Paarungsnachspiel

Der Kampf der Erpel und das Paarungsnachspiel sind mir unbekannt.

XV Die chilenische Krickente, Nettion flavirostre Vieillot

1 Allgemeines

Diese Art steht zweifellos *Nettion crecca* ungemein nahe, ist aber doch in höchst kennzeichnender Weise weiterspezialisiert als diese Art. Die völlig gleiche Farbe der Geschlechter, die vielleicht mit der schon von Grey nachgewiesenen Brutpflege des Erpels zusammenhängt, wäre an sich kein so schwerwiegendes taxonomisches Merkmal – man denke an die entsprechende Verschiedenheit der so nah verwandten *Anas*-Arten –, als es die Instinktbewegungen der männlichen Brutpflege selbst sind. Bemerkenswert ist dabei eine erstaunliche Konvergenz zu den ebenfalls im männlichen Geschlecht brutpflegenden echten Gänsen, *Anserinae*, die darin liegt, daß eine ursprünglich feindliche, eine Drohung bedeutende Bewegung zum Ausdruck der Begrüßung und des Familienzusammenhalts geworden ist. Völlig einzigartig innerhalb der Anatinen ist der Umstand, daß die Bewegung schon von dem eintägigen Küken ausgeführt wird, ganz wie das Halsvorstrecken der jungen Anserinen. Eine von vielen Systematikern hervorgehobene Merkwürdigkeit bildet die große Ähnlichkeit, die in Schnabel- und Gefiederfarbe zwischen *Nettion flavirostre* und *Dafila spinicauda* vorhanden ist. Boetticher hat ihrethalben für die chilenische Krickente die Untergattung *Dafilonettium* geschaffen und sie geradezu als einen Übergang zwischen Krick- und Spießenten hingestellt. Ich kann mich dieser Anschauungsweise keineswegs anschließen. *Nettion flavirostre* ist trotz aller Eigenheiten eine echte Krickente, was Körperhaltung, Ausdrucksbewegungen und Kükenkleid anlangt, und hat zweifellos zur Kastanienente viel nähere Beziehungen als zu *Dafila spinicauda.* Ich erinnere an die Spiegelfärbung (S. 69 f.), den Aufreißpfiff (S. 73) und den Krickpfiff (S. 71 f.). Die Ähnlichkeit der Schnabelfärbung beruht wohl sicher auf homologen Mutationen, die auch ohne nähere Blutsverwandtschaft absolut gleiche Zeichnungsweisen hervorbringen können, wie z. B. die sogenannte »Hämmerung« auf den Flügeln der verschiedensten Wildtaubenarten und Haustaubenrassen. Auch *Anas undulata* hat nahezu die gleiche Schnabelzeichnung, obwohl sie ganz sicher keine näheren verwandtschaftlichen Beziehungen zu *Nettion flavirostre* oder *Dafila spinicauda* hat. Das Gefieder dieser beiden Arten stimmt übrigens nur im Färbungston, keineswegs aber in der feineren Zeichnungsweise überein, die eben deutlich bei der einen Art eine Krick-, bei der anderen eine Spießentenzeichnung ist.

2 Die nichtepigamen Ausdrucksbewegungen und -laute

Stimmfühlungslaute und Lockruf beider Geschlechter entsprechen im allgemeinen denen von *Nettion crecca.* Neben dieser ist es die einzige mir bekannte Art, bei der der Erpel ohne irgendwelche besonderen Kopf- und Halsbewegungen zu pfeifen imstande ist. Der gewöhnliche Lock- und Warnpfiff ist im Gegensatz zu dem des Krickerpels einsilbig und wird noch leichter und häufiger, manchmal geradezu völlig in Rhythmus und Bedeutung der Stimmlaute des Stockerpels gebraucht. Man kann sagen, daß beim Erpel von *Nettion flavirostre* der Ersatz des eigentlichen Stimmlautes durch den Balzpfiff am weitesten getrieben ist. Außerdem führt der Erpel bei jeder Erregung, insbesondere aber wenn er sein Weibchen nach

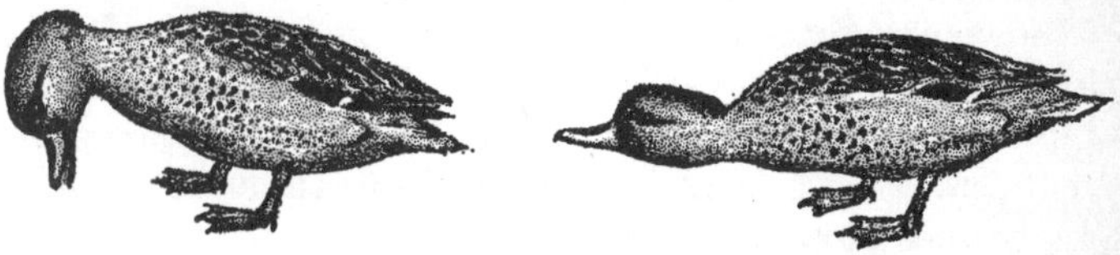

Abb. 36 und 37 Die erste und zweite Phase der Begrüßungsgebärde des chilenischen Krickerpels, Nettion flavirostre.

kurzer Trennung wiederfindet, eine höchst eigenartige, ja einzigartige Begrüßungszeremonie aus, die mit der eigentlichen Balz, dem Gesellschaftsspiel, durchaus nichts zu tun hat und nie in Verbindung mit diesem gebracht wird. Der Erpel streckt den Kopf, ganz wie es alle *drohenden* Schwimmerpel einschließlich des gewöhnlichen Hauserpels tun, mit waagerecht gehaltenem Schnabel dicht über dem Boden vor. Während dieser Bewegung sagt er ein rasches und vielsilbiges Zwitschern, wie etwa *rütüitüitüitüitüi*. Vor dem Vorstrecken wird der Kopf zuerst steil abwärts gebeugt (Abb. 36), wobei das Zöpfchen im Nacken steil aufgerichtet in Erscheinung tritt, um im nächsten Augenblick beim gänseartigen Durchstrecken des Nackens wieder völlig zu verschwinden (Abb. 37). Besonders häufig antwortet der Erpel auf das Hetzen der Ente mit dieser Ausdrucksbewegung. Als ich die drei von meiner *Flavirostre*-Ente gelegten, aber verlassenen Eier durch eine Zwerghenne ausbrüten ließ und drei gesunde Küken in meine Pflege nehmen konnte, antworteten zu meinem grenzenlosen Erstaunen alle drei auf meine Nachahmung des Entenführungslautes mit der voll ausgebildeten, eben beschriebenen Zeremonie, wobei das Zwitschern gar nicht viel anders klang als beim alten Erpel. Die Küken begrüßten sowohl mich als auch sich untereinander nach jeder Trennung mit dieser Bewegung, die aber auch durch andere erregende Umstände auslösbar war. Die Art der Anwendung und die zugeordnete Reizsituation entsprachen in erstaunlicher Weise jenen, die bei Graugänsen das Halsvorstrecken der Begrüßung auslösen. Interessant ist beim Vergleich dieser beiden deutlich analogen Ausdrucksbewegungen von *Anser* und *Nettion* die Homologiefrage. Beide entspringen aus einer *homologen* Wurzel, nämlich aus dem mit wenigen Ausnahmen *(Chloëphaga!)* so ziemlich allen Anatinen eigenen drohenden Vorstrecken des Halses. Daß nun aber aus dieser »Drohung nach außen« auf dem Umwege des durch die männliche Brutpflege gewährleisteten engen Familienzusammenhaltes eine »Freundschaftsbezeugung gegen Familienmitglieder« wurde, ist angesichts der vielen, vielen zwischen *Nettion* und *Anser* liegenden Anatidenformen, bei denen das nicht der Fall ist, ganz sicher nur eine Konvergenz, eine reizvolle Spitzfindigkeit zur Begriffsbildung der Homologie und der Analogie! Da sich meine sämtlichen drei *Flavirostre*-Küken zu Erpeln entwickelten, weiß ich leider nicht, ob weibliche Junge die Bewegungsweise auch haben und später verlieren oder ob der Geschlechtsdimorphismus des Bewegungsinventars schon mit dem ersten Lebenstage voll ausgebildet ist. Beides wäre in gleichem Maße interessant!

3 Die epigamen Ausdrucksbewegungen und -laute des Weibchens

a) Das Hetzen

Das Hetzen ist dem der Krickente ähnlich, hat aber deutliche Ähnlichkeit mit dem kennzeichnenden Tonfall der Kastanienente. Die Kopfbewegung geht stockentenähnlich tief abwärts und nach hinten. Die aufgerichtete Körperhaltung von *Dafila*, auch *Dafila spinicauda*, fehlt völlig, ebenso wie das für die Spießenten so bezeichnende knarrende *rrrr.*

b) Der Decrescendoruf

Der Decrescendoruf hält unter allen Schwimmenten den Rekord an Vielsilbigkeit. Der zweite Ton ist am lautesten, wie z. B. bei der Stock- und Krickente. Ich zählte bis zu 21 Silben, die, ganz allmählich in Lautstärke und Tonhöhe sinkend, den Eindruck erweckten, als *entferne* sich die rufende Ente während des Rufens vom Zuhörer.

c) Die Paarungseinleitung

Die Paarungseinleitung ist stockentenähnlich, ein Nickschwimmen fehlt.

4 Die epigamen Ausdrucksbewegungen und -laute des Erpels

a) Die allgemeine Form der Balz

Die Einleitung ist mindestens so feierlich wie bei der Stockente. Ein Losgehen der Balzbewegungen mitten aus dem Schwimmen heraus, wie es bei den der Ente nachschwimmenden Spieß- und Knäckerpeln vorkommt, ist geradezu undenkbar, ehe nicht neuerlich zusammengerückt und geschüttelt wurde. Auf die Anwesenheit einer Ente legten meine vier Erpel weniger Gewicht als die Krickerpel, immerhin aber mehr als Stock- und Mandarinerpel. Die langsame, gemessene Folge der einzelnen Balzbewegungen erinnert ebensowenig an die europäische Krickente wie an die beim Balzen ruhelos durcheinanderwimmelnden Erpel von *Dafila spinicauda*. An die Krickerpel erinnert dagegen der Umstand, daß meist jede einzelne Balzbewegung häufig wiederholt wird, so daß man oft bei einem Gesellschaftsspiel buchstäblich nur immer ein und dieselbe Bewegungsweise zu sehen bekommt.

b) Das einleitende Sichschütteln

Das einleitende Sichschütteln entspricht dem anderer Arten. Ein Scheinputzen habe ich bisher nicht verzeichnet.

Abb. 38 Der Grunzpfiff des chilenischen Krickerpels. Beachte das Schöpfchen am Hinterkopf und vergleiche mit Abb. 11 b und 21.

c) Der Grunzpfiff

Der Grunzpfiff gleicht dem der meisten anderen Schwimmerpel, ein Grunzton fehlt. Das Zöpfchen am Hinterkopf wird beim Abwärtsneigen des Kopfes steil aufgerichtet (Abb. 38).

d) Das Aufstoßen

Das Aufstoßen tritt, da ein Kurzhochwerden fehlt, als durchaus selbständige, an andere nicht gekoppelte Bewegung auf. Es erinnert jedoch insofern an das mit Kurzhoch gekoppelte Aufstoßen des Stock-, Spieß- und Krickerpels, als es immer mit Hindrehen des Kopfes nach der Ente einhergeht. Während dieses Kopfhindrehens bildet das Kopfgefieder eine geradezu verblüffend hohe und schmale Scheibe, das dunkle Zöpfchen am Hinterkopf steht wie ein Dorn waagerecht frei nach hinten ab, beides zusammen ergibt ein höchst auffallendes Bild, und es besteht kaum ein Zweifel, daß gerade in der optischen Wirksamkeit dieser Bewegungsweise die Funktion des verlängerten, fast eine Haube bildenden Kopfgefieders liegt (Abb. 39). Eine strukturelle Besonderheit liegt darin, daß die Federn der Schläfen und Kopfseiten weit stärker verlängert sind als die des Scheitels, so daß

Abb. 39 Das Aufstoßen mit Kopfhindrehen beim chilenischen Krickerpel. Beachte die Scheibenfrisur und vergleiche mit Abb. 13, 22 und 24. Hier ohne vorangehendes Kurzhochwerden.

bei der »Scheibenfrisur« eine flache, oben in der Mittellinie scharfrandige Linsenform entsteht, im Gegensatz zu der entsprechenden »Frisur« von Stock-, Krick-, Braut- und Mandarinerpel, bei denen sich die Kopfoberseite in scharfer und optisch unterstrichener Kante gegen die Seitenfläche absetzt. Beim Aufstoßen ist der Pfiff fast immer krickentenhaft zweisilbig, etwa wie *küdick*.

e) Das Aufreißen

Das Aufreißen ist die auffallendste und wohl auch die häufigste Balzbewegung von *Nettion flavirostre*. Es übertrifft an Schwung und Bewegungsausmaß die homologen Bewegungen aller anderen Schwimmerpel. Der Kopf geht nicht nur längs des Rückens bis fast zur Schwanzwurzel zurück, sondern er gleitet sogar, während sich der Erpel vorne steil emporbäumt, *seitlich* von der Rückenmitte ab und nach unten (Abb. 40).

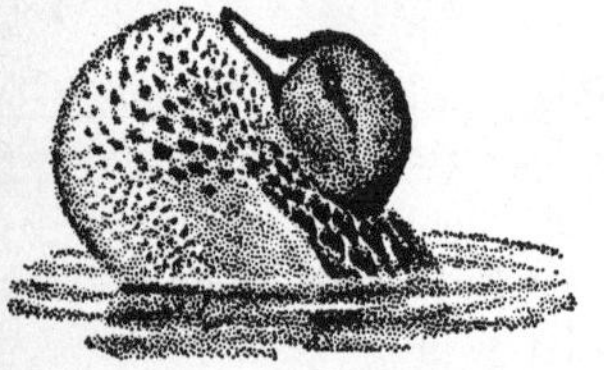

Abb. 40 Das Aufreißen des chilenischen Krickerpels. Man vergleiche die überaus starke mimische Übertreibung der Bewegung mit Abb. 17 und Abb. 31.

f) Der Kampf der Erpel und das Paarungsnachspiel

Der Kampf der Erpel und das Paarungsnachspiel sind mir unbekannt, ebenso vielleicht vorhandene weitere Balzbewegungen des Erpels.

XVI Die Schnatterente, Chaulelasmus strepera L.

1 Allgemeines

So nahe die Schnatterente in vieler Beziehung der Stockente steht, so stellt sie doch eine Abzweigung in einer Differenzierungsrichtung dar, die recht weit von allen übrigen Schwimmenten wegführt und die Schnatterente in die Nähe der Pfeifentenarten rückt, die in Lebensweise und Bewegungsinventar allen anderen Schwimmenten ebenso fernstehen wie in anatomischer Beziehung und in bezug auf Färbungsweise und Kükenkleider. Es ist außerdem bekannt, daß Pfeifenten mit *Anas*-Arten stets unfruchtbare Bastarde erzeugen, während die Schnatterente auch insofern zwischen beiden Gruppen steht, als sie mit beiden zeugungsfähige Mischlinge erzeugt. Andererseits bestehen Beziehungen zu Krickenten, denn die asiatische Sichelente, *Anas falcata*, ist in ihrer Gefiederzeichnung ein eigenartiges Bindeglied zwischen *Chaulelasmus* und *Nettion*.

2 Die nichtepigamen Ausdrucksbewegungen und -laute

Die Weibchen und die Küken haben alle Laute und Ausdrucksbewegungen der Stockenten, über sie hinaus aber eine ungemein kennzeichnende Bewegungsweise, die bei Stockenten nur der Erpel voll ausgebildet, die Ente aber kaum angedeutet hat und die den Küken völlig fehlt: das *Kinnheben*. Bei jeder Erregung, insbesondere wenn man die Tiere in die Ecke treibt, wenn sie futterheischend den Pfleger umdrängen oder wenn getrennt gewesene sich wiederfinden, bringen schon die ganz kleinen Küken jene Bewegungen und jenen Rhythmus im zweisilbigen Stimmfühlungslaut, den wir beim *räbräb*-Palaver der Stockerpel kennengelernt haben (S. 23 f.). In dieser Weise von einer Kükenschar ausgeführt, ähnelt die Zeremonie mehr noch als die der Stockente einem *Triumphgeschrei*. Wenn die Mutter, wie sie es normalerweise zweifellos tut, an der Zeremonie teilnimmt, muß diese Analogie noch deutlicher hervortreten als bei meinen mutterlos aufgezogenen Küken. Die sicher homologe Bewegungsweise der Pfeifenten hat ganz eindeutig die Funktion eines Triumphgeschreis übernommen. Die zweisilbigen Stimmfühlungslaute fehlen dem Erpel, immerhin verfügt er noch über einen leise hauchenden Lockruf, der sicher dem langen *rääb* des Stockerpels homolog ist.

3 Die epigamen Ausdrucksbewegungen und -laute des Weibchens

a) Das Hetzen

Das Hetzen der Ente ist höchst eigenartig. Die eigentliche Hetzbewegung über die Schulter hin wechselt regelmäßig mit einer Bewegung des *Kinnhebens* ab. Der Erpel reagiert auf das Hetzen regelmäßig mit einem genau gleichzeitigen Kinnheben, das später näher zu beschreiben ist (Abb. 42). Der Tonfall der Lautäußerung ist der eines echten Schwimmentenhetzens, gleichzeitig aber klingt der Rhythmus des *räbräb*-Palavers durch, den wir von kinnhebenden Stockerpeln kennen (S. 24). Um den Rhythmus nach dem Vorbilde Heinroths in einen leicht merkbaren Satz zu bringen, sagten wir gut süddeutsch: »Sö, gehn S' weg da, Sö!«, was gleichzeitig die Bedeutung der Zeremonie gut wiedergibt, die meist stattfindet, wenn zwei Paare sich nach Pfeifentenmanier gegenseitig anärgern und zu vertreiben trachten. Wie bei Braut- und Mandarinenten, aber auch bei *Amazonetta* und manchen Casarcinen tippt das hetzende Weibchen zwischendurch mit dem Schnabel an die Brust des Erpels.

b) Der Decrescendoruf

Der Decrescendoruf ist bei der Schnatterente ausgesprochen selten. Er klingt höher und hat weniger Silben als bei der Stockente.

c) Die Paarungseinleitung

Die Paarungseinleitung habe ich an den beiden sehr scheuen, erwachsenen Paaren, die ich hielt, nie gesehen.

4 Die epigamen Ausdrucksbewegungen und -laute des Erpels

a) Die allgemeine Form der Balz

Die allgemeine Form der Balz unterscheidet sich bei Schnatter- und Pfeifenten grundlegend darin von derjenigen aller anderen Schwimmerpel (mit der möglichen Ausnahme des Löffelerpels), daß ein ausgesprochenes Gesellschaftsspiel im Sinne einer Versammlung mehrerer Erpel fehlt. Ähnlich wie bei der Brautente bemerkt man die Balzbewegungen und Laute vor allem dann, wenn sich zwei Paare anärgern oder wenn sich zwei oder mehrere Erpel um eine Ente bemühen. Irgendwelche positive Taxien der Erpel zueinander, wie sie neben den Schwimmenten auch die Mandarinente, *Aix galericulata*, hat, fehlen bei der Schnatterente. Obwohl das Gesellschaftsspiel der Erpel fehlt, sind beim Schnattererpel Bewegungen vorhanden, die denen der sozialen Balz anderer Schwimmerpel sicher homolog sind. Die Instinktbewegung erweist sich stammesgeschichtlich ja sehr oft als konservativer als die Taxien, die sie orientieren. Sogar die Einleitung der Balz ist ähnlich wie bei anderen Erpeln. Der seiner Ente nachschwimmende Schnattererpel »benutzt« das Sichschütteln und Scheinputzen zur Selbststimulation in sehr ähnlicher Weise wie jene.

b) Das einleitende Sichschütteln

Das einleitende Sichschütteln geht ganz wie bei anderen Anatinen der eigentlichen Balz voraus.

c) Das Scheinputzen und Antrinken

Das Scheinputzen und Antrinken spielen beim Schnattererpel eine besondere Rolle. Beide Bewegungen sind bei ihm zu einer fest gekoppelten Zeremonie verschmolzen. Während beim Stockerpel (S. 30 ff.) Antrinken und Scheinputzen regellos durcheinander erfolgen, so daß man demjenigen, der durchaus nicht daran glauben will, die Signalfunktion dieser Bewegungen kaum unmittelbar beweisen könnte, zeigt sich die Zeremonie des Schnattererpels eindeutig als solche: Auf das Scheinputzen folgt stets unmittelbar das Antrinken. Die phylogenetische Steigerung der einleitenden Bewegungen durch die feste Koppelung untereinander ist um so interessanter, als wir einen Fall kennen, in dem sie in umgekehrter Richtung stattgefunden hat: Beim Mandarinerpel geht das Antrinken stets dem Scheinputzen voraus. Wie beim Mandarinerpel, so hat auch beim Schnattererpel parallel mit der Höherdifferenzierung des Scheinputzens eine solche der bei seiner Ausführung besonders in Erscheinung tretenden Gefiederteile stattgefunden: Die auffallend gefärbten Federn am Flügelspiegel und an den großen Armdecken sitzen genau an jener Stelle, die durch den scheinputzenden Schnabel besonders herausgehoben und bewegt wird.

d) Das Aufstoßen

Das Aufstoßen ist deutlich höher differenziert, in gewissem Sinne spießerpelähnlicher als das des Stockerpels. Auch ohne Kurzhochwerden, völlig isoliert auftretend, ist es eine der häufigsten Balzbewegungen des Schnattererpels. Der Laut, zu dessen Hervorbringung offensichtlich das Kopfheben und die dadurch bewirkte Luftröhrenspannung nötig ist, ist ein sehr eigentümlicher nasal-gequetschter Ton, der zwischen *ö* und *ä* die Mitte hält. Es ist sehr fraglich, ob die eigenartigen *ö*-Laute des Schnattererpels dem Stimmlaut *räb* des Stockerpels vergleichbar sind. Das Aufstoßen des Schnattererpels erinnert durch seine Stimmhaftigkeit – einen Pfiff habe ich dabei nie gehört – viel stärker an das langgezogene *rääb* des Stockerpels, das dessen Lock- und Warnlaut darstellt, als an die entsprechenden, oft mit einem Pfiff verbundenen (S. 48) Äußerungen der Spießerpel. Allerdings hat der Schnattererpel neben dem grunzenden *ö* auch noch den S. 85 erwähnten leise hauchenden Lockruf, dessen bewegungsmäßige Homologie zu dem des Stockerpels mir sicher scheint.

e) Der Grunzpfiff

Auch der Schnattererpel verfügt über diese Bewegung. Sie erscheint bei ihm eigentümlich unvollständig, kurz abgebrochen, die Aufrichtung des Körpers geht lange nicht so weit wie bei anderen Schwimmerpeln, das Wiedereinnehmen der Normallage erfolgt eigenartig hastig, und die Stellung mit abwärts gebeugtem Kopf dauert extrem kurze Zeit. Der Kopf wird sofort wieder nach oben und dabei ziemlich stark in den Nacken gerissen. Beim Abwärtsbeugen des Kopfes ertönt ein durchdringender Grunzton auf *öh*, dem in fließendem Übergang ein feiner, scharfer Pfiff folgt. Das Ganze klingt also wie *öööiii*. Die Lautfolge zwischen Grunzen und Pfeifen ist demnach genau umgekehrt wie beim Stockerpel.

Abb. 41 Das Kurzhochwerden des Schnattererpels, Chaulelasmus strepera L. Beachte die bei der Bewegung besonders hervortretenden Gefiederteile und vergleiche sie mit denen von Abb. 12, 22, 25 und 34.

f) Das Kurzhochwerden

Das Kurzhochwerden (Abb. 41) ist beim Schnattererpel merkwürdigerweise mit der Abaufbewegung gekoppelt, die als isolierte Balzbewegung bei ihm nicht vorkommt. Das Anheben des Bürzels geht nicht entfernt so weit wie beim Stockerpel, dagegen ist das nachfolgende Aufstoßen sehr ausgesprochen und mit einem überaus starken Hindrehen des Kopfes nach der Ente gekoppelt. Die Bewegung des Bürzels wird trotz ihres geringen Ausmaßes durch das Sträuben der sehr langen und dichten, tiefschwarz gefärbten Ober- und Unterschwanzdecken sehr auffällig gemacht. Auf das Kurzhochwerden folgt manchmal ein nicht besonders betontes Vorwärtsschwimmen ohne jede Andeutung von nickenden Kopfbewegungen, das aber an seinem Ende, ganz wie das Nickschwimmen des Stockerpels, in extremem Hinterkopfzudrehen ausklingt. Viel häufiger aber, ja fast regelmäßig folgt, unmittelbar an das Kurzhochwerden und Aufstoßen gekoppelt, die Abaufbewegung.

g) Die Abaufbewegung

Die Abaufbewegung tritt *nur* in der eben erwähnten Koppelung auf. Die Bezeichnung paßt schlecht auf die Bewegungsweise des Schnattererpels, da die einleitende Abwärtsbewegung kaum angedeutet, das nachfolgende Kinnheben dagegen stark ausgeprägt ist.

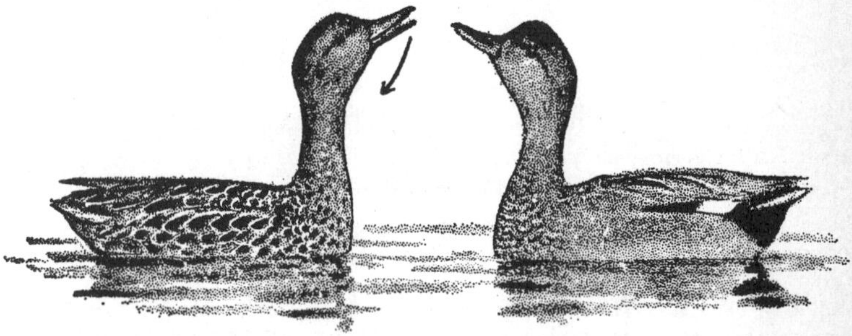

Abb. 42 Das gemeinsame Kinnheben des Schnatterentenpaares. Der Pfeil deutet die Richtung der zwischen je zwei Kinnhebungen eingeschalteten seitlichen Hetzbewegungen an. Vergleiche Abb. 3, 44 und 45.

h) Das Kinnheben

Das Kinnheben spielt durch seine Bedeutung als eine dem Triumphgeschrei der Anserinen und Casarcinen analoge Zeremonie, wie schon bei Besprechung der Bewegungsweisen des Weibchens erwähnt wurde, bei der Schnatterente eine ganz besondere Rolle. Der schon bei den *räbräb*-Palavern der Stockente angedeutete Rhythmus *láng kurzlángkurz láng* findet sich bei der Schnatterente bei *beiden* Geschlechtern, sowohl beim Hetzen der Ente (S. 86) als bei der nun zu beschreibenden Bewegungsweise des Erpels. Auf das Hetzen der Ente hin hebt der Erpel den Schnabel, ohne ihn vorher gesenkt zu haben, bis weit über die Waagerechte, während sein Körper an der Halswurzel andeutungsweise tiefer in das Wasser einsinkt. Dieses Kinnheben wiederholt sich nun in der Regel dreimal, entsprechend dem beschriebenen Rhythmus; beim ersten und beim letzten Heben stößt der Erpel sein Grunzen, beim mittleren aber einen schrillen Pfiff aus, so daß die ganze Strophe also wie *óh, ö-íh-ö, óh* klingt. Das Weibchen führt, wie erwähnt, synchron mit dieser Bewegung des Männchens sein abwechselndes Kinnheben aus (Abb. 42), und zwar meist so, daß die Hetzbewegung, also das »weg« in unserem Merkspruch »Sö, gehn S' weg da, Sö«, mit dem Pfiff des Erpels zusammenfällt. Die unglaublich feste Korrelation der Laute beider Gatten erinnert sehr an die homologen, ebenfalls mit Kinnheben einhergehenden Triumphgeschrei-Zeremonien der Pfeifentenarten. Auch die Anwendung beim einander Sichanärgern der Paare, die geringe Ernstlichkeit der Kämpfe, die kurze Nachwirkung eines »Sieges« sind durchaus gleich wie bei jenen. Bei geringer Intensität schrumpft die Lautäußerung des Erpels auf zwei Laute, einen Pfiff mit anschließendem Grunzen, zusammen, den man ungemein häufig zu hören bekommt.

Abb. 43 Das Hinterkopfzudrehen des Schnattererpels. Das dunkle Feld am Hinterkopf entsteht nur durch Stellung, nicht durch dunkle Färbung der Federn. Vergleiche Abb. 15, 23 und 26.

i) Das Hinterkopfzudrehen

Das Hinterkopfzudrehen spielt ebenfalls bei der Werbung des Schnattererpels eine sehr große Rolle. Das Kopfgefieder nimmt dabei eine ganz extreme und auffallende Stellung ein: Das Stirngefieder ist breit und rund gesträubt und wirkt daher dunkel, das Gefieder des Oberkopfes bildet einen hohen Kamm entlang der Mittellinie des Scheitels, der am Hinterkopf sich zu einem breiten, maximal gesträubten und daher fast schwarz wirkenden Feld verbreitert. Bei eingezogenem Kopf, also in der Einleitungsstellung, liegt dieses Feld dem Rücken an. Vor der in Rede stehenden Bewegungsweise wird der Kopf gerade so weit gehoben, daß er sichtbar wird, worauf er der Ente zugekehrt wird. Das dunkle Kissen am Hinterkopf des Schnattererpels sticht so scharf von der Farbe des übrigen Kopfes ab, daß jeder, der den Erpel nur in dieser Gefiederstellung kennt, ihm wie dem Spießerpel eine dunkle Hinterkopffärbung zuschreiben würde.

k) Der Kampf der Erpel

Der Kampf der Erpel verläuft durchaus stockentenähnlich. Paarung und Paarungsnachspiel habe ich nie gesehen.

XVII Die Pfeifente, Mareca penelope L. und die chilenische Pfeifente, Mareca sibilatrix Poeppig

1 Allgemeines

Die beiden Arten seien nur anhangsweise erwähnt, da ich sie nicht genau genug kenne. Beide fallen durch den Mangel eines Gesellschaftsspieles und durch ihre hochspezialisierte, bei *Mareca sibilatrix* geradezu an die der Anserinen erinnernde Ehigkeit stark aus dem Rahmen der übrigen Schwimmenten. Auch das fast einfarbige Weibchenkleid von *Mareca penelope*, dem die sonst so verbreitete Längsfleckung der Tragfedern völlig fehlt, das dunkel kastanienbraune Sommerkleid des Erpels und endlich das ausschließlich *Mareca sibilatrix* zukommende weibliche Prachtkleid mit grünen Federn am Kopfe sowie die Kükenfärbung mit fast einfarbigem, nicht längsgestreiftem Kopf sind schwerwiegende taxonomische Merkmale, die beide Arten stark von den anderen Anatinen abrücken.

2 Die nichtepigamen Ausdrucksbewegungen und -laute

Stimmfühlungs- und Lockrufe sind bei beiden Geschlechtern in eigenartiger Weise reduziert. Die weibliche *Mareca penelope* hat eigentlich nur einen Laut, ein schnarrendes *rerrr*, dem bei der Südamerikanerin ein tieferes *arrr* entspricht. Die Erpel beider Arten haben alle Stimmlaute völlig verloren und sind für alle Stimmungsäußerungen auf ihren hochspezialisierten Balzpfiff, der beim Europäer einsilbig, etwa wie *wiirrr*, beim *Sibilatrix*-Erpel aber zweisilbig, etwa wie *wibürr*, klingt. Beide verwenden den Pfiff als Lock- und Warnruf, er wird durch eine vorbeischleichende Katze ganz ebenso ausgelöst wie durch ein über den Teich hinfliegendes Weibchen.

3 Die epigamen Ausdrucksbewegungen und -laute beider Geschlechter

Diese konzentrieren sich bei beiden Arten in eine aus Kinnheben und Hetzen zusammengeschweißte, derjenigen der Schnatterente ganz sicher homologe Zeremonie. Interessanterweise ist bei *Mareca penelope* noch eine Andeutung der Balzeinleitung vorhanden, die ich bei *sibilatrix* nie sah. Der Erpel schwimmt unter Ausstoßen eines zweisilbigen Pfeiftones, den

Abb. 44 Das gemeinsame Kinnheben des Pfeifentenpaares, Mareca penelope L. Der kleine Pfeil bezeichnet Richtung und Ausmaß der zitternden vertikalen Hetzbewegungen der Ente. Vergleiche Abb. 3, 32, 42 u. 45. Beachte die Gefiederdifferenzierung am Vorderkopf des Erpels.

man sich am besten durch den englischen Namen der Art *widgeon* (englisch ausgesprochen) wiedergeben kann, auf die Ente zu, schüttelt kurz einleitend den Kopf und läßt ein sehr ausführliches Scheinputzen folgen, das die Ente manchmal mit der gleichen Bewegung beantwortet. Meist aber beginnt sie daraufhin mit ihrem eigenartig zitternden, ruckartigen Kinnheben, worauf der Erpel, mit der Halswurzel tief ins Wasser eingesenkt, genau synchron ebenfalls ein Kinnheben ausführt, das aber nicht mehrmalig zitternd wie das der Ente, sondern einmalig und mit einem lauten Pfiff verbunden ist (Abb. 44, 45). Das Knarren der Ente, das mit

Abb. 45 Das gemeinsame Kinnheben des Paares der chilenischen Pfeifente, Mareca sibilatrix. Beide Gatten vollführen dieselbe Bewegung. Die Bewegungsweise erinnert in ihrer Bedeutung durchaus an das Triumphgeschrei der Gänse.

dem mehrmaligen, eine große Zahl von Aufwärtsbewegungen andeutenden Kinnheben einhergeht, ist seiner Betonung nach wohl als ein von dem der anderen Schwimmenten sehr weit abweichendes *Hetzen* zu betrachten und klingt wie ein ziemlich kontinuierliches *errr.* Die Reizsituation entspricht der des Hetzens. Bei *Mareca sibilatrix* fehlt die zitternde Mehrmaligkeit der Kopfbewegung des Weibchens, beide Geschlechter heben das Kinn mit ein^r einmaligen Bewegung, der ein angedeutetes Abwärtstippen des Schnabels vorausgeht. Die Stimme des Weibchens klingt tiefer, mehr wie *arrr*, der Pfiff des Erpels ist ein zweisilbiges *wibürrrr*. Bei beiden Arten sind die Bewegungen und Laute beider Gatten so streng koordiniert, daß das gesamte, sehr eigenartige Tonstück durchaus einfach klingt. Naumann schrieb ja auch bekanntlich beide Töne, Pfeifen wie Knarren, beiden Geschlechtern der Pfeifente zu. Die Zeremonie trägt durchaus den Charakter eines echten Triumphgeschreis, dessen Funktion der des Anserinen- und Casarcinen-Triumphgeschreis durchaus gleicht. Ich habe deshalb auch den leisen Verdacht, daß auch bei der europäischen Pfeifente mindestens gewisse Andeutungen männlicher Brutpflege vorhanden sind.

XVIII Mareca sibilatrix × Anas platyrhynchos

1 Allgemeines

Obwohl ich die vielen Entenmischlinge, die ich schon beobachtete und deren Bewegungsinventar ich einigermaßen genau aufzeichnen konnte, in die vorliegende Betrachtung nicht einbeziehen will, kann ich es mir nicht versagen, kurz auf die obengenannten Mischlinge einzugehen, die ich seinerzeit aus dem Berliner Zoologischen Garten erhielt, wo seit Jahren eine freifliegende Stockente mit einem *Sibilatrix*-Erpel gepaart lebte. Die Tiere waren körperlich ziemlich genau intermediär zwischen den Elternarten, der Erpel hatte in der Färbungsweise viel weniger vom Stockerpel als die von Poll (1910) abgebildeten Mischlinge, vor allem wenig Grün am Kopf, ganz in der Verteilung der Chilepfeifente. Die beiden Tiere waren miteinander gepaart, legten und brüteten jedes Jahr auf tauben Eiern und flogen jahrelang frei, bis die Ente im Winter 1939/40 für immer fortflog, während der Erpel, der diese schlimme Zeit überdauert hatte, durch das Einfangen der anderen Enten vor meinem Umzug nach Königsberg leider verschreckt, ebenfalls fortblieb.

2 Die nichtepigamen Ausdrucksbewegungen und -laute

Sie waren durchaus stockentenhaft; der Erpel hatte den ein- und den zweisilbigen Laut des Stockerpels, nur war seine Stimme leiser und heiserer.

3 Die epigamen Ausdrucksbewegungen und -laute des Weibchens

a) Das Hetzen

Das Hetzen kann man nicht kürzer beschreiben als mit der Feststellung, daß es weder dem der einen noch dem der anderen Elternart, sondern bis in kleinste Einzelheiten dem der Schnatterente gleicht. Die von *Mareca sibilatrix* ererbte Neigung, bei jeder geschlechtlichen Erregung in Kinnheben auszubrechen, vereinigte sich mit dem Trieb zum Ausführen der Hetzbewegung über die Schulter weg, den die Ente von ihrer Mutter geerbt hatte, in der Weise, daß immer zwischen zwei Kinnhebungen ein Hetzstoß über die Schulter weg erfolgte. Da der Erpel genau gleichzeitig mit der Ente sein Kinn hob, kam eine Zeremonie zustande, die von derjenigen der Schnatterente schlechterdings nicht verschieden war.

b) Der Decrescendoruf

Der Decrescendoruf war rauher und kürzer abgebrochen als bei einer Stockente, ein Nickschwimmen fehlte.

c) Die Paarungseinleitung

Die Paarungseinleitung entsprach der der Stockente, manchmal jedoch führten beide Tiere statt ihrer vor dem Treten eindeutige *Intentionsbewegungen des Wegtauchens* aus, genau wie zum Beginn des Spieltauchens vor dem mittäglichen Bade. Leider weiß ich nicht, ob Wegtauchen bei *Mareca* als Paarungseinleitung vorkommt. Von *Tadorna* hat Heinroth Entsprechendes beschrieben.

4 Die epigamen Ausdrucksbewegungen und -laute des Erpels

a) Die allgemeine Form der Balz

Die allgemeine Form der Balz war eigenartig zwiespältig. Einerseits umwarb der Erpel die Ente nach Pfeiferpelmanier, andererseits aber mischte er sich, ohne sich im geringsten um sie zu kümmern, unter die Gesellschaftsspiele der Stockerpel. Leiner beschrieb entsprechende Zwiespältigkeit der Taxien von Mischlingen zwischen dem am Boden nistenden dreistacheligen und dem frei in Wasserpflanzen bauenden neunstacheligen Stichling.

b) Das einleitende Sichschütteln, das Antrinken und das Scheinputzen

Das einleitende Sichschütteln, das Antrinken und das Scheinputzen entsprachen etwa denen des Stockerpels, nur war das letztgenannte nach Pfeifentenart stärker betont.

c) Der Grunzpfiff
Der Grunzpfiff und eine ungemein häufige stark betonte Abaufbewegung mit intensivem anschließenden Kinnheben waren die Balzbewegungen des Mischlings, ein Kurzhochwerden fehlte ihm.

d) Das Paarungsnachspiel
Das Paarungsnachspiel zeichnete sich durch Ausfall des Nickschwimmens aus, d. h. der Erpel riß nach dem Treten andeutungsweise auf und schwamm dann ohne Nicken sehr gemächlich um die Ente herum, ihr anhaltend und exakt den Hinterkopf zudrehend.

e) Das gemeinsame Kinnheben
Das triumphgeschreiähnliche gemeinsame Kinnheben entsprach durchaus dem des Schnattererpels.

XIX Die Brautente, Lampronessa sponsa L.

1 Allgemeines

Wir gelangen hier zu einer Gruppe, die von manchen Kennern zu den echten Schwimmenten, von manchen zu den Cairininen gerechnet wird. In Wahrheit steht die sehr selbständige Unterfamilie, die nur aus den zwei Gattungen *Lampronessa* und *Aix* besteht, etwa in der Mitte zwischen beiden. Mit den Cairininen gemeinsam haben sie gewisse Merkmale der Kükenzeichnung, gewisse aus Baumleben und Höhlenbrütigkeit resultierende Körpermerkmale, wie sehr lange Oberschenkel und deshalb scheinbar sehr weit vorne am Körper angelenkte Beine, das lange, breite Steuer, ferner ein sicher sehr primitives Bewegungsmerkmal: Die eigentlichen Cairininen sind mit Braut- und Mandarinente die einzigen *Anatinae*, die vor dem Auffliegen zielende, durch parallaktische Bildverschiebung den Raum austastende Kopfbewegungen machen. Gemeinsam ist ferner den Gattungen *Aix*, *Lampronessa* und *Cairina*, daß das nystagmische Kopfnicken, welches eintritt, wenn der Vogel im Gehen sichert, nicht bei jedem Schritt wie bei so ziemlich sämtlichen anderen Vögeln eintritt, sondern in ungemein kennzeichnender Weise bei jedem zweiten; der Kopf geht also immer gleichzeitig mit dem einen Bein nach vorn, was fast den Eindruck macht, als hinke der Vogel. Zweifellos ist gerade die Gattung *Cairina* ungemein reich an primitiven Merkmalen, worauf schon Heinroth, Delacour und Boetticher hingewiesen haben. Die schwarz-weiße Gefiederzeichnung und die nackte Gesichtsmaske erinnern an *Anseranas*, die geradezu reptilienhafte Vergewaltigung des Weibchens und die Keinehigkeit sind wohl ebenfalls als primitive Merkmale anzusprechen. Obwohl nun *Aix* und *Lampronessa* zweifellos hochdifferenzierte und den eigentlichen Schwimmenten ungemein nahestehende Formen sind, möchte ich sie doch grundsätzlich mit Delacour und Boetticher zu den Cairininen rechnen. Diese Gruppe enthält eben trotz ihrer deutlichen Zusammengehörigkeit neben Formen, die reich an primitiven Merkmalen sind, auch einige sehr hoch differenzierte, in ähnlicher Weise, wie etwa unter den Carnivoren die Herpestoiden Formen enthalten, die, wie etwa *Mungos* und *Crossarchus*, Merkmale von geradezu insektivorenhafter Primitivität besitzen, gleichzeitig aber solche, die in ihrer Spezialisation fast fließend zu der ganz allgemein höherstehenden Gruppe der Feliden überleiten, wie etwa die Zibethkatze, *Viverra*, der Palmenroller, *Paradoxurus*, oder gar die Fossa, *Cryptoprocta ferox*.

Die Ausdrucksbewegungen der Brautente wurden schon 1910 erschöpfend von Heinroth beschrieben. Nur des übersichtlichen Vergleiches halber seien sie kurz angegeben.

2 Die nichtepigamen Ausdrucksbewegungen und -laute

Außer bei den ganz kleinen Küken fehlt der zweisilbige Stimmfühlungslaut der *Anatinae*. Beim Pfeifen des Verlassenseins erklingt der einsilbige Pieplaut nicht in gleichen Abständen wie bei jenen, sondern, besonders bei höherer Intensität, meist zweimal hintereinander, aber nicht so knapp, daß der Eindruck der Zweisilbigkeit entstünde. Über die die ganze Gruppe kennzeichnenden Abfliege-Intentionsbewegungen wurde schon gesprochen. Der »Weggehlaut« der Ente, der besonders bei der Nestsuche zu hören ist, ist ein leises, schnelles *tetetetetet*, dem beim Erpel ein seiner Stimmlage entsprechend feines *jibjibjibjib* entspricht. Als Stimmfühlungslaut sagt der Erpel ein kurzes, auf der zweiten Silbe betontes *jiib*, das man besonders dann hört, wenn er sich »höflich« um die Ente bemüht. Der Lockruf des Erpels ist ein gezogenes *ji-ihb*, der Lockruf der Ente ein gröberes *ku-äck*. Während die bisherigen Laute in ihrer Bedeutung Analoga der wohl auch homologen Lautäußerungen vieler *Anatini* sind, ist der Warnruf des Weibchens ein eigenartig kurzes *huick*. Der Warnlaut des Erpels entspricht wie bei *Anatini* dem Lockruf. Während er aber bei jenen von ihm nicht zu unterscheiden ist, kann man den Warnlaut des Brauterpels durch seine abgehackte Kürze ziemlich eindeutig erkennen.

3 Die epigamen Ausdrucksbewegungen und -laute des Weibchens

a) Das Hetzen

Das Hetzen erfolgt in der für Schwimmenten typischen Weise über die Schulter hin, zwischen den einzelnen Hetzbewegungen aber pflegt das Weibchen mit dem Schnabel nach dem Erpel, besonders nach seiner Brust zu tippen. Mandarinenten tun das in gleicher Weise, die brasilianische Krickente, *Amazonetta brasiliensis*, dagegen dreht merkwürdigerweise zwischen den einzelnen Hetzstößen ihrem Erpel den Schnabel zu, was ganz wie das S. 38 f. und 50 f. beschriebene Kopfzudrehen mancher Schwimmerpel wirkt. Zwischen den Hetzbewegungen vollführen die Brautenten häufig zielende Kopfbewegungen, die wie bei *Cairina* die Bedeutung einer sehr allgemeinen Erregungsgeste haben.

b) Der »Kokettier«-Ruf

Der »Kokettier«-Ruf (Heinroth) ist eine nicht sehr laute, in Buchstaben schwer wiederzugebende Lautäußerung, die wie *houi* klingt und ihrer Funktion nach etwa dem Nickschwimmen der Stock- und Kastanienente entspricht, d. h. die Erpel zum Balzen anregt.

c) Der Flugruf

Der Flugruf, ein eigenartig lautes *u-ih*, entspricht einem gezogenen und allmählich ausklingenden Lockruf. Er klingt eigenartig eulenähnlich; niemand, der ihn nicht kennt, würde ihn einer Ente zuschreiben. Er ertönt besonders gegen Abend, und wenn Brautenten über den Vogel hinfliegen. Da zumal einsame Enten ihn ausstoßen, könnte er vielleicht die Nebenbedeutung eines Decrescendorufes haben, mit dem er aber genetisch sicher nichts zu tun hat. Die primäre Bedeutung des Rufes ist sicher der Ausdruck eigener Flugintention, und diese hat der Decrescendoruf der Anatinen durchaus nicht.[5]

d) Die Paarungseinleitung

Die Paarungseinleitung des Weibchens ist im Gegensatz zu dem aller *Anatini* ein völlig stilles Sichhinducken mit weit vorgestrecktem Hals. In dieser Stellung schwimmen die Enten dem oft nicht paarungswilligen Gatten minutenlang nach. Der Erpel seinerseits zeigt Tretintentionen durch wiederholtes Antrinken und zielende Kopfbewegungen, manchmal auch mit eingestreutem Scheinputzen. Fast dieselbe Paarungseinleitung haben die *Säger*, die nach Ansicht Delacours überhaupt mit der Braut-Mandarin-Entengruppe nahe verwandt sind.

4 Die epigamen Ausdrucksbewegungen und -laute des Erpels

a) Die allgemeine Form der Balz

Mehr als das Männchen irgendeiner mir bekannten Art von *Anatini* umwirbt der Brauterpel eine bestimmte Ente. Während die Werbung von Schnatter- und Pfeiferpeln mit ihrem Androhen und Anärgern anderer Paare stark an die Werbung der *Anserini* und *Casarcini* gemahnt, erinnert die Balz von *Lampronessa* geradezu an die mancher Hühnervögel, bei der das Männchen immer wieder vor dem Weibchen seine auffallenden Gefiederdifferenzierungen entfaltet. Irgendeine positive Bezugnahme der Erpel aufeinander fehlt bei der Balz völlig, was um so auffallender und interessanter ist, als diesem Minimum an Gesellschaftsspiel bei *Lampronessa* ein so ausgesprochenes Maximum bei der nahverwandten Gattung *Aix* gegenübersteht. Auffallend ist der Reichtum des Brauterpels an *verschiedenen*, doch meist wenig hochdifferenzierten Bewegungsweisen: vielleicht ein primitiver Zustand.

b) Das einleitende Sichschütteln

Das einleitende Sichschütteln kommt nur selten vor, nämlich dann, wenn der Erpel die angebalzte Ente in einer gewissen Ruhestimmung antrifft. Es erfolgt dann aus einer durchaus der einleitenden Stellung der *Anatini* entsprechenden Körperhaltung heraus. Überaus häufig wird es mit *Antrinken* kombiniert.

c) Das Scheinputzen

Das Scheinputzen folgt, besonders bei höherer Reaktionsintensität, regelmäßig auf das Antrinken. Wie bei *Aix* kommt es nie ohne vorhergehendes Antrinken vor, wohl aber gibt es bei *Lampronessa*, im Gegensatz zu *Aix*, bei niederer Reaktionsintensität ein Antrinken, auf das nicht das Scheinputzen folgt. Beim Scheinputzen langt der Brauterpel sehr tief hinter den Flügel. So rasch die Bewegung auch ist, ich habe doch den deutlichen Eindruck, daß er dabei von der Flügelunterseite her *eine bestimmte* Feder, nämlich die von Heinroth so benannte »Messingfeder«, berührt und bewegt. Bei der ungemein kurzen Reaktionszeit der Vögel gibt es bei ihnen eben eine ganze Menge optisch wirksamer Auslöser, deren Darbietungszeit nur für die Beobachtung des Menschen zu kurz ist. Man denke an die S. 39 f. beschriebenen »Wasserkünste« des Stockerpels, die uns auch erst durch die kurzen Belichtungszeiten der Kamera entschleiert wurden.

d) Das Aufstoßen

Das Aufstoßen ist beim Brauterpel ziemlich selten. Es ist dem der *Anatini* und dem des Mandarinerpels zweifellos homolog. Der dabei ausgestoßene Laut, ein pfeifend-niesendes *pfit*, klingt sehr viel anders als das langgezogene *pfrrruiib* des Mandarins. Die Bewegung der Haube, die ganz besonders bei dieser Bewegung in Erscheinung tritt, ist bei beiden Arten ganz gleich. Die Kante der »Scheibenfrisur«, die schon S. 37 erwähnt wurde, tritt dabei ebenso scharf hervor wie die zu einem langen Schleier verlängerten, zum Teil weißen Federn des Hinterkopfes, die der Art ihren deutschen Namen gaben (Abb. 46).

Abb. 46 Das Aufstoßen des Brauterpels, Lampronessa sponsa L. Die Scheibenfrisur ist durch weiße Linien an der Kante der Stirn und durch Federverlängerung optisch besonders wirksam. Vergleiche Abb. 20, 24, 35, 39 und 50.

e) Die Abaufbewegung

Die Abaufbewegung ist wohl der der Anatinen nur insofern homolog, als auch sie sicherlich aus einem Antrinken durch mimische Übertreibung hervorgegangen ist. Nach einem kurzen Niedertippen des Schnabels wird dieser unter Ausstoßen eines kurzen Pfeiftones bis fast zur Lotrechten emporgerissen. Eine lockere Verbindung der Bewegung mit dem Kinnheben zeigt, daß beides wohl gleichen Ursprungs ist.

f) Das Kinnheben

Das Kinnheben selbst ist ganz wie beim »höflich tuenden« Stockerpel mit *Hinterkopfzudrehen* (Abb. 47) verbunden. Dabei wird wie bei diesem das Hinterkopfgefieder glatt angelegt, so daß die der Ente zugekehrte Fläche glänzt und nicht wie beim Spieß- und Schnattererpel und bei der S. 37 f. erwähnten zweiten Hinterkopfzudrehweise des Stockerpels durch glanzlose Schwärze auffällt. Die Kopfgefiederstellung des Brauterpels tut aber in diesem Falle noch ein übriges, indem die Haube nicht nur dem Nacken fest angepreßt, sondern gleichzeitig *seitlich* gespreizt wird, so daß ihre der Ente zugekehrte, glänzend grüne und weiß eingefaßte Fläche ganz wesentlich verbreitert wird (Abb. 47). Dieses Hinterkopfzudrehen ist eine der häufigsten Balzhandlungen des Erpels, der ja in fast ununterbrochenem Höflichtun um seine Ente bemüht ist. Dabei kommt aber noch eine zweite Federdifferenzierung zur Verwendung. Der hinterkopfzudrehende, unter dauernd ausgestoßenem, kurzem *jíib . . . jíib . . . jíib . . .* vor der Ente herschwimmende Erpel verdreht nämlich außerdem den hoch getragenen

Schwanz so, daß die tief purpurviolett gezeichnete Seitenfläche mit den sichelförmig an ihr herabhängenden orangeroten Haarfedern der Ente ebenso zugedreht wird wie die ausgebreitete Hinterfläche der Haube (Abb. 47). Beim Brauterpel wird also sozusagen jede einzelne Kleinigkeit des an

Abb. 47 Das Hinterkopfzudrehen mit Kinnheben und Schwanzschrägstellen des Brauterpels. Die weißgerandete Fläche des »Brautschleiers« sowie die violette, mit orangegelben Haarfedern gezierte Seitenfläche der Schwanzwurzel werden so nach der angebalzten Ente orientiert, daß sie senkrecht auf deren Blickrichtung stehen.

besonderen Differenzierungen so reichen Gefieders bei einer besonderen Zeremonie optisch wirksam als »visuelle Anpassung« im Süffertschen bzw. als »Auslöser« im Lorenzschen Sinne. Beim gleichzeitigen Hinterkopf- und Schwanzzeigen schwimmt nun der Erpel, da er sein Steuer nicht rechtwinklig seitwärts abknicken kann, stark schief, »Schulter voraus« vor der Ente her, immer haargenau so orientiert, daß die purpurne Fläche senkrecht zur Blickrichtung der Ente steht. Er wechselt dabei häufig zwischen Rechts und Links, wobei das Steuer jedesmal in sehr auffälliger Weise von der einen Seite auf die andere klappt.

g) Das Pfeifschütteln

Ich bezeichne diese Bewegungsweise absichtlich nicht als Grunzpfiff, weil ich glaube, daß sie diesem nur so weit homolog ist, als beide Abkömmlinge des einleitenden Sichschüttelns sind. Andererseits ist gerade diese Bewegung des Brauterpels, die an sich viel weniger weit von der ursprünglichen Form des Sichschüttelns unterschieden ist als der Grunzpfiff der *Anatini*, der für mich überzeugendste Beweis für die Richtigkeit unserer phylogenetischen Ableitung des letzteren. Bei der Brautente wird selbst beim durchaus autochthonen, mechanisch wirksamen Sichschütteln beim »Auftakt« der Kopf bis auf die Brust herabgesenkt, so daß das darauf folgende Emporreißen bereits sehr an die Grunzpfiffbewegung der Anatinen erinnert, ebenso auch an das S. 35 besprochene »Imponierschütteln« der männlichen *Tadorna tadorna.* Das »Pfeifschütteln« des Brauterpels ist nun gegenüber dem »echten« Sichschütteln der Ente nur wenig, wenn auch merklich mimisch übertrieben, aber im Verein mit der Bindung an ein einleitendes Sichschütteln wirkt die Tatsache, daß der Erpel *genau an der richtigen Stelle einen scharfen Pfiff* hören läßt, restlos überzeugend für die Annahme, daß der Grunzpfiff der *Anatini* aus einem ähnlichen Sichschütteln entstanden ist. Das Pfeifschütteln der Brauterpel ist verhältnismäßig selten.

h) Das männliche Hetzen

Als einziges mir bekanntes Anatinenmännchen verfügt der Brauterpel über eine symbolische Drohbewegung, die durchaus der Hetzbewegung der Weibchen ähnelt. Besonders während er von der Ente gehetzt wird und deutlich als Antwort darauf, stößt der Brauterpel den Kopf drohend seitlich gegen einen »Feind« vor und läßt bei jedem Vorstoßen ein leises *dih* hören.

i) Der Kampf der Erpel

Beim Kampf der Erpel wird der Schnabel als Angriffswaffe nicht verwendet. Die Erpel schießen blitzrasch nebeneinander her über die Oberfläche des Wassers und verprügeln sich dabei mit den Flügelbugen, ohne sich jemals mit dem Schnabel zu fassen. Das gestreckte Dahinschießen ist nun schon bei *Lampronessa* sekundär zum formalisierten Imponiergehaben geworden; die Erpel schießen oft in der gleichen Weise auf die angebalzte Ente los oder insbesondere nach Verfolgung eines anderen Erpels zu ihr zurück. Ja sogar ältere Weibchen pflegen diese Bewegungsweise ihrem Erpel gegenüber zu bringen, beide Tiere schießen dann mit gewaltiger Bugwelle ganz wie kämpfende Erpel nebeneinander her, im nächsten Augenblick löst sich die Zeremonie in Hinterkopfzudrehen und Wohlgefallen auf.

k) Das Paarungsnachspiel

Das Paarungsnachspiel zeichnet sich nicht durch besondere Bewegungsweisen aus. Der Erpel ergeht sich, während die Ente bereits zu baden beginnt, in besonders intensiven Bewegungen der »Höflichkeit«.

XX Die Mandarinente, Aix galericulata L.

1 Allgemeines

Zweifellos steht diese Form der Brautente überaus nahe, aber doch wohl nicht so nahe, wie man zunächst annehmen möchte. Immerhin scheint mir die Trennung der beiden Gattungen *Aix* und *Lampronessa* in keinem Verhältnis zu stehen zu der Zusammenfassung so verschiedener Tiere wie etwa Stock- und Pfeifenten in der Gattung *Anas*.

2 Die nichtepigamen Ausdrucksbewegungen und -laute

Diese entsprechen im allgemeinen denen der Brautente. Der Lockruf des Erpels ist jedoch nicht wie beim Brauterpel von dem Aufstoßen getrennt; ein mit aufs äußerste gesträubter Haube ausgestoßenes sehr nasales *pfrrruib* vertritt beides (Abb. 50). Der Weggeh- und Nestsuchlaut der Ente ähnelt stark dem der Brautente, der Erpel aber hat, im Gegensatz zum Brauterpel, meines Wissens keine entsprechende Lautäußerung.

3 Die epigamen Ausdrucksbewegungen und -laute des Weibchens

a) Das Hetzen
Das Hetzen entspricht durchaus dem der Brautente.

b) Der Kokettierruf
Der Kokettierruf ist lauter und schärfer als bei jener, ein scharfes *kett*.

c) Der Flugruf
Der Flugruf bildet eine hiermit eingestandene Lücke in meinen Beobachtungen. Ich finde über ihn weder Erinnerungen noch Tagebuchvermerke vor!

d) Die Paarungseinleitung
Die Paarungseinleitung gleicht der der Brautente.

4 Die epigamen Ausdrucksbewegungen und -laute des Erpels

a) Die allgemeine Form der Balz
Weniger als bei irgendeiner mir bekannten Anatidenart kümmert sich der Mandarinerpel bei der Ausführung seiner Balzbewegungen um die Anwe-

senheit der Ente. Mehr noch als bei Stockerpeln ist die soziale Balz eine Angelegenheit der Männer; fast wie bei den keinehigen Hühnervögeln stellen sich die Männchen rein passiv zur Schau, ohne im geringsten auf die Anwesenheit eines Weibchens zu achten. Dementsprechend fehlen auch dem Gesellschaftsspiel von *Aix* jene Orientierungsreaktionen, mit denen andere Erpel, selbst Stockerpel, auf anwesende Enten Bezug nehmen, nämlich das Kopfhindrehen und das Hinterkopfzukehren. Nur beim Scheinputzen orientiert sich der Erpel zur Ente, aber gerade diese Bewegungsweise kommt während der sozialen Balz weniger vor. Beim eigentlichen Gesellschaftsspiel werben die Mandarinerpel ebensowenig wie balzende Pfauen, Puter, Birkhähne oder Kampfläufer um ein bestimmtes Weibchen. Es ist auch sicher kein Zufall, daß gerade die Art, bei der die aktive Rolle bei der Gattenwahl so ausschließlich dem Weibchen zufällt, gleichzeitig diejenige mit der höchsten Prachtkleiddifferenzierung des Männchens ist.

Abb. 48 Die Ausgangsstellung des Mandarinerpels, Aix galericulata L., beim Gesellschaftsspiel. Vergleiche Abb. 9 und 19.

b) Das einleitende Sichschütteln

Das einleitende Sichschütteln spielt eine sehr geringe Rolle. Dagegen ist die Stellung, aus der heraus es bei allen Anatinen, die über diese Bewegung verfügen, erfolgt, beim Mandarinerpel auf die Spitze getrieben. Der Kopf ist stärker eingezogen und das Kopfgefieder stärker gesträubt als bei allen Anatinen (Abb. 48).

c) Das Antrinken und das Scheinputzen

Das Antrinken und das Scheinputzen sind bei *Aix* zu *einer* obligat gekoppelten Bewegungsfolge geworden, aber in umgekehrter Reihenfolge, wie wir sie S. 87 beim Schnattererpel kennengelernt haben. Auf ein überbetontes Antrinken folgt ein Scheinputzen (Abb. 49a–c), das stärker formalisiert und durch stärkere morphologische Differenzierungen unterstrichen ist als bei irgendeiner anderen Ente: Der Mandarinerpel betippt nämlich von innen her die große rostrote innerste Armschwinge, die während jeglicher Balzerregung gleich einem Segel hoch emporragt. Besonders häufig bringt der Erpel die Antrink-Scheinputz-Bewegung, wenn er neben seiner Ente am Ufer steht. Dann trinken beide Gatten genau gleichzeitig, und anschließend betippt der Erpel seine Schmuckfeder, und zwar mit absoluter

Abb. 49 a, b, c Das mit Scheinputzen gekoppelte Antrinken des Mandarinerpels. Beachte das Hinaufklappen des dunkelgrünen Hinterschopfes, durch das die Bewegung mimisch übertrieben wird. Vergleiche die Gefiederstellung mit Abb. 50.

Regelmäßigkeit diejenige der der Ente zugewandten Körperseite. Beim Antrinken bewegt sich die Haube des Hinterkopfes (Abb. 49a) so, daß die Bewegung dadurch unterstrichen wird.

d) Das Aufstoßen

Das Aufstoßen ist durch die Größe des gesträubten Hauben- und Bartgefieders höchst auffallend (Abb. 50). Der gewaltige Federballen, der so

Abb. 50 Das Aufstoßen des Mandarinerpels. Vergleiche Abb. 20, 24, 39 und 46.

ruckweise emporgestemmt wird, wirkt geradezu wuchtig. Dazu sagt der Erpel ein nasales *pfrrruiehb*, wobei er die Federn des zwecks größerer Knochentrommelspannung herausgedrückten Nackens in einer Weise anhebt, daß diese Bewegung übertrieben wirkt und man fast meint, der Vogel müsse sich den Hals ausrenken.

e) Das Imponierschütteln

Der Mandarinerpel hat keinen eigentlichen Grunzpfiff, aber nicht weniger als drei verschiedene Bewegungsweisen, die aus mimischer Übertreibung des Sichschüttelns hervorgegangen sind. Die erste erinnert stark an das Imponierschütteln der männlichen *Tadorna*. Der Kopf wird erst gesenkt

und dann unter Ausstoßen eines Schwirrlautes sehr hoch nach oben gestoßen. Der Laut läßt sich am besten mit *fwwwwwwwwwwwww* symboli-
rrrrrrrrrrrrrrrrrrrrrr
sieren (man versuche das *r* und das *w* gleichzeitig und sonantisch auszusprechen). Die Haube wird auch bei dieser Kopfbewegung stark gesträubt.

f) Der Doppelgrunzpfiff

Der Doppelgrunzpfiff ist eine nur dem Mandarinerpel eigene Bewegungsfolge, die aus zwei weiteren, aus Übersprungschütteln abzuleitenden Bewegungen besteht. Nach einem gewöhnlichen einleitenden Sichschütteln, manchmal auch ohne solches, taucht der Erpel den Schnabel sichschüttelnd und spritzend etwa 5 cm vor seiner Brust ins Wasser und reißt ihn dann, sich weiter schüttelnd, empor. Diese Bewegung unterscheidet sich von einem gewöhnlichen sehr starken Sichschütteln, wie wir es auch von den Weibchen von *Aix* und *Lampronessa* kennen, eigentlich nur dadurch, daß die Bewegung immerhin so weit übertrieben ist, daß der Schnabel tatsächlich in einer an den Grunzpfiff der Anatinen gemahnenden Weise ins Wasser eintaucht, was bei autochthonem Sichschütteln nie der Fall ist. Außerdem gibt der Erpel bei dieser Bewegung einen Laut von sich, den ich im Tagebuch mit *gnk-zit* verzeichnet finde, was seine Ähnlichkeit mit einem halbunterdrückten Niesen ganz gut zum Ausdruck bringt. Unmittelbar und obligat an diese Bewegung gekoppelt, folgt nun eine zweite, die in ihrer Differenzierung aus dem Sichschütteln etwas weiter fortgeschritten ist. Der Schnabel senkt sich mit starkem Einknicken des Kopfes lotrecht abwärts, so daß er ganz dicht vor der Brust des Erpels ins Wasser taucht – die schon beim gewöhnlichen Sichschütteln (S. 103) bei *Aix* und *Lampronessa* festgestellte Tendenz zur Senkung des Kopfes ist also hier noch um sehr viel stärker mimisch übertrieben als bei der vorangehenden Bewegung. Unter einem ganz kurzen Schütteln – ich vermute, daß wie beim echten Grunzpfiff von Stock- und Spießerpeln tatsächlich nur eine einzige Rechts-Links-Bewegung stattfindet – wird nun der stark herausgewölbte Nacken aufwärts gestoßen, wobei wiederum ein kurzer niesender Pfiff zu hören ist. Ein Aufrichten des Körpers erfolgt dabei nicht. Man kann sagen, daß von diesen beiden gekoppelten Schüttelzeremonien die erste kaum über das gewöhnliche, einleitende Übersprungschütteln hinausdifferenziert ist, die zweite, höherdifferenzierte, aber sozusagen auf halbem Wege zum Grunzpfiff steckengeblieben ist. Beide stellen somit deutlich Zwischenformen zwischen einem gegenüber dem autochthonen Sichschütteln kaum veränderten Übersprungschütteln und dem kaum mehr als solchen erkennbaren Grunzpfiff der Anatinen dar und machen dessen Ableitung aus einer Schüttelbewegung nahezu sicher.

g) Der Kampf der Erpel

Der Kampf der Erpel bildet ein besonders interessantes Kapitel in der Ethologie von *Aix*. Die Erpel kämpfen nämlich, wie sehr viele extrem sozial balzende und extrem prachtkleidbegabte Vogelmännchen, nicht mehr ernstlich miteinander. Das Nebeneinander-Herschießen, das für die Kampfesweise der Brauterpel so kennzeichnend ist und auch schon bei dieser Art zur Symbolisierung und Formalisierung neigt, ist bei *Aix* nur mehr als *reine Symbolhandlung* vorhanden, spielt aber als solche beim Gesellschaftsspiel eine große Rolle. Mit Recht vergleicht Heinroth die Bewegungsweise der bei dieser Zeremonie wild durcheinanderschießenden Erpel mit derjenigen einer Schar von Taumelkäfern, *Gyrinus*.

h) Das Paarungsnachspiel

Das Paarungsnachspiel besteht nur aus unspezifischen Erregungsgesten, unter denen Aufstoßen, Imponierschütteln und Zielbewegungen des Kopfes zu nennen sind.

XXI Zusammenfassung

Man muß sich, will man mit einigem wirklichen Erfolg die Einzelsystematik einer Gruppe weitertreiben, ein für allemal von der Vorstellung befreien, daß eine lineare Anordnung der Formen je die wirklich zwischen ihnen herrschenden verwandtschaftlichen Beziehungen wiedergeben könne. Auch für die »ungefähr« in einer »Reihe« angeführten bisher besprochenen Enten gilt dies selbstverständlich. Alle heute lebenden Tiere sind lebende Vegetationsspitzen des »Stammbaums« und können ipso facto nicht »voneinander« abstammen. Der Vergleich ihrer Merkmale läßt daher eine Anordnung zustande kommen, die sich im Gleichnis des Stammbaumes in den räumlichen Beziehungen wiedergeben läßt, welche zwischen den einzelnen Vegetationsspitzen etwa eines rund beschnittenen Buchs- oder Taxusbäumchens bestehen. Sie liegen sämtlich in *einer* Fläche, einem zeitlichen Querschnitt des expansiv wachsenden Stöckchens. Wie wir durch die dichten und undurchsichtigen Blätterflächen des Gleichnisbäumchens hindurch nur vermutungsweise und wahrscheinlichkeitsmäßig angeben können, welche Vegetationsspitzen auf einem gemeinsamen Zweige sitzen bzw. wie weit wurzelwärts Gemeinsamkeiten und Trennungen der Abstammung reichen, so gestattet auch die beste systematische Anordnung uns über die wirklichen verwandtschaftlichen Verhältnisse nur wahrscheinlichkeitsmäßige Vermutungen.

Ich will nun versuchen, an einem tabellarischen Schema jene Leistung des systematischen Taktgefühles graphisch wiederzugeben, die wir in der Einleitung als ein gleichzeitiges *Überblicken* möglichst vieler Merkmale gekennzeichnet haben, aus dem sich dann die richtige *Beurteilung der relativen Dignität* des Einzelmerkmals ergibt (S. 14). Dazu müssen wir zunächst eine kleine Überlegung grundsätzlicher Art anstellen. Die Ähnlichkeit einer Formenreihe muß, auch wenn die Reihenbildung aus der Verteilung der Merkmale noch so eindeutig hervorgeht, durchaus nicht einer Reihe von Entwicklungs*stufen* entsprechen. Man stelle sich vor, daß aus einer Wurzel eine Anzahl von Formen hervorgegangen sei, die alle gleich alt und alle von der Wurzel gleich weit abdifferenziert sind. Wir symbolisieren diese Stammbaumbildung in Abb. 51 als eine Art Rasierpinsel. Nun stelle man sich weiter vor, daß, wie in Abb. 52 schematisiert gezeigt wird,

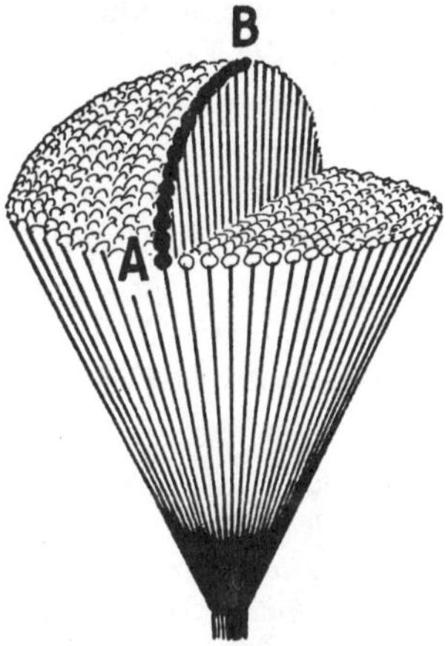

Abb. 51 Schema einer Ähnlichkeitsreihe rezenter Tierformen, deren benachbarte Glieder nicht durch stammesgeschichtlich nähere Verwandtschaft verbunden sind. Bei Ausfall eines Teils der Abstammungslinien können die in der Reihe A-B liegenden Restformen eine phylogenetische Reihe vortäuschen.

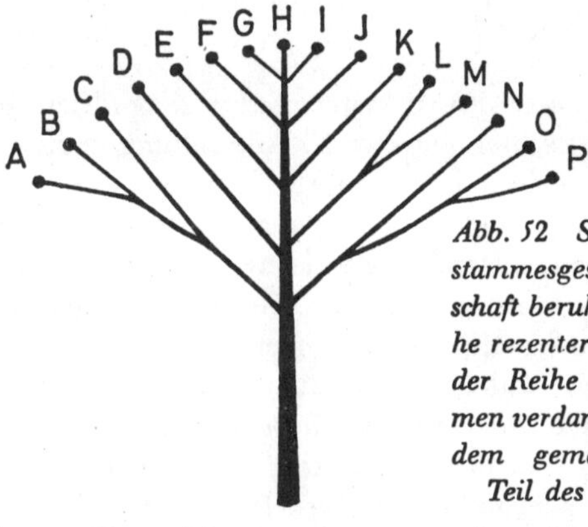

Abb. 52 Schema einer auf echter stammesgeschichtlicher Verwandtschaft beruhenden Ähnlichkeitsreihe rezenter Tierformen. Je zwei in der Reihe A-B benachbarte Formen verdanken ihre Ähnlichkeiten dem gemeinsam durchlaufenen Teil des Entwicklungsweges.

aus diesem Pinsel ein Teil der Haare so ausgefallen ist, daß der Rest in einer annähernd fächerförmigen Anordnung stehenbleibt. Die Spitzen stellen dann eine Stufenleiter dar, die scheinbar überzeugend für die Abstammung der beteiligten Formen »voneinander« spricht, zumal wenn der Differenzierungsgrad an einem Rande des Fächers geringer ist als an dem anderen. Zweifellos sind schon sehr häufig die Endpunkte solcher »Stammbaumfächer« mit phylogenetischen Reihen verwechselt worden, was den Gegnern der Deszendenzlehre leider immer wieder willkommene Waffen in die Hand drückte. Andererseits dürfen wir nun nicht etwa in das Gegenteil dieser vorschnellen Reihenbildung verfallen und die Anschauung verallgemeinern, alle Ähnlichkeitsreihen rezenter Organismen könnten aus dem Prinzip der fächerförmig angeordneten Abstammungslinien erklärt werden. Ohne allen Zweifel gibt es sehr viele Fälle, in denen

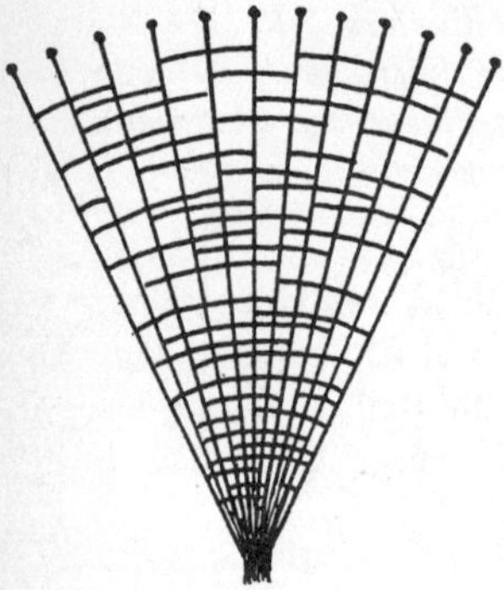

Abb. 53 Schema der zu erwartenden Merkmalverteilung bei büschelförmig divergenten, unverzweigten Abstammungslinien. Die Querverbindungen stellen gemeinsame Merkmale dar. Da die Verschiedenheiten und Gemeinsamkeiten sich nur aus größerer oder geringerer Divergenz erklären, überschneiden sich die Verteilungen der meisten Merkmale.

nicht nur eine monophyletische Entwicklung ganzer großer Tierstämme stattgefunden hat, mit erst später einsetzender Aufspaltung in viele Einzelformen, sondern in denen auch die Weiterdifferenzierung der einzelnen Formen wenigstens in bezug auf einzelne Merkmale so verschieden schnell war, daß Ähnlichkeitsreihen entstanden, wie sie etwa im Schema der Abb. 53 dargestellt sind. Nur darf man auch bei der Betrachtung dieser wirklich stammesgeschichtlichen Stufenfolgen entsprechenden Ähnlichkeiten *nicht einen Augenblick vergessen, daß der Terminus »primitiv« immer nur auf ein oder mehrere Merkmale einer rezenten Tierform angewendet werden darf, niemals kurzweg auf diese als Ganzes.* Auch der *Sphenodon* oder der *Ornithorhynchus* ist nicht »ein primitives Tier«. Der Umstand, daß manche oder sogar sehr viele Merkmale einer solchen Form stammesgeschichtlich ganz sicher primitiv sind, berechtigt uns keineswegs zu der Vermutung, daß alle übrigen dies auch seien; das Stehenbleiben in der Weiterdifferenzierung eines Merkmals sagt *nichts* über den Differenzierungsgang der anderen aus.

Das eingangs besprochene »Taktgefühl« des berufenen Systematikers ist nun im allgemeinen sehr wohl imstande, zwischen Ähnlichkeitsreihen, die in der zuletzt beschriebenen Weise auf einheitlicher Abstammung beruhen, und solchen zu unterscheiden, die durch das zuvor erörterte Phänomen der fächerförmig angeordneten Abstammungslinien zustande kommen. Um aber ein objektiv faßbares Kriterion für diese Unterscheidung zu erhalten, schlage ich folgende Wahrscheinlichkeitserwägung vor: Nimmt man an, daß sämtliche Vertreter einer Tiergruppe so, wie es im Schema Abb. 51 symbolisiert ist, ohne nähere Beziehungen untereinander unabhängig und divergent aus einer Quelle kommen, so wäre zu erwarten, daß die Ähnlichkeiten der Merkmale, die für die Anordnung, die Nebeneinandersetzung der einzelnen Abstammungslinien maßgebend waren, über den ganzen Pinsel ziemlich gleichmäßig verteilt sind. Nehmen wir der einfacheren graphischen Darstellung halber einen Längsschnitt durch das Büschel, also eine Anzahl fächerförmig divergenter Abstammungslinien, so müßten die Ähnlichkeiten, die jede Form an ihren systematischen Nachbarn knüpft, das ganze Linienbüschel homogen durchsetzen und vor allem immer von jedem Punkt nach beiden Seiten, im räumlichen Büschelschema also nach allen Seiten, gleicherweise Art mit Art verbinden. Stellt man nun gemeinsame Merkmale als Querverbindungen dar und ordnet die allgemeineren, älteren und größeren Anteilen der Gruppe gemeinsamen Merkmale wurzelwärts, die anderen immer um so weiter peripher, je weniger weit verbreitet, je spezieller und somit phylogenetisch jünger sie sind, so ergibt sich im Idealfall büschelförmig divergenter Artentstehung eine Anordnung, wie sie im Schema Abb. 53 ausgedrückt ist.

Nimmt man nun an, daß nicht jede Art der untersuchten Formengruppe für sich von Grund auf ihren eigenen Entwicklungsgang gegangen ist, sondern daß ganze Anteile der Gruppe sich erst später aus einem gemeinsamen Stamm abgezweigt haben, so steht zu erwarten, daß den zu der betreffenden Untergruppe gehörigen Formen das eine oder das andere Merkmal einerseits gemeinsam sei, andererseits ausschließlich zukomme – jene Merkmale nämlich, die im Laufe des gemeinsamen, von den systematischen Nachbarformen aber schon isolierten Stammbaumstückes herausdifferenziert wurden. Laufen zwei solche Stammbaumäste schon ziemlich tief unten auseinander, so entspricht es unserer Erwartung, wenn sie nur durch ganz alte, größeren Gruppenkategorien gemeinsame Merkmale miteinander verbunden werden. Überschneidungen in der Merkmalverbreitung, wie wir sie in Abb. 53 gesehen haben, sind aus leicht verständlichen Gründen nicht zu erwarten, wofern wir vorläufig von der Möglichkeit der Konvergenz absehen. Abb. 54 gibt eine Merkmalverteilung dieses Typus wieder.

Nun wollen wir versuchen, die Gruppe der *Anatini* völlig voraussetzungslos in möglichst vielen ihrer systematisch verwendbaren Merkmale in der beschriebenen Weise graphisch darzustellen, um so ein Urteil darüber zu gewinnen, inwieweit ihre Vertreter zu echten phylogenetischen Verwandtschaftsgruppen zusammengefaßt werden können und inwieweit ihre Artentstehung dem Typus der geradlinig divergenten Büschelform vom Schema Abb. 51 entspricht. Da das Büschel der Abstammungslinien nur räumlich symbolisiert werden kann, müßten wir mehrere ebene Projektionen darstellen; wer sehr am Anschaulichen hängt, mag sich solche herauszeichnen und in entsprechender Weise räumlich zusammenkleben. Ich gestehe, daß ich selbst zur Anordnung der Arten ein Bündel steifer Drähte verwandte, die mit dünnen Drähten als »gemeinsamen Merkmalen« zu Untergruppen vereinigt wurden. Um den in der vorliegenden Arbeit getriebenen Merkmalsvergleich auf einer einzigen Tafel zusammen-

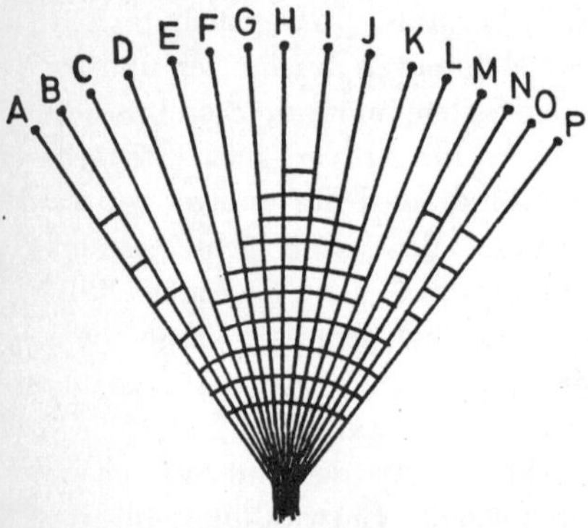

Abb. 54 Schema der zu erwartenden Merkmalverteilung bei baumförmiger Verzweigung der Abstammungslinien. Da die verbindenden Merkmale Folge gemeinsam durchlaufener Entwicklungswege sind, sind sie, von Konvergenzen abgesehen, entsprechend dieser gemeinsamen Abstammung verteilt und überschneiden sich nicht.

fassen zu können, bin ich gezwungen, die verbindenden, gemeinsame Merkmale symbolisierenden Striche bei jenen Arten, denen sie *nicht* zukommen, besonders zu kennzeichnen, was durch einen dicken Punkt geschieht. Bei Arten, bei denen Grund zu der Annahme besteht, daß das Fehlen eines Merkmals nicht primitiv, sondern sekundärer Ausfall sei, wird dies durch ein Kreuzchen am Kreuzungspunkt von Merkmalverbindung und Abstammungslinie symbolisiert. Wie aus der Tabelle klar hervorgeht, wird die Zusammenfassung zu gemeinsamen Stämmen um so wahrscheinlicher, je tiefer wir am Büschel der Abstammungslinien wurzelwärts vorrücken, während bei sehr vielen Merkmalen jüngeren Datums deutliche Überschneidungen der Merkmalverbreitung nach Art des Schemas Abb. 53 zu finden sind; man beachte etwa die Verbreitung von Grunzpfiff, Kurzhochwerden und Hinterkopfzudrehen.

Die wenigen in der Tabelle eingestreuten *morphologischen* Merkmale sollen dartun, wie ähnlich ihre Verbreitung in vielen Fällen derjenigen *angeborener Verhaltensweisen* ist. Ich plane, nach Ausfüllung jener Lücken, die vor allem auch in der *Liste der untersuchten Arten* klaffen, eine nach dem gleichen Prinzip aufgebaute viel größere Tabelle anzulegen, in der alle nur irgend erreichbaren morphologischen und verhaltensmäßigen Merkmale ebenso eingetragen sind wie die Fruchtbarkeit der Mischlinge. Der Veröffentlichung dieser Tabelle muß aber noch vor allen Dingen diejenige der vergleichenden Studien vorangehen, die Heinroth über die an vergleichbaren Merkmalen ungemein reichen Knochentrommeln der Erpel angestellt hat. Auch in ihrer vorläufigen Unvollständigkeit zeigt die Zusammenstellung eindeutig die Anwendbarkeit des stammesgeschichtlichen Homologiebegriffes auf Merkmale des angeborenen Verhaltens. Diese Tatsache, die zu erweisen eine Hauptaufgabe meiner Untersuchung war, ist von größter *vergleichend psychologischer* Bedeutung.

Tabelle

Die *senkrechten Linien* stellen Arten, die *waagerechten* die diesen gemeinsamen Merkmale dar. Ein *Kreuzchen* bedeutet das Fehlen des Merkmals bei der an der betreffenden Stelle von der Merkmallinie gekreuzten Art. Ein *Kreis* bedeutet besonderes Hervortreten und Differenzierung des Merkmals, ein *Fragezeichen* Unwissenheit des Verfassers.

Artenliste

1 *Cairina moschata*, Türkenente
2 *Lampronessa sponsa*, Brautente
3 *Aix galericulata*, Mandarinente
4 *Mareca sibilatrix*, Chilenische Pfeifente
5 *Mareca penelope*, Pfeifente
6 *Chaulelasmus strepera*, Schnatterente
7 *Nettion crecca*, Krickente
8 *Nettion flavirostre*, Chilenische Krickente
9 *Virago castanea*, Kastanienente
10 *Anas* als Gattung, Stock-, Fleckschnabel-, Madagaskarente u.a.m.
11 *Dafila spinicauda*, Südamerikanische Spießente
12 *Dafila acuta*, Spießente
13 *Poecilonetta bahamensis*, Bahamaente
14 *Poecilonetta (?) erythrorhyncha*, Rotschnabelente
15 *Querquedula querquedula*, Knäckente
16 *Spatula clypeata*, Löffelente
17 *Tadorna tadorna*, Brandente
18 *Casarca ferruginea*, Rostgans
19 *Anser* als Gattung
20 *Branta* als Gattung

Merkmale

EPV einsilbiges Pfeifen des Verlassenseins
Antr Antrinken
KnTr Knochentrommel an der Trachea des Männchens
AKk Anatinen-Kükenkleid
Fs Flügelspiegel
Ssn Seihschnabel mit Hornlamellen
2 ST zweisilbiger Kükenstimmfühlungslaut
H Hetzen der Ente
Is Schütteln als Balz- bzw. Imponiergeste
PE zielende Kopfbewegung als Paarungseinleitung
Sp Scheinputzen des Erpels hinter dem Flügel
Ges Gesellschaftsspiel der Erpel
Afs Aufstoßen
Skh seitliche Kopfbewegung der Ente beim Hetzen
Spf besondere, dem Scheinputzen dienende Federdifferenzierungen
ElS einleitendes Sichschütteln
P Pumpen als Paarungseinleitung
Dc Decrescendoruf der Ente
EPf Erpelpfiff
Kh Kinnheben
Hkz Hinterkopfzudrehen des Erpels
Gp Grunzpfiff
Abf Abaufbewegung
Kzh Kurzhochwerden
GlSp nach Geschlechtern gleiche Flügelspiegel
Ar Aufreißen
KrSp schwarzgoldgrüner Krickentenspiegel
TrKh an das Triumphgeschrei erinnerndes Kinnheben
IA isoliertes, nicht an Kurzhochwerden gekoppeltes Aufreißen
Kr Krickpfiff
Kd *küdick* der eigentlichen Krickenten
Pn Paarungsnachspiel mit Aufreißen und Nickschwimmen
Ns Nickschwimmen der Ente
Gg *geeeeegeeeee*-Laut der echten Spießerpel
Spi spießartig verlängerte mittlere Steuerfedern
Rr R-Laute der Ente beim Hetzen und Stimmfühlungslaut
HV Hetzen mit hoch erhobenem Vorderkörper
Ss stufiges Steuer
Sz Schnabelzeichnung mit Firstfleck und hellen Seiten
OP Fehlen des Pfiffs der Erpel
LS lanzettförmige Schulterfedern
BFk blaues Flügelkleingefieder
PiH Pumpen als Hetzbewegung
Fz schwarzweiße und rotbraune Flügelzeichnung der Casarcinen
SwK schwarzweißes Kükenkleid
MKst mehrsilbiger Kükenstimmfühlungslaut der Anserinen
Ef einfarbiges Kükenkleid
He Halseintauchen als Paarungseinleitung

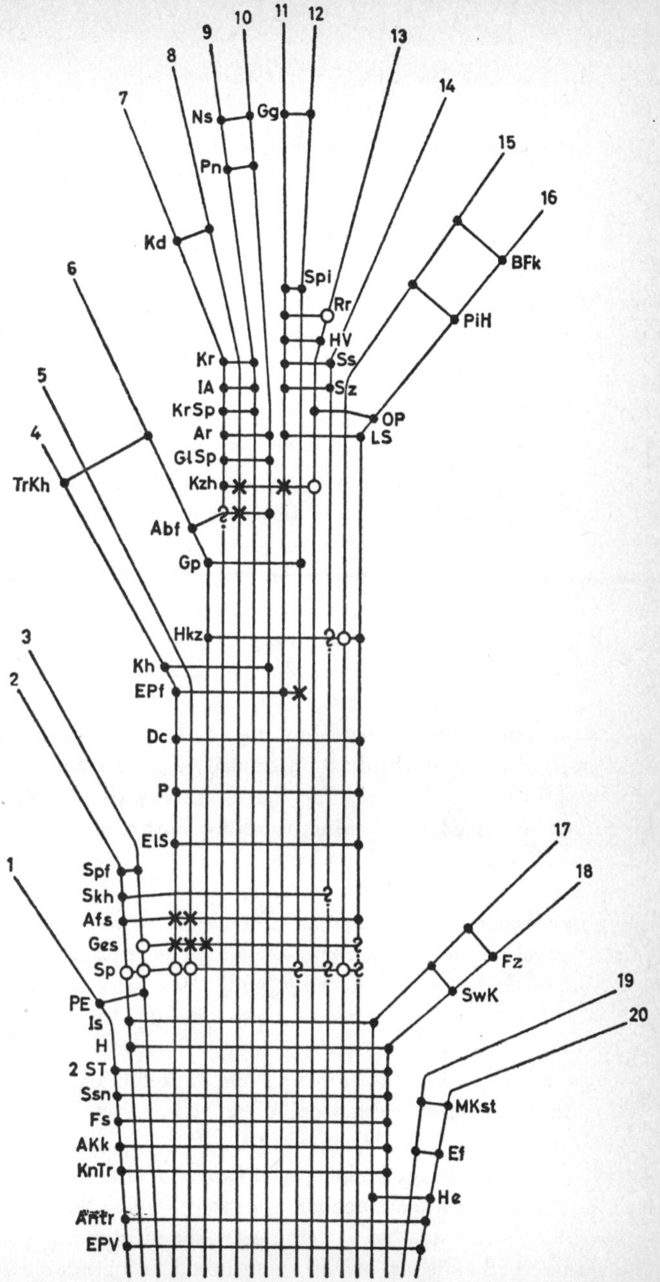

1
2
3
4
5
6
7
8
9
10
11
12
13
14
15
16
17
18
19
20
Ns
Gg
Pn
Kd
BFk
Spi
Rr
PiH
HV
Kr
Ss
IA
Sz
KrSp
OP
Ar
LS
GlSp
TrKh
Kzh
Abf
Gp
Hkz
Kh
EPf
Dc
P
ElS
Spf
Skh
Afs
Ges
Fz
Sp
SwK
PE
Is
H
2 ST
MKst
Ssn
Fs
AKk
Ef
KnTr
He
Antr
EPV
1 . . . . .10. 20

Ganzheit und Teil in der tierischen und menschlichen Gemeinschaft

Eine methodologische Erörterung (1950)

I Einleitung

Die ursächlichen Wechselbeziehungen, die zwischen den Strukturen des Individuums und denjenigen der überindividuellen Gemeinschaft, zwischen dem unter- und dem übergeordneten Systemganzen bestehen, erfahren von ungemein vielen modernen Soziologen und Völkerpsychologen eine eigenartig einseitige Behandlung. Hatte die alte, atomistische Betrachtungsweise in völliger Verkennung des Wesens organischer Systemganzer den Versuch unternommen, das Wesen der Totalität ausschließlich aus der Summe ihrer Elemente abzuleiten, so schlägt heute das Pendel der wissenschaftlichen »öffentlichen Meinung« nach der anderen Seite aus. Es wird fast immer nur der Einfluß untersucht, den die Gemeinschaft durch ihren spezifischen Aufbau auf die Persönlichkeitsstruktur des in ihrem Rahmen aufwachsenden Individuums ausübt. Fast niemals wird die Frage nach dem Vorhandensein individuell invarianter, arteigener Strukturen des menschlichen Verhaltens gestellt, die *allen* menschlichen Sozietäten bestimmte gemeinsame, art-kennzeichnende Züge aufprägen. Es stehen ja auch fast immer nur die Struktur-*Unterschiede* verschiedener Typen der menschlichen Gemeinschaft im Mittelpunkt der Betrachtung und so gut wie nie die Struktur-*Ähnlichkeiten*, die sich aus der Invarianz individueller Reaktionsweisen ergeben.

Diese ausschließliche Betrachtung der Kausalketten, die von der Sozietät zum Individuum verlaufen, diese völlige Vernachlässigung der ursächlichen Beeinflussung in umgekehrter Richtung, bedeutet einen Verstoß gegen bestimmte methodologische Regeln, deren Befolgung bei der Analyse jeder organischen Ganzheit obligat ist. Sie bedeutet eine Verkennung des Wesens organischer Systemganzer, die nicht weniger forschungshemmend und schädlich ist als der spiegelbildliche Irrtum der Atomisten.

Die völlige Vernachlässigung des Einflusses, den die Struktur des Individuums, als eines organischen Systems, auf die Struktur der überindividuellen Gemeinschaft ausübt, hat, soweit ich zu sehen vermag, zwei hauptsächliche Gründe. Der erste Grund des hier zu kritisierenden Verstoßes gegen die bei der Analyse jeder organischen Ganzheit obligate Methodik liegt paradoxerweise in einer *falschen Generalisierung bestimmter Prinzipien der Gestaltpsychologie, der zweite in der Vernachlässigung des Vorhandenseins angeborener arteigener Aktions- und Reaktionsweisen des Menschen.* Ich will die methodologischen Erörterungen, die Gegenstand dieses Aufsatzes sind, nach diesen beiden Gesichtspunkten gliedern und daran eine kurze Betrachtung über gewisse, die Menschheit bedrohende Gefahren schließen, deren Bekämpfung eine genaue Kenntnis der angeborenen Aktions- und Reaktionsweisen des Menschen zur Voraussetzung hat.

II Falsche Generalisierung gestaltpsychologischer Prinzipien

1 Jede Gestalt ist eine Ganzheit – aber nicht jede organische Ganzheit ist eine Gestalt

Es ist ein unvergängliches Ruhmesblatt in der Geschichte der Psychologie, daß es Psychologen waren, die gewisse konstitutive Eigenschaften der organischen Systemganzheit erstmalig exakt formulierten und die Methodik ihrer Erforschung klar herausarbeiteten. Die Gestaltwahrnehmung ist tatsächlich ein geradezu klassischer Fall einer organischen Ganzheit. Sie ist außerdem dasjenige Phänomen, bei dessen Untersuchung sich die Forschung erstmalig der methodischen Unzulänglichkeit der bis dahin herrschenden atomistischen Betrachtungsweise bewußt wurde. Die Denk- und Arbeitsmethoden, die von der klassischen Gestaltpsychologie zur Untersuchung der Gestalten entwickelt wurden, erwiesen sich auch anderen organischen Systemganzen gegenüber als gut verwendbar. Dies alles aber ließ vergessen, daß die Gestalt ausschließlich ein Phänomen der Wahrnehmung und als solches nur ein *sehr spezieller Fall* eines organischen Ganzen, *keineswegs* aber *die* Ganzheit schlechthin ist. Sehr viele Gestaltpsychologen, auch Wolfgang Köhler selbst, neigen dazu, die Begriffe von Ganzheit und Gestalt ganz einfach gleichzustellen, man denke an Köhlers Begriff von den »physikalischen Gestalten«. Während sich aber Köhler darauf beschränkt, Kriterien der Gestalt auch dort aufzuzeigen, wo sie an andersgearteten Systemen *wirklich* vorhanden sind, findet sich bei anderen Autoren nur allzuoft das völlig dogmatische Postulat, daß schlechthin jede organische Ganzheit ipso facto *alle* typischen Eigenschaften einer Wahrnehmungsgestalt haben müsse.

In schärfster Formulierung findet sich die falsche Übertragung gestaltpsychologischer Prinzipien auf biologisches und soziologisches Geschehen bei H. Werner, den ich hier als typischen Vertreter einer auch heute noch in der Soziologie und Völkerpsychologie weit verbreiteten Meinung zitieren will: »Der Versuch, den eigentlichen Grundbegriff der Völkerpsychologie, den der Struktur übergeordneter Einheiten, durch den Aufbau aus Elementen, durch Synthese zu bestimmen, erweist die ganze Schiefe der Problemstellung deutlicher als je vorher. Denn es läßt sich in jedem Falle zeigen, daß eine Totalität fundiert sein kann auf ganz verschiedene Weise, daß die sogenannten Elemente, die diese Totalität aufbauen, wechseln können, ohne den Gesamtcharakter zu verändern. Darum kann es nicht an den Pünktchen liegen, daß ein Kreis aus ihnen entsteht, und auch nicht an der Zusammenfassung dieser Pünktchen durch Synthese. Aus bestimmten Bausteinen kann ebenso jede beliebige Figur entstehen, wie auch andererseits ganz andere Elemente als Pünktchen, etwa Kreuzchen, eine gleiche Figur erzeugen können.« Illustriert werden diese Ausführungen durch ein aus runden Punkten gebildetes Oval, einen ebensolchen Kreis und einen zweiten aus Kreuzchen bestehenden Kreis! »Ganz ebensowenig liegt es an den einzelnen Menschen-›Pünktchen‹, an den Individuen, daß sie eine so und nicht anders geartete Gesamtheit ergeben. Durch die Synthese der Individuen wird niemals eine überindividuelle Totalität gewonnen. Totalitäten sind aus den Elementen durch keinerlei Mischung oder Synthese ableitbar. Damit muß sich eine radikale Umschaltung der Problematik ergeben, wie sie als eine neuere Phase auch in der Völkerpsychologie sich spiegelt. Wenn die Totalität aus ihren Elementen in keiner Weise ableitbar ist, dann ergibt sich, daß diese Totalität nur in sich selbst erklärbar ist.«

Auf den Biologen, der lebenslang mit der Methode der Analyse in breiter Front zu arbeiten gewohnt ist, wirkt es immer wieder außerordentlich erstaunlich, wenn kluge Gestaltpsychologen und Soziologen *nicht* sehen, daß diese Betrachtungsweise um kein Haar weniger schief und für das Wesen organischer Systemganzer nicht weniger blind ist als diejenige, die Werner den mechanistischen Atomisten so hart ankreidet. Wird von jenen die ursächliche Beeinflussung des Gliedes von der Ganzheit her nicht gesehen, so wird hier diejenige des Systemganzen von seinen Teilen her völlig vernachlässigt. Es wird vollkommen vergessen, daß in der äußeren organischen Welt jedes »Unterganze«, wie die Gestaltpsychologen mit einem sprachlich sehr wenig schönen Terminus zu sagen pflegen, *auch seine Strukturen hat.* In der Psychologie der Gestaltwahrnehmung schadet diese Vernachlässigung der dem »Elemente« anhaftenden Eigenschaften wenig, weil diese den Charakter der Ganzheit, der Gestalt, tatsächlich nur sehr wenig beeinflussen. Dieser für die Gestalt als einen gewissermaßen extremen Fall von Ganzheit zutreffende Satz gilt jedoch durchaus *nicht* für jedes organische Systemganze schlechthin! Daß in der Gestaltwahrnehmung die Totalität einer Melodie aus hohen oder tiefen, aus Geigen-, Xylophon- oder Orgeltönen aufgebaut werden kann, ohne ihren unverwechselbaren Gestaltcharakter zu verändern, besagt noch lange nicht, daß ein organisches Systemganzes aus »beliebigen« Elementen aufgebaut werden könne. Man kann weder aus quadrischen Steinen einen Gewölbebogen, noch aus Steinen, die zu einem Gewölbe zugehauen sind, eine rechtwinklige Mauer aufbauen, und ebensowenig lassen sich Dohlen in die Totalität eines Bienenschwarmes oder Bienen in diejenige einer Dohlenkolonie einordnen.

Wenn Werner von der menschlichen Gemeinschaft sagte: »Der Mensch besitzt als Angehöriger einer übergeordneten Einheit Eigenschaften, die ihm zukommen kraft seiner Zuordnung zu dieser Totalität und die nur aus dem Wesen dieser Totalität heraus verständlich sind«, so ist diesem Satz in gewisser Hinsicht weit eher zuzustimmen als dem weiter oben zitierten von den »Menschenpünktchen«, aus denen sich angeblich jede beliebige Form von Totalität aufbauen läßt. Nur darf auch diese Aussage *nicht* dahin ausgelegt werden, daß das Individuum *alle* diese »nur aus der Totalität heraus verständlichen« Eigenschaften erst in seinem individuellen Leben von der Gemeinschaft aufgeprägt erhält. Es gibt sehr viele Eigenschaften des Individuums, die zwar durchaus nur aus der Struktur der Totalität heraus »verständlich« sind, die aber als angeborenes, ererbtes und nicht traditionell überliefertes Gut dem Einzelwesen kraft seiner Zugehörigkeit zu der betreffenden *Art* zukommen und nicht kraft seiner zufälligen Zugehörigkeit zu einer bestimmten Sozietät. Gewiß kann die Form des zum Bau eines Gewölbes zugehauenen Steines nur aus dem Bauplan des Gewölbes heraus verstanden werden. Man kann sogar das Gewölbe in einem *teleologischen* Sinne »verstehen«, ohne die Form der Steine verstanden zu haben und ohne zu begreifen, in welcher Weise diese Form diejenige der Totalität beeinflußt.

Die induktive Naturwissenschaft strebt aber nicht nur teleologisches, sondern auch *kausales* Verständnis an. Nur dem kausalen Verständnis verdankt die Menschheit ihre *Macht* über die Dinge! Man kann in teleologischen Betrachtungen über die wundervolle Ganzheitlichkeit der organischen Systeme schwelgen, und man kann tatsächlich ein gewisses intuitiv einfühlendes »Verstehen« für sie erreichen, aber man wird durch diese Art des Verstehens nicht in die Lage gesetzt, auch nur die kleinste Störung zu beseitigen, von der die Funktion einer Ganzheit bedroht wird. Niemand wird leugnen, daß die soziale Struktur der Menschheit gegenwärtig ein sehr gründlich gestörtes Funktionsganzes ist, und niemand *kann* leugnen, daß zur Beseitigung seiner Störungen ein *kausales* Verständnis des Ganzen sowohl als seiner Störung notwendig ist. Um auf das obige Gleichnis zurückzukommen: Den Zweck des Gewölbes kann man einsehen, ohne die Form der Steine zu kennen, aber *reparieren* kann man es nicht ohne diese Kenntnis! In der induktiven Forschung müssen finales und kausales Verständnis stets Hand in Hand gehen. Die aktive Verfolgung irgendeines Zieles ist ohne Kausalverständnis grundsätzlich unmöglich, auf der anderen Seite wäre die Kausalforschung funktionslos, wenn die forschende Menschheit nicht nach Zielen strebte. Kausalforschung bedeutet daher nicht einen wertblinden »Materialismus« im moralischen Sinn, sondern intensivsten Dienst an der letzten Finalität organischen Geschehens, indem es uns, wo es von Erfolg begleitet ist, die Möglichkeit eröffnet, helfend einzugreifen, wo Menschheitswerte in Gefahr sind und wo der rein teleologische Ganzheitsbetrachter nur die Hände in den Schoß legen und der in die Brüche gehenden »Ganzheit« hilflos nachtrauern kann.

Jeder Versuch eines naturwissenschaftlichen Verstehens, der eine in Wirklichkeit *wechselseitige* Kausalverbindung, wie sie zwischen Glied und Ganzheit eines organischen Systems in den allermeisten Fällen besteht, nur in *einer* Richtung untersucht, macht sich eines methodischen Fehlers schuldig, der prinzipiell gleichartig mit demjenigen ist, den wir an den »atomistischen« Mechanisten kritisieren! Es wirkt höchst paradox, wenn gerade dieser Verstoß gegen die Regeln induktiver Forschung von einer Seite begangen wird, die von früh bis spät das Schlagwort der »Ganzheit« im Munde führt!

Das Gesagte hätte seine volle Berechtigung selbst dann, wenn die organischen Systeme im idealen Sinne »Ganzheiten« wären, d. h. wenn es in ihnen keine Teile gäbe, die, gewissermaßen als starre Einschlüsse oder Skelettelemente, im plastischen Gewirr der wechselseitigen Kausalverbindungen eingeschlossen sind und zwar ihrerseits Form und Leistung der Ganzheit beeinflussen, aber selbst nicht oder nur in zu vernachlässigendem Maße vom Ganzen her beeinflußt werden. Da nun aber derartige »ganzheitsunabhängige Bausteine«, wie wir bald sehen werden, im Aufbau *jedes* Organismus und jeder Gemeinschaft von Organismen eine ausschlaggebende Rolle spielen, ist die Betrachtungsweise der Mechanisten, sowohl der Behavioristen als der Reflexologen, tatsächlich *weniger* fehlerhaft, ja in gewissem Sinne sogar ganzheitsgerechter als diejenige der oben zitierten Ganzheitsbetrachter: Einsinnige Kausalverbindungen, die vom Teil zur Ganzheit verlaufen, *gibt* es wenigstens manchmal, und die »Atomisten« begehen so lange keinen methodischen Fehler, wie sie ihre Untersuchungen auf derartige Ursachenketten beschränken. *Einsinnige Ursachenketten jedoch, die von dem Systemganzen zu seinen Gliedern laufen, gibt es nicht.* Sie sind eine Fiktion, die in der Psychologie der Gestaltwahrnehmung aus bestimmten Gründen, deren Erörterung hier zu weit führen würde, keinen wesentlichen Schaden anrichtet, die aber bei der Untersuchung objektiver organischer Systeme zu einem ernstlichen Hemmnis der Forschung werden kann.

Es ist aus mehreren Gründen angezeigt, an dieser Stelle zunächst einiges über den Begriff zu sagen, den die induktive biologische Forschung mit dem Terminus Ganzheit verbindet. Erstens ist dies zum besseren Verständnis dessen nötig, was sogleich über die Rolle gesagt werden muß, die der ganzheitsunabhängige Baustein im Gefüge eines organischen Systemganzen spielt, zweitens ergibt sich aus dem Wesen der Ganzheit sowohl die Methode, nach der bei ihrer kausalen Analyse vorgegangen werden muß, als auch die Kritik, die wir in methodologischer Hinsicht an den großen Mechanistenschulen zu üben haben. Auf diese Kritik aber werden wir im übernächsten Kapitel und im zweiten Teil der vorliegenden Abhandlung, der von der Vernachlässigung der angeborenen arteigenen Verhaltensweisen handelt, zurückkommen.

2 Das Wesen organischer Systemganzer und die Analyse in breiter Front

Wenn wir eine Ganzheit als ein System definieren, in dem jedes Stück mit jedem anderen in einem Verhältnis wechselseitiger ursächlicher Beeinflussung steht, als »regulatives System universeller ambozeptorischer Kausalverbindung« (O. Koehler), so entbehrt dieser Begriff jeglicher metaphysischer, insbesondere vitalistischer Bestimmung. Auch der überzeugteste Mechanist und »Atomist« muß uns zugeben, daß das Strukturgefüge vieler organischer Ganzheiten ein derartiges System darstellt, und muß uns die Richtigkeit gewisser methodologischer Vorschriften zugestehen, die sich für die analytische Forschung aus dem Wesen derartiger Ganzheiten ergeben. In einem System, in dem eine universelle Wechselwirkung aller seiner Teile besteht, man denke etwa an das System der innersekretorischen Drüsen des Menschen, ist es grundsätzlich unmöglich, experimentell oder auch nur gedanklich einen einzelnen Teil zu *isolieren* und gesondert zu betrachten. Sowohl der isolierte Teil als auch der dieses Teiles beraubte Restbestand der früheren Ganzheit ist durch unsere – experimentelle oder gedankliche – Operation zu etwas völlig anderem geworden, als was beide in ihrem bisherigen Zusammenhang waren. Die Rolle, die jedes einzelne Stück im Gefüge des Ganzen spielt, kann grundsätzlich nur *gleichzeitig* mit derjenigen sämtlicher anderen an dem Ganzen beteiligten Teile verstanden werden. Um hierfür ein sehr grobes Beispiel zu bringen: Wenn wir versuchen, die Funktion eines Explosionsmotors zu verstehen, so müssen wir wohl oder übel mit der Betrachtung eines Teiles beginnen, aber wir werden die Funktion irgendeines Teilstückes, etwa des Vergasers, erst dann voll verstehen können, wenn wir begriffen haben, wie der Kolben aus ihm das Gasgemisch saugt. Unser Verständnis der Saugwirkung des Kolbens hat zur Voraussetzung, daß wir wissen, wie Schwungrad, Kurbelwelle und Pleuelstange ihn während der drei Leertakte bewegen, wie Nockenwelle und Ventile funktionieren usw. Daß schließlich das Schwungrad überhaupt kinetische Energie besitzt, die den Kolben während des Ansaugtaktes bewegt, werden wir erst verstehen, wenn wir unter allen anderen Gliedern des Systems auch den Vergaser und seine Leistung verstanden haben. *Die Glieder eines Ganzen lassen sich nur gleichzeitig oder überhaupt nicht verstehen!*

Aus ebendieser Eigenart eines ganzheitlichen Systems leiten sich gewisse Forderungen betreffs der bei seiner Analyse anzuwendenden *Methode* ab, einer Methode, die von manchem, nicht in einer vitalistisch-teleologischen Konzeption der Ganzheit befangenen Gestaltpsychologen, so von Matthaei und Metzger, schon lange klar herausgearbeitet wurde. Die Analyse muß notwendigerweise mit einer Betrachtung des Gesamtgefüges *aller* Teile beginnen, die eine Übersicht über Zahl und Art der an ihm beteiligten Stücke schafft. Ihr Eindringen in die Einzelheiten muß dann möglichst von allen Seiten her gleichzeitig erfolgen, die Kenntnis jedes einzelnen Details muß in gleichem Schritte mit derjenigen jedes anderen gefördert werden, bis das Gefüge der Ganzheit sich in seiner ganzen anschaulichen Verständlichkeit darbietet. Matthaei vergleicht dieses Verfahren, das wir als die *Analyse in breiter Front* bezeichnen wollen, treffend mit dem Vorgehen eines Malers, der zuerst eine allgemeine, ungefähre Skizze des Darzustellenden entwirft und dann alle ihre Teile in gleichem Schritte fördert, so daß das Gemälde in allen Stadien seines Werdens eine Wiedergabe der Ganzheit des Dargestellten ist, obwohl seine Entwicklung ein ständiges Vordringen in Richtung der kleinen und kleineren Einzelheiten bedeutet. Die Analyse in breiter Front ist überall dort obligat, wo das untersuchte Objekt den Charakter einer Ganzheit trägt. Daraus leitet sich unsere Kritik an der Methode der großen mechanistischen Schulen der Psychologie und Verhaltensforschung ab, die sämtlich den methodischen Fehler begehen, aus dem ganzheitlichsten aller organischen Systeme, dem Zentralnervensystem höherer Tiere und des Menschen, Teile bzw. Teilfunktionen willkürlich zu isolieren und ohne jeden Zusammenhang mit der Ganzheit zu untersuchen, ja schlimmer noch, den Versuch zu unternehmen, die Ganzheit aus dem »Element« eines einzelnen Teilvorganges zu re-synthetisieren, den herauszugreifen und zu analysieren infolge zufälliger, technisch günstiger Umstände gelungen war.

3 Der relativ ganzheitsunabhängige Baustein

Keineswegs alle organischen Systeme fügen sich restlos der Definition der Ganzheit als eines Systems *universeller* ambozeptorischer Kausalverbindung! Einfache Beispiele aus der Entwicklungsmechanik, wie der »Mosaik-Keim« der Aszidien, bei dem die im Zweizellenstadium voneinander getrennten Hälften des Keimes buchstäblich jede zu einer halben Aszidie auswachsen, beweisen eindringlich und unwiderleglich, wie wenig man die aus der Gestaltpsychologie bekannten Beziehungen zwischen Teil und Ganzheit unbesehen generalisieren und für Eigenschaften aller organischen Systeme schlechthin halten darf. Es gibt sicherlich keinen einzigen lebendigen Organismus, der als Gesamtheit ein ähnlich ganzheitliches System darstellt wie jener Teil des Zentralnervensystems höchster Wirbeltiere und des Menschen, der Sinnesdaten zu Gestaltwahrnehmungen integriert! Im Strukturgefüge jedes Lebewesens gibt es unzählige Stücke, die im buchstäblichen, atomistischen Sinne »Teile« oder »Struktur-Elemente« sind, insofern nämlich, als sie relativ starre, unveränderliche Einschlüsse in dem ambozeptorischen Kausalfilz des übrigen Systems darstellen. Auch dort, wo diese Stücke, für sich betrachtet, den Charakter typischer organisch-ganzheitlicher Systeme tragen, können sie von der Analyse als wirkliche »Elemente« des organischen Systems behandelt werden, und zwar deshalb, weil sie zu der Ganzheit in einem *einsinnigen*, nicht in einem ambozeptorisch-wechselseitigen Verhältnis der Verursachung stehen. Das heißt, diese Elemente werden – zumindest am fertigen Organismus – weder in ihrer Form noch in ihrer Funktion von der Ganzheit her wesentlich beeinflußt, beeinflussen aber ihrerseits Form und Funktion des Gesamtsystems in ausschlaggebender Weise. Wir bezeichnen derartige in einer vorherrschend einsinnigen Kausalverbindung zur Ganzheit stehende Elemente als *relativ ganzheitsunabhängige Bausteine*. Das Eigenschaftswort »relativ« in die Definition dieser Komponenten der Ganzheit einzubeziehen ist deshalb nötig, weil es alle nur denkbaren Übergänge zwischen solchen Bausteinen gibt, die in absoluter Unabhängigkeit von der Ganzheit in einer rein einsinnigen Kausalverbindung zu ihr stehen, und solchen, die in der gewöhnlichen Weise in ambozeptorischer Wechselbeziehung mit ihr verbunden sind. Beispiele für den Grenzfall eines wirklich *absolut* ganzheitsunabhängigen Bausteines sind schwer zu finden. Auch die berühmte Hälfte des Aszidienkeimes ist genaugenommen nicht völlig ganzheitsunabhängig, denn die aus ihr entstehende halbe Aszidie ist immerhin auf der Schnittfläche mit Epidermis überkleidet, was sie im Verbande mit der anderen Hälfte nicht wäre. Absolut ganzheitsunabhängig sind wohl nur *tote* Komponenten organischer Systeme und selbst diese nur in ihrem fertigen Zustand. Kutikularbildungen, wie etwa das völlig regulationsunfähige Außenskelett fertiger Insekten, anorganische Einschlüsse, wie Kieselnadeln von Schwämmen und dergleichen, mögen als Beispiele dienen. Schon ein starres Skelettelement, wie etwa ein menschlicher Knochen, ist durchaus nicht absolut ganzheitsunabhängig, der Mensch kann z. B. an Knochenerweichung erkranken. Immerhin aber sind die Kausalketten, die von der Ganzheit des Organismus zu einem solchen Knochen laufen, so wenige an der Zahl, daß wir sie getrost außer acht lassen können, wenn wir etwa die Funktion des Skeletts und die Auswirkungen seiner Strukturen auf die Muskelfunktionen und die Bewegungsleistungen des Gesamtsystems untersuchen. Ebenso begehen wir keinen nennenswerten methodischen Fehler, wenn wir bei der Untersuchung eines kurzen Sehnenreflexes zunächst die Tatsache vernachlässigen, daß die höheren Instanzen des Zentralnervensystems immerhin einen geringen Einfluß auf seine Auslösung haben, z. B. daß diese beim Wegfall der Pyramidensysteme wesentlich erleichtert wird.

Ebendeshalb bietet ja das Auffinden eines relativ ganzheitsunabhängigen Bausteines im unermeßlich komplizierten Kausalfilz des organischen Systems einen so hochwillkommenen Ansatzpunkt für das Eindringen kausaler Analyse, weil eine *solche Komponente ohne allzu großen methodischen Fehler isoliert werden darf*. Deshalb bildet auch die starre Struktur in Forschung und Lehre stets den ersten archimedischen Fixpunkt, von dem die Betrachtung ausgeht, deshalb beginnt z. B. jedes Anatomiebuch mit der Beschreibung des Skeletts. In der Erforschung des tierischen und menschlichen Verhaltens waren es daher ganz legitimerweise bestimmte, an unveränderliche Strukturen des Zentralnervensystems gebundene Leistungen, an denen die Kausalanalyse ansetzte. Die Erforschung des Reflexvorganges wurde zum Kristallisationszentrum der gesamten Entwicklung der Physiologie des Zentralnervensystems, die Entdeckung der bedingten Reaktion gab zur Entstehung der ganzen Pawlowschen Reflexologenschule Anlaß. Schließlich hat die Entdeckung der endogen-automatischen Bewegungsweise, die in viel höherem Maße ganzheitsunabhängig ist als der Reflex, geschweige denn als die bedingte Reaktion, zur Entstehung unserer eigenen Forschungsrichtung, der vergleichenden Verhaltensforschung, Anlaß gegeben.

Die analytischen Möglichkeiten, die durch die Entdeckung eines relativ ganzheitsunabhängigen Bausteines erschlossen werden, dürfen indes nie vergessen lassen, daß die Methode der isolierenden Betrachtung nur der ganzheitsunabhängigen Komponente gegenüber erlaubt ist und *schärfstens auf das enge Teilgebiet des betreffenden Vorganges beschränkt bleiben muß*. Jeder derartige Baustein verhält sich gewissermaßen wie ein anorganischer Einschluß im ambozeptorischen Kausalfilz des organischen Systems (die am meisten unabhängigen Bausteine sind ja ganz buchstäblich anorganische Einschlüsse!), und die Forschung muß jederzeit die Bereitschaft wahren, zur sonst obligaten ganzheitsgerechten Methode der Analyse in breiter Front *zurückzukehren*, sowie sie über die Grenzen des eingeschlossenen starren Elementes hinausgerät und es nun wiederum mit einem Geflecht wechselseitiger Kausalbeziehungen zu tun bekommt.

Auf ebendieser Forderung baut sich unsere Kritik der großen Mechanistenschulen, des Behaviorismus und der Pawlowschen Reflexologenschule, auf. Beide haben einen relativ ganzheitsunabhängigen Baustein des Verhaltens entdeckt – im Grunde genommen beide denselben, nämlich die bedingte Reaktion – und auf der Basis dieser Entdeckung große und unvergängliche Forschungserfolge erzielt. Beide aber haben über diesen Erfolgen die Bereitschaft eingebüßt, zur mühsamen und langwierigen Methode der Analyse in breiter Front zurückzukehren. Sie hielten an der isolierenden, »atomistischen« Methode fest, lange nachdem sie die Grenzen des Gültigkeitsbereiches der aufgefundenen Gesetzlichkeiten überschritten hatten, und haben daher in wissenschaftlich durchaus illegitimer Weise das aufgefundene Element dogmatisch zum allein ausreichenden Erklärungsprinzip der Ganzheit des Verhaltens erhoben. Im zweiten Teil dieses Aufsatzes werden wir uns damit zu beschäftigen haben, wie gerade dieser Erklärungsmonismus der großen Mechanistenschulen, insbesondere des Behaviorismus, die Entdeckung gewisser *angeborener* Aktions- und Reaktionsnormen von Tieren und Menschen verhinderte bzw. verzögerte und in welcher Weise sich diese Blindheit für das Vorhandensein angeborener arteigener Verhaltensweisen auch heute noch in einer vom Behaviorismus beeinflußten Soziologie auswirkt.

Verschiedene organische Systeme sind sehr verschieden reich an relativ ganzheitsunabhängigen Bausteinen. Eine analoge Unterscheidung, wie sie Spemann hinsichtlich des entwicklungsmechanischen Verhaltens zwischen »Mosaik-Keimen« und »Regulativ-Keimen« gemacht hat, läßt sich ganz allgemein und in sehr mannigfacher Hinsicht zwischen verschiedenen organischen Systemen durchführen. Um hierfür aus der Verhaltenslehre zwei extreme Beispiele anzuführen: Wenn ein Seeigel vor dem Angriff des Seesternes, seines Hauptfeindes, flieht und sich gleichzeitig mit Hilfe seiner Giftzangen gegen ihn verteidigt, so beruhen diese durchaus sinnvollen und arterhaltend zweckmäßigen Verhaltensweisen des ganzen Tieres auf dem mosaikartigen Zusammenspiel seiner einzelnen Organe, der Ambulakralfüßchen, Stacheln und Pedizellarien. Keine integrierende Leistung des Zentralnervensystems koordiniert die Einzelleistung der Organe zu einem Ganzen, sondern jedes einzelne der Organe ist eine unabhängig für sich reagierende »Reflexperson«, wie J. von Uexküll sich ausdrückt. Jedes Ambulakralfüßchen und jeder Stachel hat allein für sich die Eigenschaft, auf den chemischen Reiz des Seesternschleimes von der Reizquelle fortzustreben, außerdem aber die, sich jeder ihm durch die Bewegung des Gesamttieres aufgezwungenen Marschrichtung unterzuordnen und in ihr »mitzuhelfen«. Jede Giftzangen tragende Pedizellarie dagegen stellt sich mit geöffneten Zangen dem Reiz entgegen. Diese Reaktionsweisen kommen auch dem isolierten Organ in völlig gleicher Weise zu, die zweckmäßige Gesamtreaktion ist tatsächlich ein Mosaik, sie ist im realen Sinne aus der Leistung der »Elemente« synthetisierbar, z. B. indem man einzelne Stücke einer Stacheln und Pedizellarien tragenden Seeigelschale mit einer Schnur zusammenbindet. Von Uexküll hat in seiner prägnanten Ausdrucksweise diesen Tatbestand in den Satz zusammengefaßt: »Wenn ein Hund läuft, so bewegt der Hund die Beine, wenn ein Seeigel läuft, so bewegen die Beine ihn.« Obwohl es auch beim Laufen des Hundes möglich – und daher notwendig – ist, gewisse relativ ganzheitsunabhängige Bausteine (in Gestalt der später zu besprechenden endogenen Automatismen) herauszuschälen, die legitimerweise isoliert betrachtet werden dürfen, so ist doch zweifellos sein Zentralnervensystem ein sehr hochgradig integriertes System von wenigstens annähernd universellen ambozeptorischen Kausalverbindungen, und der Versuch, sein Laufen als zweckgerichtete Gesamthandlung aus den Einzelreflexen und Automatismen der Beine zu synthetisieren, ist von vornherein verfehlt. Das zentralnervliche System, das Gesamthandlungen von höheren Tieren und Menschen zu Einheiten integriert, kommt dem definitionsmäßigen Idealfall der Ganzheit, dem System universeller ambozeptorischer Kausalverbindung, *verhältnismäßig* nahe, außerdem ist es in Struktur und Leistung sicherlich jenem anderen recht ähnlich, das Sinnesdaten zu gestalteten Wahrnehmungen integriert und das von sämtlichen bekannten Systemen dieses Universums dasjenige mit der universellsten ambozeptorischen Kausalverbindung ist. Daher wird in diesem Falle ein *vorsichtiges* Vergleichen und ein ebensolches Übertragen der bekannten in der Gestaltpsychologie gültigen Prinzipien auf die Leistung nahverwandter und ähnlich strukturierter zentralnervlicher Organsysteme erlaubt und nutzbringend sein.

Dagegen ist es aber selbstverständlich ein vollkommener Unsinn, eine Ganzheitlichkeit, die derjenigen der Wahrnehmungsgestalt verwandt ist, dort zu erwarten, wo kein realer Integrationsapparat am Werke ist, der, wie bei jener, eine Fülle ambozeptorischer Kausalverbindungen gewährleistet. Wenn also etwa Alverdes gegen die Uexküllsche Konzeption der »Reflexrepublik« des Seeigels den Einwand erhebt, daß sie »der Fiktion der Ganzheitlichkeit widerspreche«, so liegt das Mißverständnis eben in der Meinung, daß die Ganzheitlichkeit eine Fiktion sei: Sie ist dort, wo sie wirklich vorhanden ist, durchaus keine Fiktion, sondern etwas höchst Reales. Ob und wieweit sie vorhanden ist, ist aber keine Frage, die durch metaphysische Spekulation und durch dogmatischen Mißbrauch eines Schlagwortes zu lösen ist, sondern eine Frage, die durch geduldige induktive Erforschung jedes Einzelfalles entschieden werden muß.

Für den gesamten Ansatz der ursächlichen Analyse jedes organischen Systems ist die richtige Entscheidung der Frage, inwieweit es aus einem Geflecht wechselseitiger Kausalverbindungen und inwieweit es aus relativ ganzheitsunabhängigen Gliedern bestehe, eine grundlegende Notwendigkeit. Das Ergebnis der versuchten Analyse wird ganz einfach *falsch*, wenn wechselseitige Ursachenverbindungen wie einsinnige und einsinnige wie wechselseitige behandelt werden. Das Herausgliedern und Isolieren der relativ ganzheitsunabhängigen Glieder ist ebenso *obligat*, wie die Methode der Analyse in breiter Front dem ambozeptorischen Kausalgeflecht gegenüber obligat ist. Das war zunächst einmal zu zeigen.

Neben der in der gesamten Psychologie weit verbreiteten, aus einer mißverständlichen Generalisation gestaltpsychologischer Prinzipien entspringenden Überschätzung des Primates der Ganzheit vor ihren Teilen und der Unterschätzung des relativ ganzheitsunabhängigen Gliedes spielt ganz besonders in der Soziologie noch die Vernachlässigung bestimmter, höchst spezieller ganzheitsunabhängiger Bausteine des tierischen und menschlichen Verhaltens eine – meines Erachtens außerordentlich hemmende – Rolle, die völlig andere Ursachen hat und der wir uns nun zuwenden.

III Die Vernachlässigung der angeborenen arteigenen Verhaltensweisen

1 Die Auswirkungen des mechanistisch-vitalistischen Meinungsstreites

Leitet sich die im ersten Abschnitt dieses Aufsatzes besprochene Überschätzung der Einwirkung des Ganzen auf den Teil aus einer falschen Generalisation gestaltpsychologischer Sätze ab, so ist die nun zu besprechende Unterschätzung und Vernachlässigung bestimmter starr angeborener Aktions- und Reaktionsnormen von Tieren und Menschen die Folge einer etwas komplexeren und außerordentlich interessanten geistesgeschichtlichen Situation, die wir etwas näher skizzieren wollen.

Daß es angeborene und angeborenermaßen zweckmäßige Verhaltensweisen gibt, war an sich schon seit dem Mittelalter bekannt. Schon die Scholastik hatte sich mit ihnen beschäftigt und hatte als ein zweifelhaftes Erbe ihre landläufige Bezeichnung als »Instinkte« hinterlassen. Selbst in unsere Umgangssprache ist der Ausdruck »Instinkt« eingedrungen, und zwar durchaus im Sinne des scholastischen Begriffes von einem *außernatürlichen Faktor*, der selbst einer kausalen Erklärung weder zugänglich noch bedürftig ist, aber seinerseits überall dort zur Scheinerklärung einer Verhaltensweise herangezogen wird, wo diese zwar offensichtlich sinnvoll und arterhaltend zweckmäßig ist, ihre Zweckmäßigkeit jedoch nicht auf der Basis der uns aus unserem eigenen Erleben geläufigen Verstandesleistungen erklärt werden kann. »Instinkt« ist somit von allem Anfang an eines jener verhängnisvollen Worte gewesen, die sich zur rechten Zeit einstellen, wo die Begriffe fehlen! Oder, genauer gesagt, es macht das Wesen des scholastischen Instinktbegriffes aus, daß er eine außernatürliche Scheinerklärung für natürliche Vorgänge darstellt. Diese für die vergleichende Verhaltensforschung so ungemein hinderliche Eigenart des Instinktbegriffes hatte die böse Folge, daß die angeborenen arteigenen Aktions- und Reaktionsweisen, zu deren Pseudo-Erklärung er herangezogen wurde, schon in der Frühzeit physiologischer Forschung in den Brennpunkt des Meinungsstreites zweier naturphilosophischer Denkrichtungen rückten, des Streites zwischen Vitalisten und Mechanisten.

Wie schon auseinandergesetzt, entspringen die wesentlichsten Irrtümer der großen Mechanistenschulen aus klar nachweisbaren methodischen Fehlern, die sich aus ihrer Blindheit für das Wesen der organischen Ganzheit als eines Systems nahezu universeller wechselseitiger Kausalverbindungen ergeben. Daß aber sowohl der Behaviorismus als auch die Pawlowsche Reflexologenschule gerade hinsichtlich der hier in Rede stehenden angeborenen arteigenen Verhaltensweisen so erstaunliche Fehl- und Scheinerklärungen gegeben haben, erklärt sich darüber hinaus aus einem zweiten Grunde, nämlich aus der Gegnerschaft gegen die gerade auf diesem Gebiete besonders scharf ausgesprochene Lehrmeinung der Vitalisten. Gerade in ihren Aussagen über angeborene Verhaltensweisen wurden beide Meinungsgegner in ganz unhaltbare, extreme Positionen gedrängt, die keiner von ihnen je eingenommen hätte, hätte er von den gegnerischen Anschauungen keine Kenntnis besessen! Machten die Vitalisten aus der gestalteten Ganzheitlichkeit organischen Geschehens einen übernatürlichen Faktor, dem gegenüber jeder Versuch zur ursächlichen Analyse Sakrileg war, so verfielen die Mechanisten in eine geradezu gewollte Ganzheitsblindheit und in einen extremen, methodisch fehlerhaften Atomismus, als dessen schädlichste Auswirkungen die schon besprochenen Erklärungs-Monismen auftraten. Machten die Vitalisten aus der Zweckmäßigkeit tierischen Verhaltens ein Wunder, indem sie diese für eine unmittelbare Auswirkung eines übernatürlichen, entelechialen Faktors erklärten, so vermieden es die Mechanisten, die Zweckmäßigkeit, auch die wichtige, unbestreitbare Tatsache einfacher, arterhaltender Zweckmäßigkeit, in ihre Betrachtung einzubeziehen, was besonders bei manchen behavioristischen Autoren dazu geführt hat, daß *pathologische* Verhaltensweisen in höchst irreführender Weise mit physiologischen, arterhaltend sinnvollen durcheinandergebracht wurden. War für die Vitalisten ihr außernatürlicher »Faktor« – mochten sie ihn nun vitale Kraft, ganzmachende oder richtunggebende Instanz, Entelechie, Instinkt oder sonstwie nennen – letzten Endes *Seele*, so betrieben die Mechanisten eine »Psychologie ohne Seele«, auch dort, wo bei reinlicher Unterscheidung des objektiven und des subjektiven Aspektes die Selbstbeobachtung höchst wertvolle Aufschlüsse über bestimmte Verhaltensweisen zu liefern vermag und wo der Verzicht auf Introspektion daher das schlimmste aller Vergehen gegen den Geist der induktiven Naturforschung, nämlich einen Wissensverzicht, bedeutet!

Weitaus am schlimmsten aber wirkte sich diese »extremisierende« gegenseitige Beeinflussung von Vitalisten und Mechanisten auf dem Gebiete aus, das uns hier speziell angeht, nämlich auf dem der Erforschung der angeborenen, arteigenen Verhaltensweisen. Für den Vitalisten boten diese schlechterdings keine Probleme: Wie andere Lebenserscheinungen, die sich durch besondere harmonische Ganzheitlichkeit und deutliche Finalität auszeichnen, wie Vererbung, Embryonalentwicklung und Restitution, so galten auch die angeborenen arteigenen Verhaltensweisen den Vitalisten als der Inbegriff dessen, was als unmittelbare Auswirkung der außernatürlichen Lebenskraft der natürlichen Erklärung weder bedürftig noch zugänglich ist. Johannes Müller, der mit der typischen Doppelnatur eines idealistisch eingestellten Naturforschers gleichzeitig zum Vater der kausalanalytischen Physiologie und zu dem des Vitalismus werden konnte, betrachtete »die Instinkte« ganz eindeutig nicht als ein Objekt der ersteren, sondern als Domäne des letzteren! An einer mir leider nur zitatweise bekannten Stelle, an der er von Beispielen einer unmittelbaren Auswirkung der »Lebenskraft« spricht, führt er an, wie der des Zentralnervensystems noch entbehrende Embryo dennoch als Ganzheit heranwächst, wie in der Schmetterlingspuppe sich die später gebrauchten Organe des Imagos in zweckentsprechender Weise anlegen und wie sich bei der Verwandlung der Kaulquappe zum Frosch das Rückenmark entsprechend der Rückbildung des Schwanzes verkürzt usw. Dann fügt er im selben Zuge hinzu, es sei eine gleichartige, unbewußte, organisatorische, ganzheitserzeugende Kraft, die sich auch in den Instinkten der Insekten auswirke! Wenn dieser Altmeister physiologischer Forschung, dessen Untersuchung über den Reflex eine der wichtigsten Grundlagen der späteren, kausalanalytischen Erforschung des zentralnervlichen Geschehens bilden sollte, die »Instinkte« zu den kausal nicht erklärbaren »Wundern« rechnete, wie sollten da nicht spätere, mit weit geringerer kausalanalytischer Begabung und weit geringerem Kausalitätsbedürfnis ausgestattete Vitalisten vor ihrer natürlichen Erklärung resignieren. »Wir betrachten den Instinkt, aber wir erklären ihn nicht!« schreibt Bierens de Haan noch 1940.

Für die Mechanisten auf der anderen Seite waren die angeborenen arteigenen Verhaltenssysteme mit ihrer nicht wegzuleugnenden arterhaltenden Zweckmäßigkeit und ihrer verhältnismäßigen Ganzheitlichkeit ein Objekt, das ihrer atomistischen Forschungsweise wenig Aussicht auf Erfolg versprach und daher wenig zur Untersuchung reizte. Da die Vitalisten so viel Aufhebens von den »Instinkten« machten, war es in Mechanistenkreisen geradezu verpönt, von ihnen überhaupt zu sprechen. Die wenigen Reflexologen, die sich zu Aussagen über angeborene Verhaltensweisen herbeiließen, beschränkten sich auf die naheliegende Erklärung, diese bestünden aus Ketten unbedingter Reflexe, während die Behavioristen, an ihrer Spitze Watson, das Vorhandensein längerer angeborener Bewegungsfolgen ganz einfach wegleugneten. Die völlige Unbegründetheit dieser Anschauungen konnte deshalb nie zutage treten, weil kein Reflexologe und kein Behaviorist je in die Lage kam, den Ablauf einer längeren, hochdifferenzierten Kette arteigener angeborener Verhaltensweisen überhaupt zu Gesicht zu bekommen. Die Forschungsmethode beider großen mechanistischen Schulen beschränkte sich bekanntlich auf Experimente, in denen eine Zustands-*Änderung* in den auf den Organismus einwirkenden Umgebungsbedingungen gesetzt und die *Antwort* des Tieres auf diese Änderung registriert wurde. Die vorgefaßte Meinung, daß der Reflex und der bedingte Reflex die einzigen wesentlichen »Elemente« alles tierischen und menschlichen Verhaltens seien, bestimmte eben eine ganz spezielle, kaum je variierte Art der Versuchsanordnung, bei der das untersuchte Zentralnervensystem gewissermaßen gar keine Gelegenheit bekam, zu zeigen, daß es auch etwas anderes zu leisten imstande sei, als einwirkende Außenreize zu beantworten. Bei der ausschließlichen Anwendung dieser Methodik *mußte* die Meinung bestärkt werden, daß sich die Leistung des Zentralnervensystems im Aufnehmen und Beantworten äußerer Reize erschöpfe.

Da niemand unter den Mechanisten je nachsah, was Tiere, *sich selbst überlassen*, tun, konnte auch unmöglich einer von ihnen bemerken, daß sie spontan, d. h. ohne Einwirkung äußerer Reize, nicht nur etwas, sondern sogar sehr vielerlei tun. Das gesamte, für die Erkenntnis der später zu besprechenden physiologischen Eigenart der sog. Instinktbewegung so ungemein wichtige Phänomen der *Spontaneität* bestimmter Verhaltensweisen blieb auf diese Weise gerade jenen Forschern verborgen, die von der Physiologie, von den kausalen Zusammenhängen tierischen und menschlichen Verhaltens, etwas erfahren wollten. Die vitalistisch-teleologischen Verhaltensforscher auf der anderen Seite *sahen* zwar die Spontaneität gewisser Verhaltensweisen sehr wohl, betrachteten aber gerade sie als eine besonders unmittelbare Auswirkung eines übernatürlichen Faktors, deren ursächliche Analyse und Erklärung Anathema war. Sie verwendeten die nachweisliche Spontaneität mancher Bewegungsweisen nicht, wie es berechtigt gewesen wäre, als ein Argument gegen die Reflexketten-Hypothesen der Reflexologen, sondern, völlig unberechtigtermaßen, als ein solches gegen die Annahme einer physiologisch-ursächlichen Erklärbarkeit des Verhaltens schlechthin. Wenn man sich diese wahrhaft tragische, beinahe tragikomische Zwickmühle so recht vergegenwärtigt, in die Vitalisten und Mechanisten einander hineingesteigert haben, kommt einem ein Zitat aus Goethes *Faust* in den Sinn: »Was man nicht weiß, das eben brauchte man, und was man weiß, kann man nicht brauchen.« Diejenigen, die vernünftige, physiologische Schlüsse aus der Tatsache der Spontaneität hätten ziehen können, sahen sie ganz einfach nicht, und diejenigen, die sie sahen, waren durch idealistische Vorurteile unheilbar daran behindert, die richtigen Schlußfolgerungen aus ihr zu ziehen!

Aus allen diesen Gründen blieb nicht nur die Tatsache der spontanen, automatisch-rhythmischen Reizproduktion im Zentralnervensystem unentdeckt, sondern es blieb überhaupt das weite und fruchtbare Feld, das die angeborenen arteigenen Verhaltensweisen für die induktive Naturforschung darstellen, zunächst völlig unbeackert liegen, als Niemandsland zwischen den Fronten zweier dogmatisch übersteigerter gegensätzlicher Lehrmeinungen. Kein Wunder, daß es zum »Tummelplatz unfruchtbarer geisteswissenschaftlicher Spekulationen« wurde, wie Max Hartmann sich einmal ausdrückte!

2 Die späte Einführung der vergleichend-stammesgeschichtlichen Methode in die Verhaltensforschung

Die späte Entdeckung der angeborenen arteigenen Aktions- und Reaktionsweisen, deren fundamentale Bedeutung klarzumachen eine Hauptaufgabe vorliegenden Aufsatzes ist, hat aber auch noch andere Gründe. Es fehlten nicht nur Bearbeiter, die einen offenen Blick für die Spontaneität bestimmter Verhaltensweisen mit einem gesunden Bedürfnis nach ihrer kausalen Erklärung verbanden, es fehlte vor allem auch die erste und unentbehrliche Voraussetzung dafür, die Verhaltensforschung zu einer echten induktiven Naturforschung werden zu lassen, es fehlte nicht mehr und nicht weniger als die in hypothesefreier Idiographik und Systematik gesammelte *Induktionsbasis*! Es fehlten zunächst Untersucher, die, wohlvertraut mit den Denk- und Arbeitsmethoden der induktiven Naturforschung im allgemeinen und mit denjenigen der ganzheitsgerechten Analyse in breiter Front im besonderen, jene Herkulesarbeit nachholten, die Vitalisten wie Mechanisten ungetan gelassen hatten. Es fehlten Forscher, die sich jener bescheidensten und doch wichtigsten, jener kindlichsten und doch wissenschaftlichsten Arbeit unterzogen, die darin besteht, in voraussetzungsloser Beobachtung tierischen Verhaltens ganz einfach »nachzusehen, was es alles gibt«! Weder ein Reflexologe oder Behaviorist noch auch ein Humanpsychologe, am allerwenigsten aber einer der vitalistischen Instinkttheoretiker hatte sich je der ungemein mühevollen und langwierigen Aufgabe unterzogen, auch nur eine einzige Tierart in der *Gesamtheit* ihrer Lebensäußerungen kennenzulernen oder gar ein Inventar der ihr zur Verfügung stehenden Aktions- und Reaktionsnormen aufzunehmen und deren Beziehungen zum natürlichen Lebensraum zu untersuchen. Neben den wirklich tiefschürfenden Experimenten der Mechanisten und den scheinbar tiefschürfenden Spekulationen der Vitalisten erschien diese Aufgabe recht unwichtig und wenig »wissenschaftlich«. So erscheint die erste Aufgabe aller induktiven Naturforschung, die schlichte Idiographik, bei oberflächlicher Betrachtung als nur allzu leicht!

Es war H. S. Jennings, der es als erster für eine des Forschers würdige Aufgabe erachtete, zu beobachten und in allen Einzelheiten zu beschreiben, was sich selbst überlassene Tiere nun eigentlich tun. Er war auch einer der ersten, die sich völlig darüber klar waren, daß die Verhaltensweisen einer Tierart nicht ins unbegrenzte variabel sind, sondern daß ihr eine begrenzte Anzahl von Aktions- und Reaktionsnormen zur Verfügung steht, die sie ganz einfach »hat«, im gleichen Sinne, wie sie morphologische Strukturen bestimmter Form hat. Dadurch, daß er den Begriff des *Aktionssystems* als der Gesamtheit der einer bestimmten Tierart zur Verfügung stehenden Verhaltensweisen herausarbeitete, hat Jennings eine ganzheitsgerechte Betrachtungsweise eingeführt, die das Verhalten einer Art als das untersucht, was es wirklich ist, nämlich als ein organisches Systemganzes.

Hat Jennings eine wirklich voraussetzungslose und exakte Idiographik tierischen Verhaltens in Angriff genommen, so waren C. O. Whitman und O. Heinroth diejenigen Forscher, die in systematischer Weise Aktionssysteme verwandter Tierformen nebeneinanderstellten und dadurch zu Pionieren einer in stammesgeschichtlichem Sinne *vergleichenden* Verhaltensforschung wurden. In sehr vielen Teilgebieten der biologischen Forschung hat die Entdeckung eines *günstigen Objektes* dadurch zur Entstehung eines selbständigen Forschungszweiges Anlaß gegeben, daß die Eigenschaften dieses Objektes eine bestimmte *Methode* vorschrieben, die ihrerseits die Richtung bestimmte, in der sich die weitere Forschung bewegte. Das klassische Beispiel für diesen Vorgang bildet die moderne Erbforschung. Sie hat ihren Ursprung mit der Entdeckung jenes einfachsten Grenzfalles genommen, in dem die Eltern eines Kreuzungsproduktes nur in einem einzigen Erbmerkmal voneinander verschieden sind, und ihre weitere Entwicklung bleibt bis auf den heutigen Tag durch die Methode bestimmt, die ihr von der Natur ihres günstigsten Objektes, eben der Kreuzung, vorgeschrieben ist.

Bei der vergleichenden Verhaltensforschung liegen die Verhältnisse nur insofern anders, als hier die für den Forschungszweig kennzeichnende Methode *zuerst* da war und erst zu der Entdeckung jenes »günstigen Objektes« geführt hat, das dem Gang der weiteren Forschung die Richtung wies. Dieses Objekt, das ein Vortreiben ursächlicher Analyse in ganz bestimmter Richtung ermöglichte, konnte nämlich überhaupt erst dadurch gesehen und bemerkt werden, daß man die stammesgeschichtlich-vergleichende Methode anwandte. Hierin ist auch der Grund zu suchen, warum jenes Phänomen, das zum Kristallisationsmittelpunkt einer ganzen Forschungsrichtung wurde, erst so ungemein *spät* entdeckt worden ist. Die Existenz bestimmter angeborener, von Individuum zu Individuum einer Art völlig gleicher, für Arten, Gattungen und Ordnungen, ja selbst für Klassen und noch höhere Gruppenkategorien bezeichnender *Bewegungskoordinationen* konnte grundsätzlich nur von Forschern entdeckt werden, die die Aktionssysteme stammesgeschichtlich verwandter Tierformen in gleicher Methodik beschreibend und ordnend nebeneinanderstellten, wie die phylogenetisch vergleichende Systematik dies mit körperlichen Strukturen tut.

3 Die physiologische Eigenart der endogen-automatischen Bewegungsweisen

Die Entdeckung und Erforschung dieser angeborenen arteigenen Bewegungsweisen bieten ein Musterbeispiel dafür, wie in der Entwicklung einer echten induktiven Naturwissenschaft notwendigerweise aus einem ersten, voraussetzungslos beschreibenden, »idiographischen« Stadium das nach Ähnlichkeit und Unähnlichkeit der Merkmale ordnende »systematische« und aus diesem wiederum das ursächlich erklärende und nach Gesetzlichkeiten suchende »nomothetische« Stadium in organischer Entwicklung hervorwächst. Sie bilden auch den schlagenden Beweis für die unabdingbare Notwendigkeit jener breitesten, in *voraussetzungsloser* Beobachtung gesammelten Kenntnis konkreter Einzeltatsachen, die wir als die *Induktionsbasis* einer Naturwissenschaft bezeichnen.

Die erste große Entdeckung, die man gewissermaßen als den Geburtsakt der vergleichenden Verhaltensforschung bezeichnen kann, ist zweifellos das Auffinden einer echten, stammesgeschichtlichen *Homologie* zwischen angeborenen, arteigenen Bewegungsweisen verwandter Tierformen. C. O. Whitman und O. Heinroth waren beide geschulte und ungemein kenntnisreiche vergleichende Morphologen und besaßen in einem glücklichen, aber durchaus nicht zufälligen Zusammentreffen auch jene breiteste Massenkenntnis von Verhaltensweisen einer Verwandtschaftsgruppe von Tieren, die Voraussetzung phylogenetischen Vergleichens ist. So machten sie zunächst – und zwar unabhängig voneinander – die schlichte, aber folgenschwere Entdeckung, daß es formkonstante, von jedem gesunden Individuum einer Species in völlig gleicher Weise ausgeführte Bewegungsfolgen gibt, die bezeichnende Merkmale nicht nur für die einzelne Art, sondern, ganz wie viele »konservative« morphologische Merkmale, häufig auch für weitere und weiteste Verwandtschaftsgruppen sind. Mit anderen Worten, sie entdeckten Bewegungsweisen, deren Verbreitung und Verteilung im Tierreiche aufs vollkommenste derjenigen von *Organen* gleicht und von denen man somit unzweifelhaft annehmen kann, daß sich ihr Entwicklungsgang im Artenwandel durchaus wie derjenige von Organen und Organmerkmalen abgespielt hat. Ihr phylogenetisches Alter ist daher mit denselben methodischen Mitteln erschließbar wie dasjenige morphologischer Merkmale und damit auch der Begriff phyletischer Homologie auf sie in gleicher Weise anwendbar wie auf jene. Beide Forscher erwiesen diese Tatsache, indem sie geeignete Merkmale derartiger Bewegungsweisen als taxonomische Merkmale zur Rekonstruktion stammesgeschichtlicher Zusammenhänge innerhalb einer bestimmten Verwandtschaftsgruppe von Tieren heranzogen und das so gewonnene Ergebnis mit den Rückschlüssen verglichen, die sich aus der feinsystematischen Auswertung körperlicher Merkmale ergaben. Die restlose Übereinstimmung der Resultate erwies schlagend die Richtigkeit ihres Ansatzes, den Whitman schon 1898 in die Worte gefaßt hat: »Instincts and organs are to be studied from the common viewpoint of phyletic descent« – Instinkte und Organe müssen vom gemeinsamen Standpunkt der phyletischen Abstammung untersucht werden.

Ebenso schlagartig erwiesen die neugefundenen Tatsachen die völlige Unhaltbarkeit der Vorstellungen, die man sich sowohl auf vitalistisch-teleologischer wie auf mechanistischer Seite bislang von der Natur des sogenannten »instinktiven« Verhaltens gemacht hatte. Nach Ansicht der Vitalisten war »der Instinkt« ein grundsätzlich nicht kausal erklärbarer »Richtungsfaktor« und das durch ihn bedingte Verhalten daher notwendigerweise von jener typischen, plastischen Veränderlichkeit, die alles *zweckgerichtete* Verhalten auszeichnet. Es war daher an sich durchaus konsequent, wenn die Vertreter der »*purposive psychology*« die arterhaltende Leistung der arteigenen, angeborenen Verhaltensweisen mit dem vom Tiere als Subjekt angestrebten Zweck einfach gleichsetzten. Auf mechanistischer Seite dagegen gab es, wie schon angedeutet, *zwei* Schulmeinungen. Die der Behavioristen ging dahin, daß es komplexe, angeborene Bewegungsfolgen ebensowenig gebe wie angeborene »Ziele« und daß die arterhaltend zweckmäßige Form des sogenannten Instinktverhaltens nur *scheinbar* angeboren sei, in Wirklichkeit aber erst im individuellen Leben jedes Organismus auf dem Wege von Versuch und Irrtum erworben werde (Watson). Die Pawlowsche Reflexologenschule gestand die Existenz von höher differenzierten und längeren angeborenen Bewegungsfolgen zu, erklärte sie aber als Verkettungen unbedingter Reflexe. Gegen diese Theorie wurde schon früh von seiten der »*purposive psychology*«, vor allem von McDougall, der richtige Einwand erhoben, daß die *Spontaneität* vieler »instinktiver« Verhaltensweisen, ihre offensichtlich weitgehende Unabhängigkeit von äußeren Reizen, aus dem Prinzip des Reflexes nicht erklärbar sei.

Weder Whitman noch Heinroth haben je auch nur eine Vermutung über die physiologische Natur der arteigenen, angeborenen Bewegungskoordinationen geäußert. Whitman nannte sie noch einfach »instincts«,

Heinroth vermied diesen vorbelasteten Terminus und sprach von »angeborenen, arteigenen Triebhandlungen«. Beide unterschieden sie selbstverständlich auch noch nicht begrifflich von angeborenen Verhaltensweisen anderer Art, die wirklich reflektorischer Natur sind, wie vor allem die Orientierungsreaktionen oder Taxien. Aber während sie voraussetzungslos und hypothesefrei eine Beschreibung und systematische Ordnung der in Rede stehenden Bewegungsweisen lieferten, vollbrachte, beiden unbewußt, ihr feines systematisches Taktgefühl eine höchst wunderbare Leistung. Es zeigte sich nämlich später, daß so gut wie alle von ihnen als taxonomische Charaktere verwendeten Bewegungsweisen solche waren, die auf reinen, kaum von reflektorischen Vorgängen überlagerten, endogenen Automatismen beruhen. Dies gilt vor allem für die Bewegungsweisen der Balz verschiedener Vögel, die von beiden Forschern immer wieder besonders berücksichtigt wurden. Dieses zunächst rein systematische Nebeneinanderstellen der angeborenen arteigenen Bewegungsfolgen hatte die unausbleibliche Folge, daß an ihnen eine Anzahl gemeinsamer Eigentümlichkeiten auffiel, die nach einer physiologischen Erklärung geradezu zu verlangen schienen.

Was vor allem anderen in die Augen sprang, war eine unerwartete Korrelation zwischen der Spontaneität und der individuellen Invarianz der arteigenen Bewegungsweisen. Nach der vitalistisch-teleologischen Anschauung mußte die nach einem bestimmten »Triebziel« gerichtete, spontane und zweckstrebige Verhaltensweise ipso facto zwar in ihrem biologischen Enderfolg konstant, in ihren Bewegungskoordinationen aber variabel sein. Nach der Reflexketten-Theorie hingegen durfte umgekehrt die in ihrer gesamten Folge starr angeborene Kette reflektorisch koordinierter Einzelbewegungen keine Spontaneität zeigen. In Wirklichkeit nun wiesen jedoch *gerade* jene in ihrer gesamten Bewegungsfolge angeborenen arteigenen Verhaltensweisen eine besondere, höchst eigenartige Tendenz zu spontanem, von äußeren Reizen unabhängigem Hervorbrechen auf. Zwar erweist sich der angeborene Auslösemechanismus, der in den meisten Fällen als »Schloß der Reaktion« das selektive Ansprechen angeborener arteigener Verhaltensweisen in bestimmten Umweltsituationen gewährleistet, als sicher reaktiv, die Bewegungsfolge selbst aber zeigt ein höchst eigenartiges Verhalten, das sich aus dem Prinzip des Reflexes durchaus nicht erklären läßt. Je länger eine derartige Bewegung nicht ausgelöst wird, desto mehr senkt sich der Schwellenwert der sie auslösenden Reize, bis sie schließlich im Grenzfalle völlig ohne nachweisbaren Außenreiz als sogenannte Leerlaufbewegung eruptiv hervorbricht, selbstverständlich auch ohne in diesem Falle ihren arterhaltenden »Sinn« in irgendeiner Weise zu erfüllen.

Die genauere Untersuchung des Erscheinungskreises der Schwellenerniedrigung und der Leerlaufbewegung sowie vor allem auch der reaktionsspezifischen Ermüdbarkeit mit Ansteigen der Reizschwelle führte zu der Vorstellung von der Kumulation einer vom Organismus kontinuierlich erzeugten und durch den Ablauf der Bewegungsweise verbrauchten reaktionsspezifischen Erregung. Diese zunächst rein als Modellvorstellung entwickelte Hypothese erwies sich durch Ergebnisse, die von einer völlig anderen, nervenphysiologischen Seite stammten, als weitgehend richtig. Wir wissen heute durch die Untersuchungen von E. von Holst, P. Weiß und anderen, daß die angeborenen, arteigenen Bewegungsfolgen nicht, wie so viele andere Verhaltensweisen von Tieren und Menschen, auf bedingten und unbedingten Reflexen, *sondern auf einer anderen Elementarleistung des zentralen Nervensystems*, nämlich auf einer spontanen, automatisch-rhythmischen *Erzeugung* von Reizen, beruhen, wie sie bis dahin nur von den Reizerzeugungszentren des Herzens bekannt war. Die Produktion sowohl als auch die Koordination der ausgesandten Bewegungsimpulse ist, wie von Holst zwingend nachwies, durchaus unabhängig von zentralwärts leitenden Nervenbahnen und damit kein Reflex.

Wir sehen in dem Nachweis der Rolle, die eine bisher unbekannte Urleistung des Zentralnervensystems im Gesamtverhalten der höheren Tiere und zweifellos auch des Menschen spielt, das wichtigste bisherige Ergebnis der vergleichenden Verhaltensforschung. Auf der einen Seite bietet er uns eine befriedigende, physiologisch-ursächliche Erklärung für die Spontaneität so vieler tierischer und menschlicher Verhaltensweisen, die von vitalistischer Seite immer wieder als ein Argument nicht nur gegen die Reflexketten-Theorie der Mechanisten, sondern auch gegen die Annahme einer physiologisch-kausalen Erklärbarkeit des Verhaltens als solcher ins Feld geführt wurde. Der Vitalismus wird damit aus einer zähe und bisher immer mit Erfolg verteidigten Stellung verdrängt. Auf der anderen Seite aber widerlegt der Nachweis der endogenen, automatisch-rhythmischen Reizerzeugung ein für allemal den atomistischen Erklärungsmonismus der mechanistischen Schulen, die im unbedingten und bedingten Reflex das einzige Erklärungsprinzip für alles tierische und menschliche Verhalten sahen. Die Bedeutung der physiologischen Eigengesetzlichkeiten der endogenen Automatismen für die Soziologie des Menschen, die eines der Hauptanliegen dieses Aufsatzes ist, wird uns an einer späteren Stelle beschäftigen. Um schon jetzt eine Vorstellung von ihr zu geben, genüge der vorwegnehmende Hinweis, daß z. B. dasjenige, was die Tiefenpsychologie als Aggressionstrieb bezeichnet, mit einer an Sicherheit grenzenden Wahrscheinlichkeit Auswirkung einer endogenen Produktion aktionsspezifischer Erregung ist.

Durch ihre gewaltige phylogenetische Konservativität, ihre Unabhängigkeit von äußeren Reizen und vor allem durch die Unaufhaltsamkeit ihrer Reizerzeugung und des durch diese erzeugten Triebes sind die endogenen Automatismen ungemein selbständige Systeme, die von seiten der organischen Ganzheit, in die sie eingebaut sind, nur sehr wenig und nur sehr indirekt ursächlich beeinflußt werden. Sie sind in extremem Sinne das, was wir im ersten Teil dieses Aufsatzes als relativ ganzheitsunabhängige Bausteine bezeichnet haben. Da sie auch beim Menschen ohne allen Zweifel eine ganz gewaltige Rolle spielen, und zwar, wie wir zeigen werden, ganz besonders auf dem Gebiete sozialen Verhaltens, so führt die völlige Vernachlässigung ihrer Existenz in der Soziologie und Völkerpsychologie zu ganz erheblichen Fehlschlüssen. Da die physiologische Eigenart der endogen-automatischen Verhaltensweisen und ihre Bedeutung für das Gesamtverhalten höherer Tiere und des Menschen erst vor einigen Jahrzehnten einigermaßen klargeworden ist und da diese Ergebnisse durchweg von Zoologen und nicht von Humanpsychologen und Soziologen erzielt wurden, ist ihre Kenntnis noch nicht in die Kreise dieser letzteren eingedrungen. Nur in der Kinderpsychologie beginnen einzelne Forscher, sich systematisch mit der Untersuchung der endogenen Automatismen des Menschen zu befassen (A. Peiper).

4 Die angeborenen auslösenden Mechanismen

Unsere Erörterung der individuell invarianten, angeborenen und arteigenen Aktions- und Reaktionsnormen, die als relativ ganzheitsunabhängige Bausteine des tierischen und menschlichen Verhaltens in der Soziologie eine besondere methodische Berücksichtigung erheischen, wäre unvollständig ohne die Darstellung eines weiteren Vorganges, der im sozialen Verhalten der höheren Tiere und des Menschen eine annähernd gleich große Rolle spielt wie die endogen-automatischen Reizerzeugungsvorgänge. Dieser Vorgang ist der sogenannte angeborene auslösende Mechanismus oder das angeborene auslösende Schema. Die Erforschung endogen-automatischer Bewegungsweisen und auslösender Mechanismen war – wie wir sogleich näher ausführen werden – nur in ihrem natürlichen Zusammenhang überhaupt möglich. Die Entdeckung der endogenen Produktion einer reaktionsspezifischen Erregungsart, die während der Reaktionsruhe kumuliert und durch den Ablauf der Bewegungsfolge verbraucht wird, erfolgte, wie bereits erwähnt, in erster Linie durch ein quantifizierendes Studium des Verhaltens der *Schwellenwerte* auslösender Reize bei Ruhe und Ablauf, bei Stauung und Verbrauch der reaktionsspezifischen

Erregung. Die Erniedrigung des Schwellenwertes ist als solche aber nur dann feststellbar, wenn es überhaupt gelungen ist, eine gesetzmäßige Relation zwischen Reizstärke und Reaktionsintensität exakt zu erfassen. Dies war, was die Reizbeantwortung *intakter* Organismen anlangt, bis dahin in der gesamten Psychologie und Verhaltensforschung noch nirgends in befriedigender Weise gelungen. Es wurde erst dadurch möglich, daß *zwei* ursächlich-physiologisch völlig voneinander verschiedene Vorgänge, nämlich der Ablauf der endogen-automatischen Bewegungsfolge selbst und der Vorgang seiner Auslösung durch bestimmte angeborene Mechanismen, gleichzeitig und im funktionellen Zusammenhang untersucht wurden, als typisches Beispiel einer in breiter Front vorgetriebenen Analyse.

Was wir als Kriterium der Wirksamkeit eines Außenreizes *sehen* und was allein wir quantifizierend registrieren können, ist immer nur die *Intensität* der ausgelösten Reaktion. Diese Intensität läßt sich zwar aus bestimmten Gründen, deren Erörterung hier zu weit führen würde, an manchen endogen-automatischen Bewegungsfolgen ungemein exakt erfassen, aber sie ist jeweils durch *zwei* Faktoren bestimmt, nämlich durch die quantitative Wirksamkeit der äußeren Reizsituation und durch den augenblicklichen Stand der inneren Bereitschaft des Organismus zu der betreffenden Bewegungsfolge. Ein einzelner Versuch ergibt daher immer nur eine Gleichung mit zwei Unbekannten. Stellt man jedoch durch einen zweiten Versuch die innere Reaktionsbereitschaft des Tieres fest, am einfachsten, indem man nach dem auf seine Wirksamkeit zu untersuchenden Reiz die optimal auslösende Reizsituation bietet, also gewissermaßen »nachsieht, wieviel noch drin war«, so ergibt sich sofort eine konstante Korrelation zwischen den Reizen und den Reizwirkungen. Ebendiese Methode der doppelten Quantifikation äußerer und innerer Ursachen ergab als wichtigstes Ergebnis die schon erwähnte kontinuierliche Kumulation spezifischer Reaktionsbereitschaft. Gleichzeitig aber gewährte sie wichtige Einblicke in das Wesen und die Leistung der auslösenden Mechanismen.

Ohne allen Zweifel sind diese angeborenen Auslösemechanismen in einem weiteren Sinne dasselbe, was I. P. Pawlow als *unbedingte Reflexe* bezeichnet. Das Hauptproblem ihrer Funktion wird jedoch durch diese Feststellung keineswegs gelöst, da es nicht im Wesen des Reflexvorganges liegt, sondern in der Frage nach dem Zustandekommen der hohen *Selektivität* seines Ansprechens, die nur ganz bestimmte, charakteristische Reizkombinationen zum »Schlüssel« einer arterhaltend sinnvollen Antworthandlung werden läßt. Das Problem liegt also nicht in der Physiologie des Reflexes selbst, sondern gewissermaßen *vor* diesem, im afferenten Schenkel. Der angeborene auslösende Mechanismus steht zum unbedingten Reflex in einer sehr ähnlichen Beziehung wie die dressurauslösende Wahrnehmung einer Komplexqualität zur bedingten Reaktion. Die angeborenen auslösenden Mechanismen und die Gestaltwahrnehmung sind sehr wahrscheinlich Leistungen desselben zentralnervösen Organsystems, das aus Sinnesdaten Wahrnehmungen formt, wenn sich auch diese Leistungen sicher auf sehr verschiedenen Ebenen abspielen und, wie wir sogleich sehen werden, ganz erhebliche physiologische Verschiedenheiten aufweisen können.

Die Leistung der angeborenen auslösenden Mechanismen ermöglicht es dem Organismus, ohne Vorangehen irgendwelcher Erfahrung in sinnvoller Weise auf das Eintreten bestimmter, biologisch relevanter Reizsituationen zu reagieren. Es liegt daher bei der Beobachtung solchen Verhaltens nahe zu meinen, das Tier »kenne« angeborenermaßen bestimmte reaktionsauslösende Objekte, etwa die Beute, den Geschlechtspartner, den Feind usw., im gleichen Sinne, wie es erworbenermaßen reaktionsauslösende Dressursituationen wiedererkennt. Der hierbei sich aufdrängende Gedanke, es sei dem Organismus eine Art »arteigenes Erinnerungsbild« angeboren, wie C. G. Jung in seiner Lehre vom »Archetypus« annimmt, erweist sich durch das Experiment als unrichtig. An Hand eines in den letzten Jahren gewaltig vermehrten Materials von Beobachtungen und Experimenten (Tinbergen, Seitz, Baerends, Kuenen, Ter Pelkwijk, Krätzig, Goethe, Noble, Kitzler, Peters und viele andere) läßt sich einwandfrei zeigen, daß der angeborene auslösende Mechanismus im Gegensatz zu der auf eine Komplexqualität ansprechenden Dressurgestalt nicht auf die Gesamtheit oder zumindest auf sehr viele der mit einer bestimmten relevanten Situation einhergehenden Reize anspricht, sondern daß er aus der Vielzahl dieser Reize nur verhältnismäßig sehr wenige gewissermaßen herausgreift und zum »Schlüssel der Reaktion« (engl. *sign stimuli*, Tinbergen) werden läßt. Diese wenigen Reize sind stets so beschaffen, daß sie trotz ihrer geringen Zahl und ihrer Einfachheit die betreffende Situation genügend eindeutig *kennzeichnen*, so daß ein Ansprechen der Reaktion am biologisch unrichtigen Ort keine die Arterhaltung ernstlich schädigende Häufigkeit erlangen kann. Eben wegen dieser Leistung einer vereinfachenden Kennzeichnung eines Objektes oder einer Situation habe ich die in Rede stehenden Auslösemechanismen als *angeborene auslösende Schemata* bezeichnet. Der Terminus *Schema* ist insofern mißverständlich, als er immer noch den Irrtum nahelegt, es sei dem Organismus ein, wenn auch sehr einfaches Gesamt*bild* eines Objektes oder einer Situation angeboren, während in Wirklichkeit der auslösende Mechanismus immer nur *eine* ganz bestimmte Reaktion in Gang bringt. Es ist irreführend, von einem auslösenden Schema »des Geschlechtspartners«, »der Beute«, »des Jungen« usw. zu sprechen, da jede einzelne der verschiedenen auf eines dieser Objekte ansprechenden Reaktionen ihren eigenen auslösenden Mechanismus besitzt.

Auch diese nur je eine einzige Reaktion auslösenden Mechanismen haben nur wenig mit der Reaktion auf eine auslösende Dressurgestalt gemeinsam. Analysiert man in Attrappenversuchen die einfache Kombination von Merkmalen, die das Objekt einer bestimmten Reaktion haben muß, um die größtmögliche auslösende Wirkung zu entfalten, so ist man immer wieder erstaunt, wie wenig Ähnlichkeit die resultierende »optimale« Attrappe für unser menschliches, von der Gestaltwahrnehmung diktiertes Empfinden mit dem natürlichen Objekt der Reaktion hat. Wenn etwa ein Stichlingsweibchen auf eine im Zickzack bewegte rote Plastilinkugel quantitativ und qualitativ genau wie auf ein im »Zickzacktanz« (Leiner) balzendes Männchen anspricht oder wenn ein Rotkehlchen ein wenige Quadratzentimeter großes Büschel rostroter Federn genau wie einen wirklichen Nebenbuhler bekämpft, so liegt das Merkwürdige an diesen Reaktionsweisen darin, daß ein *nachweislich zu hochdifferenzierter Gestaltwahrnehmung befähigtes Wesen* keinen Unterschied zwischen der plumpen Attrappe und dem natürlichen Objekt zu machen imstande ist!

Die naheliegende Vermutung, daß die Funktion angeborener auslösender Mechanismen sehr viel anders als die der Reaktion auf erworbene Gestaltwahrnehmung sei, bestätigt sich, wenn man in »abbauenden« Attrappenversuchen die an sich schon einfachen Merkmalkombinationen einer optimalen Attrappe weiter zerlegt. Dabei zeigt sich die merkwürdige Tatsache, daß *jedes einzelne* der Merkmale, die eine optimale auslösende Attrappe haben muß, *auch für sich allein* eine qualitativ gleiche, wenn auch quantitativ geringere auslösende Wirkung entfaltet. Mittels der schon erwähnten Methode der doppelten Quantifikation von Reizstärke und Reaktionsbereitschaft läßt sich exakt zeigen, daß die quantitative Wirksamkeit jeder Attrappe, einschließlich der optimalen, genau der *Summe* der einzelnen Wirksamkeiten ihrer Merkmale entspricht. Diese von A. Seitz erstmalig klar nachgewiesene Erscheinung bezeichnen wir als das *Reizsummenphänomen* bzw. die Reizsummenregel. Tinbergen übersetzt diesen Terminus ins Englische mit dem Ausdruck »Law of Heterogeneous Summation«.

Bei relativ merkmalreichen angeborenen auslösenden Mechanismen kann man durch Vergleich der Wirksamkeit vieler möglicher Merkmalkombinationen die quantitative Wirksamkeit des Einzelmerkmals, die in allen nur denkbaren Kombinationen durchaus konstant bleibt, sehr gut ermitteln und in Prozenten der Wirkung der optimalen Attrappe, d. h. der Summe *aller* auslösenden Merkmale, ausdrücken. W. Schmid hat mittels Attrappenversuchen die auslösende Wirksamkeit der menschlichen Ausdrucksbewegung des Lachens untersucht und gefunden, daß auch hier – entgegen allen gestaltpsychologischen Erwartungen – die Wirksamkeit

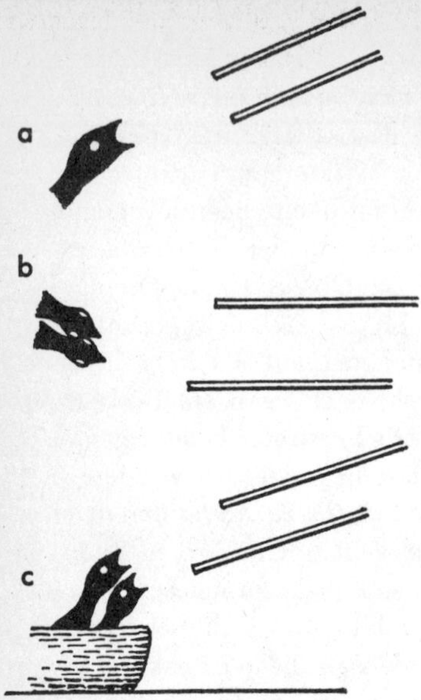

Abb. 1 a und b Das die Sperr-Reaktionen der jungen Amsel orientierende Schema. Von zwei gleich weit entfernten Stäbchen wird das höhere (a Seitenansicht), von zwei gleich hohen das nähere angesperrt (b Aufsicht). In c (Seitenansicht) ist Höhe gegen Nähe ausgespielt: die Höhe siegt.[1]

jeder Attrappe von der Summenwirkung einer verhältnismäßig kleinen Zahl einzelner Merkmale abhängig ist. Diese Tatsache ist, neben vielen weiteren, später zu besprechenden, ein sehr starkes Argument für die Annahme, daß die Reaktionen des Menschen auf bestimmte Ausdrucksbewegungen seiner Artgenossen weitgehend durch angeborene auslösende Mechanismen bewirkt werden.

So scharf sich die Funktion eines komplexer gebauten angeborenen Auslösemechanismus von derjenigen einer erworbenen Dressurgestalt unterscheidet, zeigt doch die Wirksamkeit einer ganz bestimmten Art von angeborenermaßen beantworteten Merkmalen gewisse bedeutsame Anklänge an Gestalten. Wenn man zwecks Herausgliederung der einzelnen Merkmale abbauende Attrappenversuche anstellt, so stößt man nicht allzu selten auf sehr einfache Kombinationen von Merkmalen, die *nicht weiter zerlegbar sind*, sondern ihre Wirksamkeit nur behalten, solange diese Merkmale in einer bestimmten *Beziehung* zueinander geboten werden. Das Rot an der Kehle des Stichlingsmännchens muß unterseits sein, die Augen des Muttertieres von *Haplochromis* müssen waagerecht und symmetrisch am Kopfe angeordnet sein, um eine spezifische auslösende Wirkung zu entfalten. Der auslösende Mechanismus, der die Sperr-Reaktionen junger Drosseln nach dem Kopfe des Elterntieres lenkt, spricht auf die Merkmale »näher«, »höher« und »kleiner« an, die den Kopf des Altvogels – oder der

Attrappe – vom Rumpfe unterscheiden. Unter sich und in ihrer Zusammenwirkung mit anderen Merkmalen desselben auslösenden Mechanismus gehorchen diese Merkmale durchaus den Gesetzlichkeiten des Reizsummenphänomens, aber in jedem einzelnen von ihnen ist eine nicht weiter

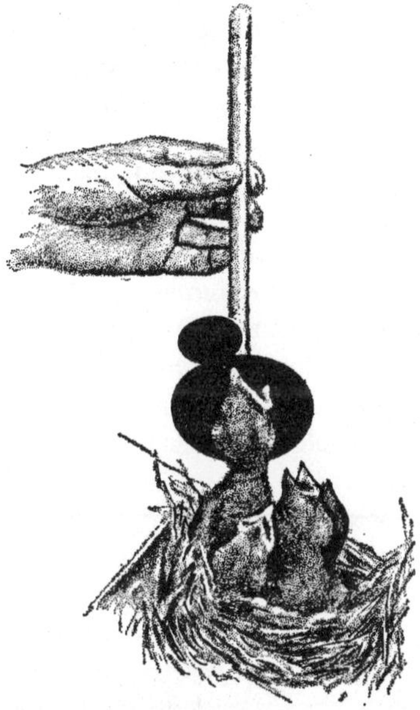

Abb. 2 Jede Konturunterbrechung wirkt als »Kopf«. Von dem vorspringenden Dreieck wird jeweils der höhere Zipfel angesperrt.[2]

zerlegbare *Beziehung* zwischen zwei (und zwar, soweit wir bis jetzt wissen, immer nur zwischen zwei) Stücken das für die auslösende Wirkung wesentliche Moment. So einfach diese als Merkmal wirkende Beziehung in allen untersuchten Fällen auch ist, bedeutet sie doch zweifellos eine vielsagende Parallele zu einem einfachsten Grenzfall gestalteter Wahrnehmung, um so mehr, als gewisse Größenbeziehungen, wie Tinbergen zeigte, die typische Transponierbarkeit echter Gestalten aufweisen. Beziehungsmerkmale spielen bei den angeborenen auslösenden Mechanismen des Menschen, die auf Ausdrucksbewegungen von Artgenossen ansprechen, eine besonders große Rolle.

5 Der Auslöser

Die beinahe gleichzeitige Entdeckung zweier so scharf umschriebener und so weitgehend ganzheitsunabhängiger physiologischer Vorgänge, wie die endogen-automatische Bewegung und der angeborene auslösende Mechanismus es sind, eröffnete dem Vortreiben ursächlicher Analyse ganz gewaltige neue Möglichkeiten, und eine rasch anwachsende Zahl von Untersuchern wandte sich ihnen zu. Es kann nicht die Aufgabe dieses Aufsatzes sein, in extenso zu referieren, welche Fortschritte und Verfeinerungen unsere oben in gröbsten Zügen skizzierten Vorstellungen von Wesen und Leistung der endogen-automatischen Bewegung und des angeborenen auslösenden Mechanismus in den letzten Jahren erfahren haben; ich verweise diesbezüglich vor allem auf die zusammenfassenden Arbeiten von N. Tinbergen, dessen Schule die meisten dieser Fortschritte zu verdanken sind, sowie auf eine zusammenfassende Arbeit Thorpes (N. Tinbergen *An objectivistic study of the innate behaviour of animals*, ›Biblioth. Biotheoret.‹, 1. 39–98, 1942, ders. *Inleiding tot de diersociologie*, Gorinchem 1947, und ders. *Social Releasers and the Experimental Method required for their Study*, ›The Wilson Bulletin‹, Vol. 60, No. 1, 6–51; ferner W. H. Thorpe *The modern Concept of Instinctive Behaviour*, ›Bull. of Animal Behaviour‹, No. 7, 1948). Was uns aber in vorliegendem Zusammenhang unmittelbar angeht, ist die Rolle, die endogen-automatische Bewegungsweisen und angeborene auslösende Mechanismen als weitgehend ganzheitsunabhängige Bausteine im *sozialen* Verhalten verschiedener Lebewesen spielen.

Wo eine endogen-automatische Bewegungsweise oder eine Orientierungsreaktion oder, wie meist, ein aus beiden aufgebautes Verhaltenssystem einen *Artgenossen* zum Objekt hat, dort liegt nicht nur die Differenzierung des auf dieses Objekt gemünzten auslösenden Mechanismus, sondern das *Objekt* selbst im Machtbereich der den Artenwandel bestimmenden Faktoren. Nicht nur der Rezeptor, *sondern auch die als auslösende Reize wirksamen Merkmale* können eine Differenzierung im Dienste ihrer »Signal«-Funktion erfahren. Reizempfangs-Apparat und Reizsende-Apparat sind Teile desselben organischen Systems, und *beide* werden im Dienste ihrer gemeinsamen Funktion der »Nachrichtenübermittlung« zwischen den Artgenossen gleichzeitig und parallel zueinander höherdifferenziert. Die auf diese Weise entstehenden Reizsende-Apparaturen bezeichnen wir kurz als *Auslöser*. Wir definieren einen Auslöser somit als eine Differenzierung, die dem Aussenden spezifischer Reize dient, auf die ein parallel differenziertes rezeptorisches Korrelat des Artgenossen in selektiver Weise anspricht. Echte Auslöser gibt es auf allen Sinnesgebieten, auf optischem, akustischem und olfaktorischem. Sie bestehen aus körperlichen Strukturen oder aus angeborenen Bewegungsweisen, in den allermeisten Fällen aus *beiden*, d. h. aus Bewegungen, durch die reizaussendende Strukturen zu besonderer Wirkung gebracht werden.[3]

Am besten erforscht und für den in erster Linie optisch orientierten Menschen auch am wichtigsten sind die visuellen Auslöser. Sie sind auch deshalb am interessantesten, weil die auf sie ansprechenden angeborenen

Auslösemechanismen bei weitem die differenziertesten sind, die man kennt. Nirgends ist die Funktion des angeborenen auslösenden Mechanismus als »Schloß der Reaktion« sowie die des Auslösers als des zugehörigen »Schlüssels« so klar analysierbar wie an ebendieser Erscheinung. Zu Untersuchungen, die angeborene auslösende Mechanismen als solche zum Gegenstand hatten, wurden besonders häufig als günstiges Objekt solche gewählt, die auf visuelle Auslöser als deren rezeptorisches Korrelat ansprechen.

Wenn ein Konstrukteur ein Schloß konstruiert, dessen Aufschließung durch Nachschlüssel möglichst verhindert werden soll, so verleiht er dem Schlosse wie dem zugehörigen Schlüssel bei aller konstruktiven Einfachheit eine größtmögliche generelle Unwahrscheinlichkeit der Form. Die gleiche Tendenz zu möglichster Unwahrscheinlichkeit ist aus gleichen funktionellen Gründen bei jedem angeborenen auslösenden Mechanismus

Abb. 3 Auf frontale Darbietung »berechnetes« Spreizen der Kiemenhaut von Cichlasoma Meecki.

vorhanden, den wir schon früher als »Schloß der Reaktion« bezeichnet haben. Nur ist im allgemeinen, d. h. überall dort, wo der auslösende Mechanismus das Korrelat eines äußeren Objektes oder einer äußeren Umweltsituation ist, der Differenzierung des Rezeptors eine ziemlich enge Grenze gezogen, die sich aus Zahl und Art der dem Objekte oder der Situation eigenen Reize ergibt. Um es drastisch auszudrücken: Der Hecht kann nicht an dem Weißfisch ein Signalfähnchen anbringen, das elektiv seine Zuschnappreaktion auslöst. Wo aber der reagierende Organismus und das reizaussendende Objekt Mitglieder derselben Species sind, dort ist ebendiese Möglichkeit prinzipiell gegeben. Die aus reizaussendenden Organen bzw. Bewegungen und auf diese ansprechenden Auslösemechanismen aufgebauten Systeme können daher im Dienste ihrer Signalfunktion ungemein hohe Grade genereller Unwahrscheinlichkeit erreichen. Daher ist ein höher differenzierter Auslöser für den Kenner sehr oft ohne weiteres als solcher kenntlich. Wenn man an einem Vogel oder an einem Knochenfisch einen besonders auffallend, d. h. eben unwahrscheinlich gefärbten Körperteil oder eine ebensolche Struktur von Federn, Flossen, Schwellkörpern usw. findet, so kann man mit an Sicherheit grenzender Wahrscheinlichkeit vermuten, daß das betreffende Merkmal irgendeine optische Signalfunktion hat. Gleiches gilt natürlich auch für bestimmte Bewegungsweisen. Struktur und Bewegung spielen bei der Reizaussendung so sehr zusammen, daß man häufig aus der Struktur allein die Bewegungsweise eines unbekannten Tieres voraussagen kann. Tinbergen und ich begannen zu gleicher Zeit mit der Untersuchung eines Cichliden, *Cichlasoma Meecki*. In Briefen, die sich kreuzten, sagte jeder von uns dem anderen voraus, daß diese Art eine bestimmte Form des Drohgehabens zeigen würde, die wir nur aus der Form und Färbung des Kiemendeckels erschlossen. Ebenso richtig prognostizierte ich etwas später die Form der Balz von *Apistogramma Agassizi* nach der Form und Färbung der Schwanzflosse des Männchens.

Die hervorstechende Eigenschaft aller dieser Auslöser ist die Kombination von größter *Einfachheit* mit größter *genereller Unwahrscheinlichkeit*, die ja übrigens alle vom Menschen erdachten Signale in gleicher Weise auszeichnet. Sie ist leicht aus dem verständlich, was wir über die relative Einfachheit und Merkmalsarmut der angeborenen auslösenden Mechanismen gesagt haben, also aus der Leistungsbeschränkung des Empfangsapparates, der auf das Signal anspricht. Gleichzeitig ist die konstitutive Einfachheit und Prägnanz des Auslösers ein starker Beweis für ebendiese Leistungsbeschränkung des angeborenen auslösenden Mechanismus: Könnte das angeborene Schema selektiv auf Komplexqualitäten ansprechen, so wie die erworbene (bedingte Reaktionen auslösende) Wahrnehmungsgestalt dies tut, *so brauchte es keine Auslöser zu geben*! Daß es diese aber gibt und daß sie genau die Eigenschaften und die Funktionen haben, die hier kurz skizziert wurden, darf heute als durchaus gesichert gelten. Der kleine Diskussionssturm, den die Veröffentlichung meiner Hypothesen im Jahre 1935 insbesondere in der englisch-amerikanischen Fachliteratur hervorgerufen hat, hat glücklicherweise zu einer großen Zahl experimenteller Untersuchungen angeregt. Buchstäblich alle wesentlichen Behauptungen, die ich in jener Arbeit über den Auslöser aufstellte und die sich damals auf eine zwar erträglich breite, aber ausschließlich aus Zufallsbeobachtungen bestehende Induktionsbasis stützten, haben inzwischen ihre exakte experimentelle Bestätigung gefunden. Die vollständigste Zusammenstellung des in den Jahren 1937–1950 zusammengekommenen einschlägigen Tatsachenmaterials findet sich in E. A. Armstrongs Buch *Bird Display and Behaviour* (Lindsey Drummond, London 1947), das durchaus nicht nur von Vögeln handelt, die beste Übersicht in N. Tinbergens *Social Releasers and the Experimental Method required for their Study*.

Die leichte *Beschreibbarkeit* aller Auslöser, die aus ihrer Prägnanz und Einfachheit resultiert, macht jene begreiflicherweise zu besonders günstigen Objekten der vergleichenden Forschung. Die Bewegungsweisen, an denen Whitman und Heinroth das Phänomen echter phyletischer Homologie entdeckten, waren in erster Linie solche der Balz, also Auslöser! Die besonders gute phylogenetische Erforschbarkeit der Auslöser, ja ihre Verwendbarkeit zur Entscheidung feinsystematisch-stammesgeschichtlicher Fragen hat aber noch eine andere Ursache. Es läßt sich nämlich bei ihnen die sonst bei allen stammesgeschichtlichen Erwägungen so ungemein hinderliche Erscheinung *konvergenter Anpassung* mit Sicherheit ausschalten. Bei Differenzierung der Struktur oder des Verhaltens, die sich mit Gegebenheiten der außerartlichen Umwelt auseinandersetzen, ist niemals mit völliger Sicherheit die Möglichkeit auszuschließen, daß gleiche Form als Folge gleicher Funktion bei zwei Tierformen unabhängig in konvergenter Weise herausgebildet wurde. Wo jedoch ein intra-spezifisches System von Signal-aussendenden und Signal-empfangenden Differenzierungen ausgebildet wurde, dort ist die Form der Signale so gut wie ausschließlich historisch durch die »Konvention« zwischen Reizsender und Reizempfänger bestimmt und hat nur mehr sehr lose Beziehungen zur Außenwelt. Dies gilt von den auf Auslösern und angeborenen Schemata aufgebauten sozialen Verhaltenssystemen höherer Tiere in grundsätzlich gleicher Weise wie von dem auf völlig anderer Ebene funktionierenden Verständigungssystem der menschlichen Wortsprache. Daß das Schwanzwedeln des Hundes freundliche und das der Katze feindselige Erregung ausdrückt und von den angeborenen Mechanismen jedes Artgenossen in diesem Sinne »verstanden« wird, beruht ausschließlich auf dem so und nicht anders verlaufenden historischen Differenzierungsvorgang der reizaussendenden Bewegungsweise und des reizempfangenden Mechanismus. Die Bedeutung könnte, was Form und Funktion des Auslösers betrifft, ebensogut auch umgekehrt sein. Man kann ja auch, solange man die speziell intra-spezifische »Konvention« nicht kennt, die Bedeutung einer derartigen Bewegungsweise nicht ohne weiteres erkennen, genausowenig, wie man ein Wort einer fremden Sprache versteht, deren historisch gewordene Bedeutungskonventionen man nicht kennt. Wie bei der Wortsprache, so ist es auch bei Auslöser-Systemen nahezu unendlich unwahrscheinlich, daß das historische Werden der Konvention zweimal genau denselben Weg geht und unabhängig voneinander zwei völlig gleiche »Signale« entstehen läßt. Wenn der Sprachforscher die Ähnlichkeit der Worte Mutter, *mater*, μητήρ und **Мать** im Deutschen, Lateinischen, Griechischen und Russischen durch die Annahme einer gemeinsamen indo-europäischen »Ahnenform« erklärt, so läßt sich die Richtigkeit dieser Annahme an Hand einer Wahrscheinlichkeitsrechnung beweisen. Wenn die vergleichende Verhaltensforschung eine bis in Einzelheiten gehende formale Gleichheit z. B. der Drohbewegungen bei so verschiedenen Fischen wie Hechtartigen, Zahnkarpfen, Barschartigen und Grundeln feststellt, darf sie mit gleicher Sicherheit die gleiche Aussage machen. *Gleichheit oder auch nur Ähnlichkeit gleichbedeutender Ausdrucksbewegungen bedeutet immer phyletische Homologie.* Schweren Herzens versage ich es mir, die ungemein reizvollen, bis in erstaunliche Einzelheiten gehenden Analogien zwischen den Auslösern und den Symbolen der Wortsprache näher zu besprechen, so vor allem die Vorgänge des Bedeutungswandels, der Bedeutungseinschränkungen und -erweiterungen, denen die einzelnen »Symbole« im Laufe ihrer historischen Entwicklung unterworfen sind.

Aus dem Gesagten dürfte bereits verständlich sein, wieso das vergleichende Studium gerade der auslösenden Bewegungsweisen häufig Aussagen über stammesgeschichtliche Zusammenhänge ermöglicht, wie sie mit gleicher Bestimmtheit der vergleichenden Morphologie kaum je gestattet sind. Ebenso verständlich ist es, daß wir über die Entstehung und Phylogenese mancher als Auslöser funktionierenden angeborenen arteigenen Bewegungsweisen um sehr viel mehr wissen als über die Herkunft und Entwicklung irgendwelcher anderer endogen-automatischer Bewegungsfolgen. Von den sehr verschiedenartigen Vorgängen, die zur Entstehung und Differenzierung auslösender Bewegungsweisen führen, sei nur einer herausgegriffen, und zwar deshalb, weil die meisten Ausdrucksbewegungen des Menschen in ebendieser Weise entstanden sind. Es ist für alle endogen-automatischen Bewegungsweisen kennzeichnend, daß sie sich schon bei geringsten Graden reaktionsspezifischer Erregung in Form schwacher *Andeutungen* der betreffenden Bewegungsfolge bemerkbar machen. Für diese Bewegungen gilt sozusagen das Gegenteil eines Alles-oder-Nichts-Gesetzes, d. h. es gibt alle nur denkbaren Übergänge von der leisesten Andeutung bis zum vollintensiven, den arterhaltenden Sinn der Bewegungsfolge erfüllenden Ablauf. Weil der Kenner der Intensitätsskala einer Bewegungsfolge schon an den Auswirkungen geringster Erregungsgrade, an den kaum angedeuteten Bewegungen erkennen kann, welche Art aktionsspezifischer Erregung in dem Organismus aufzuwallen beginnt, aus ihnen also gewissermaßen die »Intentionen« des Tieres zu entnehmen vermag, hat Heinroth sie als *Intentionsbewegungen* bezeichnet.

An sich und in ihrer ursprünglichen Form ist die Intentionsbewegung ganz sicher nur ein für die Arterhaltung völlig indifferentes Nebenprodukt aktionsspezifischer Reizerzeugung. Bei sehr vielen sozialen Tieren aber sind angeborene auslösende Mechanismen herausdifferenziert worden, die auf die regelmäßig auftretenden Intentionsbewegungen des Artgenossen ansprechen, sie also gewissermaßen »verstehen«. Die durch sie ausgelöste

Erregungsqualität ist in primitiven Fällen sehr häufig beim »Reaktor« die gleiche, die beim »Aktor« die Intentionsbewegungen hervorruft. Die reaktionsspezifische Erregung wirkt also »ansteckend«. Bei sozialen Tieren ist es ebensogut wie immer arterhaltend zweckmäßig, wenn alle Mitglieder einer Sozietät möglichst gleichzeitig in derselben »Stimmung«, etwa der des Fressens, des Schlafens, der Ortsveränderung, der Flucht usw., sind. Jede sogenannte Stimmungsübertragung beruht auf ebendieser Funktion angeborener auslösender Mechanismen, die auf Intentionsbewegungen des Artgenossen ansprechen, und zwar auch beim Menschen. Die Annahme einer »psychischen Resonanz« als eines primären, der physiologischen Erklärung nicht weiter bedürftigen Phänomens ist Unsinn. Auch sehr viele Erscheinungen, die immer wieder fälschlich als Nachahmung gedeutet werden, beruhen auf gleichartigen Vorgängen.

Sowie eine vorher sinnlose Intentionsbewegung auf Grund des Vorhandenseins rezeptorischer Korrelate vom Artgenossen »verstanden« wird, erhält sie nicht nur einen sehr erheblichen Arterhaltungswert, sondern sie ist von diesem Augenblick an allen jenen Faktoren unterworfen, die auch sonst die Höherdifferenzierung aller im Dienste der Arterhaltung funktionierenden Strukturen und Bewegungsweisen bewirken. Die Art und Weise, in der diese Höherdifferenzierung auslösender Intentionsbewegungen einsetzt, ist besonders bei den *optisch* wirksamen für ihre Funktion bezeichnend. Sie werden nämlich »mimisch übertrieben«, d. h. ihre optisch wirksamen Anteile werden bis zum Grotesken unterstrichen und überbetont, sehr häufig unter Ausbildung bestimmter, die optische Wirkung fördernder Form- und Farbmerkmale, wogegen die ursprünglich mechanisch wirksamen Anteile der Bewegungsfolge vermindert bzw. weggelassen werden. Die mimische Übertreibung kann so weit gehen, daß die ursprüngliche Wurzel der Bewegung, die Intentionsbewegung zu einer mechanisch wirksamen Verhaltensweise, in ihr kaum oder nicht mehr erkenntlich ist und nur unter Heranziehung verwandter Tierformen, bei denen die Formalisierung weniger weit geht, auf vergleichendem Wege erschlossen werden kann. Hinsichtlich der in den letzten Jahren gewaltig vermehrten Beispiele für die in Rede stehende Erscheinung verweise ich auf die zitierte Literatur. Auslösende Bewegungsweisen, die in der beschriebenen Weise aus Intentionsbewegungen entstanden und im Dienste ihrer Auslöserfunktion in einer von der ursprünglichen Bewegungsweise abweichenden Richtung weiterdifferenziert sind, bezeichneten wir früher als *Symbolbewegungen*. Da die Analogie zu wirklichen Symbolen keine sehr tiefgreifende ist, schlage ich den Terminus *formalisierte Intentionsbewegung* vor.

Die Selbständigkeit der neuen, auslösenden Funktion der formalisierten Intentionsbewegung bringt es mit sich, daß die rein als Signal wirkende Bewegungsweise in der stammesgeschichtlichen Entwicklung die ursprünglich intendierte, mechanisch wirksame überdauern kann. Wie schon Darwin völlig richtig gesehen hat, ist z. B. beim Menschen das Entblößen der Zähne durch Emporziehen der Oberlippe als Ausdrucksbewegung des Zornes erhalten geblieben, während die Bewegung des wirklichen Zubeißens, deren Intention die Ausdrucksbewegung ursprünglich bedeutet, bei unserer Art völlig verschwunden ist. Wir können heute eine ganze Reihe von Beispielen dieses stammesgeschichtlichen Vorganges hinzufügen, von denen nur eines genannt sei: Manche ursprüngliche, geweihlose Cerviden, wie das Moschustier, haben im männlichen Geschlecht verlängerte obere Eckzähne, die bei den Brunstkämpfen verwendet werden, indem das Tier den Kopf hochhebt und dann mit den Zähnen abwärtsschlägt. Die Intentionsbewegung zu diesem Zuschlagen hat sich nun als Drohgeste bei vielen Arten der Familie erhalten, bei denen sowohl die Eckzähne als auch die ursprüngliche Kampfbewegung völlig rückgebildet sind. In ihrem Zusammenhang mit angeborenen auslösenden Mechanismen, die auf sie ansprechen, werden wir noch eine Reihe weiterer Ausdrucksbewegungen des Menschen kennenlernen, die durchweg echte formalisierte Intentionsbewegungen und damit Auslöser im engsten Sinne des Wortes sind.

6 Moralanaloge Verhaltenssysteme bei sozialen Tieren

Die nähere Analyse der im weitesten Sinne sozialen Aktions- und Reaktionsweisen von Tieren hat gezeigt, daß diese, von Ringelwürmern und Kephalopoden angefangen bis hinauf zu den höchsten Säugetieren, in gleicher Weise auf mehr oder weniger hoch differenzierten Systemen von Auslösern, angeborenen Schemata und angeborenen arteigenen Bewegungsweisen beruhen, die wie die Zähne eines wohlkonstruierten Räderwerkes ineinandergreifen. Die bedingte Reaktion spielt bei der Koordinierung des arterhaltend-sinnvollen Zusammenwirkens der Artgenossen zu gemeinsamen Leistungen eine überraschend geringe Rolle. So hat z. B. der Stichling, *Gasterosteus aculeatus*, der in seinem Verhalten zur außerartlichen Umwelt eine ganz erhebliche Lernfähigkeit bekundet, *überhaupt keine auf den Artgenossen ansprechenden bedingten Reaktionen*, d. h. das gesamte intra-spezifische Verhalten baut sich auf den erwähnten Systemen ineinandergreifender angeborener Verhaltensweisen auf. Immerhin kennen wir schon innerhalb der Unterklasse der Knochenfische sicher nachgewiesene bedingte Reaktionen auf den Artgenossen. Allerdings beschränkt sich ihre Leistung ausschließlich darauf, eine durch angeborene auslösende Mechanismen auf den Artgenossen gerichtete Reaktion durch

Hinzu-Erwerben komplexer Dressurgestalten selektiver zu machen, wie Seitz an dem Zichliden *Astatotilapia strigigena* nachwies. Selbst bei Vögeln ist, wie ich schon 1935 ausführlich gezeigt habe, die Fixierung der auf Artgenossen bezüglichen Reaktionsweisen auf das biologisch richtige Objekt so ziemlich die wichtigste Leistung, die im sozialen Zusammenwirken der Einzeltiere vom bedingten Reflex vollbracht wird. Die einzige weitere Funktion des Lernens, die in der Soziologie von Vögeln und Säugern eine erhebliche Rolle spielt, ist das persönliche Kennenlernen bestimmter Individuen, das für die Struktur geschlossener Gemeinschaften, wie wir sie bei Rabenvögeln, Graugänsen und Schlittenhunden kennen, bezeichnend ist. Für die beiden wesentlichsten Merkmale derartiger geschlossener Tiersozietäten, nämlich erstens für die »exklusive« Abgeschlossenheit gegen Nicht-Mitglieder und zweitens für die innere Rangordnung zwischen ihren Mitgliedern, ist das persönliche, selbstverständlich erworbene Sich-Kennen der Einzeltiere Voraussetzung.

Damit aber ist die Leistung, die Erworbenes im Aufbau tierischer Gemeinschaft spielt, so ziemlich erschöpft. Selbst bei den höchsten und in Hinsicht auf die Struktur ihrer Sozietäten am weitesten differenzierten Wirbeltieren, etwa bei der Dohle, der Graugans und bei sozialen Caniden, kennen wir bisher kein einziges wesentliches Strukturmerkmal der Gemeinschaft, das durch bedingte Reaktionen veränderlich wäre. Sosehr das Verhalten derartiger Wesen zu ihrer außer-artlichen Umwelt durch Erfahrung und Erworbenes veränderlich ist, sowenig sind dies sämtliche auf den Artgenossen gerichtete Verhaltensweisen. Außer ihrer Fixierung auf ein bestimmtes, gattungsmäßig oder individuell festgelegtes Objekt wüßte ich buchstäblich keine einzige Beeinflussung einer artgenossen-bezüglichen Handlungsweise durch bedingte Reaktionen zu nennen, selbst nicht bei Hunden und Affen! Was eine Dohle frißt, wo sie ihre Nahrung sucht, vor welchen Feinden sie warnt und flieht, selbst welche Nistplätze sie bevorzugt, ja sogar mit welchem Material sie ihr Nest baut, ist weitgehend von der persönlichen Erfahrung des Individuums und tatsächlich auch von der »Tradition« einer Sozietät abhängig, und wir finden bezüglich dieser Verhaltensweise eine verhältnismäßig sehr große Variabilität und Anpassungsfähigkeit. In Nordrußland und Sibirien ist die Dohle völlig furchtlos vor dem Menschen, nistet an jedem niedrigen Bauernhaus, baut ihr Nest hauptsächlich aus Stroh und lebt von Insekten der offenen Erdoberfläche. In unseren Großstädten ist sie außerordentlich scheu, nistet nur auf hohen, unzugänglichen Gebäudeteilen, baut mit den verschiedensten Materialien, vor allem mit viel Papier, spezialisiert sich stellenweise auf das Plündern von Taubennestern oder lebt von Abfällen usw. Was die Vögel aber *untereinander* tun, unterliegt nicht der geringsten Veränderlichkeit. Die Ausdrucksbewegungen und -laute und die angeborenen Reaktionen auf diese, die das soziale Zusammenwirken der Siedlungsmitglieder gewährleisten, sind mit wahrhaft photographischer Treue dieselben. So selbstverständlich dies für den erfahrenen Tierkenner auch ist, ist man doch immer wieder erstaunt, im fernen Lande eine vertraute Art so restlos »dieselbe Sprache sprechen zu hören« wie daheim.

Ein Jungtier einer derartigen sozialen Tierart hat auch dann, wenn es seit frühester Jugend aus jedem Zusammenhang mit Artgenossen herausgerissen ist, so gut wie alle Eigenschaften und Verhaltensweisen, die ihm im Rahmen der normalen Sozietät seiner Art zukommen. Nur erfolgen diese, wie aus dem bereits Gesagten verständlich ist, an »falschen« Objekten, meist eben am Menschen, soweit dieser als Ersatzobjekt genügend viele zu den betreffenden auslösenden Mechanismen gehörige Reize aussendet.

Diese Systeme intra-spezifischen Verhaltens, die nahezu gänzlich aus angeborenen Aktions- und Reaktionsnormen aufgebaut sind, zeigen bei höheren Wirbeltieren häufig ungemein weitgehende funktionelle Analogien zu sozialen Verhaltensweisen des Menschen und verleiten den naiven Beobachter daher häufig zu stark anthropomorphisierenden Werturteilen. Dem vergleichenden Verhaltensforscher liegt es sicherlich besonders fern, analoge und auf völlig verschiedenen psycho-physiologischen Ebenen sich abspielende Vorgänge einfach für »dasselbe« zu halten. Er sieht sicherlich klarer als jeder andere den fundamentalen Unterschied zwischen diesen funktionellen Analoga moralischen Verhaltens bei sozialen Tieren und der einzigartigen, stammesgeschichtlich nie dagewesenen Leistung vernunftmäßiger Verantwortlichkeit des Menschen. Dennoch kommt die vergleichende Verhaltensforschung auf Grund einer sicher genügend breiten Basis von Beobachtungstatsachen unweigerlich zu dem Schluß, daß an der Struktur des menschlichen sozialen Verhaltens eine ganze Reihe von Funktionen wesentlich beteiligt sind, die allgemein für Leistungen vernunftmäßig-verantwortlicher Moral gehalten werden, in Wirklichkeit aber ganz sicher in eine Reihe mit den angeborenen, echter Moral nur funktionell analogen sozialen Verhaltensweisen höherer Tiere zu stellen sind. Es ist in dieser Hinsicht lehrreich, auf die Funktionsweise und insbesondere die leicht eintretenden Störungen derartiger moralanaloger Verhaltenssysteme sozialer Tiere einzugehen.

Bezeichnend für diese Systeme sind die fein ausgewogenen Gleichgewichtszustände zwischen den einzelnen sie aufbauenden Komponenten, zwischen den verschiedenen endogen-automatischen Bewegungsweisen und den sie unter Hemmung setzenden Instanzen, zwischen Auslösern und auf sie ansprechenden angeborenen Schemata usw. Als anschauliches Beispiel eines derartigen Gleichgewichtszustandes und der Störungen, denen er ausgesetzt sein kann, wollen wir das Verhältnis zwischen arteigenen Aggressionstrieben und gewissen Hemmungsmechanismen betrachten, die eine die Arterhaltung schädigende Auswirkung dieser Triebe normalerweise verhindern. Es gibt kein einziges wehrhaftes Lebewesen, insbesondere kein zum Töten größerer Beutetiere befähigtes Raubtier, das nicht über ganz bestimmte Systeme von Hemmungen, angeborenen Schemata und Auslösern verfügte, die ein Töten von Artgenossen so weitgehend erschweren, daß es keine die Arterhaltung ernstlich in Frage stellende Häufigkeit erlangen kann. Ein Wolf könnte ohne weiteres einem neben ihm stehenden Artgenossen plötzlich durch einen einzigen Biß die Halsvenen aufreißen, ein Kolkrabe dem anderen mit einem einzigen Schnabelstoß das Auge aushacken. Dabei liegen diesen Tieren diese Tötungsbewegungen nicht nur nahe, sondern sie besitzen eine ganz gewaltige endogene Reizproduktion. Daher neigen gerade sie besonders stark zu Schwellenerniedrigung und zum Ablauf an inadäquaten Ersatzobjekten, wovon uns jeder temperamentvolle, die Pantoffeln seines Herrn im Spiele »totschüttelnde« Hund überzeugen kann. Sie könnten also bei einiger Stauung besonders leicht dem Artgenossen gefährlich werden. Einzeln lebende Raubtiere, wie etwa Eisbär und Jaguar, die nur zur Paarung mit Artgenossen zusammenkommen, bei der naturgemäß das Überwiegen der sexuellen Reaktionen die des Beutemachens weitgehend ausschaltet, können solche Mechanismen am ehesten entbehren, die eine Beschädigung von Artgenossen verhindern. Sie bringen einander demgemäß auch in Gefangenschaft am häufigsten um. Bei gesellig oder in Dauerehe lebenden Raubtieren und räuberischen Vögeln *müssen* bestimmte spezifische Hemmungsmechanismen vorhanden sein; der Rabe würde seinem Weibchen so ins Auge hacken, wie er mit einer ganz unspezifischen Reaktionsweise auch sonst nach allen glänzenden Gegenständen pickt; der Wolf würde seinem Rudelgenossen an die Gurgel fahren, wie er es sonst gleichgroßen Lebewesen gegenüber tut.

Wer diese Hemmungsmechanismen nicht aus eigener Erfahrung kennt, kann sich schwerlich eine Vorstellung von ihrer Verläßlichkeit und Wirksamkeit machen. Ein Kolkrabe hackt einem anderen oder einem befreundeten Menschen nicht nur nicht ins Auge, sondern er vermeidet es geflissentlich, diesem verletzlichen Organ mit dem Schnabel irgendwie nahe zu kommen. Nähert man sein Auge der Schnabelspitze eines zahmen Raben, der vor einem sitzt, so nimmt er den Schnabel weg, mit einer geradezu ängstlichen Bewegung, etwa so, wie wir ein offenes Rasiermesser aus der Reichweite eines kleinen Kindes entfernen. Nur in einer Situation nähert der Rabe seinen Schnabel dem Auge eines befreundeten Wesens, nämlich bei den Reaktionen der »sozialen Hautpflege« im Sinne

W. Köhlers. Wie sehr viele andere soziale Vögel putzen Raben einander das Gefieder des Kopfes und insbesondere der Umgebung des Auges, das der Vogel selbst nur in sehr viel gröberer Weise mit der Innenkralle des Fußes zu reinigen vermag. Der Auslöser zu dieser Handlung besteht in einer bestimmten Bewegungsweise, bei der das Tier dem Genossen den Kopf mit gesträubtem Gefieder und auf der zugewandten Seite halbgeschlossenem Auge darbietet. Eine entsprechende Bewegung des befreundeten Menschen wird (trotz des Fehlens gesträubter Federn) von einem zahmen Raben regelmäßig »verstanden« und veranlaßt ihn, die einzelnen Augenwimpern mit der typischen Bewegung zum Putzen kleinster Federn durch den Schnabel zu ziehen. Das Arbeiten des gewaltigen Räuberschnabels so dicht an einem offenen Menschenauge sieht begreiflicherweise geradezu bedrohlich aus, und man wird von Fernerstehenden, denen man die Reaktion vorführt, regelmäßig gewarnt, der Rabe »könne doch einmal« zuhacken. Er kann es aber wirklich nicht! Ähnlich zwingend und verläßlich sind die Hemmungen des Hundes, ein Weibchen oder ein Jungtier seiner Art zu beißen. Die domestikationsbedingte Steigerung der Variationsbreite beim Haushund bringt es allerdings mit sich, daß Ausfallsmutanten dieser Hemmungen bei manchen überzüchteten Rassen (Dobermann, Deutsche Dogge, Barsoi) nicht allzu selten sind. Man hüte sich vor Hunden, die Hündinnen oder Junghunde ernstlich beißen. Sie sind Psychopathen, mit deren sozialen Hemmungen irgend etwas nicht in Ordnung ist, und sie beißen früher oder später auch den eigenen Herrn. Für Kinder sind sie hochgradig gefährlich.

Besonders wichtig und interessant sind die Auslöser, die soziale Hemmungen des Waffengebrauchs beim Artgenossen aktivieren. Heinroth bezeichnete sie als »Demutsstellungen«. Ihnen allen gemeinsam ist eine vielsagende Beziehung zu der Tötungsweise, die für die betreffende Art kennzeichnend ist, ebenso wie zu den verletzlichsten und in Tötungsabsicht angegriffenen Körperstellen. Jeder von uns hat die charakteristische Demutsstellung des Haushundes gesehen. Der angegriffene und sich unterlegen fühlende Hund bleibt – oft ganz plötzlich mitten im Kampfgetümmel – regungslos stehen und wendet seinen Kopf in eigentümlicher steifer Haltung vom Gegner weg, so daß die verletzlichste Stelle seines Körpers, die vorgewölbte Seite seines Halses, *dem Gegner schutzlos dargeboten ist*, gerade die Stelle also, in die Hunde beim Kampfe einander zu beißen suchen! Der überlegene Hund »kann« nun merkwürdigerweise nicht zubeißen. Daß in ihm ein wirklicher Konflikt zwischen Trieb und Hemmung vorhanden ist, geht eindeutig daraus hervor, daß er deutliche Intentionsbewegungen zum Zubeißen am Halse des in Demutsstellung verharrenden Gegners macht, ja, einer meiner sehr wildform-nahen Polarhunde führte in diesem Falle die Bewegung des Totschüttelns auf Leerlauf, mit *geschlossenem Fang*, dicht am Halse des Gegners aus. Die zweite Demutsstellung des Hundes, die hauptsächlich an Jungtieren zu beobachten ist, zeigt die gleiche Korrelation zur spezifischen Angriffsweise. Kämpfende Hunde suchen einander durch Anrempeln mit der Schulter umzuwerfen, und so ziemlich das Schlimmste, was einem Hunde im Kampfe passieren kann, ist, daß er auf den Rücken fällt. Dementsprechend werfen sich junge Hunde, die einen erwachsenen Artgenossen fürchten, vor diesem von vornherein auf den Rücken und bleiben so mit zurückgelegten Ohren und unter intensivem kleinschlägigen Schwanzwedeln still liegen. Der erwachsene beriecht dann die Geschlechtsteile des jungen, der in diesem Augenblick, auf dem Höhepunkt seiner Reaktion, ein wenig zu urinieren pflegt. Sobald dann der überlegene Hund, was regelmäßig geschieht, freundlich reagiert, d. h. zu wedeln beginnt, springt der junge auf und versucht dem anderen in bestimmter Weise ein Flucht- und Verfolgungsspiel anzutragen.

Sehr deutlich ist dieselbe Korrelation zwischen hemmungsauslösender Demutsstellung und artbezeichnender Angriffsweise bei vielen sozialen Vögeln. Die Tötungsmethode dieser Tiere besteht im Hacken auf den Hinterkopf des Gegners; Heinroth fand als Todesursache an von Artgenossen getöteten Vögeln regelmäßig Blutungen in den Hirnhäuten. Dohlen und andere Rabenvögel kehren, wenn sie in Demutsstellung gehen, dem zu besänftigenden Artgenossen den Hinterkopf zu, Möwen bieten ebenfalls die Hirnschale dar, aber mit einer anderen Bewegung, nämlich durch flaches Vorstrecken des Kopfes. Reiher verhalten sich ähnlich. Bei der Wasserralle, *Rallus aquaticus*, besitzt der Jungvogel einen morphologischen Auslöser in Gestalt einer nackten, reich mit Blutgefäßen versorgten Stelle am Hinterkopf, die, dem Angreifer zugekehrt, durch eine besondere Gefiederstellung noch mehr entblößt wird, gleichzeitig sich rötet und etwas vorzutreten scheint, als wäre sie, wie es von der roten Kopfkappe des Kranichs histologisch nachgewiesen ist, mit einem kleinen Schwellkörper unterpolstert. Es ist sicher kein Zufall, daß gerade die Wasserralle, die einzige räuberische und große Beutetiere tötende unter unseren Rallenarten, diesen hochspezialisierten Hemmungsauslöser des Jungtieres herausdifferenziert hat.

Es braucht wohl kaum erwähnt zu werden, daß nur der Artgenosse, in dem die entsprechenden rezeptorischen Korrelate bereitliegen, alle diese Hemmungsauslöser »versteht«. Ich konnte meine jungen Wasserrallen nicht mit den an sich viel harmloseren Entenküken zusammen halten, da diese natürlich nach den dargebotenen roten Käppchen der Rallen pickten. Ein Pfau versteht die Demutshaltung des nahe verwandten Puters nicht, der sich lang hingestreckt vor dem Gegner auf den Boden legt, usw. Die starr automatische Natur der Demutsstellungen drückt sich sehr deutlich darin aus, daß das betreffende Tier bei einem solchen »Versagen« seines Auslösers erst recht fest in seine Demutsstellung eingeklinkt bleibt und sich widerstandslos totschlagen läßt, was z. B. einem Puter im Kampfe mit einem Pfau regelmäßig zum Verderben wird.

Die so vielen sozialen Tieren gemeinsame Beziehung, die zwischen einer auf eine bestimmte verletzliche Körperstelle gerichteten Angriffsweise und einer hemmungsauslösenden Demutsstellung besteht, die gerade diese Körperstelle »präsentiert«, muß eine gemeinsame Erklärung haben. Das merkwürdige Umschlagen der Valenz der verletzlichen Körperstelle, die eben noch Ziel intensivsten Angriffsstrebens ist und im nächsten Augenblick, wenn sie ungeschickt dargeboten wird, ein genau gegenteiliges Verhalten auslöst, gehört wohl zu den größten Rätseln. Die Erscheinung ist um so bedeutsamer, als sie offensichtlich auch im Verhalten der Menschen eine Rolle spielt. Eine ganze Reihe von Demutsgebärden des Menschen zeigt eine so weitgehende Analogie zu den besprochenen »tötungserleichternden Hemmungsauslösern« sozialer Tiere, daß ein rein zufälliges Übereinstimmen mit Sicherheit auszuschließen ist. Das In-die-Knie-Sinken, das Beugen des Kopfes, die vielen Zeremonien des Überreichens (»Präsentierens«) der Waffe, das Abnehmen des Helms, das sich heute noch in der milden Demutsgeste des Hutabnehmens erhalten hat, und viele andere menschliche Gebärden gehören hierher. Wenn sie auch ganz sicher nicht in der Bewegungsweise angeboren sind, liegt ihnen allen doch sicher der gleiche Valenz-Umschlag der verletzlichen Körperstelle zugrunde wie den angeborenen Hemmungsauslösern der Tiere.

Eine weitere wichtige Korrelation besteht zwischen den sozialen Hemmungen des Waffengebrauches und der *Dicke der Haut* der betreffenden Art. Im Umgang mit befreundeten Artgenossen, im Spiele sowohl als bei gelegentlichen, nicht wirklich ernst gemeinten Reibereien, beißen Raubtiere nur mit stark gehemmter Kraft zu. Spielende Katzen, Hunde und andere dünnhäutige Raubtiere beißen im Spiel stets nur ganz zart, wenn auch manchmal nicht zart genug für die Menschenhaut. Immerhin kann man auch mit einem zahmen Löwen spielen, ohne ernstlich verletzt zu werden. Dagegen beißt der ungemein dickfellige Dachs auch im gutmütigsten Spiele so grob, daß der Mensch, der ohne Handschuhe mit ihm spielt, in eine etwa analoge Situation gerät, als hätte er ungepanzert an einem mittelalterlichen Turnier teilgenommen, bei dem die gepanzerten Ritter in aller Freundschaft mit Lanzen aufeinander losgestochen haben.

»Friedliche« Pflanzenfresser, die einerseits keine zum Töten größerer Organismen geeigneten Waffen haben, andererseits aber durch ihre hochdifferenzierte Fluchtfähigkeit vor Angriffen geschützt sind, benötigen unter normalen Bedingungen keine besonderen Hemmungen, einen Artgenossen zu beschädigen. Ein im Kampfe mit einem Artgenossen besiegtes Individuum vermag sich dem Sieger durch Fluchtreaktionen zu entziehen, die auch einem sehr viel gefährlicheren Verfolger gegenüber wirksam wären. Hält man nun aber Tauben, Hasen und Rehe und ähnliche Sinnbilder der Sanftheit und Harmlosigkeit zu mehreren in engerem Gewahrsam, so daß der Unterlegene sich seinem Verfolger nicht durch die Flucht entziehen kann, so gibt es häufig Mord und Totschlag, wie er bei Krähen, Wölfen oder Löwen unter gleichen Umständen durchaus nicht an der Tagesordnung ist. Man muß einmal gesehen haben, wie eine Turteltaube einer anderen, die sich ängstlich in die Käfigecke drückt, durch stundenlanges Picken mit dem zarten Schnäbelchen so zusetzt, daß zuletzt die ganze, den Schnabelstößen des Siegers zugängliche Oberseite des Unterlegenen vom Hinterkopf bis zum Bürzel in eine einzige blutige Wunde verwandelt ist.

Leider würde es uns zu weit führen, hier näher auf die Analyse komplizierter sozialer Verhaltenssysteme höherer Tiere einzugehen. Es genügt die Feststellung, daß auch sehr komplexe und funktionell dem verantwortlich-moralischen Verhalten des Menschen ganz erstaunlich nahekommende Verhaltensweisen durchweg auf Systemen von Auslösern, angeborenen auslösenden Mechanismen, endogenen Bewegungsweisen usw. beruhen. Dies gilt für die mutige und selbstlose Kameradenverteidigung bei Dohlen, Raben, Hunden und Affen, für die hochinteressante »Polizeireaktion« der Dohle, bei der die Gesamtheit der Sozietät das Nest eines rangordnungsmäßig tiefstehenden Vogels gegen einen angreifenden Höherstehenden verteidigt, für das Friedenstiften der Pinguine, bei denen Kämpfe auf dem dichtbesiedelten Brutplatz »wegen Gefährdung der Eier verboten« sind und rauflustige Männchen sofort durch herzueilende Unbeteiligte auseinandergetrieben werden usw. Lernen und Einsicht spielt in diesen Verhaltenssystemen immer nur die schon erwähnte Rolle der *Einengung* einer angeborenermaßen auslösenden Reizsituation (S. 147). Immerhin kann die dadurch bedingte »Exklusivität« des Verhaltens recht bedeutsam sein. So verteidigen Dohlen, aber auch die meisten Affen einen angegriffenen Artgenossen »anonym«, die Dohle nachweislich auf Grund eines ungemein einfachen auslösenden Mechanismus, während beim Raben und auch bei Hunden und Wölfen die Verteidigung eines Genossen an die Bedingung eines persönlichen Sich-Kennens gebunden ist.

Was die obige gedrängte Darstellung der funktionellen Analoga moralischen Verhaltens bei Tieren zeigen soll, ist die Rolle, die die starren angeborenen Verhaltenskomponenten in hochdifferenzierten sozialen Strukturen spielen, und die Art und Weise, wie sie diese Strukturen *bestimmen.*

Wir wollen nun sehen, wieweit sich im menschlichen Verhalten ebenfalls das Vorhandensein angeborener auslösender Mechanismen, echter Auslöser und endogener Reizerzeugungsvorgänge nachweisen läßt. Wir wollen sehen, ob sich nicht auch bei Menschen neben der verantwortlichen Moral in tieferen Schichten wurzelnde und phylogenetisch ältere Motivationen sozialen Verhaltens aufzeigen lassen.

7 Angeborene auslösende Mechanismen als starre Strukturelemente der menschlichen Gesellschaft

Daß auch beim Menschen endogen-automatische Verhaltensweisen, angeborene auslösende Mechanismen und insbesondere auch Auslöser und auf sie ansprechende rezeptorische Korrelate vorhanden sind, hatte sich den meisten Humanpsychologen wohl deshalb wenig aufgedrängt, weil ihnen die gleichartigen Vorgänge im tierischen Verhalten, die weit offenkundiger und aufdringlicher sind, nicht bekannt waren. Ganz selbstverständlich ist die Rolle, die diese angeborenen Elemente im Verhalten des Menschen spielen, unvergleichlich geringer als bei irgendeinem Tier, und sie sind bei ihm in viel komplizierterer Weise mit den höheren Leistungen des Gehirnes, mit Lernen und Einsicht, verwoben und weitgehend von diesen verdeckt. Zunächst sei kurz dargestellt, was wir über angeborene auslösende Mechanismen des Menschen und insbesondere über deren soziale Funktion wissen.

Da beim Menschen das sonst zur Erforschung angeborener auslösender Mechanismen übliche Experiment des isolierten Aufziehens nicht tunlich ist, sind wir bei ihm darauf angewiesen, andere Kriterien heranzuziehen, die das angeborene Schema von der erworbenen Dressurgestalt unterscheiden. Diese Kriterien sind in erster Linie die Merkmalarmut und das Reizsummenphänomen (Seitz; *law of heterogeneous summation*, Tinbergen), ferner die gleichartige Reaktion aller normalen Menschen auf bestimmte, biologisch relevante Reizsituationen.

Gut zu analysieren sind die angeborenen Auslösemechanismen, mit denen wir auf Kleinkinder ansprechen. Relativ großer Kopf, Überwiegen des Hirnschädels, großes, tief unten gelegenes Auge, stark vorgewölbte Wangenpartie, dicke, kurze Extremitäten, prall elastische Konsistenz und täppische Bewegungsweise sind die Hauptmerkmale, die durchaus nach den Gesetzen des Reizsummenphänomens ein Kindchen oder auch eine »Attrappe«, wie eine Puppe oder ein Tier, »niedlich« oder »herzig« erscheinen lassen. Insbesondere die Produkte der Puppenindustrie, die ganz buchstäblich Ergebnisse auf breitester Basis angestellter Attrappenversuche sind, aber auch die Tierformen, die von kinderlosen Frauen als Ersatzobjekt ihres Brutpflegetriebes herangezogen werden, wie der Mops und der Pekinese, lassen diese Merkmale in klarer Weise abstrahieren. Interessanterweise zeigen gewisse deutsche Tiernamen eine enge Korrelation zu dem in Rede stehenden auslösenden Mechanismus: Die wegen des Besitzes mehrerer der genannten Merkmale, insbesondere der sehr »starken« Merkmale der vorgewölbten Stirn- und Wangenpartie »niedlich« erscheinenden Arten haben ungemein häufig Namen, die mit der Verkleinerungssilbe »chen« endigen,

Abb. 4 Das Brutpflegereaktionen auslösende Schema des Menschen. Links als »niedlich« empfundene Kopf-Proportionen (Kind, Wüstenspringmaus, Pekineser, Rotkehlchen), rechts nicht den Pflegetrieb auslösende Verwandte (Mann, Hase, Jagdhund, Pirol).

wie Rotkehlchen, Rotschwänzchen, Eichhörnchen, Kaninchen. Die Nachsilbe bezeichnet in allen diesen Fällen durchaus nicht die Kleinheit, sondern ausgesprochen die Niedlichkeit der betreffenden Tiere, gleichgroße oder selbst viel kleinere nahverwandte Formen, die kleinäugig und flachstirnig sind, haben niemals auf »chen« endigende Namen!

Ein anderer Vorgang, der sich bei näherer Analyse als Leistung echter Auslöser und auf diese ansprechender angeborener auslösender Mechanismen erweist, ist derjenige der menschlichen Ausdrucksbewegungen und der Reaktion auf diese. Das sogenannte »physiognomische Erleben« selbst unbelebter Umweltobjekte beruht keineswegs, wie manche Entwicklungspsychologen meinen, auf einer allgemein, auch im Tierreich verbreiteten, diffusen Erlebnisform, die zwischen Ich und Umwelt ungenügend scheidet, sondern vielmehr auf dem sehr scharf umschriebenen Vorgang eines im biologischen Sinne »irrtümlichen« Ansprechens auf auslösende Mechanismen, dessen eigentliche und arterhaltende Leistung das Verstehen spezifisch menschlicher Ausdrucksbewegungen ist. Die Einfachheit bzw. Merkmalarmut des auslösenden Mechanismus und die qualitativ gleichartige auslösende Wirkung, die auch vereinzelt gebotene Merkmale desselben entfalten, haben zur Folge, daß das auf menschliche Ausdrucksmerkmale gemünzte rezeptorische Korrelat ungemein leicht auf sogar höchst einfache Reizkombinationen unserer belebten und unbelebten Umwelt anspricht. Auf diese Weise bekommen die erstaunlichsten Objekte ganz merkwürdige hochspezifische Gefühls- und Affektwerte, indem ihnen *menschliche* Eigenschaften gewissermaßen »anerlebt« werden. Fluren können »lachen«. »Es lächelt der See, er ladet zum Bade.« Steil aufragende, etwas überhängende Felswände oder finster sich auftürmende Gewitterwolken haben ganz unmittelbar denselben Ausdruckswert wie ein sich drohend steil und hoch aufrichtender und dabei etwas nach vorne intendierender Mensch usw. Noch ausgesprochener kann dieselbe Erscheinung bei unserer Reaktion auf die weit merkmalreicheren »Attrappen« sein, die uns in der Gestalt verschiedener Tiergesichter entgegentreten. Unsere auf Ausdrucks*bewegungen* gemünzten angeborenen auslösenden Mechanismen rufen beim Anblick von Tierköpfen auch dann spezifische, deutlich gefühls- und affektbetonte Reaktionen hervor, wenn die auslösenden Beziehungsmerkmale durch völlig starre, morphologische Strukturen der betreffenden Wesen gegeben sind. Daß z. B. bei Kamel und Lama das Nasenloch höher als das Auge liegt, der Mundwinkel etwas herabgezogen ist und der Kopf normalerweise etwas über die Horizontale erhoben getragen wird, beruht auf morphologischen Charakteren, die über den emotionalen Zustand des Tieres überhaupt nichts aussagen. Die arteigene Kopfhaltung ist durch die Lage des horizontalen Bogenganges im Labyrinth festgelegt. Wer wissen

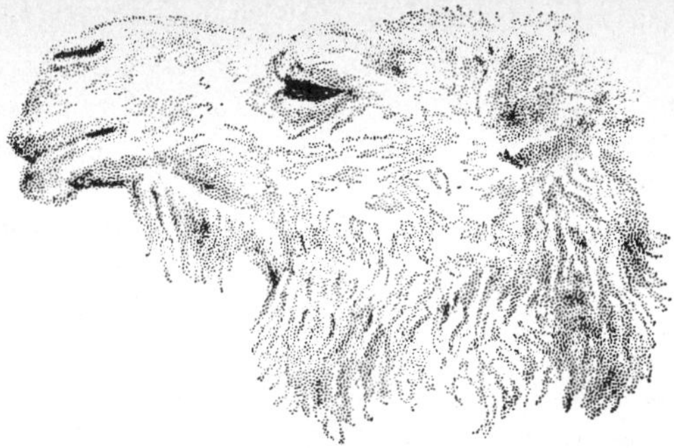

Abb. 5 Der hochmütig oder verächtlich wirkende Gesichtsausdruck des Kamels kommt dadurch zustande, daß ein auf die Ausdrucksbewegungen des Menschen gemünztes angeborenes Schema die relative Höhenlage von Auge und Nase zueinander »mißversteht«, die nur beim Menschen verächtliche Abwendung vom Gegenüber bedeutet.

will, ob das Tier freundlich oder abweisend gestimmt ist, ob es dem Beobachter aus der Hand fressen oder ihn anspucken wird, muß ihm auf die Ohren sehen. Die anthropomorphe physiognomische Reaktion aber vermeldet uns mit der Unbelehrbarkeit des typischen angeborenen Schemas, daß das Tier dauernd *hochmütig* dreinschaue. Beim Menschen ist die Gebärde der hochmütigen Abweisung, deren rezeptorisches Korrelat der in Rede stehende Auslösemechanismus darstellt, eine formalisierte und mimisch übertriebene Intentionsbewegung des Sich-Zurückziehens, bei der der Kopf in Rückwärtsbewegung gehoben, die Nasenflügel eingezogen und die Augenlider halb geschlossen werden, alles in »Symbolisierung« der Abwehr aller von dem verachteten Gegenüber ausgehenden Sinnesreize. Dieselbe Gebärde in weniger übertriebener Ausführung bedeutet bei Süditalienern und sehr vielen orientalischen Völkern ganz einfach »Nein«. Darwin, der alle diese Vorgänge erkannt und genau beschrieben hat, beobachtete, daß dabei kurz durch die Nase ausgeatmet wird, als ob durch einen Luftstoß ein unangenehmer Geruch vertrieben werden sollte. Ostpreußische Kinder sagen hierbei »pe«, mit starkem Explosivkonsonant und dumpfem e. In der englischen Sprache ist das Zeitwort *sniffing* als Bezeichnung hochmütiger Abkehr durchaus üblich, die jiddische Sprache hat für die gleiche Erscheinung die ungemein ausdrucksvolle Wendung »Er blost vün sach«.

In analoger Weise erleben wir die *morphologische* Bildung mancher Raubvogelköpfe, die von Knochenleisten stark überdachte Augen und besonders enge, geschlossene, nach hinten gezogene Mundwinkel haben, als

Ausdruck der mutigen Entschlossenheit, weshalb der Adler zum Symbol des Mutes wurde und in seinem Namen den Stamm des Eigenschaftswortes »edel« trägt. Viele weitere Beispiele »irrtümlichen« physiognomischen Erlebens von Tierköpfen lassen sich anführen. Die große Rolle des *Auges*

Abb. 6 Steinadler. Knochenleisten über dem Auge werden als Stirnrunzeln aufgefaßt. Zusammen mit dem scharf nach hinten gezogenen Mundwinkel verleihen sie dem Vogel den Ausdruck »stolzer Entschlossenheit«.

als wichtigsten Beziehungspunktes für Relationsmerkmale angeborener Mechanismen bringt die merkwürdige Erscheinung mit sich, daß wir so ziemlich alle menschlichen Bauwerke, die *Fenster* haben, stets sehr stark physiognomisch empfinden, und zwar unter eindeutiger Bewertung dieser Öffnungen als Augen. Die über und unter dem Fenster liegenden Teile werden vom angeborenen auslösenden Mechanismus in die physiognomische Rolle von Stirn-, Augenbrauen- und Wangenpartien »gepreßt«, und ihre räumlichen Beziehungen zueinander bestimmen, ganz wie wir es an den Tierköpfen sehen, den Ausdruckswert des Ganzen. Ich erinnere mich heute noch deutlich, daß für mich als Kind ein bestimmter Eisenbahnwagen der Wiener Stadtbahn wegen seiner sehr hoch oberhalb der Fenster liegenden Lüftungsklappen, die als emporgezogene Augenbrauen wirkten, einen unangenehmen, teils hochmütigen, teils dumm erstaunten Ausdruck hatte, wie denn überhaupt bei Kindern das physiognomische Erleben ausgeprägter ist als bei Erwachsenen, wohl deshalb, weil der ursprünglich sehr zeichenarme, und daher »weite« auslösende Mechanismus durch Hinzukommen von Erworbenem im Laufe des individuellen Lebens stets eine »Einengung«, d. h. eine Erhöhung seiner Selektivität, erfährt, im Sinn des auf S. 147 und 155 Gesagten.

Der angeborene Charakter der in Rede stehenden Mechanismen wirkt sich dahin aus, daß das durch sie hervorgerufene Erleben völlig *unbelehrbar* ist. Auch wenn man ganz genau weiß, daß die eigene Empfindung genau dasselbe ist wie das, was wir bei Tieren als *deplacierte Reaktion* bezeichnen, kann man nicht umhin, Kamel und Lama weiterhin als »unsympathisch«, ja geradezu als unästhetisch, den Adler dagegen als »edel« und »schön« zu empfinden. Αἰσθανομαι heißt eben »ich empfinde«, und die ursprüngliche Bedeutung von »ästhetisch« ist »das, wobei man etwas empfindet«, wozu dann allerdings durch eine Bedeutungseinengung der Sinn einer positiven Wertempfindung entstanden ist.

Damit gelangen wir zu jenen merkwürdigen, meist aus ungemein wenigen und *einfachen* Beziehungsmerkmalen aufgebauten Auslösemechanismen, die bei Menschen ästhetische und ethische *Wertempfindungen* hervorrufen. Die begriffliche Trennung beider Wörter ist durchaus künstlich; dennoch wollen wir uns dieser herkömmlichen Einteilung fügen und uns zunächst den ästhetischen Beziehungsschemata zuwenden, die auf bestimmte Proportionsmerkmale des menschlichen Körpers »zugeschnitten« sind. Daß es sich hierbei tatsächlich um angeborene Reaktionsweisen handelt, ist aus den gleichen Kriterien zu entnehmen, die wir schon oben kennengelernt haben. Eine sehr ähnliche analytische Auswertung, wie sie der Puppenindustrie gegenüber möglich ist, erweist sich auch bei der darstellenden Kunst als durchführbar, und zwar am besten nicht bei echter, wirklich hochstehender Kunst, sondern bei jenen unechten, von uns meist mit dem Worte »Schund« bezeichneten, nicht vom Geschmack des Künstlers, sondern von demjenigen des einzufangenden Publikums diktierten Erzeugnissen wie Modezeichnungen, billigen Romanen und ebensolchen Filmen. Die betreffenden Industrien stellen, ganz wie dies bei der Puppenindustrie der Fall ist, an ihrem Publikum ganz regelrechte Attrappenversuche auf breitester Basis an, denn ganz selbstverständlich ist demjenigen der größte finanzielle Erfolg beschieden, dessen Erzeugnis die stärkste auslösende Wirkung entfaltet. Daher lassen sich aus derartigen Produkten mit erheblicher Klarheit die Form- und Beziehungsmerkmale abstrahieren, auf die der angeborene auslösende Mechanismus anspricht. Die ästhetische Wertempfindung spricht dabei auch auf gröbste Vereinfachungen und bei weitgehendem Austausch der gebotenen Beziehungsmerkmale mit derselben Qualität an, die wir beim Anblick eines schönen Menschen erleben. Ganz wie bei dem irrtümlichen Ansprechen eines Schemas auf die Merkmale der menschlichen Ausdrucksbewegungen leistet auch hier das angeborenermaßen beantwortete Beziehungsmerkmal die Erfassung bis ins Arithmetische vereinfachter »abstrakter« Proportionsmerkmale, und es besteht begründeter Verdacht, daß der ästhetischen Wirkung des sogenannten *Goldenen Schnittes* ein auf die Proportionen des schönen Menschenkörpers »gemünzter« angeborener Auslösemechanismus zugrunde liegt und nicht (was die einzig mögliche Alternative wäre) ein auf erworbener Gestaltwahrnehmung beruhendes »Heraussehen« der zahlenmäßigen Harmonie.

Besonderes Interesse beanspruchen die stark geschlechtlich gefärbten ästhetischen Reaktionen auf spezifische »Schönheiten« des männlichen und weiblichen Körpers. Wenn man von gewissen Merkmalen absieht, die im Schönheitsideal beider Geschlechter übereinstimmen, so erweisen sich so gut wie *alle* an den auf den männlichen wie auf den weiblichen Körper ansprechenden ästhetischen Empfindungen als ausgelöst durch Merkmale, *die unmittelbare Indikatoren der hormonalen Geschlechtsfunktionen* sind. Die bei Mann und Frau entgegengesetzte Relation zwischen Hüft- und Schulterbreite, die Haargrenzen, die Fettverteilung bei der Frau (die übrigens ohne allen Zweifel einen echten Auslöser im auf S. 141 ff. besprochenen Sinne darstellt), die Form der weiblichen Brust und eine geringe Anzahl weiterer Merkmale sind derartige Indikatoren der geschlechtlichen Vollwertigkeit, »welches nicht der Kopf, aber der Instinkt weiß«, wie Schopenhauer sich ausdrückt, der in seiner *Metaphysik der Geschlechtsliebe* so ziemlich alle der in Rede stehenden Erscheinungen völlig richtig gesehen hat. Sämtliche auslösenden Merkmale dieser Schemata werden in der »Schund-Kunst« und in der Mode zum Zwecke der Herstellung »überoptimaler Attrappen« (wenn ich diesen unschönen, aber treffenden Ausdruck unserer wissenschaftlichen Vulgärsprache verwenden darf) übertrieben stark aufgetragen, wofür sich jeder eine Unzahl von Beispielen vergegenwärtigen kann.

Sehr ähnliche, auf den eben besprochenen ästhetischen analogen Beobachtungen aufgebaute Aussagen lassen sich über gewisse, ebenso anthropomorphe ethische Wertempfindungen machen. Was dort von körperlichen Beziehungsmerkmalen gilt, gilt hier von solchen des Verhaltens. Auch hier kann wieder die darstellende Kunst und besser noch die »darstellende Industrie« als günstiges Untersuchungsobjekt herangezogen werden. Es ist eine überaus geringe Zahl von Motiven, die eine emotionale Stellungnahme in uns auslösen, »Furcht und Mitleid« erregen und die eben deshalb in der Dichtkunst immer wiederkehren. Bestimmte unsterbliche Gestalten, wie die vom Feinde bedrohte und vom Helden befreite Jungfrau, der für den Freund sich opfernde Freund usw., kehren immer wieder – von der *Edda* und der *Ilias* bis zum Wildwestfilm. Auch hier treffen wir die schon besprochene, für die Funktion angeborener auslösender Mechanismen so ungemein kennzeichnende Erscheinung, daß die wirksamen Beziehungsmerkmale, auch in größter Vereinfachung und einzeln geboten, dieselbe Qualität der emotionalen Reaktion auslösen wie die reale Situation, auf die das Schema gemünzt ist. Gibt es eine stärkere Schematisierung einer spezifischen ethisch bewerteten Verhaltensweise als die Darstellung Schillers: »Hier bin ich, für den er gebürget?« Und doch hat sie für jeden normal Empfindenden durchaus den Gefühlswert des wirklichen Geschehnisses! Die völlige Unbelehrbarkeit der eigenen, unbedingt reflektorischen Reaktion kann man sehr gut selbstbeobachtend feststellen. Das bessere Wissen um die Attrappennatur des Dargebotenen ändert an den ausgelösten Gefühlen und Affekten gar nichts, selbst wenn es sich um einen so rohen Attrappenversuch handelt, wie der moderne Film ihn häufig darstellt. Das mißhandelte Kind, die vom »Schuft« vergewaltigte Jungfrau (die notabene immer rechtzeitig gerettet wird) lösen Verteidigungsreaktionen aus, auch wenn man sich dabei noch so sehr über sich selbst lustig macht.

Wie bei den auf menschliche Ausdrucksbewegungen ansprechenden Schemata, so lassen sich auch bei den ethischen typische »deplacierte Reaktionen« dort feststellen, wo *tierisches* Verhalten eine rein äußerliche formale Gleichheit mit ethisch relevanten, in angeborenen Schemata des Menschen »vorgesehenen« menschlichen Verhaltensweisen hat. Verteidigung der Jungen, Brutpflegereaktionen der Mutter, soziale Verteidigungsreaktionen usw. lösen unfehlbar Mitgefühl und ein positives ethisches Wertempfinden aus, und zwar durchaus nicht nur beim naiven Beobachter. Insbesondere wo *eigene* soziale Verteidigungsreaktionen ansprechen, zeigt sich die Zwangsläufigkeit des auslösenden Mechanismus. Wenn etwa ein Fuchs einen Hasen reißt, besonders wenn dieser jung und niedlich ist und unser »Kindchenschema« zum Ansprechen bringt, ist die eigene Reaktion, dem Schwächeren zu helfen, kaum zu unterdrücken. Als ich einst aus Vernunftgründen meine eigenen angeborenen Reaktionen vergewaltigte, indem ich, sehr gegen meine Neigung, junge, noch sehr niedliche Kapuzenratten an einen Python verfütterte, trug ich unversehens eine leichte neurotische Schädigung davon, die sich immerhin darin ausdrückte, daß ich wiederholt in übertrieben emotional betonter Weise von dem Geschehnis *träumte*! Man braucht sich nur eine hochgradig quantitative Intensivierung desselben Erlebnisses vorzustellen, und man hat die Furien, die den Verbrecher verfolgen! Alle Tiere, deren soziales Verhalten von dem des Menschen einigermaßen abweicht, aber doch formale Parallelen zu ihm zeigt und so zu Vergleichen herausfordert, unterliegen einem hartnäckigen Ansprechen moralisierender Werturteile. Der Kuckuck, der seine Jungen nicht selbst betreut, der Ziegenbock, der sehr starke Begattungstriebe hat und keine monogame Ehe kennt, die Ameise, die in »selbstlosem« Fleiß für das Gemeinwohl sorgt usw. – sie alle werden ethisch bewertet, als ob es sich um menschliche Artgenossen handelte. Als Tiergärtner kann es einem mit der Zeit geradezu auf die Nerven fallen, daß jeder naive Mensch als erste Reaktion auf ein nie vorher gesehenes Tier völlig unrichtige und biologisch sinnlose Werturteile von sich gibt, obwohl sich der Wissende ja eigentlich an diesen schönen Beispielen von »deplacierter Reaktion« freuen sollte!

Der Nachweis und die gebührende Betonung der gewaltigen Rolle, die angeborene auslösende Mechanismen, insbesondere solche ästhetischethischer Natur, ohne allen Zweifel als relativ ganzheitsunabhängige Bausteine und Skelettelemente des menschlichen sozialen Verhaltens spielen, bedeutet keineswegs, daß wir die Wichtigkeit anderer und weniger unmittelbar anthropomorpher ästhetischer und moralischer Aktions- und Reaktionsweisen des Menschen unterschätzen oder gar ihr Vorhandensein leugnen wollen! Auf Wesen und Leistung der vernunftmäßigen Moral im Kantischen Sinne und auf die Möglichkeit des Vorhandenseins nicht-anthropomorpher, in gewisser Hinsicht wirklich apriorischer Werturteile bin ich anderen Ortes näher eingegangen und verweise auf das in der mehrfach zitierten Arbeit Gesagte. Auf die Leistungs-*Beschränkungen* vernunftmäßiger Verantwortlichkeit werden wir in diesem Aufsatz, im Abschnitt über die spezielle Gefährdung des Menschen, zurückkommen. Was uns hier unmittelbar angeht, ist jedoch folgende Tatsache: Was wir an einem Mitmenschen als seinen ethischen Wert empfinden, ist *nicht* die Leistung seiner verantwortlichen Moral, sondern diejenige seiner angeborenen und arteigenen »Neigungen«! Die objektive Führung eines Menschen mag noch so sehr dem Ideal der sozialen Anforderungen an das Individuum entsprechen, wir empfinden ihn nicht als »gut«, wenn seine Motive nicht den tiefen, gefühlsmäßigen Schichten des *angeborenen*, erbgebundenen Verhaltens entspringen. »Doch werdet ihr nie Herz zu Herzen schaffen, wenn es euch nicht von Herzen geht« (Goethe). Es war kein Geringerer als Friedrich Schiller, der als einer der ersten den wunden Punkt in der Kantischen Morallehre, die Blindheit für die Werte der natürlichen Neigung, klar gesehen und gegeißelt hat, unter anderem in der prächtigen Xenie: »Gerne dien ich den Freunden, doch tu ich es leider aus Neigung, / Und so wurmt es mich oft, daß ich nicht tugendhaft bin. / Da ist kein anderer Rat; du mußt suchen, sie zu verachten, / Und mit Abscheu alsdann tun, wie die Pflicht dir gebeut.« Und doch ist die Hochwertung der angeborenen ethischen Reaktionen mit derjenigen der vernunftmäßig-verantwortlichen Moral durchaus zu vereinen: Wenn wir *einen Menschen* als Ganzes auf seine ethischen Werte hin beurteilen, so werden wir zweifellos recht tun, denjenigen am höchsten zu schätzen, dessen soziales Verhalten am meisten »vom Herzen« kommt. Wenn wir dagegen die *Handlungen* eines einzelnen gegebenen Menschen, etwa die unserer selbst, zu beurteilen haben, werden wir mit ebenso großer Berechtigung diejenigen am höchsten bewerten, die am wenigsten der natürlichen Neigung und am ausgesprochensten der vernunftmäßigen Verantwortlichkeit entspringen.

8 Der endogene Automatismus im sozialen Verhalten des Menschen

Ohne allen Zweifel ist der Mensch das an endogen-automatischen Bewegungsweisen *ärmste* unter sämtlichen höheren Lebewesen. Außer gewissen Bewegungsnormen der Nahrungsaufnahme (Greifen, In-den-Mund-Stecken, Kauen und Schlucken), der Begattung (Friktionsbewegungen) und möglicherweise gewissen automatischen Elementen im Gehen und Laufen scheint der erwachsene Mensch so gut wie keine auf endogenen Automatismen beruhenden und zentral koordinierten Bewegungsweisen zu haben. Diese Armut an echten Instinktbewegungen ist jedoch nicht primär, sondern sicher Ergebnis eines *Reduktionsvorganges.* Von den meisten Instinktbewegungen des Menschen sind nur noch *Ausdrucksbewegungen* übriggeblieben, die, soweit sie Intentionsbewegungen ihren Ursprung verdanken, noch die ursprüngliche Form der Bewegungsweise erkennen lassen, wie wir es S. 147 vom Ausdruck des Zornes, den schon Darwin richtig als formalisierte Intentionsbewegung deutete, gesehen haben.

Wir stimmen McDougall prinzipiell darin bei, daß die qualitativ voneinander gesonderten Gefühle und Affekte des Menschen (der englische Ausdruck *emotions* bezeichnet einen weiteren Begriff als jedes der beiden deutschen Worte und kann daher nur mit beiden übersetzt werden) je einem »Instinkt« im Sinne einer aktionsspezifischen Erregungsart und Handlungsbereitschaft entsprechen. Bei sehr vielen dieser spezifischen Handlungsbereitschaften wird die Annahme einer endogen-automatischen Grundlage dadurch wahrscheinlich, daß während der Reaktionsruhe ihre Reizschwelle absinkt und nach Abreagieren des betreffenden Triebes wieder ansteigt. Dies trifft für die grobsexuellen Reaktionen zu, ebenso aber auch für die von jenen durchaus unabhängigen Verhaltensweisen des Sich-Verliebens, für das Imponiergehaben und andere. Ganz besonders deutlich aber macht sich eine endogene Kumulation reaktionsspezifischer Handlungsbereitschaft bei jenen Verhaltensweisen bemerkbar, die Freud als Auswirkungen des *Aggressionstriebes* auffaßt. Jeder, der je unter einem etwas erregbaren und nicht ganz beherrschten Vorgesetzten gearbeitet hat, weiß, daß das Auftreten »dicker Luft« eine durchaus periodische Angelegenheit ist und daß nach dem Ausbruch und Abreagieren der gestauten Erregung in einem »reinigenden Gewitter« das Wohlwollen des Despoten nicht vermindert, sondern ausgesprochen vermehrt ist. Nach einem »normalen Bürokrach« herrscht eine eigenartige Atmosphäre gesteigerter Menschenliebe! Eine meiner Tanten bekam in völlig regelmäßigen Abständen Krach mit ihrem Hausmädchen und kündigte diesem. Die typische Verschiebung des Wahrnehmungsfeldes, die mit den Veränderungen des Aktualspiegelwertes reaktionsspezifischer Energie bekanntermaßen einhergeht, drückte sich bei der alten Dame ganz wundervoll darin aus, daß sie von der jeweils neuen Hausgehilfin, die sie unmittelbar nach der Entladung ihres Aggressionszustandes kennenlernte, jedesmal über alle Maßen entzückt war und ihre Eigenschaften nicht genug zu rühmen wußte. Es fiel ihr nie auf, daß sich die »Perle« immer wieder im Laufe weniger Monate ganz zwangsläufig in ein geradezu hassenswertes Geschöpf verwandelte. Sehr störend, ja unmittelbar gefährlich kann die Kumulation aggressiver Reaktionen dann werden, wenn eine sehr kleine Gemeinschaft völlig von artgenössischer Umgebung isoliert ist, an der die gestauten Triebe hätten abreagiert werden können. Die bei Mitgliedern von Expeditionen, bei der Besatzung kleiner Schiffe usw. auftretende »Polarkrankheit« ist nichts anderes als eine gewaltige Schwellenerniedrigung der Verhaltensweisen des Wutausbruches. Wer sie je kennengelernt hat, weiß, wie lächerlich kleine Reize schließlich zornerregend wirken. Selbst bei völliger Einsicht in die eigene Reaktion kann man nicht verhindern, daß einen gewisse kleine Eigenheiten eines Kameraden, ein Hüsteln, eine eigenartige Sprechart usw. zur Weißglut bringen. Man verhält sich dabei dem Freund gegenüber im Prinzip genauso wie das Männchen eines isolierten Cichlidenpärchens, das mangels der seine Familie bedrohenden und zu vertreibenden Artgenossen schließlich sein Weibchen angreift und tötet. Besonders bei *Geophagus* ist diese Reaktionsweise typisch; man kann sie verhindern, indem man dem Männchen einen Spiegel ins Becken stellt, an dem es seine Aggression abreagieren kann.

Eine andere Reaktionsweise, die wir hier wegen ihrer besonderen Wichtigkeit gesondert besprechen wollen, ist die der *sozialen Verteidigung*. Ihr subjektives Erlebniskorrelat ist der Affekt der *Begeisterung*. Ein besonders interessanter Zug der Reaktion ist ihr Einhergehen mit Bewegungsweisen, *die solchen des Schimpansen sicher homolog sind*! Jeder gefühlsstarke Mann kennt aus eigener Erfahrung das Erlebnis des Schauers, der uns in solchen Momenten überläuft, in denen kämpferischer Einsatz für die Sozietät in uns ausgelöst wird. Dieses Gefühl wird hervorgerufen durch das Sträuben der Haare auf Nacken, oberen Rückenpartien und – interessanterweise – an der Außenseite der Oberarme. Die mimischen Ausdrucksbewegungen bestehen im Straffen der Körperhaltung, Erheben des Kopfes, Runzeln der Brauen, Herabziehen der Mundwinkel, Vorschieben des Unterkiefers, Nachvorndrücken der Schultern und Innenrotation der Arme im Schultergelenk, so daß deren behaarte Dorsalseite nach außen sieht. Der Gesichtsausdruck ist derjenige, der bei der »Attrappe« des Adlerkopfes in uns die besprochenen Empfindungen wachruft. Das Einwärtsdrehen der Arme und die Kontraktion der *musculi arrectores pilo-*

rum trägt bei Menschen nicht viel zum optischen Eindruck des Gesamtverhaltens bei und wäre wohl überhaupt nicht aufgefallen, wenn nicht anthropoide Affen genau dieselben Bewegungsweisen hätten. Der in sozialer Verteidigung vorgehende Schimpanse schiebt ebenfalls das Kinn vor, rotiert die Arme nach innen und sträubt am Oberrücken und an der Außenseite der Oberarme die Haare, die an diesen Körperstellen im Dienste des in Rede stehenden Auslösers eine besondere Verlängerung erfahren haben, ganz wie dies bei sehr vielen einer analogen Leistung dienenden Fell- und Gefiederpartien von Säugern und Vögeln der Fall ist. Bei der vorgeneigten Körperhaltung und der relativen Größe der Arme des Affen bewirken diese Bewegungsweisen eine wesentliche Vergrößerung des Körperumrisses, die imponierend und einschüchternd und außerdem ganz sicher auf den Sozietätsgenossen »ansteckend« wirkt. Es ist ein hübsches Beispiel einer im echten, phyletischen Sinne *rudimentären* Verhaltensweise, daß der Mensch im analogen Fall »einen Pelz sträubt, den er gar nicht mehr hat«! Die Reaktion wird durch ein sehr einfaches Beziehungsschema ausgelöst, man darf mit gutem Recht sagen »unglücklicherweise«, denn, so wertvoll sie auch für den inneren Zusammenhalt von Sozietäten sein mag, so bringt doch die angeborene Unbelehrbarkeit ihres Ansprechens und mehr noch die Art der auslösenden Situation schwere Gefahren für die Menschheit mit sich. Das wesentlichste Beziehungsmerkmal ihres auslösenden Mechanismus liegt nämlich in der *Bedrohung* der Sozietät von außen her, und Demagogen aller Zeiten haben die an sich ethisch durchaus wertvolle Reaktion dazu mißbraucht, um durch die einfache Attrappe eines fingierten Feindes und einer fingierten Bedrohung der Sozietät die Völker aufeinanderzuhetzen.

9 Die Domestikation des Menschen

Kein Geringerer als Schopenhauer hat als erster gesehen, daß der Mensch sich hinsichtlich einer ganzen Reihe von Merkmalen von den wildlebenden Tieren unterscheidet, diese Merkmale aber mit Haustieren gemein hat. In seiner schon einmal zitierten Schrift *Metaphysik der Geschlechtsliebe* macht er die höchst bemerkenswerte Aussage, bestimmte Rassenmerkmale des Weißen seien überhaupt »nichts Natürliches«, sondern erst im Laufe der Zivilisation entstanden. Er sagt: »Der Grund hierfür ist, daß blondes Haar und blaue Augen schon eine Spielart, fast eine Abnormität ausmachen: den weißen Mäusen, oder mindestens (!) den Schimmeln analog.« Wer nur einigermaßen den Blick für derlei Dinge hat und unsere Art unvoreingenommen erst mit wildlebenden Wesen und dann mit unseren Haustieren vergleicht, der kann keinen Augenblick daran zweifeln, daß der Mensch ein »domestiziertes« Wesen sei. E. Fischer hat auf Grund eines breiten Tatsachenmaterials den Beweis erbracht, daß sehr viele Merkmale des modernen Menschen, vor allem seine Rassenmerkmale, auf völlig analogen Veränderungen des Erbbildes beruhen, wie wir sie an Tieren als »Domestikationserscheinungen« bezeichnen. Es ist hier nicht der Ort, auf das Wesen und die wahrscheinlichen biologischen Ursachen der Domestikationserscheinungen einzugehen. Was uns hier angeht, sind nur zwei typische Veränderungen des angeborenen arteigenen Verhaltens, die ohne allen Zweifel einen sehr wesentlichen Einfluß auf das menschliche Gesellschaftsleben haben.

Unter *Erweiterung der angeborenen auslösenden Schemata* verstehen wir die Erscheinung, daß diese reaktiven Mechanismen im Laufe der Domestizierung regelmäßig erheblich an *Selektivität verlieren.* Dabei ist es für die physiologische Leistung des auslösenden Mechanismus als eines Reiz*filters* ungemein bezeichnend, daß Ausfallsmutationen, die einzelne Merkmale des angeborenen Schemas betreffen, die Auslösung der zugehörigen Reaktion nicht etwa erschweren, sondern ganz im Gegenteil durch die Verminderung der Selektivität erleichtern. Hierfür nur ein Beispiel. Eine Küken führende Glucke des Bankivahuhnes, der Stammform unseres Haushuhnes, spricht mit ihren Brutpflegereaktionen ausschließlich auf Küken an, deren Gefieder die für die Wildform kennzeichnende, Auslöserfunktion entfaltende Zeichnungsweise auf Oberkopf und Rücken aufweisen. Sie tötet jedes andersfarbige Hühnchen. Nur bei wildformnahen Haushühnern, bei Kämpfern, Phönixhühnern und manchen Zwerghühnern, findet man hie und da noch dieses selektive Verhalten. Unsere Landhühner zeigen gewöhnlich keine unterschiedlichen Reaktionen auf verschiedene Farbe der Küken, viele von ihnen jedoch reagieren noch durchaus selektiv auf die Ausdruckslaute der Hühnchen und nehmen Gänse- oder Entenküken nicht an. Bei den schweren, am weitesten domestizierten Hühnerrassen, wie etwa Orpington, Plymouth Rock oder Brahma, sind meist auch die akustischen Merkmale des auslösenden Mechanismus geschwunden, solche Vögel betreuen sogar junge Säugetiere, die man ihnen unterlegt. Die Erweiterung geschlechtlicher Auslösemechanismen erleichtert die Zucht vieler Haustiere im Vergleich zu derjenigen der zugehörigen Wildformen außerordentlich. Wo bei den wilden Tieren, etwa bei Graugänsen, eine Unzahl von Bedingungen erfüllt sein muß, damit sich ihr hochdifferenziertes Geschlechts- und Familienleben entwickeln kann, genügt beim Haustier ein längeres Zusammensperren zweier ungleichgeschlechtlicher Exemplare, um einen Zuchterfolg zu erzielen.

Die zweite wesentliche domestikationsbedingte Veränderung, die das arteigene Verhalten von Haustieren regelmäßig erfährt, betrifft die Quantität der endogenen Reizerzeugung bestimmter, auf Automatismen aufgebauter Verhaltensweisen. Ohne daß die Bewegungsweise als solche in ihrer Koordination verändert würde, unterliegt die Häufigkeit und Intensität ihres Ablaufes bei den Haustieren den denkbar größten Schwankungen. Die Vermehrung der Produktion bestimmter Bewegungsfolgen kann in manchen Fällen solche Grade erreichen, daß sie zum hervorstechendsten Merkmal der betreffenden Haustierrassen werden, ja geradezu den Charakter des Pathologischen annehmen. Die Hypertrophie der spezifischen Bewegungsweise des Ausweichens vor einem von oben stoßenden Raubvogel, die so gut wie allen flugfähigen Vögeln eigen ist, erreicht bei den sogenannten Purzeltauben (engl. *tumblers*) solche Ausmaße, daß die Vögel buchstäblich nicht ein paar Meter geradeaus fliegen können, ohne durch das »Losgehen« dieser Reaktion aus der Bahn geworfen zu werden. In diesem Falle wirkt die ursprünglich höchst sinnvolle Bewegungsweise durchaus wie etwas Krankhaftes, etwa wie ein Krampfanfall. Analoge Beispiele hypertrophierender Bewegungsweisen finden sich bei verschiedenen Haustieren in sehr großer Zahl. Ebenso häufig sind quantitative Verminderungen endogener Bewegungsweisen. Insbesondere die Brutpflegereaktionen der verschiedensten Haustiere zeigen oft völlig scharf umschriebene Ausfälle. Die Bewegungsweisen des Kämpfens sind im Vergleich zur Wildform so gut wie immer vermindert. Der endogene Drang zum Fliegen ist bei allen domestizierten Vögeln mit Ausnahme der Taube vermindert, ja völlig verschwunden usw.

Ganz allgemein entsteht der Eindruck, als neigten die phylogenetisch ältesten, primitivsten endogenen Reizerzeugungsvorgänge, vor allem die des Fressens und der Begattung, zur Hypertrophie, während die jüngeren, feiner differenzierten Verhaltensweisen, vor allem die des Familienzusammenhaltes, der Brutpflege und -verteidigung, ja überhaupt alle sozialen Reaktionen zum Schwinden neigen. Auf die »viehische« Vergröberung des gesellschaftlichen Verhaltens, die hieraus resultiert, sowie auf die merkwürdige Korrelation, die ethische Beziehungsschemata des Menschen zu diesen Erscheinungen zeigen, werden wir sogleich zurückkommen.

Leider ist hier nicht der Raum, um in breiter Darstellung von Einzelheiten zu zeigen, wie unglaublich weitgehend die beiden kurz skizzierten domestikationsbedingten Veränderungen der angeborenen Aktions- und Reaktionsnormen der Haustiere bestimmten Verfallserscheinungen im Verhalten des Menschen, und zwar insbesondere des zivilisierten Menschen, parallelgehen. Man müßte über die Induktionsbasis eines Oskar Heinroth und über die literarische Schilderungsfähigkeit eines Thomas Mann verfügen, um dem Leser jene Überzeugung zu vermitteln, die sich dem Beobachter der in Rede stehenden Parallelen mit zwingender Gewalt aufdrängt: Es handelt sich hier bei Tier und Mensch um grundsätzlich gleichartige, auf gleichen physiologischen, d. h. auf *genetischen* Ursachen beruhende Erscheinungen. Ich bin mir völlig darüber im klaren, daß diese großenteils intuitive Überzeugung vom induktiv-wissenschaftlichen Standpunkt kaum mehr als eine Arbeitshypothese ist und genauester Erprobung an Tatsachen und Experimenten bedarf. Die Berechtigung, ja Verpflichtung, diese Arbeitshypothese mit aller Betonung zu veröffentlichen, liegt darin, daß ihr Anwendungswert im immerhin wahrscheinlichen Falle ihrer Richtigkeit außerordentlich groß wäre. Jedenfalls darf mit Sicherheit behauptet werden, daß die völlige Vernachlässigung der genetischen Fragestellung bei der Erforschung der Verfallserscheinungen sozialen Verhaltens beim zivilisierten Menschen einen folgenschweren methodischen Fehler bedeutet.

Schließlich sei noch einer Tatsache Erwähnung getan, die außerordentlich merkwürdig ist und die sich in gewissem Sinne als ein Argument für die Annahme anführen läßt, daß bestimmten Verfallserscheinungen des menschlichen sozialen Verhaltens, die so weitgehende Parallelen zu domestikationsbedingten Verhaltensänderungen vieler Haustiere zeigen, tatsächlich eine *genetische* Basis zugrunde liegt. Es besteht eine höchst eigenartige *Korrelation* zwischen jenen angeborenen auslösenden Mechanismen, die ästhetisch-ethische Wertempfindungen hervorrufen, und den durch Domestikation verursachten Erbänderungen.

Auf ästhetischem Gebiet empfindet unser gefühlsmäßiges Werturteil solche Merkmale als häßlich, die durch typische Domestikationserscheinungen entstehen, als schön dagegen solche, die durch dieselben Domestikationserscheinungen gefährdet sind. Es gibt kaum eine typische Domestikationserscheinung auf körperlichem Gebiete, die nicht unsere scharfe ästhetische Ablehnung hervorruft. Fast noch bedeutungsvoller als dieser Satz ist die Tatsache seiner Umkehrbarkeit: Nahezu alles, was wir als spezifisch häßlich empfinden, ist echte Domestikations-

a

Abb. 7 Wildtiere und eine aus ihnen entstandene Hausform. a Karausche und Schleierschwanz. b Wild- und Hausgans. c Wild- und Haushuhn. d Wolf und Haushund. Verkürzung aller Skelettlängen. Zurückbleiben der Fortbewegungsorgane bei den Hausformen.

erscheinung. Muskelschlaffheit, Hängebauch, Bindegewebsschwäche mit ihren Folgeerscheinungen, wie schlaffe Haut, X-Beinigkeit usw., relativ kleines, blödes Auge, schlaffe, wenig »markante«, ausdruckslose Gesichtszüge, Mopskopf und vieles andere »Häßliche« sind typische Folgen der Domestikation. Stellt man in einer größeren Serie Bilder von Wildformen solchen der aus ihnen entstandenen Haustiere gegenüber, so ist man immer wieder erstaunt, wie »schön« und »edel« die wilden Tiere im Vergleich zu den Domestikationsformen wirken.

Die Beziehungsmerkmale, die dabei das positive oder negative Ansprechen unseres anthropomorphen Schönheitsempfindens auslösen, lassen sich wiederum recht gut aus den »Attrappen« abstrahieren, die eine »deplacierte Reaktion« dieser Werturteile hervorrufen. Als solche Attrappenversuche lassen sich, ganz wie wir es schon hinsichtlich anderer auslösender Mechanismen getan haben, die Reaktionen des Menschen auf Erzeugnisse »darstellender Industrie« und solche auf Tiergestalten auswerten. Betrachten wir als Beispiel der ersteren etwa die Modezeichnung, so finden wir auch hier wiederum die typische Tendenz zur Herstellung »über-optimaler« Reizkombinationen und können leicht diejenigen Merkmale herausheben, die zu ebendiesem Zwecke *übertrieben* werden. Bei männlichen Figuren sind das vor allem das Proportionsmerkmal von breiten Schultern und schmalen Hüften, die »markante« Kantigkeit der Gesichtszüge, die straffe Körperhaltung u. a. m., bei weiblichen die Schlankheit der Taille, die Biegsamkeit des Körpers, die allgemeine »knochenlose« Konturierung in mehr oder weniger sinus-ähnlichen Kurven sowie bestimmter Proportionsmerkmale von Schulter-, Taillen- und Hüftbreite, die zwar mit dem Wechsel der Mode auf dickere und schlankere Körperformen transponierbar sind, jedoch sowohl in ihrer Anordnung in der Lotrechten (wahrscheinliche Beziehung zum »Goldenen Schnitt«!) als auch in ihrem horizontalen Ausladen annähernd konstant bleiben. Den Darstellungen beider Geschlechter gemeinsam ist eine geradezu maßlose Übertreibung der Extremitätenlänge. Analoge Beziehungsmerkmale lassen sich natürlich auch aus den Produkten echter Kunst abstrahieren, wobei es bedeutsam erscheint, daß hier gerade in den auf die Blüte verschiedenster Kunstepochen folgenden Verfallsperioden häufig eine der Modezeichnung analoge Übertreibung der genannten Beziehungsmerkmale vorkommt.

Wo die Kunst sich die Aufgabe stellt, absichtlich Häßliches darzustellen, wählt sie durchaus nicht willkürliche Verzerrungen der Idealgestalt, sondern greift regelmäßig nach den typischen Domestikationsmerkmalen: Schon die antike Bildhauerei stellte den Silen als kurz- und krummbeinigen, fett- und hängebäuchigen Chondrodystrophiker mit Mopskopf dar; auch Sokrates, von dem die Überlieferung meldet, daß er ein häßlicher

Abb. 8 Sokrates wird in der griechischen Bildhauerei stets als chondrodystrophischer Mopskopf dargestellt, zum Vergleich eine einigermaßen modemäßig geschmeichelte Periklesbüste.

Mann gewesen sei, wird mit Mopskopf dargestellt. Ebenso geißelt die Karikatur, wo sie absichtlich Häßliches darstellt, in den allermeisten Fällen gerade die schon erwähnten Domestikationsmerkmale, man denke etwa an den Knopp Wilhelm Buschs oder an die in ihrer Häßlichkeit geradezu dämonisch wirkenden Zwerge des Schweden Högfeldt.

Auch aus den als schön und als häßlich empfundenen Tiergestalten lassen sich viele der besprochenen Beziehungsmerkmale abstrahieren. Wenn wir etwa ein Nilpferd oder eine Erdkröte als häßlich, eine Gazelle oder einen Edelreiher als schön empfinden, so ist die Analogie zu Silen und Modeideal ohne weiteres deutlich. Besonders klar wird dabei der blinde Anthropomorphismus unserer Reaktion, denn an sich ist das Nilpferd ein ebenso fein ausgewogenes und harmonisches Systemganzes wie die Gazelle. Die Selbstbeobachtung zeigt ohne weiteres die ganz nahe Verwandtschaft der in Rede stehenden ästhetischen Empfindungen zu dem weiter oben besprochenen »physiognomischen« Erleben von Tiergestalten, die ganz sicher nichts anderes als deplacierte Reaktionen der auf echte Auslöser des Menschen gemünzten angeborenen auslösenden Mechanismen sind.

Die behauptete Korrelation zwischen unserem ästhetischen Empfinden und den typischen Domestikationsmerkmalen, die hier nur in äußerster Kürze skizziert wurde, läßt sich an einer Unzahl weiterer Beispiele erweisen. Die Ausnahmen, die sich unseren Hypothesen nicht fügen, sind so wenige an der Zahl, daß sie statistisch die Klarheit der Korrelation kaum stören, außerdem lassen sich viele von ihnen durch Zusatzhypothesen (domestikationsbedingter Zerfall der betreffenden auslösenden Mechanismen) so einordnen, daß sie die Regel eher bestätigen als verwirren.

Für den uns hier interessierenden Zusammenhang scheint mir nun von ganz wesentlicher Bedeutung zu sein, daß zwischen unserem ethischen Wertempfinden und den domestikationsbedingten Veränderungen des Verhaltens eine durchaus gleichartige Korrelation besteht, wie sie eben zwischen den ästhetischen Empfindungen und körperlichen Domestikationsmerkmalen aufgezeigt wurde. Auch hier sind die als ethisch hochwertig empfundenen Verhaltensweisen gerade jene, die durch typische domestikationsbedingte Ausfälle geschädigt werden, während die als »schlecht« und minderwertig beurteilten stets solche sind, die infolge der Domestikation zur Hypertrophie neigen.

Unter den endogen-automatisch bedingten Verhaltensweisen des Menschen sind ursprünglich die einen ebenso arterhaltend wertvoll und notwendig wie die anderen, Nahrungsaufnahme und Begattung nicht weniger als etwa Brutpflegereaktionen oder höher differenzierte soziale Impulse. Daß wir die einen als ethisch wertlos, ja als sündhaft empfinden, die anderen aber überaus hoch schätzen und als moralisches Verdienst anrechnen, steht ohne allen Zweifel in engstem Zusammenhang damit, daß die erstgenannten beim Zivilisationsmenschen wie beim Haustier zum Überwuchern, die zweiten aber zum Schwinden neigen. Es bedeutet eine eigenartige Selbstironie des Menschen, daß wir gerade jene Maßlosigkeit ganz bestimmter Triebe als »viehisch« bezeichnen, die nur beim Menschen und einigen seiner Haustiere in ebendieser Weise vorkommt! Alle jene Seher und Religionsgründer, die gegen die »Sinneslust« als solche eiferten, haben intuitiv die verderbliche Rolle dieser Trieb-Hypertrophien ganz richtig erkannt. Neben den Trieb-Hypertrophien sind es vor allem bestimmte Auswirkungen der Erweiterung und des Selektivitätsverlustes mancher angeborenen auslösenden Mechanismen, die unser negatives ethisches Wertempfinden hervorrufen. Gerade die häufigsten Folgen einer nur unbedeutenden Erweiterung angeborener Schemata und die durch sie bedingte Wahllosigkeit bestimmter Reaktionen wirken auf uns als »gemein«.

Für alle diese rein gefühlsmäßigen Wertempfindungen ist es kennzeichnend, daß sie nicht auf beliebige, monströse Verzerrungen des menschlichen sozialen Verhaltens ansprechen. Seltene und regellose Ausfallserscheinungen im sozialen Verhalten lösen unsere gefühlsmäßige Empörung weit weniger aus als die alltäglichen »Gemeinheiten« der typischen Domestikationsstörungen. Der Lust- und Massenmörder erregt zwar Schreck und Staunen wie irgendeine unpersönliche Naturkatastrophe, unsere Gefühle und Affekte aber sprechen lange nicht in dem Maße an, wie es vernunftgemäß zu erwarten wäre. Die aus den tiefen, gefühlsmäßigen Schichten unserer Seele entspringende ethische Empörung spricht nur auf »verständlichere« Vergehen an. Ebendieses »Verständnis« beruht meiner Meinung nach auf echten angeborenen Korrelaten zu bestimmten Beziehungsmerkmalen des Verhaltens.

Selbst wenn diese Beziehungsmerkmale nicht, wie es tatsächlich der Fall ist, den typischen Entdifferenzierungserscheinungen im angeborenen Verhalten der Haustiere bis in alle Einzelheiten genau entsprächen, würden die eben dargestellten Verhältnisse für sich allein schon die Annahme nahelegen, daß auch den menschlichen Störungen sozialen Verhaltens eine genetische Basis zugrunde liege. Unsere *Reaktion* auf diese Störungen ist mit einer an Sicherheit grenzenden Wahrscheinlichkeit ererbt, und es scheint mir schwer vorstellbar, daß ererbte angeborene auslösende Mechanismen für nicht erbliche Merkmale des menschlichen Verhaltens in uns bereitliegen sollten. Außerdem spricht auch die offensichtliche Verwandtschaft zwischen unseren ästhetischen und unseren ethischen Wertempfindungen für dieselbe Annahme. Das Objekt, auf das die oben besprochenen ästhetischen Beziehungsschemata »gemünzt« sind, ist ohne allen Zweifel das körperliche Domestikationsmerkmal, und dieses ist ebenso zweifellos genetisch bedingt. Es liegt also sehr nahe, für bestimmte, ebenso eng anthropomorphe ethische Wertempfindungen, die introspektiv überhaupt nicht von den ästhetischen zu trennen und objektiv durch mancherlei Übergänge mit ihnen verbunden sind, das gleiche anzunehmen, d. h. die Verhaltensstörungen, auf die sie ansprechen, ebenfalls für genetisch verankert zu halten.

Ich betone nochmals, daß keineswegs *alle* ästhetischen und ethischen Werturteile auf so eng anthropomorphem, angeborenem auslösenden Mechanismus beruhen. Was ich hier behaupte, ist nur, daß *es solche gibt* und daß sie als relativ ganzheitsunabhängige Bausteine wichtige Elemente des menschlichen sozialen Verhaltens darstellen. Sie dürfen von der soziologischen Forschung nicht vernachlässigt werden, ohne zu schweren Fehlschlüssen Anlaß zu geben.

IV Die konstitutive Gefährdung des Menschen

1 Domestikationsbedingte Ausfälle als Voraussetzung der Menschwerdung

Wenn Arnold Gehlen vom Menschen sagt, er sei *»von Natur aus ein Kulturwesen«*, so erweist sich diese kühne Konzeption vom Standpunkte der vergleichenden Verhaltensforschung in mehr als einer Hinsicht als überzeugend richtig. Wir haben schon gesagt, daß der Mensch das »Instinkt-Reduktions-Wesen« ist. Die »Weltoffenheit« des Menschen, die Gehlen als ein konstitutives Merkmal bezeichnet, die weitgehende Freiheit von spezifischen, erblich festgelegten Umwelt-Anpassungen, ist ein Wesenszug, der zu sehr großem Teil eine Folge von domestikationsbedingten Ausfällen starrer, angeborener Aktions- und Reaktionsnormen ist. Schon Charles Otis Whitman, einer der ersten Pioniere der vergleichenden Verhaltensforschung, erkannte, daß Ausfälle von »Instinkten« bei Haustieren keineswegs einen Rückschritt in der geistigen Entwicklung bedeuten, wie dies nach der Lehre Spencers und Lloyd Morgans zu erwarten gewesen wäre, die »den Instinkt« für die phylogenetische Vorstufe des Verstandes hielten. An einer Reihe prächtiger Beobachtungsbeispiele zeigte Whitman, daß domestizierte Tiere sehr häufig imstande sind, Probleme einsichtig zu lösen, vor denen die zugehörige Wildform versagt, und zwar ausschließlich deshalb, weil sie neue Freiheitsgrade plastisch zweckgerichteten Verhaltens dadurch erlangt haben, daß bei ihnen gewisse starr instinktmäßige Aktions- und Reaktionsnormen ausgefallen sind, an die die undomestizierte Form der gleichen Tierart wie an feste Geleise gefesselt bleibt. Über das Verhältnis zwischen den domestikationsbedingten Instinktausfällen und der durch sie ermöglichten einsichtigen Leistung macht Whitman die bemerkenswerte Aussage: »These ›faults of instincts‹ are not intelligence, but they are the open door, through which the great educator experience comes in and performs every miracle of intellect.« (Diese »Fehler des Instinktes« sind nicht Intelligenz, aber sie sind die offene Tür, durch die der große Erzieher Erfahrung Zutritt erlangt und alle Wunder des Intellektes vollbringt.)

Schon Whitman selbst hat die spezifische Weltoffenheit und Handlungsfreiheit des Menschen mit derartigen domestikationsbedingten Ausfällen in Zusammenhang gebracht. Ganz sicher ist das Schwinden bzw. die Erweiterung bestimmter angeborener auslösender Mechanismen die unbedingte Voraussetzung für die Vielseitigkeit und das Kosmopolitentum des Menschen. Unsere nächsten Stammesverwandten, die Anthropoiden, sind sämtlich Spezialisten für äußerst enge Lebensräume, und der – geologisch betrachtet – plötzliche Übergang von der sehr »stenöken« Ahnenform zur extremen »euryöken« Lebensweise des Menschen wäre auf Grund der gewöhnlichen Vorgänge des Artenwandels völlig unerklärlich. Er wird nur durch die Annahme der schon innerhalb weniger Jahrhunderte möglichen domestikationsbedingten Entdifferenzierungsvorgänge starrer angeborener Mechanismen verständlich.

2 Der Spezialist auf Nichtspezialisiertsein

Noch in einer anderen Hinsicht ist die Domestikation die Voraussetzung für die Entstehung einer wesentlichen und einzigartigen Eigenheit des Menschen. Mit Gehlen sehen wir eine der konstitutiven Eigenschaften des Menschen, ja vielleicht die wichtigste von ihnen, in seiner dauernden neugierig forschenden Auseinandersetzung mit der Welt der Dinge, in der spezifisch menschlichen Tätigkeit des aktiven Weiterbauens an der eigenen Umwelt. Ein prinzipiell gleichartiges aktives Erarbeiten einer individuellen Umwelt durch aktive, neugierige Forschung kommt jedoch – im Gegensatz zu der Ansicht Gehlens – ganz sicher auch gewissen Tieren zu. Alle Tierarten, bei denen dies in nennenswertem Maße der Fall ist. haben eines gemeinsam: Es sind durchweg Formen, die der hochgetriebenen. differenzierten Spezialanpassungen an einen bestimmten Lebensraum und eine bestimmte Lebensweise entbehren. gewissermaßen Durchschnittsvertreter der betreffenden zoologischen Verwandtschaftsgruppe, die in diesem Sinne »urtümlicher« sind als spezialisierte Verwandte. Die Wanderratte, ein typisches Beispiel eines solchen Wesens, entfernt der wundervollen Schwimmanpassung des Bibers, klettert schlechter als das Eichhorn, gräbt schlechter als die Wühlmaus und läuft nicht entfernt so gut wie die Wüstenspringmaus, aber sie übertrifft jeden der genannten vier Ordnungsverwandten in den drei Tätigkeiten, die *nicht* seine »Spezialität« sind. Während Gehlen den Menschen das »Mängelwesen« nennt, weil er aller besonderen Spezialanpassungen entbehrt, möchte ich den Kernpunkt derselben Erscheinung in der *Vielseitigkeit* derartiger unspezialisierter Wesen sehen, zumal man ja auch das gewaltige Menschen-*Hirn* als somatisches Organ durchaus nicht außer acht lassen darf. Auch in anderer, rein körperlicher Hinsicht schneidet der Mensch durch seine Vielseitigkeit im Vergleich zu anderen Säugetieren gar nicht so schlecht ab. Wenn wir als allgemeine körperliche Leistungsprüfung einen »Dreikampf« ausschreiben, dessen Bedingungen in einem Tagesmarsch von 30 km, dem Erklettern eines 4 m langen, frei aufgehängten Seiles und in einer Tauchleistung von 20 m Länge und 4 m

Tiefe, mit zielgerichtetem Heraufholen irgendeines versenkten Gegenstandes bestehen, so findet sich kein einziges Säugetier, das die jedem durchschnittlichen Stadtmenschen möglichen Leistungen vollbringt.

Allen typischen »Spezialisten auf Nichtspezialisiertsein« ist neben der Vielseitigkeit der körperlichen Eigenschaften eine sehr kennzeichnende Struktur der angeborenen Verhaltensdispositionen zu eigen: Bei ihnen allen ist die jugendliche Neugier und Lernfähigkeit auf die Spitze getrieben. Ein derartiges Jungtier wird von allem unwiderstehlich angezogen, was *gestaltet wahrzunehmen im Bereich seiner Fähigkeiten liegt.* Jeder Organismus kann nur das als dressurauslösendes Merkmal erwerben, was er gestaltet wahrzunehmen vermag, und es ist daher verständlich, wenn die Appetenz zum Lernen bei derartigen Jungtieren ganz besonders durch solche Gegenstände erregt wird, die reich an prägnant gestaltbaren Merkmalen sind. An jeder durch ihre Prägnanz irgendwie auffallenden Reizsituation probieren nur die Jungtiere der unspezialisierten Neugierwesen buchstäblich sämtliche in ihrem arteigenen Aktionssystem vorhandenen Verhaltensweisen durch. Ein junger Rabe bringt jedem ihm neuen Gegenstand gegenüber das ganze Inventar seiner angeborenen Bewegungsweisen, indem er hintereinander versucht, diesen zu zerhacken, durch »Zirkeln« zu zerreißen, wenn er groß und schwer ist, durch dieselbe Bewegungsweise umzuwenden, ihn durch Anwendung gewisser angeborener Bewegungsweisen zu verstecken usw. Eine junge Ratte beschnuppert und benagt versuchsweise schlechterdings alles, versucht alle Winkel zu durchkriechen, alles Bekletterbare zu beklettern und alle in ihrem Gebiet überhaupt möglichen Wege »auswendig zu lernen«.

Der arterhaltende Sinn dieser Appetenz nach Unbekanntem und dieses Durchproben aller dem Tiere möglichen Verhaltensweisen ist leicht zu durchschauen. Der Spezialist auf Nichtspezialisiertsein baut sich seine Umwelt aktiv auf, während sie ein Tier mit weitergehenden Spezialanpassungen der körperlichen Organe und des angeborenen Verhaltens großenteils mit auf die Welt bringt. In der Umwelt eines »Spezialisten«, etwa eines Haubentauchers, ist so ziemlich alles, worauf er überhaupt Bezug nimmt, die Wasserfläche, die Beute, der Geschlechtspartner, das Nistmaterial usw., durch hochdifferenzierte angeborene auslösende Mechanismen artmäßig festgelegt. Sein Lernen beschränkt sich hauptsächlich auf das Auffinden der für ihn bedeutungsvollen Reizsituationen. Es steht nicht im Machtbereich seiner Fähigkeit zur Eigendressur, an diesen ererbten und arteigenen, für ihn »apriorischen« Gegebenheiten seiner Umwelt irgend etwas zu verändern.

Die neugierigen Nichtspezialisten dagegen bringen stets nur sehr wenige und sehr weite, d. h. merkmal*arme*, auslösende Mechanismen und verhältnismäßig wenige angeborene Bewegungsweisen mit. Für letztere ist es sehr bezeichnend, daß sie gerade wegen ihrer verhältnismäßig geringen Spezialisierung besonders vielfältige Möglichkeiten der Anwendung haben. Dadurch, daß solche Tiere zunächst alles ihnen Neue so behandeln, als ob es für sie von größter biologischer Wichtigkeit wäre, finden sie in den verschiedensten und extremsten Lebensräumen unfehlbar jede Kleinigkeit heraus, die zur Erhaltung ihres Lebens beitragen kann. *Buchstäblich alle höheren Tiere, die zu Kosmopoliten geworden sind, sind typische unspezialisierte Neugierwesen.*

Ohne allen Zweifel ist die Art und Weise, in der der Mensch die Probleme der Arterhaltung meistert, grundsätzlich gleichartig mit dem eben beschriebenen Anpassungstypus der Spezialisten auf Nichtspezialisiertsein. Die Stärke, der der Mensch in allererster Linie seinen biologischen Erfolg und sein Kosmopolitentum verdankt, liegt ganz sicher in jener dialogischen, aktiven Auseinandersetzung mit der Umwelt, die wir kurzweg als die Forschung bezeichnen können. Das Wesentliche in der Funktion des Neugierlernens der besprochenen Tiere liegt ja eben in dem *sachlichen* Interesse für alles Neue. Wenn ein junger Rabe oder eine junge Ratte einen neuen Gegenstand »untersucht«, d. h. alle nur denkbaren Verhaltensweisen seines Aktionssystems hintereinander an ihm durchprobiert, so sind unter diesen Verhaltensweisen natürlich auch solche, deren arterhaltende Funktion direkt oder indirekt dem Nahrungserwerb dient, ja derartige Bewegungsweisen überwiegen häufig über andere. Dennoch wäre es grundsätzliches Mißverstehen der Triebziele des Tieres, nun etwa zu meinen, es handle sich letzten Endes doch nur um ein nach Nahrung gerichtetes Appetenzverhalten. Bei der großen Kategorie des rein räumlichen Neugierverhaltens, das durch Auswendiglernen aller möglichen Wege zu einer sehr genauen *Raumrepräsentation* führt, schaltet sich diese Deutung von vornherein aus, aber auch bei dem neugierigen Ausprobieren von Bewegungsweisen, deren arterhaltender Sinn wirklich im Nahrungserwerb liegt, kann man im Wahlversuch stets ohne weiteres feststellen, daß es die Appetenz nach dem Neuen und nicht nach dem Fressen ist, die den Organismus zu seinem Verhalten treibt: Der allerbeste dem Tier bekannte Lekkerbissen vermag nicht, es von der Untersuchung eines neuen Gegenstandes abzulenken, auch dann nicht, wenn unter den Bewegungsweisen, die es gerade durchprobiert, solche des Fressens sind. Um es anthropomorph auszudrücken: Das Tier will nicht fressen, sondern es will »wissen«, was es in dem betreffenden Lebensraume »theoretisch« alles zu fressen gibt!

Die aktive Forschung des Tieres ist insofern im buchstäblichen Sinne des Wortes sachlich, als durch sie eine Umweltrepräsentation entsteht, deren Schwerpunkt in *objektbezogenen* Kenntnissen liegt und deren Reichtum an »gewußten« Einzelheiten diejenige anderer vor-menschlicher Lebewesen um ein Vielfaches übertrifft. Ebendiese reiche »theoretische« Kenntnis der umgebenden Welt ist es ja, die es derartigen Tieren ermöglicht, in so ungeheuer verschiedenen Lebensräumen alles biologisch Relevante, zur Lebenserhaltung Verwendbare herauszufinden. Gehlen stellt es als eine spezifisch menschliche Leistung hin, wenn das Subjekt durch die forschende, aktive Auseinandersetzung mit jedem neuen und deshalb anziehenden Gegenstand sich diesen von allen nur irgend zugänglichen Seiten her »intim« macht und ihn dann »dahingestellt« sein läßt, d. h. in jenem buchstäblichen Sinne ad acta legt, daß es im Bedarfsfalle jederzeit auf ihn zurückgreifen kann. Eben das ist aber in durchaus gleicher Weise bei allem Neugierlernen der tierischen Spezialisten auf Nichtspezialisiertsein in grundsätzlich gleicher Weise der Fall. Hierfür nur ein Beispiel: Die angeborene Verhaltensweise des Nahrungsversteckens beim Kolkraben und anderen Corviden besteht darin, daß der zu versteckende Gegenstand mit einer artgemäß festliegenden Bewegungskoordination in einen dunklen Winkel, womöglich in eine Spalte gestopft und dann mit indifferentem Material bedeckt wird. Voraussetzung des glatten Ablaufes dieser Handlung ist, daß bereits intimgemachtes und daher »uninteressantes« Material verfügbar ist. Versteckt ein Rabe etwa einen Fleischbrocken in einer Sofaecke, sieht sich dann nach etwas zum Bedecken Verwendbarem um und hat nichts dergleichen zur Hand oder besser »zum Schnabel«, so kann man ihm nicht dadurch helfen, daß man ihm einen Papierfetzen oder sonst einen ihm neuen Gegenstand hinwirft. Dies zerbricht regelmäßig seine Handlungsintentionen, da die Untersuchung des neuen Objektes den Vogel zunächst völlig gefangennimmt. Höchstens kann es vorkommen, daß er nach gründlicher, sachlicher Untersuchung des Papieres mehr oder weniger zufällig von neuem an das Fleisch gerät und es nun damit bedeckt. Hat der Vogel dagegen vorher das Papier bis zum völligen Uninteressantwerden untersucht, so wird er sofort darauf zurückgreifen, wenn er es als Versteckmaterial benötigt.

Selbstverständlich läßt sich die Scheidung in »Spezialisten« und »Spezialisten auf Nichtspezialisiertsein« im Tierreiche nur an extremen Typen scharf durchführen. Es gibt alle nur denkbaren Übergänge zwischen beiden, und eine echte Appetenz nach Lernsituationen findet sich bei so ziemlich allen höheren Tieren während gewisser Stadien der Jugendentwicklung. Die meisten jener uns so »menschlich« anmutenden Verhaltensweisen der Jungen höherer Säugetiere, die man unter dem wenig scharf definierten Begriff des *Spielens* zusammenzufassen pflegt, erweisen sich bei näherem Zusehen als ein neugieriges Durchprobieren arteigener Verhaltensweisen an neuen und durch prägnante Gestaltbarkeit reizenden Objekten. Überall dort, wo weite angeborene Auslösemechanismen eine gewisse Variationsbreite des Objektes gestatten und gleichzeitig einer Einengung durch Erwerbung bedingter Reaktionen bedürfen, pflegt in der »Konstruktion« des arteigenen Aktionssystems an der betreffenden Stelle eine Appetenz nach Neuem und Gestaltbarem »vorgesehen« zu sein. Die junge Katze, die mit ihren wundervoll graziösen Bewegungen des Beute-Erwerbs alles, was nur einigermaßen in das »Mäuseschema« paßt, zu fangen versucht und immer neue Objekte für ihr Spiel findet, ist ein allbekanntes Beispiel dieses Vorgangs. Junge Hunde verhalten sich prinzipiell ebenso. Ein junger Mungo, *Herpestes mungo* L., nähert sich in dem Ausmaße seines Forschungsdranges schon sehr weit den typischen Spezialisten auf Nichtspezialisiertsein. Wer eine stimmungs- und humorvolle, fein beobachtete Schilderung des Neugierverhaltens derartiger Tiere kennenlernen will, der lese Rudyard Kiplings wundervolle Mungo-Novelle *Rikkitikkitavi.*

Die Wichtigkeit der Rolle, die das Neugierlernen in der Verhaltensbiologie einer Tierart spielt, steht selbstverständlich nicht nur mit der Abwesenheit spezifischer Anpassungen, sondern ebenso auch mit der absoluten geistigen Organisationshöhe, insbesondere der Lernfähigkeit des Tieres, in enger Korrelation. Daher ist das neugierige Forschen des Jungtieres bei den geistig am höchsten stehenden Säugern, bei den Menschenaffen, sehr ausgeprägt, mindestens so intensiv wie etwa bei Wanderratten oder Rabenvögeln, obwohl sämtliche heute lebenden Anthropoiden in viel höherem Maße »Spezialisten« sind als jene. Die sachliche, objektbezogene Neugier junger Schimpansen und Orangs ist deshalb immer wieder besonders eindrucksvoll, weil durch ihr Zusammenspiel mit der guten Raum-Repräsentation dieser Greifhandkletterer ungemein komplizierte »Spiele« zustande kommen, die dem »Experimentierspiel« (Charlotte Bühler) kleiner Menschenkinder sowohl formal als inhaltlich völlig gleichkommen. Was schon die Jungtiere niedriger Affen, etwa der Kapuziner (*Cebus*), bei diesen Spielen im Aufeinanderbauen und Ineinanderschachteln von Objekten, im Benutzen von Hebelwirkungen und dergleichen leisten, ist ganz erstaunlich. Man wundert sich immer wieder, daß bei diesen intensiven und in ihrer sachlichen Objektbezogenheit so ungemein menschlich wirkenden Forschungen schließlich doch nicht mehr herauskommt als ein geschickt kletternder Affe, der weiß, welche Äste brüchig und daher zu meiden sind, welche Früchte durch Draufschlagen mit einem Stein geöffnet werden können usw. Bei der Beobachtung junger Anthropoiden erreicht dieses Erstaunen seinen Gipfelpunkt. Die Diskrepanz zwischen dem so ungemein menschlich anmutenden neugierigen Forschen des Jungtieres und dem so wenig menschenähnlichen Verhalten des erwachsenen Affen ist hier so groß, daß sich mir immer wieder die Vermutung aufdrängen will, es hätten die Vorfahren der heutigen Menschenaffen weit höhere Fähigkeiten des Neugierlernens und der sinnvollen Objektbehandlung besessen als die rezenten Formen, bei denen diese höheren Leistungen nur mehr im Spiel des Jungtieres schattenhaft auftauchen. Dies ist natürlich reine Spekulation, denn die Frage »Rudiment oder Oriment« wird hier kaum je zu entscheiden sein.

3 Das unfertige Wesen

Mit dieser Überschrift schließen wir uns wiederum an eine Begriffsbildung Gehlens an. Wie wir gesehen haben, ist das aktive, dialogisch-forschende Aufbauen der eigenen Umwelt keine dem Menschen allein eigene Leistung. Dennoch ist die Weltoffenheit des Menschen nicht nur graduell-quantitativ, sondern auch qualitativ von derjenigen tierischer Spezialisten auf Nichtspezialisiertsein verschieden. Dieser so wesentliche Unterschied liegt darin, daß beim Menschen die forschende Auseinandersetzung mit der Außenwelt *bis zum Senilwerden erhalten bleibt*, während sie bei sämtlichen, auch bei den klügsten und neugierigsten Tieren nur eine kurze Phase der individuellen Entwicklung darstellt. Auch bei diesen anpassungsfähigsten unter allen vor-menschlichen Organismen *erstarrt* das durch Neugierlernen Erworbene in prinzipiell völlig gleicher Weise wie die individuellen Erwerbungen weit dümmerer und spezieller angepaßter Tiere. Im *fertigen* Zustande sind die durch Neugierlernen aktiv erarbeiteten Verhaltensweisen so starr wie nur irgendwelche anderen Dressuren, ja beinahe schon wie angeborene arteigene Aktions- und Reaktionsnormen. Das Sprichwort, daß ein alter Pudel keine neuen Kunststücke lernt, gilt auch für alle unspezialisierten Neugiertiere uneingeschränkt. Ein alter Kolkrabe oder eine alte Ratte hat durchaus nichts mehr von jener Weltoffenheit, die uns am jungen Tier als so »menschlich« und verwandt anspricht. Die Appetenz nach unbekannten Reizsituationen ist völlig geschwunden, das Tier *scheut* vor solchen unter intensivsten Fluchtreaktionen. Bringt man es in Gefangenschaft gewaltsam in eine neue Umgebung, so zeigt es einen geradezu enttäuschenden Mangel an jeglicher Anpassungsfähigkeit. Insbesondere an alten Raben kann man unter solchen Umständen ein Verhalten beobachten, das bedeutsame Parallelen zu denjenigen altersblödsinniger Menschen zeigt. Diese sind ebenfalls in der gewohnten Umgebung völlig orientiert und wissen sich scheinbar einsichtig zu benehmen; wird ihnen jedoch ein Umgebungswechsel aufgezwungen, so erweisen sie sich durch ihre Unfähigkeit zu irgendwelchen Umstellungen als irre. Alte Raben verfallen in einer neuen Umgebung in eine typische Angstneurose, zeigen sich völlig desorientiert, erkennen bekannte Personen nicht mehr, vergessen völlig die Undurchdringlichkeit des Käfiggitters und gehen wie Wildfänge gegen dieses an.

Woher hat aber nun der Mensch dieses merkwürdige und für sein Menschentum so konstitutive persistierende Jugendmerkmal der forschenden Neugier? Darauf ist zunächst zu antworten, daß die neugierige Weltoffenheit durchaus nicht das einzige persistierende Jugendmerkmal des Menschen ist. Wie Bolk als erster gesehen und überzeugend dargetan hat, ist eine ganze Reihe von körperlichen Merkmalen, in denen sich der Mensch von seinen nächsten Stammesverwandten unterscheidet, die Folge einer eigenartigen Entwicklungshemmung, die gewissermaßen eine dauernde »Verjugendlichung« des Menschen bewirkt. Die relative Haarlosigkeit des Körpers bei Behaarung des Kopfes, das Überwiegen des Hirnschädels über den Gesichtsschädel, die starke, fast rechtwinklige Abknickung der Achse der Schädelbasis gegen die Wirbelsäule samt der durch sie bedingten, weit nach vorn gerückten Lage des Hinterhauptloches, das relativ hohe Hirngewicht, die Krümmung der Beckenachse, eine ganze Anzahl von Baueigentümlichkeiten der weiblichen Geschlechtsorgane, die Pigmentarmut der Haut sowie eine ganze Reihe weiterer Merkmale hat der Mensch mit frühen, zum Teil fötalen Entwicklungsstadien der Menschenaffen gemeinsam, weshalb Bolk den ganzen Erscheinungskreis als »Fötalisation« des Menschen bezeichnet hat.

Im Grunde genommen handelt es sich dabei um den gleichen phylogenetischen Vorgang, der in der Zoologie längst unter der Bezeichnung *Neotenie* bekannt ist. Bei Krebsen, Zweiflüglern, Schwanzlurchen und vielen anderen Tieren kommt es vor, daß – geologisch gesehen, sehr plötzlich – die letzten Stadien der ontogenetischen Entwicklung weggelassen werden. Die betreffende Tierart erreicht also nicht mehr das vorherige Endstadium ihrer Entwicklung, sondern wird in einem Zustande geschlechtsreif, der früher nur ein vorübergehendes Jugend- oder Larvenstadium darstellte. Die Zahl der persistierenden Jugendmerkmale des Menschen ist so groß und sie sind für seinen Gesamthabitus so weitgehend bestimmend, daß ich keinen triftigen Grund sehe, die allgemeine Verjugendlichung des Menschen als etwas anderes aufzufassen als einen speziellen Fall von echter *Neotenie*.

Für jeden, der die grundsätzliche Einheit und begriffliche Untrennbarkeit von Form und Funktion richtig begriffen hat, wird es ohne weiteres selbstverständlich sein, daß das Persistieren von Jugendmerkmalen im Verhalten des Menschen in engstem Zusammenhang mit demjenigen körperlicher Merkmale steht. *Das konstitutive Merkmal des Menschen, das*

Erhaltenbleiben der aktiven, schöpferischen Auseinandersetzung mit der Umwelt, ist eine Neotenie-Erscheinung. Wer je, vom Schauer der Vergangenheit angeweht, den Experimentierspielen junger Anthropoiden zugesehen und deren absolute Wesensgleichheit mit der entsprechenden Tätigkeit des menschlichen Kleinkindes auf sich wirken ließ, wer je an eigenen Kindern die allmähliche Entwicklung vom Experimentierspiel des »Schimpansenalters« (Charlotte Bühler) zum Basteln des heranreifenden Knaben miterlebt hat und wer schließlich an sich selbst erlebt hat, in welch fließendem Übergange die Forschung des Mannes aus dem Spielen des Kindes hervorgeht, der wird niemals an der fundamentalen Identität aller dieser Vorgänge zweifeln. Wenn der Satz Nietzsches »Im echten Manne ist ein Kind versteckt – das will spielen« den phylogenetischen Tatbestand und die für den Menschen konstitutive geistige Neotenie nicht so haargenau treffen würde, wäre man versucht, ihn umzukehren und zu sagen: Im echten Kinde ist ein Mann versteckt – der will forschen!

Die für das Menschentum des echten Mannes so wesentliche Eigenschaft, dauernd ein *Werdender* zu bleiben, ist ohne allen Zweifel eine Gabe, die wir der Neotenie des Menschen verdanken. Die Neotenie ihrerseits aber ist, ebenso wie das im vorangegangenen Kapitel besprochene Freiwerden vom starren Zwang angeborener Aktions- und Reaktionsnormen, mit sehr großer Wahrscheinlichkeit *eine Folge der Domestikation* des Menschen. Hilzheimer hat gezeigt, daß eine sehr große Zahl der bei verschiedensten Haustierformen auftretenden und sie von den zugehörigen Wildformen unterscheidenden Merkmale persistierende Jugendmerkmale sind. Hängeohren und Kurzhaarigkeit vieler Hunderassen, die allgemein bei Haustieren verbreitete Verkürzung der Schädelbasis und dadurch bedingte Vorwölbung des Hirnschädels, die Verkürzung des Extremitätenskeletts und viele andere sind Merkmale, die der Wildform nur während einer kurzen Phase der ontogenetischen Entwicklung zukommen, beim Haustiere aber zu persistenten Rassencharakteren geworden sind.

Gleiches gilt in sehr ausgesprochenem Maße auch für Merkmale des Verhaltens. Hierfür sei ein Beispiel angeführt. Zieht man einen jungen Wolf, Schakal oder Dingo von frühester Jugend wie einen Haushund im Kreise der menschlichen Familie auf, so verhält er sich zunächst durchaus wie ein Haushund, d. h. er überträgt die jugendliche Anhänglichkeit, die er im Freileben seiner Mutter bzw. später dem Leiter des Rudels gegenüber gezeigt hätte, ohne weiteres auf bestimmte Menschen. Während aber der Haushund diese ihrem Wesen nach »kindlichen« Bindungen sein Leben lang beibehält, zeigen Exemplare der genannten Wildformen, insbesondere die Rüden, sobald sie völlig erwachsen sind, eine deutliche Neigung, sich unabhängig zu machen bzw. selbst den Rang des

Leittieres zu beanspruchen. Sie werden dann dem bisherigen Herrn gegenüber aufsässig, versuchen ihn einzuschüchtern und ihn sich rangmäßig unterzuordnen. Es ist eine merkwürdige Tatsache, daß der Hund, der sich wie kein anderes Haustier der menschlichen Gesellschaft einfügt, ganz wie der Mensch selbst das wesentlichste seiner Verhaltensmerkmale einer Neotenie verdankt: Wie die aktiv forschende Weltoffenheit des Menschen, so ist die Herrentreue des Hundes ein persistierendes Jugendmerkmal.

Wie anhangweise erwähnt sei, ist das dauernde Erhaltenbleiben der forscherischen Auseinandersetzung mit der Umwelt wenn auch das wesentlichste, so doch nicht das einzige konstitutive Verhaltensmerkmal, das der Mensch seiner Neotenie verdankt. Die Ergebnisse der Psychoanalyse zeigen in überzeugender Weise, welche gewaltige Rolle die dauernde Persistenz gewisser Bindungen an den Vater im sozialen Verhalten des Menschen spielt. Die so vielen Kulturvölkern gemeinsame Idee eines anthropomorphen Gottes wird von Freud gleicherweise und wohl sicher mit Recht auf diese Erscheinungen zurückgeführt.

4 Das riskierte Wesen

Eine andere konstitutive Seite des menschlichen Wesens sieht Gehlen darin, daß der Mensch das gefährdete oder »riskierte« Wesen, das Wesen »mit einer konstitutionellen Chance zu verunglücken« ist. Aus dem, was über die Domestikationserscheinungen als Voraussetzung der Menschwerdung gesagt wurde, geht genugsam hervor, welche tiefe Wahrheit auch in dieser Konzeption Gehlens gelegen ist. Die spezifisch menschliche Freiheit des Handelns hatte ganz sicher die Reduktion, die Auflösung starr strukturierter Aktions- und Reaktionsnormen zur Voraussetzung. Wie jede starre Struktur haben auch die angeborenen Verhaltensweisen die Eigenschaft, zu stützen und steif zu machen. Die durch sie bedingte, anpassungsunfähige »Steifheit« des Verhaltens konnte nur unter Verzicht auf Stützfunktion und damit auf Sicherheiten aufgebaut werden. Jede neue Plastizität des Verhaltens mußte um einen Verzicht auf gewisse Sicherheitsgrade erkauft werden.

Jede organische Höherentwicklung, insbesondere aber jede geistige, ist stets ein eigenartiger Kompromiß zwischen diesen beiden voneinander untrennbaren und doch so gegensätzlichen Seiten aller starren Strukturen. Ohne starre Strukturen ist kein organisches System von höherer Integrationsstufe möglich, stets aber müssen die Strukturen des bestehenden Systems zerbrochen werden, soll ein solches von noch höherer Stufe der Integration und Harmonie erreicht werden. Dieses böse Dilemma haftet grundsätzlich jeder organischen Höherentwicklung an. Ob ein Krebs sich häutet, ob ein Mensch in der Pubertät von der Persönlichkeitsstruktur des Kindes in die des Mannes hinüberwechselt oder ob eine überalterte menschliche Gesellschaftsordnung in eine neue übergeht, immer und überall ist der Entwicklungsfortschritt mit Gefahren verbunden, und zwar deshalb, weil die alte Struktur abgebrochen werden muß, ehe noch die neue zu voller Funktionsfähigkeit gediehen ist. Kein anderer Organismus war und ist diesen Gefahren in gleicher Weise ausgesetzt wie der Mensch, weil kein anderer in der gesamten Geschichte des Lebens auf unserem Planeten eine so überstürzte Entwicklung durchgemacht hat und noch durchmacht wie er. Phylogenetisch und ontogenetisch ist der Mensch das »unfertige Wesen«, ontogenetisch und phylogenetisch ist er gleichsam in einer beinahe ununterbrochenen Serie von »Häutungen« begriffen, niemals befindet er sich in jenem statischen Gleichgewicht struktureller Anpassung, das bei anderen Organismen äonenlange geologische Epochen währen kann.

Es gibt nur wenige philosophische Lehrsätze, die so gründlich das Gegenteil der Wahrheit behaupten wie der alte Satz *Natura non facit saltum!* Vom Geschehen im Atom bis zu demjenigen in der Menschheitsgeschichte bewegt sich die anorganische und die organische Entwicklung in Sprüngen. Mögen auch gewisse Vorgänge quantitativer Summierung im Entwicklungsgeschehen bei grober Betrachtung kontinuierlich aussehen, im Grunde sind sie genau ebenso diskontinuierlich wie die großen Qualitätsumschläge der organischen Entwicklung, die Hegel als erster klar sah. Die oben besprochenen Gefahren aller bedeutenderen Sprünge im organischen Entwicklungsgeschehen sind begreiflicherweise der Größe der einzelnen Sprünge proportional. Wir wundern uns daher durchaus nicht, daß einer der größten Qualitätsumschläge, der in der Geschichte des Organischen je vor sich gegangen ist, daß der Entwicklungssprung vom Anthropoiden zum Menschen, der sich, geologisch gesehen, so ungeheuer plötzlich abgespielt hat, gewaltige Gefahren für das neu entstandene Wesen mit sich bringt.

Selbst derjenige, der an den oben skizzierten Hypothesen der vergleichenden Verhaltensforschung, insbesondere an der Rolle der Domestikation, Zweifel hegt, muß zugeben, daß die Strukturen, deren Abbau die Gefährdung der Menschheit heraufbeschworen hat, die Strukturen *des angeborenen Verhaltens* sind. Der Preis, um den der Mensch die konstitutive Freiheit seines Denkens und Handelns erkaufen mußte, ist jenes Angepaßtsein an einen bestimmten Lebensraum und eine bestimmte Form des sozialen Lebens, das bei allen vor-menschlichen Lebewesen durch arteigene, ererbte Aktions- und Reaktionsnormen gesichert ist. Dieses Angepaßtsein bedeutet in sozialer Hinsicht nichts anderes als eine völlige Übereinstimmung zwischen Neigung und Sollen, bedeutet jenes problemlose Leben im Paradies, das um der Früchte vom Baume der Erkenntnis willen geopfert werden mußte.

Die Leistung, die beim Menschen die verlorengegangenen »Instinkte« ersetzt und vikariierend für sie eintritt, ist jene dialogisch forschende, *fragende* Auseinandersetzung mit der Umwelt, jenes Sich-ins-Einvernehmen-Setzen mit der äußeren Wirklichkeit, das auch etymologisch in dem Worte *Vernunft* enthalten ist. Der Mensch ist das vernünftige Wesen. Aber er ist nicht *nur* Vernunftwesen, sein Verhalten ist lange nicht so ausschließlich von Vernunft bestimmt, wie die meisten philosophischen Anthropologen annehmen, sondern in viel höherem Maße von angeborenen arteigenen Aktions- und Reaktionsnormen gesteuert, als wir meist glauben und gern wahrhaben möchten. Vor allem gilt das für das *soziale* Verhalten des Menschen. Wir haben oben (S. 149) gesagt, daß bei den geistig höchststehenden Tieren das Verhalten zum Artgenossen in viel höherem Maße von angeborenen Komponenten und viel weniger von höheren geistigen Leistungen beherrscht wird als das Verhalten zur außerartlichen Umwelt. Daß dies beim Menschen leider ganz ebenso ist, drückt sich kraß in dem Mißverhältnis aus, das zwischen seinen ungeheuren Erfolgen in der Beherrschung der Außenwelt und seiner niederschmetternden Unfähigkeit, die innerartlichen Probleme der Menschheit zu lösen, besteht.

Dies liegt keineswegs daran, daß diese innerartlichen, im weitesten Sinne sozialen Probleme etwa schwieriger wären als diejenigen der äußeren Umwelt. Das Gegenteil ist der Fall. Die Zertrümmerung des Atoms stellt der menschlichen Vernunft ohne allen Zweifel schwierigere Aufgaben als die Frage, wie man die Menschen daran hindern könnte, sich mit Hilfe von Atombomben gegenseitig auszurotten. Es gibt sehr viele überdurchschnittlich intelligente Leute, deren Fähigkeit zu abstraktem Denken durchaus nicht ausreicht, um die unanschaulich-mathematischen Gedankengänge nachzuvollziehen, auf denen sich die moderne Atomphysik aufbaut. Dagegen vermag auch ein geistig Minderbegabter ohne weiteres einzusehen, was geschehen und was vermieden werden müßte, um eine Selbstvernichtung der Menschheit zu verhindern. Trotz der gewaltigen Verschiedenheit der Denkschwierigkeiten dieser beiden Probleme hat die Menschheit dasjenige des Atomgeschehens in wenigen Jahrzehnten gelöst, während sie der Gefahr der Selbstvernichtung, die ihr mit der Erfindung der ersten Waffe, des Faustkeiles, erstanden ist, heute noch hilfloser gegenübersteht als zur Zeit des Pekingmenschen!

Die Tatsache, daß der bescheidenste Verstand zu sehen vermag, was nicht geschehen dürfte, daß dies aber dennoch geschieht, gibt zu denken. Wo in dem uns leichter durchschaubaren, der Selbstbeobachtung zugänglichen Verhalten des menschlichen Individuums etwas Ähnliches vorkommt, d. h. wo trotz völliger Einsicht in eine bestimmte lebenswichtige Situation unaufhaltsam das der Vernunft Zuwiderlaufende geschieht, dort ist so gut wie immer die Auswirkung des vernünftigen Denkens durch übermächtige angeborene, arteigene Aktions- und Reaktionsweisen *blokkiert*. Es liegt sehr nahe, bei dem analogen überindividuellen, kollektiven Versagen der Vernunftwirkung gleiches anzunehmen. Zum mindesten ist diese Annahme als Arbeitshypothese wahrscheinlich genug, um Dysfunktionen angeborener arteigener Verhaltensweisen als Ursache des sonst ganz unverständlichen Versagens der kollektiven Menschheitsvernunft vor verhältnismäßig einfachen Problemen ernstlich in Betracht zu ziehen. Ich will daher in gedrängter Darstellung eine Reihe möglicher, ja wahrscheinlicher Störungsmechanismen angeborener sozialer Verhaltensweisen besprechen.

Der erste und wahrscheinlich wichtigste dieser Mechanismen ist der folgende: Bei jedem Organismus, der aus seinem natürlichen Lebensraum gerissen und in eine neue Umgebung gebracht wird, kommen Verhaltensweisen vor, die für die Arterhaltung sinnlos oder geradezu abträglich sind. Stets kommt dieses Phänomen dadurch zustande, daß eine bestimmte, auf eine sehr spezifische arterhaltende Funktion zugeschnittene, auf endogener Reizproduktion beruhende Verhaltensweise ihres normalen Anlasses beraubt ist, so daß nun die Kumulation aktionsspezifischer Energie zu ihrem Hervorbrechen in einer völlig inadäquaten Reizsituation führt. Das nennen wir die deplacierte Reaktion.

Auch der moderne Mensch ist ein Wesen, das aus seinem natürlichen Lebensraum gerissen wurde. Innerhalb eines Zeitraumes, der, vom geologisch-phylogenetischen Gesichtspunkte betrachtet, unmeßbar kurz ist, hat die emporblühende menschliche Kultur die gesamte Ökologie und Soziologie unserer Art so weitgehend verändert, daß eine Reihe früher sinnvoller endogener Verhaltensweisen nicht nur funktionslos, sondern im höchsten Maße störend geworden sind. Im sogenannten Aggressionstrieb haben wir das wichtigste Beispiel hierfür schon kennengelernt (S. 165 ff.). Für einen Schimpansen, ja selbst noch für einen Menschen der frühen Steinzeit war es ohne Zweifel im Sinne der Selbst-, Familien- und Arterhaltung wertvoll und notwendig, daß die innere Reizproduktion aggressiver Verhaltensweisen für, sagen wir, zwei große Wutausbrüche wöchentlich ausreichte. Da nun derartige angeborene Aktions-Reaktions-Normen, soweit sie nicht von domestikationsbedingten, plötzlichen Ausfallsmutationen betroffen werden, sich nur im gleichen phylogenetischen Tempo verändern können wie organische Strukturen, so ist es nicht weiter verwunderlich, daß der moderne Mensch in seinem polizeigeschützten Leben nicht weiß, wo er mit diesen rhythmisch auftretenden Wutausbrüchen hin soll. Die Umgangssprache hat in ihrem Ausdruck vom Menschen, der »seinen gesunden Ärger sucht«, sehr fein erfühlt, daß einer relativ harmlosen Entladung gerade dieser Kumulation reaktionsspezifischer Energie der Wert einer heilsamen Katharsis zukommt. Die gesteigerte Bereitschaft zur Aggression, die eine Folge ebendieser reaktionsspezifischen Energiestauung ist, ist zweifellos die Ursache für die leichte *Verhetzbarkeit* des Menschen. Jeder ist gewissermaßen froh, ein »erlaubtes« Ersatzobjekt für seine unausgelebten Aggressionen zu finden und fällt freudig auf die plumpeste »Attrappe« herein, die ihm ein geschickter Demagoge vorhält. Ich behaupte, daß ohne diese rein physiologische Grundlage alle jene demagogisch gewollten Massengrausamkeiten, wie etwa Hexenprozesse oder Judenverfolgungen, grundsätzlich nicht möglich gewesen wären.

Eine sehr ähnliche Rolle als »deplacierte Reaktion« spielt die ebenfalls schon erwähnte komplexere Verhaltensweise der sozialen Verteidigung. Wie schon angedeutet, spricht auch sie allzu leicht auf die vom Demagogen gelieferte Attrappe an. Besonders gefährlich wird sie durch die große Lustbetontheit ihres subjektiven Erlebniskorrelates, der sozialen oder nationalen Begeisterung. Wir wollen uns unumwunden eingestehen, daß es ein wunderschönes Erlebnis ist, von »heiligem« Schauer überlaufen, die Nationalhymne zu singen, und es ist allzu leicht, zu vergessen, daß der Schauer ein Sträuben des alten Schimpansenpelzes ist und daß die gesamte Reaktion grundsätzlich *gegen* irgendeinen »Feind« gerichtet ist, und vor allem, daß heute, wo Höhlenbären und Säbelzahntiger als Gefährdung menschlicher Gemeinschaften weggefallen sind, dieser »Feind« stets eine Gemeinschaft von Mitmenschen ist, die sich genauso begeistert zur Verteidigung *ihrer* Sozietät verpflichtet fühlt! Der sicher vorhandene soziale und im tiefsten Sinne des Wortes ethische Wert, der in der *einigenden* Wirkung der in Rede stehenden Reaktion des Menschen liegt, wird der Menschheit erst dann zugänglich werden, wenn wir es gelernt haben, in das »Schema« des Feindes nicht eine dem Demagogen beliebige Gruppe von Mitmenschen, sondern die wirklich die Menschheit bedrohenden Gefahren einzusetzen!

Der als nächster darzustellende Mechanismus der Störung sozialer Verhaltensweisen hat wie der eben besprochene seine Ursache in der überstürzten Veränderung soziologischer Bedingungen, mit der die phylogenetische Veränderlichkeit der arteigenen angeborenen Aktions-Reaktions-Normen nicht Schritt zu halten vermochte. Nur beruht hier die Störung nicht darauf, daß eine *weniger* gebrauchte aktionsspezifische Reizproduktion einen störenden Überschuß an Impulsen liefert, sondern darauf, daß die rapide Höherdifferenzierung der menschlichen Gesellschaftsordnung ein *Mehr* an bestimmten sozialen Verhaltensweisen verlangt, dem unser angeborenes System sozialer Aktions- und Reaktionsweisen nicht gerecht zu werden vermag. Die ausschlaggebende unter den kulturbedingten Veränderungen des menschlichen Gesellschaftslebens, die hierbei eine Rolle spielt, liegt wohl darin, daß aus der ursprünglich *geschlossenen* menschlichen Gemeinschaft eine *anonyme* geworden ist. Bei einer sehr großen Zahl angeborener sozialer Reaktionsweisen des Menschen gehört es zu den Bedingungen ihrer Auslösung, daß der Mitmensch, auf den sie gerichtet sind, ein persönlich bekanntes Sozietätsmitglied, ein »Freund«, ist. Diejenigen unter den zehn Geboten, die sich auf das Verhalten zum Mitmenschen beziehen, befolgen wir ohne weiteres aus natürlicher Neigung und ohne Inanspruchnahme verantwortlicher Moral, solange der »Nächste« unser persönlich wohlbekannter Freund und Genosse ist. Wenn wir uns das im Abschnitt über moralanaloge soziale Verhaltensweisen von Tieren Gesagte in Erinnerung rufen und uns vergegenwärtigen, was für eine verschworene Gemeinschaft eine Schimpansenhorde trotz Eifersucht und Rangordnungs-Streitigkeiten ist, so müssen wir annehmen, daß die angeborenen sozialen Verhaltensweisen in der menschlichen Urhorde mindestens dieselbe Rolle spielten. Wir zweifeln gründlich an der von manchen Kinderpsychologen und von der Psychoanalyse verteidigten biblischen These, daß der Mensch so völlig »böse von Jugend auf« sei. Unser Urahne war vor seiner eigentlichen »Menschwerdung« zu allermindest ebenso »gut« wie ein Wolf oder Schimpanse, der Kindern und Weibchen nichts tut und gegen einen äußeren Feind selbst den eifersüchtig bekämpften männlichen Sozietätsgenossen ohne Zögern unter Einsetzung seines Lebens verteidigt. Ich möchte das Bibelwort paraphrasieren und sagen: Der Mensch ist nicht böse von Jugend auf, aber knapp gut genug für die Anforderungen, die an ihn in der Urhorde gestellt wurden, von deren wenigen Individuen jedes einzelne alle anderen persönlich kannte und auf seine Weise auch »liebte«. Er ist nur nicht gut *genug* für die Anforderungen der gewaltig vermehrten, anonymen Gemeinschaft späterer Kulturepochen, die von ihm verlangt, er müsse sich zu jedem ihm völlig unbekannten Mitmenschen ebenso verhalten, als sei er sein persönlicher Freund.

Ein anderer, sehr spezieller Fall des eben besprochenen Unzulänglichwerdens angeborener sozialer Aktions-Reaktions-Normen trat bei der tiefgreifenden und plötzlichen Veränderung zwischen menschlichen Beziehungen ein, die durch die *Erfindung der Waffe* verursacht wurde. Rufen wir uns in Erinnerung, was im Kapitel über moralanaloge Verhaltenssysteme über das feine, ausgewogene Gleichgewicht gesagt wurde, das bei allen sozialen Tieren zwischen der Tötungsfähigkeit und den angeborenen Tötungshemmungen einer Art herrscht, so wird sofort klar, welche gewaltige

Gefahr für das Weiterbestehen der Species durch jede Störung dieses Gleichgewichtes entstehen muß, die sich zugunsten der Tötungsfähigkeit auswirkt. Wenn ein alter Schimpansenmann trotz seiner gewaltigen Aggressionstriebe schwächere Artgenossen nicht in einer die Arterhaltung schädigenden Weise verletzt oder gar tötet, so beruht dies auf arteigenen angeborenen Hemmungen, die durch hochspezifische Auslösemechanismen ausgelöst werden. Wir haben die »Demuts«-Stellungen und -Laute kennengelernt, die Auslöser derartiger Hemmungen sind. Diese »mitleiderregenden« hemmungsauslösenden Faktoren sind selbstverständlich nur bei den arteigenen, ziemlich langsamen und grausamen Tötungsmethoden mittels der Naturwaffen der Art wirksam. Stellt man sich nun vor, daß einem so erregbaren und bösartigen Wesen ganz plötzlich eine »humanere« Vernichtungsmethode zur Verfügung gestellt wird, deren blitzartige Wirkung die besprochenen Hemmungsauslöser vollständig außer Funktion setzt, so versteht man die entsetzlichen Folgen, die die Erfindung der Waffe – vom Faustkeil bis zur Atombombe – für die Menschheit gehabt hat und hat. Der biologische Sachverhalt ist grundsätzlich derselbe, als hätte ein grausames Naturspiel der Turteltaube, die, wie wir sahen, keinerlei Tötungshemmungen und diese auslösende Mechanismen besitzt, plötzlich den Schnabel des Kolkraben verliehen, ohne aber die Hemmungsmechanismen mitzuliefern, die beim Raben der Bewaffnung korreliert sind. Es sei jedoch gleich einschränkend hinzugesetzt, daß die Erfindung der Waffe durch ein tierisches, *unverantwortliches* Wesen genaugenommen eine Unmöglichkeit ist, die ich nur fingiert habe, um den Mechanismus der Gefährdung deutlich zu machen. Das Zustandekommen einer wirklichen Erfindung, wie die des Faustkeils, hat eine sehr hohe Differenzierung der dialogisch-forschenden Auseinandersetzung mit der Umwelt zur Voraussetzung, die schon sehr nahe an das wirkliche Stellen von Fragen und Verstehen von Antworten heranreicht. Die Fähigkeit zur Erfindung und die zur Verantwortung erwachsen aus gleichen Voraussetzungen.

Das Versagen der Tötungshemmungen in der durch die Erfindung der Waffen geschaffenen Lage beruht in erster Linie darauf, daß die angeborenen Mechanismen, die eine Hemmung auslösen, in der neuen Situation nicht ansprechen. Die tieferen, gefühlsmäßigen Schichten unseres Selbst »verstehen« gewissermaßen die Konsequenzen des Waffengebrauches nicht, und offensichtlich ist es nicht ganz ausreichend, daß die Vernunft erfaßt, was dem Gefühl nicht ganz zugänglich ist. Die erstaunlich geringe Hemmung, die durchaus gemütvolle und mitleidige Kulturmenschen haben, mittels der Schußwaffen Tiere oder im Krieg gar Mitmenschen umzubringen, ist ausschließlich auf Grund dieses Nichtverstehens erklärlich. Wie alle anderen Gefühle und Affekte, so sprechen auch die des Mitleids nur auf solche Situationen an, für die wir angeborene rezeptorische Korrelate bereitliegen haben. Würden dem Gewehrträger die wirklichen Konsequenzen seines Handelns, die Tatsache, daß durch das Abkrümmen seines Fingers einem beseelten Wesen die Därme zerrissen werden, in einer Weise nahegebracht, die nicht nur seinem Verstande, sondern unmittelbar seinen Gefühlen und Affekten zugänglich ist, in jener Weise, wie *dies beim Gebrauch der natürlichen Waffen der Fall wäre*, so würden nur wenige Menschen zum Vergnügen jagen und die allermeisten jeden Kriegsdienst verweigern. Das Abziehen eines Ferngeschützes oder die Auslösung eines Bombenwurfes ist so völlig »unpersönlich«, daß normale Menschen, die es absolut nicht über sich bringen könnten, ihren Todfeind mit den Händen zu erwürgen, dennoch ohne weiteres imstande sind, durch einen Fingerdruck Tausende von Frauen und Kindern einem gräßlichen Tode zu überantworten.

Während die drei bisher besprochenen Störungsmechanismen im Grunde genommen auf dieselbe Ursache, nämlich auf die Konservativität und Unbelehrbarkeit angeborener arteigener Verhaltensweisen, zurückzuführen sind, beruht der nun zu besprechende auf domestikationsbedingter *Veränderlichkeit* einiger von ihnen. Eines greift natürlich ins andere, und die Wechselbeziehungen zwischen den verschiedenen Veränderlichkeiten und Unveränderlichkeiten sind in Wirklichkeit höchst komplex. Daß die Konservativität der *einen* Art von Verhaltensweisen überhaupt je in der beschriebenen Weise störend in Erscheinung treten kann, beruht ja letzten Endes auch darauf, daß *andere* ausgefallen sind und dadurch dem Menschen neue Freiheitsgrade des Handelns und damit die Möglichkeit zu den erstaunlichen Umstellungen seiner Ökologie und Soziologie gaben. Die ganze Zweischneidigkeit der Domestikationswirkung, die ganze »Gewagtheit« des menschlichen Wesens, liegt ja eben darin, daß einzelne Aktions-Reaktions-Normen ausfallen *mußten*, damit »der Mensch zum Menschen werde«, während gleichzeitig andere nicht ausfallen, ja nicht einmal erheblich quantitativ vermehrt oder vermindert werden *dürfen*, damit der Mensch ein Mensch bleibe. Mit der blinden Zufälligkeit alles Mutationsgeschehens betreffen die domestikationsbedingten Veränderungen die einen wie die anderen. Die Domestikation gab uns mit der einen Hand die konstitutive Freiheit unseres Handelns und streut mit der anderen eindeutig *pathologische* Erbänderungen und Letalfaktoren aus. Was die Psychopathologie als Gemütsarmut und als Wertblindheit bezeichnet (P. Schröder), beruht ganz sicher auf genetischen Grundlagen und sehr wahrscheinlich auf dem Ausfall ethischer und ästhetischer Beziehungsschemata. Bestimmte pathologische Vermehrungen des aggressiven Verhaltens sowie die sogenannte Geltungssucht beruhen auf dem S. 168 f. besprochenen Vorgange einer domestikationsbedingten Hypertrophie der diesen Verhaltensweisen zugrunde liegenden endogenen Reizproduktion.

Kennzeichnend für den hier in Rede stehenden nicht allgemein menschlichen, sondern speziell pathologischen Störungsmechanismus ist es, daß die vernunftmäßige Moral ihn nicht zu kompensieren vermag. Auf die essentielle Beschränktheit der Macht vernünftigen Denkens müssen wir nun zum Schluß noch näher eingehen.

5 Die Leistungsgrenzen vernunftmäßiger Moral

Es ist die Aufgabe vorliegender Abhandlung, zu zeigen, wie absolut obligat die Berücksichtigung der angeborenen arteigenen Aktions-Reaktions-Normen des Menschen bei der Erforschung zwischenmenschlicher Beziehungen ist. Es ist nicht ihre Aufgabe, das Wesen und die für den Menschen spezifische, kompensatorische und regulatorische Leistung des vernunftmäßigen Denkens zu besprechen, und ich verweise diesbezüglich auf die schon mehrfach zitierte Arbeit. Niemandem kann es ferner liegen, die Unterschiede zwischen Tier und Mensch zu unterschätzen, als dem vergleichenden Verhaltensforscher, und niemand kann klarer als er ermessen, wie absolut *neu* das gewaltige Regulativ der Erhaltung und Höherentwicklung des Lebens ist, das dem Menschen in seiner vernunftmäßigen Verantwortlichkeit gegeben ist. Der Charakter einer phylogenetisch nie dagewesenen Neuschöpfung, den das moralische Gesetz in uns so ausgesprochen trägt, wird den vergleichenden Verhaltensforscher mehr als jeden anderen »mit immer wiederkehrender neuer Bewunderung erfüllen«. Ich behaupte, daß man die Einzigartigkeit des Menschen erst dann in ihrer ganzen eindrucksvollen Größe zu sehen bekommt, wenn man sie von jenem Hintergrunde alter, historischer Eigenschaften sich *abheben* läßt, die dem Menschen auch heute noch mit den höheren Tieren gemein sind.

Aber dasjenige, was uns in diesem Aufsatz angeht, ist ebendieses alte, nur historisch Erklärbare im menschlichen Verhalten, das den Gesetzen der vernunftmäßigen, verantwortlichen Moral eben gerade *nicht* gehorcht. Der Irrtum, gegen den sich dieser Aufsatz richtet, ist die allgemeine Überschätzung des Einflusses, den die Totalität der menschlichen Gemeinschaft auf die Struktur des Individuums ausübt, bzw. die Unterschätzung des Einflusses, den starre, phyletisch-historisch überkommene Strukturen des Individuums auf Bau und Funktion der überindividuellen Sozietät ausüben. Auf dem Gebiet der Morallehre ist dieser Irrtum die Überschätzung der Leistung vernunftmäßiger Moral und die Unterschätzung der Rolle, die moral-analoge Systeme angeborenen Verhaltens, wie wir sie

S. 142 bis S. 155 bei Tieren kennengelernt haben, auch beim Menschen spielen. Ich vertrete nach wie vor meine früher aufgestellte Behauptung, »daß bei keinem einzigen regelmäßig vorkommenden und für das Wohl und Wehe der Gemeinschaft belangreichen Eintreten des Einzelmenschen der kategorische Imperativ allein Impuls und Motiv für die selbstlose Handlung abgibt. Vielmehr geht in den allermeisten Fällen der erste aktive Impuls vom Ansprechen angeborener Schemata und ererbter Triebe aus. Nur sehr schwer vermag man solche Situationen zu konstruieren, die als Auslöser angeborener Reaktionen wirklich indifferent sind, gleichzeitig aber auf dem Wege des vernunftmäßigen Durchdenkens der Lage eine aktive und selbstverleugnende Stellungnahme von uns verlangen.«

Auf der anderen Seite glaube ich nicht in den gegenteiligen Irrtum zu verfallen, die Leistung verantwortlichen Denkens im sozialen Verhalten des modernen Menschen zu unterschätzen. Die kulturbedingten Veränderungen menschlicher Ökologie und Soziologie sind so tiefgreifend, daß kaum eine einzige unserer natürlichen »Neigungen« *ganz* ausreicht, um den Anforderungen der heutigen Gesellschaftsstruktur gerecht zu werden. Ein zusätzlicher Ansporn in Form eines kategorischen »Du sollst« oder eine zusätzliche Hemmung in Form eines kategorischen »Du sollst nicht« ist auf Schritt und Tritt nötig. Kein heutiger Mensch kann seine angeborenen Neigungen uneingeschränkt ausleben, und eben darauf beruht wohl die alte Menschheitssehnsucht nach dem verlorenen Paradiese. Von dem »Unbehagen in der Kultur«, wie S. Freud es nennt, ist nicht nur kein Zivilisierter, sondern ganz grundsätzlich überhaupt kein Mensch frei. Kein Mensch ist in dem Sinne »glücklich« wie ein wildes Tier, dessen angeborene Neigungen restlos mit dem übereinstimmen, was es im Interesse der Arterhaltung tun »soll«.

Auch ist kein Mensch im gleichen Sinne »normal«. P. Schröder definiert den *Psychopathen* als einen Menschen, der unter seiner konstitutionellen psychischen Veranlagung entweder selbst leidet oder die menschliche Gemeinschaft leiden macht. Nach dem oben Gesagten will es zunächst scheinen, als ob wir nach dieser Definition ausnahmslos Psychopathen wären, denn jeder von uns »leidet« unter der Notwendigkeit, seine angeborenen Aktions- und Reaktionsweisen durch vernunftmäßige Verantwortlichkeit entweder im Zaume zu halten oder zu ergänzen. Doch wird die Schrödersche Begriffsbildung sofort scharf und brauchbar, sobald man mit dem Zeitwort leiden den *medizinischen* Sinn verbindet. Mit der für domestizierte Wesen typischen Vergrößerung der Variationsbreite zeigt der Mensch auch in seinen angeborenen sozialen Verhaltensweisen eine sehr große Spielbreite des Durchschnittes, so daß der Begriff des »Normalen« bei ihm in Hinsicht auf seine neigungsmäßigen Verhaltensimpulse ebensowenig feststellbar ist wie bezüglich seiner körperlichen Merkmale. Daher ist die Leistung der regulativen Kompensation, die vernunftmäßiger Moral aufgebürdet wird, von Mensch zu Mensch sehr verschieden groß. Aber auch wenn wir den Begriff des Normalen vollends fallenlassen, bleibt die von Schröder gemeinte Grenze zwischen dem *Gesunden* und dem Psychopathen völlig scharf. Sie entsteht dadurch, daß die höhere Persönlichkeitsstruktur des Menschen samt seiner vernunftmäßigen sozialen Moral in einem *scharfen* Umschlag zusammenbricht, wenn die ihr aufgebürdete Kompensationsleistung ihre Kräfte übersteigt. Der Mensch wird dann entweder in seinem Verhalten *asozial*, oder aber er wird *krank*, d. h. entwickelt das, was die Psychopathologie als Neurose, insbesondere als neurotisches Symptom bezeichnet. Um für diesen pathologischen Vorgang ein Gleichnis aus der Pathologie zu gebrauchen: Der geistig gesunde Mensch verhält sich zum Psychopathen überhaupt nicht so, wie sich ein körperlich Gesunder zu einem körperlich Kranken verhält, sondern genauso wie ein Herzkranker mit kompensiertem Herzfehler zu einem mit dekompensiertem *vitium cordis*. Dieses Gleichnis symbolisiert sehr gut den Schärfegrad der Grenze zwischen dem Gesunden und dem Psychopathen und macht unmittelbar verständlich, wieso die Toleranz für moralische Überbelastungen bei sogenannten Normalen so große und unvoraussagbare individuelle Unterschiede zeigt.

V Zusammenfassung und Schlußbetrachtung

Die vorliegende Abhandlung wendet sich gegen einen in Soziologie und Völkerpsychologie weitverbreiteten methodischen Fehler, der in einer völligen Vernachlässigung jener starren Struktureigenschaften des menschlichen Individuums besteht, die von der Totalität der Gemeinschaft her *nicht* beeinflußt werden können. Dieser methodische Fehler entspringt aus zwei Wurzeln, die getrennt behandelt werden.

Seine erste Wurzel, die *falsche Generalisierung gestaltpsychologischer Prinzipien*, wird im ersten Abschnitt besprochen. Es ist völlig unzulässig, Eigenschaften der Wahrnehmungsgestalt auf die organische Ganzheit schlechthin zu übertragen. Beispiele für unsinnige Überschätzung des Prinzips vom Primat der Ganzheit vor ihren Teilen werden besprochen (S. 114 bis 119). Das Wesen organischer Systeme wird kurz erörtert, und es wird klargemacht, warum sie nicht im gleichen Sinne »Ganze« sind, wie Wahrnehmungsgestalten. Die der organischen Systemganzheit gegenüber obligate Methode der Analyse in breiter Front wird dargestellt (S. 119 ff.).

Kein organisches System fügt sich restlos der Definition der Ganzheit als eines Systems allgemeiner, wechselseitiger Kausalverbindung, weil in jedem starre, von der Ganzheit *relativ unabhängige Bausteine* eingeschlossen sind, die zur Totalität in einer mehr oder weniger einsinnigen, also nicht-ambozeptorischen Ursachenbeziehung stehen (S. 120 ff.).

Die zweite Wurzel des bekämpften methodischen Fehlers liegt in der *Vernachlässigung der angeborenen arteigenen Verhaltensweisen.* Sie bildet den Inhalt des zweiten Abschnittes. Zunächst wird gezeigt, wie der Meinungsstreit zwischen mechanistischen und vitalistischen Schulen der Verhaltensforschung sich hemmend auf Entdeckung und Erforschung der angeborenen arteigenen Verhaltensweisen auswirkte (S. 126 ff.). Es wird gezeigt, daß die wesentlichsten Gesetzlichkeiten des angeborenen Verhaltens nur von der breiten Induktionsbasis einer vergleichenden Forschung aus überhaupt sichtbar werden, was einen wesentlichen Grund für ihre späte Entdeckung darstellt (S. 130 f.).

Dann werden, in gedrängter Wiedergabe ihrer Erforschungsgeschichte, Wesen und Eigenart der beiden wichtigsten individuell invarianten Komponenten tierischen und menschlichen Verhaltens, nämlich der *endogen-automatischen Bewegungsweise* (S. 132 ff.) *und des angeborenen auslösenden Mechanismus* (S. 136 ff.) besprochen.

Ein besonderes Kapitel ist den sogenannten *Auslösern,* d. h. den Differenzierungen von Struktur und Verhalten, gewidmet, deren Funktion im Aussenden spezifisch beantworteter Signalreize liegt (S. 141 ff.). Die phylogenetische Entstehung auslösender Bewegungsweisen durch *Formalisierung von Intentionsbewegungen* (S. 146 f.) wird ausführlich dargestellt. Sie ist deshalb wichtig, weil die meisten Ausdrucksbewegungen des Menschen ihr Dasein diesem Vorgang verdanken.

Danach wird gezeigt, in welcher Weise bei sozialen Tieren hochkomplizierte Systeme funktionieren, die ausschließlich auf der Funktion endogen-automatischer Bewegungsweisen, angeborener auslösender Mechanismen und reizaussendender Auslöser aufgebaut sind, in denen höhere geistige Leistungen, wie Erworbenes, eine verschwindend geringe Rolle spielen und die dennoch weitestgehende funktionelle Analogien zu vernunftmäßig-moralischem Verhalten des Menschen zeigen (S. 148 ff.).

Auch der Mensch hat angeborene auslösende Mechanismen. Als Beispiele werden zunächst diejenigen besprochen, die auf menschliche *Ausdrucksbewegungen* ansprechen (S. 156 ff.). Diese ihrerseits sind echte Auslöser, und zwar von der Art, die wir schon oben als formalisierte Intentionsbewegungen kennengelernt haben. Auch bestimmte ästhetische und ethische Wertempfindungen des Menschen beruhen auf dem Ansprechen angeborener auslösender Mechanismen (S. 161 ff.). Es wird eine merkwürdige Korrelation aufgezeigt, die zwischen diesen ungemein starr und zwangsläufig ansprechenden Schematismen und bestimmten körperlichen und verhaltensmäßigen *Domestikationserscheinungen* besteht: Diese werden negativ, die durch sie gefährdeten Merkmale positiv bewertet (S. 167 ff.).

Ebenso sicher lassen sich beim Menschen endogen-automatische Verhaltensweisen nachweisen, die insbesondere in sozialer Hinsicht eine große Rolle spielen. Auch dort, wo die endogen-automatischen Bewegungsweisen beim Menschen weitgehend reduziert oder nur mehr in Gestalt der formalisierten Intentionsbewegungen des Ausdrucks erhalten sind (S. 165 ff.), sind die Auswirkungen endogener Reizerzeugung, vor allem das Phänomen der Schwellenerniedrigung, deutlich. In besonderem Maße gilt dies vom sogenannten *Aggressionstrieb* (S. 165 f.).

Es wird geschlossen, daß im sozialen Verhalten des Menschen angeborene arteigene Aktions- und Reaktions-Normen eine bei weitem größere Rolle spielen, als in der Soziologie und Völkerpsychologie allgemein angenommen wird (S. 156 ff.). Ihre genaue Erforschung ist deshalb ein höchst dringendes Anliegen, weil aus bestimmten Störungen ihrer Funktion bestimmte Gefahren erwachsen, die untrennbar mit dem Wesen des Menschen verbunden sind.

Von dieser *konstitutiven Gefährdung des Menschen* handelt der dritte Abschnitt der Arbeit. Zunächst wird die *Domestikation* des Menschen besprochen. Der Mensch zeigt denselben Komplex charakteristischer Erbänderungen wie seine Haustiere (S. 167 ff). Die zu ihm gehörigen erblichen Veränderungen angeborener arteigener Verhaltensweisen werden kurz dargestellt (S. 168 f.). Eine merkwürdige Korrelation besteht zwischen körperlichen und verhaltensmäßigen Domestikationsmerkmalen und den S. 161 f. besprochenen, Wertempfindungen auslösenden angeborenen Mechanismen: Ganz bestimmte typische körperliche Domestikationsmerkmale rufen zwangsläufig negative ästhetische Wertempfindungen hervor, solche des Verhaltens ebenso negative ethische Wertempfindungen, während die diesen Domestikationserscheinungen entgegengesetzten bzw. durch sie gefährdeten Merkmale gefühlsmäßig positiv bewertet werden.

Gleichzeitig aber ist die Domestikation eine unbedingte Voraussetzung bestimmter, für den Menschen konstitutiver Eigenschaften.

1. Nur dem domestikationsbedingten *Ausfall* angeborener auslösender Mechanismen und bestimmter starr automatischer Bewegungsweisen verdankt der Mensch neue, für ihn konstitutive Freiheitsgrade des Handelns (S. 176 f.).

2. Der Mensch ist ein *Spezialist auf Nichtspezialisiertsein.* Mit diesem Terminus bezeichnen wir einen ganz bestimmten, auch im Tierreich

vertretenen Typus von Lebewesen, deren Aktionssystem sich durch die Armut an speziell angepaßten auslösenden Mechanismen und endogen automatischen Bewegungsweisen sowie durch die große Rolle auszeichnet, die dem *aktiv neugierigen Lernen* zukommt (S. 177 ff.). Diese aktive Auseinandersetzung mit der Umwelt ist bei allen tierischen Spezialisten auf Nichtspezialisiertsein auf ein eng begrenztes Stadium der *Jugendentwicklung* beschränkt (S. 180 ff.). Die für den Menschen vielleicht am meisten konstitutive Eigenschaft ist das Erhaltenbleiben der aktiv forschenden Auseinandersetzung mit der Umwelt (*Weltoffenheit* im Sinne A. Gehlens) bis ins spätere Alter (S. 183 f.). Es läßt sich zeigen, daß gerade diese Eigenschaft, ebenso wie viele körperliche Merkmale des Menschen, Teilerscheinungen einer allgemeinen *Neotenie* (Fötalisation im Sinne von Bolk) ist, die ihrerseits zweifellos eine echte Domestikationserscheinung ist (S. 183 ff.).

Durch ihre eigenartige zweischneidige Wirkung gibt die Domestikation dem Menschen einerseits die konstitutive Freiheit seines Denkens und Handelns sowie seine persistierende Weltoffenheit, beraubt ihn aber andererseits jener sicheren Einpassung in die Umwelt, die das Tier seinen starr angeborenen arteigenen Verhaltensweisen verdankt. Daraus entstehen bestimmte, dem Wesen des Menschen inhärente Gefahren.

Der Mensch ist das *riskierte* Wesen, das Wesen »mit einer konstitutionellen Chance zu verunglücken« (A. Gehlen; S. 185 ff.). Die heute die ganze Menschheit in ihrer Existenz bedrohenden Gefahren entstehen offensichtlich aus Störungen zwischenmenschlicher Beziehungen. Das Versagen der kollektiven Menschheitsvernunft und -moral vor diesen Störungen beruht darauf, daß sie zu sehr großem Teile auf Dysfunktion arteigener angeborener Verhaltensweisen beruhen, die einer Kontrolle durch vernünftiges Denken wenig zugänglich sind. Mehrere mögliche Mechanismen der spezifisch menschlichen Funktionsstörung angeborener sozialer Verhaltensweisen werden besprochen. Die überstürzte kulturbedingte Veränderung menschlicher Ökologie und Soziologie bringt es mit sich, daß viele früher arterhaltend sinnvollen, aber im modernen Leben nicht mehr gebrauchten Aktions-Reaktions-Normen nicht mehr passen, d. h. zum Teil durch ihre Persistenz störend wirken, wie z. B. der »Aggressionstrieb«, zum anderen Teile aber sich den von der höher differenzierten modernen Sozietät gestellten Anforderungen nicht mehr gewachsen zeigen (S. 189 f.). Einen besonders bedrohlichen speziellen Fall der letztgenannten Erscheinung stellt das Unzulänglichwerden artspezifischer *Tötungshemmungen* dar, die vor den rapide wachsenden technischen Vernichtungsmöglichkeiten machtlos sind (S. 190 ff.). Diesen auf der *Konservativität* angeborener Auslösemechanismen, Hemmungen und endogenen Antrieben beruhenden Verhaltensstörungen stehen solche gegenüber, die umgekehrt ihre Ursache in plötzlichen, domestikations- bzw. mutationsbedingten *Veränderungen* dieser arteigenen Aktions- und Reaktionsnormen haben. Auch ihnen gegenüber versagt die kompensatorische Leistung vernunftmäßiger Verantwortlichkeit (S. 193 f.).

Die Besprechung von Leistung und Leistungsgrenzen der verantwortlichen Moral bildet den Abschluß der Handlung. Das Regulativ der vernunftmäßigen Verantwortlichkeit vermag annähernd die Spannungen zu überbrücken und zu kompensieren, die zwischen den auf primitive Urformen menschlicher Sozietäten zugeschnittenen angeborenen sozialen Aktions-Reaktions-Normen und den Anforderungen moderner Gesellschaftsordnung bestehen (S. 193 ff). Diese Kompensationsleistung geht nicht ohne Opfer und Energieverbrauch vor sich, das »Unbehagen in der Kultur« im normalen und die Neurose im pathologischen Falle sind der Preis, den das Individuum für sie bezahlen muß. Die Diskrepanzen zwischen der Ausstattung des Individuums mit angeborenen sozialen Reaktionen und den Anforderungen der Gemeinschaft sind beim Menschen wegen der domestikationsbedingten Vergrößerung der Variationsbreite sehr verschieden. Immerhin ist die Leistungsfähigkeit der kompensatorischen Moral auf eine ziemlich scharf umschriebene Ausstattung des Einzelmenschen mit angeborenen sozialen Aktions- und Reaktionsweisen zugeschnitten. Übersteigt nämlich die Größe der Diskrepanz zwischen dieser angeborenen sozialen Veranlagung und den Anforderungen der Gesellschaft wesentlich den Durchschnitt, wie dies bei jeder im Sinne Schröders »monströsen« Hypertrophie oder Ausfallsmutation einer angeborenen Aktions-Reaktions-Norm der Fall ist, so versagt die Kompensationsleistung der verantwortlichen Moral an einer verhältnismäßig scharf gezogenen Grenze, und der Mensch wird entweder asozial oder neurotisch. Der Schrödersche Begriff der Psychopathie wird in diesem Sinne dargestellt.

Notwendigerweise leidet die Überzeugungskraft der obigen gedrängten Wiedergabe unserer Anschauungen über die angeborenen arteigenen Verhaltensweisen des Menschen erheblich unter der räumlichen Beschränkung. Wie überall in der induktiven Naturwissenschaft, so ist auch hier die Wahrscheinlichkeit der Richtigkeit aller Ergebnisse proportional der Breite der Induktionsbasis, und die unsere ist immerhin ganz erheblich breiter, als in der vorliegenden Abhandlung zum Ausdruck kommt. Wenn auch bei sehr vielen geisteswissenschaftlich orientierten Psychologen und Soziologen noch sehr starke, affektbesetzte Widerstände dagegen bestehen, die selbstverständlichen Folgerungen aus der unbestrittenen Tatsache der Deszendenz zu ziehen und die historisch-phylogenetisch bedingten Eigenschaften des Menschen gebührend zu berücksichtigen, so ist beim heutigen

Stande der induktiven Naturforschung doch schon mit Sicherheit vorauszusagen, daß sie sich in absehbarer Zeit mit diesen Gedankengängen werden befreunden müssen. Daß der Mensch angeborene auslösende Mechanismen von gleicher Art wie höhere Tiere hat, ist einfach eine Tatsache, ebenso daß endogen-automatische Reizerzeugungsvorgänge auch bei ihm eine wichtige Rolle spielen. Dagegen bin ich mir voll bewußt, daß alles dasjenige, was die vergleichende Verhaltensforschung über die Rolle zu sagen hat, die Funktionsstörungen angeborener arteigener Verhaltensweisen in den katastrophalen sozialen Wirrnissen der Menschheit spielen, vorläufig rein hypothetischen Charakter trägt. Dennoch sehe ich in der weiteren Verfolgung dieser Hypothesen die *praktisch* wichtigste Aufgabe unseres Forschungszweiges. Man bedenke, von welcher geradezu ungeheuren Bedeutung es in pädagogischer, heilpädagogischer und vor allem völkerpsychologischer Hinsicht wäre, erst einmal herauszufinden, *welche* Störungen sozialen Verhaltens es überhaupt sind, die von vernunftmäßiger Moral und damit von der Erziehung her beeinflußbar sind und welche nicht. Das eine wissen wir, daß es solche beiderlei Art gibt. Man bedenke, daß die Gefahren, die die heutige Menschheit mit dem Untergange bedrohen, ausschließlich aus Störungen sozialen Verhaltens entspringen: Nicht die Außenwelt, sondern die Menschheit bedroht die Menschheit. Man denke an das schreckenerregende Gleichnis von der Turteltaube, der ein grausames Naturspiel den Schnabel des Kolkraben verlieh. Niemand kann leugnen, daß sich die Menschheit in einer analogen Lage befindet.

Eines aber ist nicht Hypothese, sondern sichere Wahrheit: *Das einzige Mittel, die Funktionsstörung eines Systems zu beseitigen, liegt in der kausalen Analyse des Systems und der Störung*. Man kann vielleicht in intuitiver Ganzheitsschau ein Gewölbe »verstehen«, ohne die Form und Funktion der Bausteine zu kennen, aus denen es besteht, aber man kann es nicht *reparieren*. Auch die Königin der angewandten Wissenschaften, die Medizin, verdankt ihre Fähigkeit, ein aus dem Geleise geratenes Funktionsganzes wiederherzustellen, ausschließlich der ursächlichen Analyse seiner Teilfunktionen. Die Menschheit ist im Augenblick ein gründlich aus dem Geleise geratenes Funktionsganzes. Das Mißverständnis zwischen der Entwicklung der Waffe und den Hemmungen, sie zu gebrauchen, droht die Menschheit zu vernichten. Wird es dem kollektiven menschlichen Erkenntnisstreben und der kollektiven Verantwortlichkeit aller Menschen gelingen, das Gleichgewicht zwischen Vernichtungsfähigkeit und sozialer Hemmung wiederherzustellen, das, wie so viele sichere, statische Gleichgewichtszustände um der dynamischen Entwicklungsmöglichkeit menschlichen Denkens und Handelns willen geopfert werden mußte? Das Schicksal der Menschheit wird sich mit dieser Frage entscheiden!

Psychologie und Stammesgeschichte (1954)

I Einleitung

Jedes Lebewesen ist ein historisch gewordenes System, und *jede* seiner Lebenserscheinungen kann grundsätzlich nur dann verstanden werden, wenn die rationalisierende Kausalforschung den Gang ihres stammesgeschichtlichen Zustandekommens zurückverfolgt. Diese Erkenntnis ist heute jedem biologisch Denkenden selbstverständlich. Dagegen bricht sich jene andere Erkenntnis nur sehr langsam und mühsam Bahn, daß gleiches für alle Erscheinungen des seelischen Verhaltens gilt, daß auch unsere seelischen und geistigen Leistungen nicht unabhängig von allem übrigen Lebensgeschehen zustande kommen. Die Einsicht, daß allem, aber auch allem, was sich in unserem Bewußtsein abspielt, auch ein nervenphysiologischer Vorgang entspricht und parallelgeht, begegnet auch bei den heutigen Geisteswissenschaftlern immer noch merkwürdigen Widerständen. Noch in der jüngsten Zeit haben namhafte Psychologen wie Sombart (1938) und Buytendijk (1940) die Abhängigkeit des menschlichen Geistes von biologischen Gesetzlichkeiten, insbesondere von denen der Vererbung, mit unverkennbarer Affektbetontheit bestritten. Auf der anderen Seite leugneten aus diametral entgegengesetzten Motiven die Assoziationisten und Behavioristen das Vorhandensein erblicher seelischer Strukturen, denn für ihre mechanistisch-atomistische Deutung aller Seelenvorgänge war der bedingte Reflex das einzige Element, aus dem schlechterdings »alles« erklärt werden sollte. In eigenartiger geistesgeschichtlicher Ironie waren sich also die am bittersten verfeindeten Psychologenschulen in dem einen Punkte völlig einig, daß es fest strukturierte, stammesgeschichtlich vererbte Verhaltensweisen nicht gebe.

Führende Psychologenschulen sind sich bis in die jüngste Zeit zwar nicht darüber einig, ob der Gegenstand der Psychologie überhaupt eine

Naturerscheinung im allgemeinen und eine Lebenserscheinung im besonderen sei, wohl aber darüber, daß er mit Erblehre und Stammesgeschichte nichts zu tun habe. Die medizinische Psychologie hat neuerdings wohl begonnen, den Ergebnissen der Erbforschung Rechnung zu tragen, dagegen ist die Bedeutung, die die Phylogenetik für die Psychologie hat, bei den meisten Fachpsychologen bis heute unerkannt geblieben, aus dem einfachen Grunde, daß ihnen die Stammesgeschichtsforschung selbst unbekannt geblieben ist: Die allerwenigsten von ihnen verfügen über einigermaßen gründliche Kenntnis der Fragestellung, Methode und Ergebnisse moderner Phylogenetik, kaum einer über ein aus eigener Arbeit gewonnenes Anschauungsmaterial, das ihn zu selbständigem Urteilen über Induktionsbasis, Wahrscheinlichkeit und Wert der Abstammungslehre berechtigt. Hinter einem sich objektiv gebärdenden Skeptizismus verbirgt sich häufig die mangelnde Bereitschaft, die ungeheure Lernarbeit zu leisten, die die Voraussetzung zu einer berechtigten Auseinandersetzung mit der Abstammungslehre wäre. So bleibt die schon von Wundt als notwendig erkannte Synthese von Stammesgeschichte und Psychologie auch heute noch zum sehr großen Teil Programm. Ich will nun in gedrängter Kürze über das Werden, die Fragestellung, die Methode und die bisherigen Ergebnisse einer neuen oder, besser gesagt, erst seit kurzem als »Fach« anerkannten psychologischen Forschungsrichtung berichten, die Anspruch erheben darf, im gleichen, phylogenetischen Sinne als »vergleichende« bezeichnet zu werden wie die morphologisch arbeitenden Zweige vergleichend-stammesgeschichtlicher Forschung. Um das gegenseitige Abhängigkeitsverhältnis herauszuarbeiten, das zwischen diesem Wissenszweige und der Deszendenzlehre besteht, wähle ich mit einiger Willkür mehrere Teilgebiete aus, auf denen diese Beziehung besonders innig ist.

II Die Entstehung vergleichend-psychologischer Fragestellung

Es wird eine geistesgeschichtlich höchst paradoxe Tatsache bleiben, daß die Forschungsarbeit auf unserem Gebiet nicht von Psychologen in Angriff genommen wurde, die über die Entstehung seelischer Eigenschaften von Tier und Mensch Klarheit haben wollten, sondern von Zoologen, die, genaugenommen, zunächst gar nicht Tierseelenforschung zu treiben beabsichtigten, sondern vor allem an stammesgeschichtlichen Fragen interessiert waren. Dies hat ziemlich klare Gründe: Die spezielle Phylogenetik hängt mehr als andere Zweige induktiver Naturwissenschaft von einem »Fingerspitzengefühl« ab, von einer Leistung, die man gemeinhin als »Intuition« zu bezeichnen pflegt. Die »Intuition« aber erweist sich bei genauerer Untersuchung als eine besondere Leistung der *Gestaltwahrnehmung*. Wie bei jedem anderen Wahrnehmungsvorgang auch wird auf dem Wege unbewußter und der Selbstbeobachtung grundsätzlich nicht zugänglicher Mechanismen des Zentralnervensystems aus einer Fülle einzelner Sinnesdaten ein »Ergebnis« geformt, das vom menschlichen Subjekt »für wahr genommen wird«. Helmholtz hielt diese Vorgänge für unbewußte Schlußfolgerungen. Wenn sie dies auch ganz sicher nicht sind, sondern auf der Funktion sehr viel urtümlicherer zentralnervlicher Organstrukturen beruhen, wenn sie auch sehr mechanisch und sehr wenig regulativ ablaufen und die völlige Unbelehrbarkeit so vieler ererbter Reaktionsweisen zeigen, so haben sie doch mit echten, auf höherer psychischer Ebene sich abspielenden Schlußfolgerungen das eine gemeinsam, daß aus einer Vielheit rezipierter Einzelheiten eine *einzige*, alle diese Einzelheiten integrierende »Folgerung« gezogen wird. Die Richtung des Erkenntnisweges aller sogenannten Intuition führt ebenso *vom Besonderen zum Allgemeinen* wie diejenige des induktiven Verfahrens! Da die Intuition durchaus nicht, wie manche eingestandener- oder uneingestandenermaßen meinen, ein »Wunder« ist, sondern vielmehr eine höchst natürliche physiologische Leistung unseres Wahrnehmungsapparates, der aus konkreten Einzelheiten die in ihnen obwaltenden Gesetzlichkeiten in funktionell analoger Weise erschließt, wie die Induktion dies tut, *so ist sie auch wie diese auf eine Basis rezipierter Einzelheiten angewiesen*. Bei jeder Fälschung der »Prämissen« vermeldet die angeblich so unfehlbare Intuition ebenso hartnäckig und unbelehrbar Falsches wie jede andere Wahrnehmung auch, etwa die Tiefenwahrnehmung in einem Stereoskopversuch. Die Richtigkeit des intuitiv gewonnenen Ergebnisses ist genauso von der Richtigkeit und von der Breite des zugrunde liegenden Materials von Einzeldaten abhängig, wie das Resultat der Induktion es ist.

Im sogenannten systematischen Taktgefühl aller erfolgreichen Phylogenetiker spielt diese als Intuition bezeichnete Leistung der Gestaltwahrnehmung eine überaus große Rolle. Deshalb sind die morphologischen Systematiker von Format stets Männer, die nicht nur eine breite Induktionsbasis von bekannten, bewußt verfügbaren Einzeltatsachen besitzen, sondern vor allem auch einen ungeheuer großen Schatz von Einzeldaten, die *nicht* bewußt verfügbar sind, die vielmehr, in die Komplexqualitäten bekannter Gestalten eingewoben, die »Intuitionsbasis« für die Urteile des systematischen Taktgefühles bilden. Deshalb bleiben uns häufig gerade die besten und feinsinnigsten aller Systematiker die Antwort schuldig, wenn wir sie um die Gründe für ihre – uns an sich durchaus einleuchtenden – Aussagen über bestimmte feinsystematische Zusammenhänge befragen. Die »Prämissen« für die »unbewußten Schlüsse« der Gestaltwahrnehmung sind eben der Selbstbeobachtung grundsätzlich nicht unmittelbar zugänglich. Gadow (1891) hat in Bronns *Klassen und Ordnungen des Tierreichs* als Gedankenexperiment eine »30-Merkmal-Systematik« aufgestellt, indem er nach dreißig anerkanntermaßen taxonomisch wichtigen Merkmalen die Ordnungen und Unterordnungen der Vögel in einer Tabelle zusammenstellte. Das so gewonnene System der Vögel zeigte nun eine Reihe von überraschenden Abweichungen von »offensichtlich richtigen« Einzelheiten der herkömmlichen Systematik. Gadow kommt unausgesprochnermaßen zu dem ziemlich resignierenden Schluß, das systematische Taktgefühl lasse sich eben nicht durch statistische Merkmalverwertung ersetzen. Wir dagegen wollen hier die Diskrepanz zwischen 30-Merkmal-Systematik und stammesgeschichtlichem Taktgefühl einer genaueren psychologischen Betrachtung unterziehen, und zwar vor allem deshalb, weil sich aus ihr ein methodisch hochwichtiges wechselseitiges Abhängigkeitsverhältnis zwischen vergleichender Verhaltensforschung und phylogenetischer Systematik ergibt.

Das Versagen der 30-Merkmal-Tabelle beruht zunächst auf der einfachen Tatsache, daß jedes vergleichend-stammesgeschichtliche Urteil eines wirklichen *Kenners* seiner Objekte auf einer Verwertung *einer sehr viel größeren* Zahl von Merkmalen gegründet ist. Der Systematiker beurteilt nämlich ein Lebewesen durchaus nicht nur nach jenen Merkmalen, die in seiner Tabelle aufgezeichnet sind, sondern nach einem *Gesamteindruck*, in dem geradezu unzählige Merkmale in solcher Weise eingewoben sind, daß sie zwar die unverwechselbare Eigenart des Eindruckes *bestimmen*, gleichzeitig aber in ihr *aufgehen*. Deshalb bedarf es einer ziemlich schwierigen analytischen Arbeit, um sie aus dieser Gesamtqualität, in der sie gesondert gar nicht mehr ohne weiteres bemerkbar sind, einzeln herauszuschälen. Die *»Komplexqualität«* wahrgenommener Gestalten ist eine dem Psychologen durchaus vertraute und verhältnismäßig gründlich durchforschte Erscheinung. Der Phylogenetiker muß sich mit ihr auseinandersetzen, um die besten und wichtigsten seiner eigenen Leistungen exakt unterbauen zu können: Denn nur wenn die Merkmale faßbar gemacht werden, auf deren unbewußter Auswertung sich das »systematische Taktgefühl« gründet, wird seine Leistung wissenschaftlich auswertbar.

Die beschränkte Zahl der Merkmale, die von jeder Tabellensystematik benutzt werden, ist nicht der einzige Grund für deren Unzulänglichkeit. Ein weiterer und sicher wichtigerer liegt in folgendem: Jede Systematik, welche die zu verwendenden Merkmale *vorwegnehmend* bestimmt, gibt sich hierdurch insofern einer wesentlichen Fehlerquelle preis, als *kein* einzelnes Merkmal innerhalb der verschiedenen Teile der stammesgeschichtlich zu ordnenden Verwandtschaftsgruppe eine *auch nur annähernd gleichbleibende* systematische Bedeutsamkeit hat. Die Schnelligkeit, mit der sich ein einzelnes Merkmal stammesgeschichtlich ändert, kann schon bei nächstverwandten Tier- und Pflanzenformen völlig verschieden sein. Die Tatsache, daß es sich bei dem einen Teil einer Gruppe »konservativ« verhält, sagt durchaus nichts darüber aus, ob es nicht vielleicht bei einem anderen der regellosesten Veränderlichkeit unterliegt. Daraus ergibt sich ein *ständiger Wechsel der taxonomischen Dignität jedes einzelnen Merkmals.* Diesem Wechsel nun kann zwar die Tabellensystematik keineswegs Rechnung tragen, wohl aber kann dies das »systematische Taktgefühl«, das sich ja auf eine ganz gewaltige Zahl unbewußt gleichzeitig berücksichtigter Merkmale gründet und das daher imstande ist, einen unvoraussagbaren »Sprung« eines sonst verläßlichen Verwandtschaftsmerkmals auszuschalten, indem es sich nach dem größeren Gewicht der Vielzahl gleichgebliebener Merkmale richtet. Es wird, um dies einmal ganz grob auszudrücken, keinem Vernünftigen einfallen, einen gänzlich federlosen Papageien, wie er infolge gewisser pathologischer Vorgänge in Gefangenschaft nicht selten vorkommt, dieses Merkmales halber aus der Klasse der Vögel auszuscheiden, was einer Tabelle mit vorwegbestimmten Merkmalen ohne weiteres passieren kann. Ebendieser Unterschied der Leistung besteht aber auch in weniger selbstverständlichen Fällen und bedingt ebenso ein Versagen der Tabellensystematik. Die besondere Leistung des »systematischen Taktgefühls« besteht bei genauer Betrachtung des in Rede stehenden Vorgangs in folgendem: Man erkennt nicht von vornherein jedem der berücksichtigten Einzelmerkmale eine bestimmte taxonomische Dignität zu, sondern entnimmt diese für jeden Einzelfall aus der Verschiebbarkeit der Merkmale *gegeneinander*. Dieses »Errechnen« des Gewichtes, das dem Einzelmerkmal bei jeder Tierform zukommt, gründet sich auf Gesetze der Wahrscheinlichkeit: Es ist außerordentlich unwahrscheinlich, daß *viele* Merkmale gleichzeitig in gleicher Richtung Mutationssprünge gemacht haben sollten, während ein einzelnes – und sei es das »konservativste« – unverändert geblieben ist, daß etwa, um im vergröbernden Gleichnis zu bleiben, eine federlose Tiergruppe eine Form hervorgebracht haben sollte, die in allen übrigen Merkmalen einem Graupapagei gleicht. Wir gehen auch in weniger eindeutigen Fällen wahrscheinlichkeitsmäßig nicht fehl, wenn wir annehmen, daß sporadisch auftretende, aus dem Rahmen der Gruppe fallende Merkmale jünger und die Vielzahl übereinstimmender Gruppenmerkmale älter sei, ganz gleichgültig, um welche Merkmale es sich im einzelnen handelt. Da nun aber kaum einmal bei zwei nächstverwandten Arten ein Merkmal wirklich genau dasselbe ist, sondern meist nur der raschere oder langsamere Fluß der Merkmale die Basis der wechselnden Einschätzung der relativen Dignität des Einzelmerkmals abgibt, beruht der ganze so ungemein wichtige Einschätzungsvorgang *ausschließlich auf Relationserfassungen* und könnte theoretisch nur dann fehlerfrei vor sich gehen, wenn dem Beurteiler *alle* im Artenwandel veränderten Merkmale der untersuchten Tiergruppe bekannt wären. Dies ist natürlich grundsätzlich unmöglich; immerhin ergibt sich, daß die größte Annäherung an die wirklich richtige Merkmalverwertung mit der Erfassung der größten Zahl der einer Tier- oder Pflanzengruppe eigenen Merkmale zusammenfällt: Die Leistungsfähigkeit des Phylogenetikers steigt nicht nur in arithmetischem, sondern in geometrischem Verhältnis zur Zahl der ihm bekannten Gruppenmerkmale, weil jedes neu hinzukommende Merkmal die Richtigkeit der Beurteilung aller schon vorher bekannten verbessert. Auf genau demselben Schlußverfahren beruht bekanntlich ausschließlich die Eineiigkeitsdiagnose der Zwillinge: Je zahlreicher erbgleiche Merkmale sie tragen, um so wahrscheinlicher wird ihre Eineiigkeit. Die Wahrscheinlichkeit zufälligen Zusammentreffens von n Merkmalen beträgt $\frac{1}{2^n}$.

Dieser kurze Exkurs in das Gebiet der Methodenlehre phylogenetischer Systematik war deshalb nötig, weil er uns einen wesentlichen Zusammenhang zwischen Verhaltensforschung und Phylogenetik aufdeckt. Wir verstehen jetzt nämlich, warum nicht derjenige zu den bestimmtesten Äußerungen über stammesgeschichtliche Zusammenhänge berechtigt ist, der – wie es vergleichende Anatomen häufig tun – ein *Organ* in allen seinen Erscheinungsformen bei den verschiedensten Tiergruppen studiert hat, sondern derjenige, der *eine Gruppe* in möglichst allen ihren Vertretern und allen irgend zugänglichen Merkmalen kennt: Das aber ist in ganz besonderem Maße dann der Fall, wenn ein phylogenetisch denkender Biologe eine Tiergruppe nicht nur als Bälge und Präparate, sondern *außerdem auch lebend kennt.* Dann wird er auf stammesgeschichtlich-vergleichende Betrachtung der *Merkmale angeborenen Verhaltens* geradezu gestoßen und wird durch diesen Gewinn an Induktionsbasis ungeahnte Erfolge mit seinen phylogenetischen Studien haben. Gleichzeitig ergibt sich aus diesem Tatbestand, daß ein Mann, der in gewissem Sinne in eine Tiergruppe »vernarrt« ist, nicht nur der Systematik dieser Gruppe, sondern der phylogenetischen Methodologie überhaupt unschätzbare Dienste erweisen kann. So hat Whitman, den wir zeitlich als den Pionier unserer Fragestellung ansehen müssen, die Ordnung der *Tauben* bis ins kleinste durchforscht und schon 1898 den gewiß beachtlichen, wenn auch zunächst von der Fachpsychologie völlig unbeachteten Satz ausgesprochen: »Instinkte und Organe müssen vom gemeinsamen Gesichtspunkt ihrer phyletischen Abstammung erforscht werden.« Heinroth (1910) hat uns in durchaus ähnlicher Weise die Anatomie und das angeborene Verhalten der Entenvögel erschlossen, Antonius (1937) hat ähnliche Untersuchungen an den Equiden vorgenommen. Man weiß oft nicht recht, ob man diese Forscher als Psychologen oder als Phylogenetiker auffassen soll; gemeinsam ist ihnen jedenfalls eine ganz außergewöhnlich große Liebe zu einem bestimmten Objekt, die zwar eingestandenermaßen aus einer meist schon in frühester Jugend ausgeprägten Liebhaberei stammt, aber zu der methodisch besten, im wahrsten Sinne »ganzheitlichen« (gesamtheitlichen) Durchforschung stammesgeschichtlicher Verwandtschaftsgruppen geführt hat, die uns heute überhaupt vorliegen. Daß ihre Erfolge nur der *gleichzeitigen* Erfassung der Stammesgeschichte und des psychischen Verhaltens einer Tiergruppe zu danken sind, das zeigt uns in klarster Weise, worauf es hier ankommt: auf das gegenseitige Abhängigkeitsverhältnis phylogenetischen und psychologischen Wissens.

Die Erkenntnis, die wir den beiden Pionieren der vergleichenden Verhaltensforschung verdanken, ist an sich einfach: Es gibt individuell unveränderliche, artkennzeichnende Bewegungsweisen, die sich im Laufe der Stammesentwicklung genauso langsam verändern wie körperliche Organe. Aber diese schlichte Tatsache erwies mit einem Schlage die völlige Unrichtigkeit aller Vorstellungen, die man sich bis dahin sowohl auf vitalistischer als auch auf mechanistischer Seite von dem »instinktiven« Verhalten gemacht hatte. Nach Anschauung der Vitalisten war der »Instinkt« ein grundsätzlich nicht kausal erklärbarer »Richtungsfaktor«, der dem tierischen Verhalten bestimmte *Ziele* setzte, es war daher an sich nur folgerichtig, wenn die Vertreter der »Purposive Psychology«, so vor allem McDougall, allem instinktiven Verhalten grundsätzlich die typische Variabilität alles *zweckgerichteten* Verhaltens zuschrieben und die arterhaltende Leistung einer solchen Verhaltensweise mit dem vom tierischen Subjekt angestrebten Zweck einfach gleichsetzten. Auf mechanistischer Seite dagegen gab es *zwei* Schulmeinungen. Die der Behavioristen besagte, daß es angeborene komplexere Bewegungsfolgen einfach nicht gebe, ebensowenig angeborene »Ziele« des Verhaltens. Die Pawlowsche Reflexologenschule dagegen gestand das Vorhandensein längerer angeborener Bewegungsfolgen zu, erklärte sie aber einfach als Verkettungen unbedingter Reflexe, eine Theorie, gegen die McDougall schon früh den an sich richtigen Einwand ins Feld führte, daß die Spontaneität vieler »instinktiver« Verhaltensweisen aus dem Prinzip des Reflexes nicht erklärt werden könne. »Es ist offensichtlich unrichtig«, schreibt er mit Recht, »von einer Re-aktion auf einen Reiz zu sprechen, den der Organismus noch gar nicht empfangen hat!«

Weder Whitman noch Heinroth haben je eine Aussage über die physiologische Natur der ererbten Bewegungsfolgen gemacht. Aber während sie voraussetzungslos und hypothesefrei die in Rede stehenden Bewegungsweisen beobachteten, beschrieben und ordneten, vollbrachte ihr systematisches Fingerspitzengefühl ganz unbewußt eine sehr merkwürdige Leistung. Es hat sich nämlich inzwischen herausgestellt, daß nahezu sämtliche von Whitman und Heinroth zu phylogenetischen Betrachtungen verwerteten Bewegungsweisen verschiedenster Tiere eine Reihe sehr merkwürdiger physiologischer Eigenheiten aufweisen, die nach einer einheitlichen kausalen Erklärung geradezu zu verlangen schienen und sie inzwischen auch gefunden haben, ein klassisches Beispiel dafür, wie in der organischen Entwicklung einer Naturwissenschaft das nomothetische Stadium aus dem systematischen ganz von selbst hervorwächst.

III Die Entdeckung der endogenen Reizerzeugung und ihre analytischen Folgen

Was zunächst auffiel, war eine eigenartige und nach den oben skizzierten, vitalistischen wie mechanistischen Anschauungen durchaus unerwartete *Korrelation zwischen Spontaneität und individueller Invarianz* der ererbten Bewegungsweisen. Nach vitalistisch-teleologischer Auffassung mußte die nach einem bestimmten »Instinkt-Ziel« gerichtete angeborene Verhaltensweise ipso facto die typische Variabilität aller zweckgerichteten Handlungen zeigen, die zwar in ihrem Enderfolg konstant, aber in ihrem Ablauf weitgehend adaptiv veränderlich sind. Nach der Reflexkettentheorie dagegen durfte eine Bewegungskette, die in ihrer Gesamtheit ererbt ist, durchaus keine Spontaneität zeigen. In Wirklichkeit aber wiesen *gerade* jene durchaus starren, in jeder Einzelheit ihrer Bewegungsfolge artmäßig ererbten Verhaltensweisen eine bestimmte, höchst charakteristische Art von Spontaneität auf, die uns sogleich näher beschäftigen wird, da ihre genauere Untersuchung zur Entdeckung einer bis dahin völlig vernachlässigten, vom Reflexvorgang völlig unabhängigen *Elementarleistung des Zentralnervensystems* führte, zur Entdeckung der endogenen automatisch-rhythmischen Reizerzeugung. Wir sehen in der Entdeckung der Rolle, die diese autonome Urleistung des Nervensystems im Gesamtverhalten der höheren Tiere und zweifellos auch des Menschen spielt, das wichtigste bisherige Ergebnis der vergleichenden Verhaltensforschung. Sie gibt uns auf der einen Seite eine befriedigende Erklärung für die Spontaneität so vieler tierischer und menschlicher Verhaltensweisen, die von den Vitalisten immer wieder als ein Argument nicht nur gegen die Reflexkettentheorie der Mechanisten, sondern gegen die Annahme einer physiologisch kausalen Erklärbarkeit des Verhaltens überhaupt ins Feld geführt wurde. Der Vitalismus wird damit aus einer Position verdrängt, die er zähe und bisher immer mit Erfolg verteidigt hatte. Auf der anderen Seite aber widerlegt die Entdeckung der automatisch-rhythmischen Reizerzeugung ein für allemal den Erklärungsmonismus der Behavioristen und Reflexologen, die in Reflex und bedingter Reaktion die einzigen Erklärungsprinzipien für alles tierische und menschliche Verhalten in Händen zu haben glaubten. Wir wenden uns einer Skizze der Geschichte dieser Entdeckung zu.

Die schon von Whitman betonte Tatsache, daß sich bestimmte Verhaltensweisen in der Phylogenese wie Organe verhielten, legt den Gedanken nahe, sie als Organfunktionen zu deuten und nach den ihnen zugrunde liegenden Strukturen des zentralen Nervensystems zu suchen. Beim damaligen Stand der Neurophysiologie war es beinahe selbstverständlich, diese Strukturen zunächst in *Reflexbahnen* zu sehen und die angeborenen Verhaltensweisen in Bausch und Bogen für Kettenreflexe zu erklären, wie es H. E. Ziegler (1910) in schärfster Formulierung getan hat. Er definierte die »Instinkte«, als deren Auswirkung man damals ohne weitere Analyse alle angeborenermaßen zweckmäßigen Verhaltensweisen auffaßte, als Reflexketten, die auf ererbten, »kleronomen« Bahnen abliefen. Allerdings unterließ er es, diese Theorie histologisch oder physiologisch zu untermauern. Sehr bald aber zeigte es sich, daß *gerade der Kern jener Verhaltensweisen,* welche die Pioniere der vergleichenden Verhaltensforschung zu phylogenetischen Vergleichen herangezogen hatten, in höchst wesentlichen Zügen von Reflexen abwich. Reflexe sind von Außenreizen abhängig, sowohl was ihre Auslösung als was die besondere Form ihrer Bewegung angeht. Es gehört zu den konstituierenden und seinen Namen bestimmenden Merkmalen des Reflexes, daß er, sozusagen wie eine ungebrauchte Maschine, unbegrenzt lange unbemerkbar bereitliegen kann, um beim Eintreten der auslösenden Reizsituation die zentralwärts geleitete Erregung in arterhaltend sinnvoller motorischer oder sekretorischer Antwort wieder in die Außenwelt hinauszuprojizieren. Für eine bestimmte Gruppe ererbter Bewegungsweisen trifft dies alles nun tatsächlich weitgehend zu: für jene *Orientierungsreaktionen* nämlich, die wir mit A. Kühn als *Taxien* bezeichnen. *Aber merkwürdigerweise hatten gerade jene Bewegungsweisen, die von* Whitman *und* Heinroth *zu phylogenetischen Betrachtungen herangezogen worden waren, mit Taxien verhältnismäßig wenig zu schaffen.* Im Gegenteil, eine besondere Rolle spielten unter ihnen die Bewegungsweisen der Balz sowie überhaupt *Ausdrucksbewegungen* im weitesten Sinne, und diese formelhaft festgelegten, für Gruppen und Arten so ungemein bezeichnenden Bewegungskoordinationen zeigten eine ganz unglaubliche *Unabhängigkeit von steuernden Reizen*; außerdem verstießen sie in höchst bedeutungsvoller Weise gegen die erwähnte, für jeden reinen Reflexvorgang gültige Regel des passiven Wartens auf auslösende Reize: Lorenz (1937) konnte experimentell zeigen, daß echte »Instinktbewegungen« um so leichter auslösbar sind, je länger sie nicht ausgelöst worden waren. Diese *Schwellenerniedrigung* der auslösenden Reize kann bei bestimmten, normalerweise häufig gebrauchten instinktmäßigen Bewegungsweisen so weit gehen, daß sie nach längerer »Stauung« *ohne* nachweisbaren äußeren Reiz »auf Leerlauf« ablaufen, wobei die gesamte Bewegungsfolge dem normalen Ablauf mit wahrhaft photographischer Treue entspricht, ohne aber natürlich seinen arterhaltenden Sinn zu erfüllen. Die Erscheinung einer in der Pause zwischen zwei Auslösungen der Instinktbewegung fortlaufend zunehmenden Bereitschaft legte an sich schon den Gedanken an innere *Kumulationsvorgänge* nahe. Diese Vermutung wurde ganz wesentlich bestärkt, als sich herausstellte, daß die »gestaute« Instinktbewegung nicht nur zu einer passiven Erniedrigung des Schwellenwertes auslösender Reize führt, sondern vielmehr den ganzen ruhenden Organismus dazu bringt, unruhig zu werden und *aktiv* nach der auslösenden Reizsituation zu *suchen*. Schon 1910 hat Craig dieses Suchen, das, angefangen von einfachster motorischer Unruhe bis hinauf zu den verwickelten zweckgerichteten Verhaltensweisen des Menschen, die denkbar verschiedensten Leistungen einbegreift, begrifflich von dem erstrebten Instinktablauf geschieden und als *Appetenzverhalten* (*appetitive behaviour*) bezeichnet. *Alle diese Erscheinungen können aus dem Reiz-Reaktions-Schema des Reflexes nicht erklärt werden.* Die Nervenphysiologie und mit ihr die naturwissenschaftliche Physiologie hatten von jeher auf der Arbeitshypothese aufgebaut, daß der Reflex das Element sei, aus dem sich alle Nervenfunktionen zusammensetzten. Daher beschränkte sich ihre Arbeitsmethode auf das Experiment, eine Zustandsänderung zu setzen und die darauf erfolgende Antwort zu registrieren. Bei dieser Arbeitsweise *mußte* die Meinung entstehen, daß die Leistung des Zentralnervensystems sich im *Beantworten* von Außenreizen erschöpfe. Hier aber war etwas grundsätzlich Neues: Die merkwürdigen Bewegungskoordinationen der Instinkthandlungen warteten nicht wie Reflexe oder ungebrauchte Maschinen passiv auf das Ausgelöstwerden ihrer Funktion, sondern sie meldeten sich aktiv zu Wort, setzten den ganzen Organismus in Unruhe und *trieben* ihn zum Handeln, kurzum sie verhielten sich wie *Hormone*, indem sie Reize *erzeugten*. Die physiologische Erforschung der nicht-reflektorischen Vorgänge, die mit einem Schlage alle bisher skizzierten, aus der Reflextheorie nicht verständlichen Erscheinungen erklärte, verdanken wir von Holst (1936, 1938). Seine Ergebnisse haben gründlichst mit der Hypothese aufgeräumt, daß der Reflex »das Element« aller zentralnervösen Vorgänge bilde. Zufolge seinen Befunden senden *automatische Reizerzeugungsvorgänge* im Zentralnervensystem von Würmern, Fischen und höheren Wirbeltieren Impulse aus, die, schon im Zentrum selbst koordiniert, *ohne die Beteiligung irgendwelcher sensibler Erregungsleitung* wohlgeordnete und arterhaltend sinnvolle Bewegungsvorgänge verursachen. Von Holst stellte sich die Reizerzeugungsvorgänge *stofflich* vor und gelangte so völlig unabhängig von Lorenz zur Hypothese von *Kumulierungsvorgängen* reaktionsspezifischer Energien.

Die Entdeckung, daß das Nervensystem *spontan* Energien erzeugt, die bestimmten, höchst spezifischen Bewegungsweisen zugeordnet sind und einerseits einen allgemeinen *Trieb* (Appetenz) nach deren Auslösung erzeugen, andererseits aber die Reizschwelle dieser Auslösung herabsetzen, ist nicht nur physiologisch von größter Bedeutung. Die sensualistische Assoziationspsychologie der Jahrhundertwende, die in einem mißverstandenen Nachahmen naturwissenschaftlicher Methoden versucht hatte, aus dem Element der »Empfindung« ein Verständnis des menschlichen Seelenlebens aufzubauen, hatte eine gesetzmäßige quantitative Beziehung zwischen Ursache und Wirkung auch im Psychischen gesucht. Da sie als »Ursache« nur den Sinnenreiz gelten lassen wollte und das Verwerten und Beantworten solcher Außenreize als die einzige Leistung des zentralen Nervensystems betrachtete, konnte sie Erfolge begreiflicherweise nur dort haben, wo diese sehr spezielle Arbeitshypothese wirklich zutraf. Dies war vor allem auf dem Gebiete der Sinnesphysiologie der Fall, auf dem wir der Assoziationspsychologie große Dauerwerte – ich nenne nur das Weber-Fechnersche Gesetz – zu verdanken haben. Im Augenblick aber, wo die Quantität des Außenreizes mit der Gesamtreaktion des Organismus in Beziehung gesetzt werden sollte, also auf dem eigentlichen Gebiet der Psychologie, scheiterte zunächst jeder Versuch, gesetzmäßige Beziehungen aufzufinden. Die Unmöglichkeit, auf dem Gebiete des seelischen Verhaltens jene Beziehung zwischen Ursache und Wirkung aufzufinden, die damals als die einzig denkbare betrachtet wurde, hatte leider eine allgemeine Abkehr der Psychologen von naturwissenschaftlichen Fragestellungen zur Folge. Durch das Auffinden der *inneren* Ursachen der wechselnden Bereitschaft jedes Organismus zu bestimmten Reaktionsweisen ist nun neuerdings die Untersuchung der quantitativen Beziehungen zwischen dem auslösenden Außenreiz und der Antwort, die ihm der Organismus als Ganzes erteilt, in ein neues Stadium der naturwissenschaftlichen Analyse eingetreten.

Wer nichts von endogener Reizproduktion und ihrer »Stauung« bei längerer Ruhe der betreffenden Instinktbewegung weiß, wer das Emporschnellen des Schwellenwertes auslösender Reize nach mehrmaliger Auslösung der Bewegungsfolge nicht kennt, dem muß es zunächst völlig »willkürlich« erscheinen, wenn sein Versuchstier bei einem Versuch intensiv auf eine bestimmte Reizsituation antwortet und beim nächsten völlig gleichgültig bleibt. Berücksichtigt man aber, wie Seitz (1940) dies erstmalig in zielbewußten Versuchen getan hat, bei Untersuchungen der Wirksamkeitsquantität von auslösenden Reizen die jeweilige innere Bereitschaft des Versuchstieres zu der betreffenden Handlungsweise, so ergibt sich eine erstaunlich konstante Wirksamkeit der einzelnen Reize. Seitz hat die Kampf- und Balzreaktionen von Knochenfischen, die wegen einer sehr exakten Aufeinanderfolge von Intensitätsstufen sehr günstige Objekte für quantifizierende Versuche abgeben, dazu benutzt, um mit Attrappen, an denen er willkürliche Merkmale der normalerweise reaktionsauslösenden Kampf- und Paarungspartner fortlassen konnte, die quantitative Wirksamkeit dieser Einzelmerkmale zu prüfen. Nach jedem Einzelversuch wurde die im Augenblick herrschende Reaktionsbereitschaft, der »Aktualspiegel reaktionsspezifischer Erregbarkeit«, durch Darbieten des adäquaten Objektes untersucht. Auf diese Weise gelang es, die gewonnenen Reaktionsintensitäten sozusagen auf einen gemeinsamen Spiegelwert zu reduzieren. Gleiche Reaktionsintensität konnte durch eine wirkungsstarke Attrappe bei geringer Reaktionsbereitschaft sowie durch eine extrem merkmalverminderte nach längerer »Stauung« der betreffenden Instinktbewegung ausgelöst werden. Dabei ergab sich eine durchaus *konstante auslösende Wirksamkeit jedes Einzelmerkmals;* die Wirkung jeder Attrappe entsprach durchaus der *Summe* der Wirkung der jeweils an ihr verwirklichten Einzelmerkmale, was Seitz als die *Reizsummenregel* bezeichnet hat.

Eine weitere, vielleicht noch wichtigere analytische Folgerung aus der Erkenntnis der physiologischen Eigenart der Instinktbewegung war die Analyse aller bisher kurz als »Taxien« oder als »Instinkthandlungen« bezeichneten Bewegungsvorgänge in ihre endogen-automatischen und ihre reizgesteuert-reflektorischen Vorgänge. Auch die einfachste »positive Taxis« irgendeines sich auf einen Reiz zu bewegenden Organismus ist keineswegs reiner Reflex, sondern besteht aus der Enthemmung einer so gut wie immer endogen automatischen Lokomotionsbewegung, während nur die kleinen, in ihrem Ausmaße vom Reiz her gesteuerten Orientierungsbewegungen nach rechts und links, oben und unten wirkliche Reflexe sind. Sehr häufig lassen sich die Reize, welche den Automatismus enthemmen, völlig eindeutig von jenen trennen, nach denen sich die tropische Steuerung der Gesamtbewegung richtet. Tinbergen (1938), Lorenz (1938) und Kuenen (1939) haben an Vögeln derartige Untersuchungen durchgeführt.

Das hier skizzierte Craig-Lorenzsche Schema der Instinkthandlung: endogene Reizerzeugung – Appetenzverhalten – Eintreten der spezifischen

Reizsituation, die den angeborenen Auslösemechanismus in Gang setzt – Enthemmung der *consummatory action*, hat sich inzwischen als allzu simplistisch erwiesen, aber, wie viele derartige Simplismen, gerade dadurch Früchte für die analytische Forschung gebracht. Besonders Tinbergen und Baerends sowie Schüler beider haben gezeigt, daß nur in verhältnismäßig seltenen Spezialfällen das primäre Appetenzverhalten unmittelbar die Reizsituation herbeiführt, in der die *consummatory action* ausgelöst wird. Vielmehr bringt ein primäres Appetenzverhalten generellerer Art das Tier zunächst in eine Reizsituation, in der ein bestimmter auslösender Mechanismus eine *speziellere* Appetenz aktiviert. Der in »Fortpflanzungsstimmung« geratene Stichling z. B. sucht zunächst einen pflanzenreichen Biotop auf: Ganz bestimmte Umgebungsbedingungen müssen erfüllt sein, damit der Fisch überhaupt ein Territorium wählt, das Prachtkleid annimmt und in die hormonale Lage voller Fortpflanzungsbereitschaft kommt. Der nunmehr im Prachtkleid befindliche Fisch ist bereits in einem spezielleren Zustand der Handlungsbereitschaft, er ist in »Imponierstimmung« und zeigt deutliche Appetenzen zum Aufsuchen von Artgenossen. Ob er einen solchen aber anbalzen oder bekämpfen wird, hängt von einer weiteren auslösenden Reizsituation, nämlich von dem Antwortverhalten ab, mit dem der andere Stichling auf seine Annäherung reagiert. Die Aktivierung der einzelnen Handlungsbereitschaften, der »Stimmungen« im Sinne von Heinroth, erfolgt in der Reihenfolge ihrer Integrationsstufen von hoch bis niedrig; sie beginnt mit dem Aufquellen einer hochintegrierten, sehr allgemeinen Aktionsbereitschaft, die *mehrere* speziellere in sich schließt und die Voraussetzung für sie bildet. Sie endet mit der Auslösung der speziellsten und keine weiteren mehr in sich schließenden zweckbildenden Endhandlung, der *consummatory action* Craigs. Diese Ineinanderschachtelung weiterer und engerer Aktionsbereitschaften wurde von Tinbergen und Baerends mit dem sehr treffenden Terminus »Hierarchie der Stimmungen« bezeichnet. Zwischen den kommandierenden Instanzen von *gleichem* Niveau der Integration besteht meist – nicht immer – ein Verhältnis gegenseitiger Inhibition, das bis zum völligen gegenseitigen Ausschluß gehen kann. So haben Kämpfen und Balzen bei Labyrinthfischen und Cichliden dasselbe Integrationsniveau, beide haben »Imponierstimmung« mit Annehmen des Prachtkleides zur gemeinsamen Voraussetzung. Mischreaktionen zwischen beiden kommen zwar gelegentlich vor, das »Umschalten« von der einen auf die andere Aktionsbereitschaft erfordert jedoch ein meßbares Zeitintervall (Reaktionsträgheit), das um so größer zu sein pflegt, je höher die Integrationsstufe der betreffenden Handlungsbereitschaften ist. Die Bereitschaften zu den einzelnen endogen-automatischen Bewegungsfolgen stehen also nicht in einem beziehungslosen Mosaik nebeneinander, sondern sie bilden die Endglieder hierarchisch geordneter und sich von oben nach unten verzweigender Ketten allgemeinerer und speziellerer Ketten von Appetenzen. Nur in einzelnen, besonders einfach gelagerten Fällen entspricht das Aktionssystem einer Tierart einem Mosaik von Aktions- Reaktions-Normen, die dem oben gegebenen Craig-Lorenzschen Handlungsschema wirklich entsprechen. Bei höheren Tieren bildet es so gut wie immer ein hochkompliziertes hierarchisches System des gegenseitigen Ein- und Ausschlusses weiterer und engerer Handlungsbereitschaften. Diese verschiedenen Zyklen und Epizyklen sind bei verschiedenen Tierarten sehr verschieden strukturiert und vor allem sehr verschieden viele an der Zahl; jeder generalisierende Rückschluß von einer auf die andere Form führt zu Irrtümern. Bisher wurde nur an zwei Tierarten Zahl, Art und Integrationsleistung der einander hierarchisch übergeordneten und einander integrierenden Instanzen oder »Zentren« genau untersucht, nämlich am Stichling (*Gasterosteus aculeatus* L.) durch Tinbergen und an der Sandwespe (*Ammophila campestris* Jur.) durch Baerends.

Unsere Vorstellung von einer Hierarchie einander stufenweise über- bzw. untergeordneter Instanzen des Zentralnervensystems ist ausschließlich auf Grund der Beobachtung intakter Organismen gewonnen. Der Begriff, den wir uns von diesen Instanzen oder »Zentren« gebildet haben, ist daher zunächst rein funktionell bestimmt. Indessen hat es dennoch seine volle Berechtigung, von Zentren im eigentlichen Sinne des Wortes zu sprechen, und zwar deshalb, weil alle diese Vorstellungen der vergleichenden Verhaltensforschung in sehr vielsagender Weise mit den Befunden der vivisektorisch experimentierenden Nervenphysiologie übereinstimmen und durch diese bestätigt werden. Sowohl durch die Untersuchungen von von Hess als durch diejenigen von von Holst ist Wesentliches über die *Lokalisation* der »kommandierenden Instanzen« bekannt geworden, die Aktionsbereitschaften allgemeinerer und speziellerer Art aktivieren. Eine bedeutsame Übereinstimmung dieser Befunde mit den Ergebnissen der vergleichenden Verhaltensforschung liegt vor allem darin, daß die von von Hess gefundenen Zentren, die an *höherer* Stelle im Zentralnervensystem, nämlich im Hypothalamus, gelegen sind, tatsächlich auch allgemeinere Handlungsbereitschaften von höherer Integrationsstufe kommandieren, z. B. die des Schlafens, Fressens oder Kämpfens, samt dem ganzen System untergeordneter Teilappetenzen und Bewegungsweisen, die bei der untersuchten Tierart, der Katze, zu diesen übergeordneten Zyklen gehören. Dagegen aktivieren die durch von Holst untersuchten, an *niedrigster* Stelle, nämlich unmittelbar oberhalb der motorischen Vorderhornzellen des Rückenmarks lokalisierten Instanzen nur je eine einzige Bewegungsfolge des untersten Integrationsniveaus, die somit den Charakter einer *consummatory action* trägt. Die am intakten Organismus gefundenen Beobachtungstatsachen stehen, wie gesagt, mit diesen Ergebnissen in vollstem Einklang, lassen jedoch erwarten, daß *zwischen* den bisher vivisektorisch gefundenen, sehr hohen und sehr niedrigen Zentren noch eine ganze Reihe intermediärer Niveaus integrierender Instanzen nachweisbar sein wird. Die genaue Analyse des Verhaltens intakter Organismen kann hier der Nervenphysiologie sehr wertvolle Hinweise hinsichtlich der *Zahl* der zu erwartenden intermediären Zentren geben, die bei *Gasterosteus* und *Ammophila* recht genau festgestellt ist. Barcroft und von Holst haben bereits den Versuch unternommen, der hierarchischen Reihe einander untergeordneter Zentren durch eine neue Methode der stufenweisen Narkose bzw. Erstickung des Zentralnervensystems näherzukommen.

Die hier kurz skizzierten Erfolge einer experimentellen Analyse, die besonders durch die ihr eigenen Möglichkeiten einer relativ exakten Quantifizierung für die Psychologie tatsächlich ein neues Stadium naturwissenschaftlicher Forschung einleiten, *wurden nur durch die vorangegangene vergleichend-stammesgeschichtliche Beschreibung und Einordnung tierischen Verhaltens möglich.* Die Verwertbarkeit angeborener Verhaltensweisen als taxonomische Merkmale brach nicht nur schlagartig mit allen bis dahin geltenden Lehrmeinungen und schuf dadurch den Impuls zu neuer analytischer Forschung, sondern sie brachte tatsächlich schon eine *Ordnung* in das beschriebene Tatsachenmaterial, welche die Unterscheidung der taxienmäßig gesteuerten Bewegungen von den endogenen Automatismen bereits in sich schloß und damit die Frage nach ihrer physiologischen Eigenart stellte: Begreiflicherweise sind alle Bewegungsweisen, in denen reizgesteuerte Reflexbewegungen, also Taxien im heutigen engeren Sinne, eine große Rolle spielen, wegen ihrer Abhängigkeit von oft sehr spezifischen Außenreizen weit weniger gut taxonomisch verwendbar als automatische Bewegungen. Bei Taxien ist die spezielle Form der Bewegung in jedem Einzelfalle von Art und Richtung des Reizes abhängig, während der Automatismus durchaus konstante, auch bei völligem Mangel von adäquaten Reizen in artbezeichnender Weise ausgeführte Bewegungsweisen erzeugt. Bei der Orientierungsreaktion ist die Norm des Reagierens angeboren, etwa die, sich mit dem Rücken in die Richtung des Lichteinfalls einzustellen. Je nach den Gegebenheiten des Einzelfalles vollführt dabei das Tier eine Drehung von wenigen Bogensekunden oder eine um 180 Grad; das Reaktionsgesetz ist erst aus einer Fülle beobachteter Einzelfälle abstrahierbar. Dagegen ist beim endogenen Automatismus die Bewegungsform selbst als angeborenes Artmerkmal unmittelbar beschreibbar und vergleichbar. Zwar ist die Reaktionsnorm der Orientierungsbewegung im heutigen, engen Sinne an sich ebenso »konservativ« wie nur irgendeine Instinktbewegung. Aber jene

Taxien im älteren und weiteren Sinne, die sich unserer Analyse als komplizierte Verschränkungen aus reflexmäßig gesteuerten und endogen-automatischen Bewegungsweisen darstellen, sind schon wegen der Vielheit ihrer Glieder stammesgeschichtlich sehr plastische Gebilde, und deshalb vermied es sowohl Whitman wie Heinroth mit der feinen Intuition des berufenen Systematikers, solche zusammengesetzten Bewegungsketten als stammesgeschichtliche Merkmale zu benutzen. Damit war jene Einteilung im groben bereits getroffen, auf der sich die weitere kausale Analyse aufbauen konnte.

IV Spezielle Phylogenetik der Ausdrucksbewegungen

Schon Whitman und Heinroth haben unseren Blick ganz besonders auf eine bestimmte Gruppe von Instinktbewegungen gelenkt, von denen wir heute wissen, daß sie so gut wie »rein« automatisch sind, d. h. nicht oder nur in einfachster und leicht überschaubarer Weise von Orientierungsreaktionen überlagert werden. Es sind das jene Automatismen, deren Arterhaltungswert im *Aussenden von Reizen* liegt, die vom Artgenossen in gesetzmäßiger Weise beantwortet werden. Diese Instinktbewegungen haben den weiteren Vorteil, einfache und doch kennzeichnende, leicht beschreibbare Merkmale zu sein, was ja aus ihrer Funktion als »Signale« oder »Verständigungsmittel« ohne weiteres hervorgeht. Drittens aber besitzen sie den für phylogenetische Forschungen ganz unschätzbaren Vorteil, daß bei ihnen mit größter Wahrscheinlichkeit ein Störungsfaktor ausgeschaltet werden kann, der dem Phylogenetiker sonst viel Kopfzerbrechen macht, nämlich die *Konvergenzerscheinung*. Findet man z. B. bei zwei sonst wenig verwandten Formen von Entenvögeln einen sogenannten »Gänseschnabel« mit zu Beißzähnen verstärkten Hornlamellen, so kann diese Ähnlichkeit sehr gut so zustande gekommen sein, daß beide Formen aus äußeren Gründen, etwa beim Übergang zum Grasfressen, *denselben* Anpassungsweg beschritten haben und unabhängig voneinander auf die gleiche Veränderung des für alle Anatiden zweifellos ursprünglichen Lamellenschnabels umgezüchtet wurden. So leicht die groben Fälle von konvergenter Anpassung bei verschiedenen Tierklassen als solche zu erkennen sind – man denke etwa an die konstruktiven Ähnlichkeiten zwischen Fischen, Ichthyosauriern und Walen –, so störend macht sich die Möglichkeit ihres Vorhandenseins bei feineren phylogenetischen Erwägungen bemerkbar. Dieser Fehlerquelle gegenüber befindet sich die stammesgeschichtliche Forschung der Signalbewegungen oder »Auslöser« in der gleichen angenehmen Lage wie der Sprachforscher: Wenn dieser bei zwei Sprachen weitgehend ähnlich gebildete Wörter findet, nimmt er ohne weiteres gleichen stammesgeschichtlichen Ursprung für sie an, und zwar mit Recht, denn es ist in der Tat unendlich unwahrscheinlich, daß etwa die indogermanischen Wörter Vater, *pater*, *padre*, *père* usw. rein zufällig einen so ähnlichen Bau haben: Was ihre *Bedeutung*, somit ihre Signalfunktion, anlangt, könnten sie geradesogut ganz anders lauten und tun das auch in anderen, nicht stammesverwandten Sprachen. Ganz Analoges gilt für Instinktbewegungen, die Auslöserfunktionen entwickeln. Wenn die Männchen zweier Entenarten bei der Balz sich im Wasser aufrichten, mit gekrümmtem Rücken den vorgestreckten Kopf ins Wasser stecken, durch eine seitliche Schnabelbewegung eine kleine Fontäne aufwerfen und gleichzeitig einen schrillen Pfiff ausstoßen, so ist die Wahrscheinlichkeit gering, daß die Gleichheit dieser komplizierten Bewegungsfolge und die auf sie angeborenermaßen ansprechende Reaktion der zugehörigen Weibchen bei beiden Arten durch konvergente Entwicklung entstanden sei. Als weiterer Vorteil für die vergleichend phylogenetische Forschung kommt hinzu, daß auslösende Instinktbewegungen offenbar häufig von geringem erdgeschichtlichen Alter sind und daß sie bei nahverwandten Arten oft in verschiedenen, fruchtbaren Vergleichen zugänglichen Differenzierungsstufen vorhanden sind. Alle diese »technischen« Vorzüge der Auslöser als Objekt phylogenetischer Forschung wirken dahin zusammen, daß dem vergleichenden Verhaltensforscher oft phylogenetische Aussagen von einer so großen Bestimmtheit möglich sind, wie sie der vergleichenden Morphologie kaum je vergönnt sind. Deshalb wissen wir auch über den stammesgeschichtlichen Werdegang der Signalbewegungen weit mehr als über den anderer Instinktbewegungen. Auch hier hat eine phylogenetische Homologienforschung zur Aufhellung physiologischer Kausalzusammenhänge geführt. Vergleichende Beschreibung der Ausdrucksbewegungen nahverwandter Tierformen hatte Heinroth (1910), Huxley (1914) und Lorenz (1935) schon vor längerer Zeit zu der Vorstellung geführt, daß manche Signalbewegungen in ganz bestimmter Weise aus anderen Instinktbewegungen entstanden seien, deren Arterhaltungswert ursprünglich rein mechanisch und keineswegs der eines »Verständigungsmittels« war. Alle Instinktbewegungen haben die Eigenschaft, sich bei geringer Reaktionsintensität in unvollständigen, den arterhaltenden Sinn der betreffenden Bewegungsfolge nicht erfüllenden Abläufen bemerkbar zu machen. Diese an sich sinnlosen Ansätze zu bestimmten Verhaltensweisen, die sogenannten Intentionsbewegungen, können dem Beobachter sagen, in welcher Richtung bei weiterem Ansteigen der gleichen Erregungsqualität Handlungen des Tieres zu erwarten sind. Ihr gesetzmäßiges und regelmäßiges Auftreten brachte nun offensichtlich die Möglichkeit mit sich, daß sich im Laufe der stammesgeschichtlichen Entwicklung auch im Artgenossen ein durchaus angeborenes sinnvolles Reagieren auf diese Ausdrücke spezifischer Erregungsqualitäten ausbilden konnte, das in sehr vielen Fällen im Ansprechen der gleichen Erregungsart besteht. Solche rezeptorischen Korrelate zu hochspezialisierten Zusammenstellungen von Außenreizen sind uns auch sonst bekannt, wir bezeichnen sie als »*angeborene Auslösemechanismen*«. Sowie nun aber im Vorhandensein einer auslösenden Instinktbewegung und eines spezifisch auf sie ansprechenden Empfangsapparates eine funktionsfähige Signalapparatur gegeben war, war die »Intentionsbewegung« aus einem sinnlosen nervenphysiologischen Nebenprodukt zu einem »Verständigungsmittel« geworden, dessen arterhaltender Wert bei sozialen Wesen sicher ist. Damit setzte nun offenbar allerorts eine *Höherdifferenzierung* der reizaussendenden Bewegung ein, Hand in Hand mit der des sie perzipierenden angeborenen »Schemas«. Gerade für diesen Vorgang besitzen wir eine ungemein große Anzahl sicherer Belege. In allen Fällen hat die neue Leistung der Bewegungsweise zu einer Weiterdifferenzierung in ganz bestimmter Richtung geführt, und zwar durchgehend in dem Sinne, daß die Bewegungsweise durch bestimmte *Übertreibungen* optisch wirksamer Teile in ihrer Signalfunktion *wirksamer* gemacht und durch Weglassen von Einzelheiten, die zwar bei ihrer ursprünglichen, mechanischen Leistung wesentlich, für die Reizaussendung aber unwesentlich waren, *vereinfacht* wurde. In ungemein vielen Fällen treten körperliche Strukturdifferenzierungen von Form und Farbe hinzu, welche die optische Wirkung noch erhöhen. Diese mit Vereinfachung gepaarte mimische Übertreibung optisch wirksamer Einzelmerkmale kommt funktionell einer Bildung von echten *Symbolen* durchaus gleich, wir bezeichnen deshalb die in der beschriebenen Weise aus Intentionsbewegungen entstandenen auslösenden Instinktbewegungen als *Symbolbewegungen*. Gerade die Symbolbewegungen sind ohne eine nach der Methode der klassischen vergleichenden Anatomie vorgehende Homologienforschung schlechterdings unverständlich. Sehr oft haben sie sich nämlich von der ursprünglichen Bewegungsform so weit entfernt, daß ohne den Vergleich mit verwandten Formen niemand ihre Herkunft ahnen könnte. Andererseits gelingt aus den S. 216 f. auseinandergesetzten Gründen ihre stammesgeschichtliche Ableitung mit einer ganz besonders hohen Sicherheit.

Die stammesgeschichtlich-vergleichende Erforschung der Ausdrucksbewegungen hat auch noch eine zweite, von der Symbolbildung durchaus unabhängige und kausal von ihr verschiedene Entstehungsweise von Signalbewegungen aufgedeckt. Tinbergen (1940) und Kortlandt (1938) erkannten unabhängig voneinander, daß bei hoher allgemeiner Erregung häufig ganz unerwartete Bewegungsweisen auftreten, denen an sich zwar eine scharf umschriebene arterhaltende Leistung zukommt, die jedoch durchaus nicht in die gegenwärtige biologische Situation paßt. Es kommt sozusagen zu einem *Überspringen* von unspezifischer oder, genauer gesagt, *fremd*spezifischer Erregung in die Bahnen einer Instinktbewegung, die normalerweise einer ganz bestimmten reaktionsspezifischen Erregungsqualität zugeordnet ist und nur von ihr »autochthon« aktiviert wird. Das Phänomen des Übersprunges »allochthoner« Erregung ist ungemein weit verbreitet. Ein Schneeammer-Männchen, das bei Revierstreitigkeiten mit dem Nachbarn nicht recht tätlich zu werden wagt, pickt plötzlich wie futtersuchend am Boden, ein Grauganter in ähnlicher Lage schüttelt sich, der drohende Stichling vollführt Freßbewegungen, Tauben, Brandenten u. a. putzen sich, wenn sie in geschlechtliche Erregung geraten; wenn man einem Schimpansen nach Lösung seiner Dressuraufgabe die gewohnte Belohnung vorenthält, beginnt er sich am ganzen Körper zu kratzen, der Säbelschnäbler gerät bei Kampfstimmung, ja selbst unmittelbar vor der Begattung in eine scheinbar ganz abwegige Bewegungsform: Er steckt den Schnabel unter das Schultergefieder, wie beim Schlafen! In allen diesen Fällen springt die fremdspezifische Erregung in *ganz bestimmte*, nicht zu ihr gehörige Bahnen über. Tinbergen hat nun versucht, die Bedingungen zu analysieren, unter denen Übersprungbewegungen auftreten. In sehr vielen, aber durchaus nicht allen Fällen liegt ein *Konflikt* zweier mehr oder weniger antagonistischer Triebe vor, bei Schneeammer, Gans und Stichling z. B. der von Kampf- und Fluchttrieb. Auch das als Übersprung auftretende Kopfkratzen des Menschen tritt regelmäßig in Konfliktsituationen auf. Ganz ebenso kommt es aber auch dort zu Übersprüngen, wo zwar die auslösende Reizsituation für eine bestimmte, spezifische Instinktbewegung gegeben, diese selbst aber aus irgendwelchen Gründen lahmgelegt ist. Ermüdet man bei einer Graugans die Instinktbewegungen des Einrollens von Eiern ins Nest bis zur extremen Senkung des Aktualspiegels reaktionsspezifischer Energie, so treten in der adäquaten Reizsituation statt ihrer die Instinktbewegungen des Nestbauens auf. Auch wenn ein Tier ein Triebziel unerwartet rasch erreicht, so daß nach »Befriedigung« der reaktionsspezifischen Handlung noch Energie frei ist, springt Erregung in nicht zugehörige Bahnen über, z. B. geraten Vögel und viele Knochenfische »unversehens« auf das Geleise der Begattungsreaktionen, wenn mitten im Kampfe der Gegner plötzlich flieht oder wenn der Versuchsleiter ihn fortnimmt. Das Gemeinsame aller dieser Fälle liegt darin, daß unverbrauchte Erregungsenergie übrigbleibt und sich offenbar in irgendeiner Weise Luft machen muß. Ein weiteres gemeinsames Moment liegt bei sehr vielen Übersprungbewegungen sehr verschiedener Tiere darin, daß sich die fremdspezifische Energie so gut wie immer in die Bahnen endogen-automatischer Bewegungen ergießt, und zwar meist solcher, die ganz allgemein *häufig* sind, wie z. B. Putz-, Kratz- und Freßbewegungen. Rein reflektorische Bewegungen scheinen *nie* durch Übersprung fremdspezifischer Erregung hervorgerufen zu werden; selbst bei Bewegungsweisen, in denen normalerweise endogene Automatismen und reflektorische Orientierungsreaktionen ein sinnvolles Ganzes bilden, *fehlen die letzteren*, wenn die Bewegungsweise durch allochthone Erregung in Gang gesetzt wird. So fixiert der am Boden normal fressende Stichling beidäugig das Ziel, nach dem er schnappt; wenn er aber beim Drohen »übersprungfrißt«, fixiert er den Feind mit einem Auge. Ganz ebenso verhält sich der drohpickende Haushahn, bei dem man die Ungerichtetheit der Übersprung-Pickbewegungen auch unmittelbar sehen kann. Es wird also durch den Übersprung nicht das Ganze des arterhaltend sinnvollen Systems gerichteter und automatischer Bewegungen ausgelöst, sondern nur ihr endogen-automatischer Anteil.

In analoger Weise, wie wir es S. 217 von der Intentionsbewegung beschrieben haben, kann auch die Übersprungbewegung, die wie jene primär ein völlig sinnloses, »atelisches« Nebenprodukt spezieller Leistungen des Zentralnervensystems darstellt, zur Entstehung optisch wirksamer Auslöser Anlaß geben. Wie bei den »autochthon« aktivierten Symbolbewegungen kommt es dabei zu einer oft sehr weitgehenden »ritualisierenden« Übertreibung und Vereinfachung der Bewegung, und wie bei jenen kann ihre Ableitung von den ursprünglich durch Übersprung in Gang gesetzten Instinktbewegungen nur durch vergleichende Homologienforschung erschlossen werden. Bei dieser historischen Untersuchung ergeben sich ganz von selbst sachlich sowohl wie methodisch höchst merkwürdige Parallelen zur vergleichenden Sprachforschung. Die besondere Form der auslösenden Instinktbewegung erhält sich im Laufe stammesgeschichtlicher Entwicklung häufig viel konstanter als die angeborenen Schemata, die auf sie ansprechen, so daß die vergleichend-geschichtliche Untersuchung einen *Bedeutungswechsel* einer Signalbewegung mit Sicherheit erschließen kann. So ist die Bewegung des sogenannten Schwanzschlages vieler Knochenfische eine stark formalisierte Symbolhandlung, deren Drohbedeutung ohne weiteres klar ist und die durch Vergleich sehr vieler verwandter Formen mit Sicherheit als mimische Übertreibung jener eigenartigen seitlichen Körperbewegung erkannt werden kann, mit der sich Fische vor dem Zustoßen an ihr Ziel, sei es nun Beute oder Kampfgegner, heranschieben. Bei den in beiden Geschlechtern brutpflegenden Cichliden ist nun diese Drohbewegung auf dem Umweg über ein gegenseitiges Sich-Anprahlen der Gatten zur Balzbewegung, im besonderen zur Zeremonie der Nestablösung geworden, wobei sie, insbesondere bei *Hemichromis bimaculatus*, durch kleine, aber auch für den menschlichen Beobachter kenntliche Verschiedenheiten in der Bewegungsweise zu einer in ihrer Bedeutung von der des ursprünglichen, drohenden Schwanzschlages grundverschiedenen, ja gegenteiligen Ausdrucksbewegung geworden ist, während der ursprüngliche Schwanzschlag mit Drohbedeutung unverändert weiterbesteht. Dem Sprachforscher sind ähnliche Bedeutungsspaltungen in der Entwicklungsgeschichte von Wörtern durchaus geläufig; die funktionelle Analogie, die gerade in der historischen Entwicklung zwischen diesen in ihrer Gänze ererbten auslösenden Bewegungen und der traditionell überlieferten Wortsprache des Menschen besteht, ist bei der grundsätzlichen Verschiedenheit in der Entstehung und dem kausalen Zustandekommen dieser beiden sozialen Verständigungsmittel immer wieder verblüffend. Besonders die ganz geringen Verschiedenheiten in der Bedeutung der homologen Ausdrucksbewegungen bei sehr nahe verwandten Formen erinnert geradezu zwingend an die geringen Verschiedenheiten der Begriffe, die in nahverwandten Sprachen dem gleichen, aber doch fast nie völlig synonymen Wort zugeordnet sind. So bedeutet bei *Nannacara, Geophagus* und manchen anderen Cichliden eine kurze seitliche Kopfbewegung, die als Symbol eines mimisch überbetonten Wegschwimmens entstanden ist, nichts anderes als ein fast kontinuierlich ausgeführtes mildes Locken für die um die Eltern herumschwärmenden Jungen und wird von uns in Analogie zum Locken der Haushenne als »Glucken« bezeichnet. *Cichlasoma biocellatum* führt diese Bewegung, die sich auch in ihrer ursprünglichen Form ganz wie das Glucken der Henne bei Gefahr merklich steigert, fast nur noch bei Beunruhigung aus, bei *Cichlasoma nigrofasciatum*, dem Zebracichliden von Honduras, besitzt sie bei heftigerer Intensität ausgesprochene Warnfunktion und veranlaßt den Schwarm der Jungen, sich wie gewarnte Gänseküken dekkungsuchend unter der Mutter zu sammeln, bei *Neetroplus carpintis* ist die Kopfbewegung sehr übersteigert und besitzt nur noch die eben beschriebene Warnwirkung, diese aber in sehr verstärktem Maße, während die ursprünglichere Lockbedeutung verschwunden ist.

Die angeführten Beispiele, die sich fast beliebig vermehren lassen, mögen genügen, um die unentbehrliche Bedeutung zu zeigen, die die stammesgeschichtliche Fragestellung für das Verständnis angeborener Verhaltensweisen besitzt, und andererseits den Wert, den das Studium der Ausdrucksbewegungen für den Erforscher stammesgeschichtlicher Zusammenhänge bei methodisch richtiger Untersuchungsweise entwickeln kann. In weiterer Hinsicht ist die vergleichende Erforschung der aus Symbolbewegungen und fremdspezifischen Übersprunghandlungen entstandenen Signale deshalb eine Aufgabe von allergrößter theoretischer wie praktischer Wichtigkeit, weil sie vorläufig die einzige Möglichkeit in sich schließt, die stammesgeschichtliche Entwicklung von angeborenem Verhalten *und damit von Psychischem schlechtweg* mit einiger Exaktheit zu erhellen. Sie erfordert vom Forscher genausoviel Geduld und genausoviel bescheidenstes Eingehen auf scheinbar unwesentliche Einzelheiten wie jene vergleichend morphologische Systematik, gegen die wir heute nur allzu leicht undankbar sind. Nur so kann das Tatsachenwissen erworben werden, dessen wir als Induktionsbasis für alles weitere analytische Vorgehen bedürfen. Wir haben diese Arbeit an zwei Tiergruppen in Angriff genommen, die aus rein technischen Gründen, wie leichte Halt- und Züchtbarkeit, Reichtum an nahverwandten und vergleichbaren Arten, Reichtum dieser an vergleichbaren Bewegungsweisen usw., besonders günstige Objekte für die vergleichende Verhaltensforschung darstellen, nämlich den Anatiden unter den Vögeln und den Cichliden unter den Knochenfischen. Nach dem in der Einleitung über das gegenseitige Abhängigkeitsverhältnis von Verhaltensforschung und phylogenetischer Systematik Gesagten ist es selbstverständlich, daß diese in ihrer *Zielsetzung* rein psychologischen Untersuchungen eine Feinsystematik der untersuchten Tiergruppe liefern müssen, wenn man so will als Nebenprodukt! In meiner Arbeit *Vergleichende Bewegungsstudien an Anatinen* (1941), die unsere vorläufigen Ergebnisse darstellt, habe ich dieser Feinsystematik besonders viel Raum gewidmet. Die Cichlidenarbeit ist erst im Gange.

V Die Genetik angeborener Verhaltensweisen

Die Frage nach den Faktoren der Artumwandlung ist im Gebiete der Morphologie schon mit so viel Erfolg gestellt worden, daß ihre Übertragung auf das Gebiet der Verhaltensforschung sehr naheliegt. Zumal heute, wo eine vom Erbgedanken beherrschte Seelenkunde mehr und mehr an Raum gewinnt, erhebt sich die Forderung nach genauerem Wissen, wie und aus welchen Ursachen erbliche Veränderungen seelischer Strukturen auftreten. Voraussetzung der Erfüllung eines solchen Forschungsprogramms wäre zunächst einmal die Kenntnis des Erbganges angeborener Verhaltensweisen. Schon Whitman hat an seinen Tauben Kreuzungsexperimente gemacht. Heinroth hat an Anatidenmischlingen die wichtige Feststellung gemacht, daß der Mischling in seinem Verhalten häufig nicht eine Mittelstellung zwischen den Elternarten einnimmt, sondern einem älteren, an anderen und darin primitiveren Gruppenmitgliedern realisierten Typus entspricht, was von morphologischen Merkmalen schon früher bekannt war und bestimmte Rückschlüsse auf die Vererbungsweise der betreffenden Erscheinungen zuläßt.

Leider ist die genetische Untersuchung arteigenen angeborenen Verhaltens heute erst so wenig weit vorgeschritten, daß wir noch bei keinem einzigen beschreibbaren Verhaltensmerkmal Angaben über die Erbfaktoren machen können, von denen seine Ausbildung abhängt. Unsere Vermutung, daß die Vererbung von Verhaltensweisen ganz ebenso vor sich geht wie die von körperlichen Merkmalen, gründet sich vorläufig auf Beobachtungen, die in ihrer geringen Zahl Deutungsweisen nicht statistisch gegen den Zufall sichern. Das Forschungsprogramm der genetischen Verhaltensforschung enthält daher zunächst sehr primitive Aufgaben. Es müssen zunächst Mischlinge von Tierarten oder -rassen gezüchtet werden, die nahe genug verwandt sind, um unbegrenzt fruchtbare Bastarde zu erzeugen, sich aber in ihrem arteigenen Inventar angeborener Verhaltensweisen genügend voneinander unterscheiden, damit der Erbgang des einzelnen Merkmals verfolgt werden kann. Das Ideal wären natürlich »Instinktrassen«, die sich nur in einem oder ganz wenigen Merkmalen unterscheiden; nur ist uns ein solches Objekt, das sich auch leicht halten und züchten ließe, bisher nicht bekannt. Die beste mir bekannte Möglichkeit genetischer Verhaltensforschung schien die von mir deshalb durch viele Jahre betriebene Zucht von Mischlingen zwischen Stock- und Spießente, deren Elternarten sich in dem Inventar der Instinktbewegung ihrer Balz nur ganz wenig, aber doch kennzeichnend unterscheiden. Wir haben in zwei Spießentenarten, nämlich der Bahamaente, *Anas (poecilonetta) bahamensis*, und der Chilispießente, *Anas (dafila) spinicauda*, zwei Arten entdeckt, die sich zoologisch sehr nahestehen, fruchtbare Mischlinge liefern und sich dennoch in ihrem Balzgehaben qualitativ hochgradig unterscheiden. An ihnen wollen wir den Erbgang einzelner Instinktbewegungen verfolgen.

VI Von den Voraussetzungen der Menschwerdung

Die gewaltige Kluft, die den Menschen von den höchsten Primaten, den Pongiden, trennt und die er ja doch in seiner Phylogenese irgendwann einmal überschritten haben muß, das Tier-Mensch-Übergangsfeld, wie Heberer (1952) es zu nennen pflegt, bildet eines der zentralen Probleme der Evolutionsforschung. Die verschiedensten Denker haben sich mit ihm beschäftigt, manche von ihnen haben geglaubt, das Wesen des einzigartigen Qualitätsumschlages vom Tiere zum Menschen erkannt zu haben. Wilhelm Wundt sah im Übergang vom rein assoziativen Handeln – das allein er den Tieren zuerkannte – zum einsichtigen, intelligenten Verhalten den wesentlichen Schritt vom Tier zum Menschen. Arnold Gehlen (1950) hält für die wesentlichste Eigenschaft des Menschen das Fehlen einer Angepaßtheit an eine bestimmte Umwelt, das ihm ermöglicht, »weltoffen« zu sein und sich seine Welt aktiv aufzubauen. Bolk (1926) wiederum hat die »Fötalisation« des Menschen, mit anderen Worten, gewisse ihm eigene Neotenie-Erscheinungen sowie die Verzögerung seiner Ontogenese als die am meisten konstitutiven Charaktere des Menschen bezeichnet.

Alle diese Merkmale sind in der Tat wesensbestimmende Eigenschaften des Menschen, aber keines von ihnen allein macht den Menschen aus, ja nicht einmal alle zusammengenommen. Ich will hier nicht versuchen, eine »Erklärung« für die Entstehung des Menschen zu geben, noch auch eine »Definition« anstreben. Ich will vielmehr, vom tierischen Verhalten ausgehend, die Frage Johann Gottfried Herders wiederholen: »Was fehlet dem menschenähnlichsten Tiere [dem Affen], daß er kein Mensch ward?« Mit anderen Worten, ich will nur eine Reihe von *Voraussetzungen* diskutieren, die *alle zusammen* eintreten mußten, um den großen Schritt überhaupt erst *möglich* zu machen. Diese Voraussetzungen aber sind folgende.

1 Die zentrale Repräsentanz des Raumes und die Greifhand

Ehe wir die Beantwortung der oben zitierten Frage Herders versuchen, wollen wir eine andere stellen: Was *besitzt* das menschenähnlichste Tier, der Pongide, daß gerade aus *ihm* der Mensch werden konnte? Die Antwort lautet durchaus im Sinne Wundts: eine bestimmte Form des *einsichtigen* Verhaltens, das in gleicher Ausbildung keinem anderen Tier zukommt oder je zukam. Über die phylogenetische *Entstehung* dieses Verhaltens aber können wir uns bestimmte Vorstellungen machen, die darzustellen Aufgabe dieses Abschnittes ist.

Die landläufige Definition der »Intelligenz« beschränkt sich auf *negative* Aussagen. Eine Verhaltensweise ist intelligent oder einsichtig, wenn sie erstens nicht durch auf die Situation passende spezielle Instinktbewegungen und angeborene auslösende Mechanismen bedingt ist, zweitens ohne Versuch und Irrtum oder sonstige Lernvorgänge die Situation sofort nach ihrer Wahrnehmung meistert. Man wäre nun versucht, zu dieser ausschließenden Definition noch einen weiteren Zusatz zu machen, der auch die Problemlösung auf Grund angeborener *Orientierungsreaktionen* oder Taxien aus dem Begriff des intelligenten Verhaltens ausscheidet. Es ist nun zunächst sehr überraschend, bei näherer Betrachtung aber tief bedeutungsvoll, daß sich dies als unmöglich erweist.

Nehmen wir, als ein sehr einfaches Beispiel, das Verhalten eines höheren Knochenfisches, der hinter einer durchsichtigen, aber sperrigen Wasserpflanze eine Beute wahrnimmt und nun das Hindernis umgeht und den Bissen aufschnappt. Dies läßt sich zweifellos aus dem Zusammenspiel *zweier* Orientierungsreaktionen verstehen, die als solche dem Fisch angeborenermaßen zu eigen sind. Er reagiert »negativ tigmotaktisch« auf die Pflanze und »positiv telotaktisch« auf die Beute, sein Verhalten ist genauso die Resultierende aus diesen beiden Komponenten, wie etwa die Bahn eines geworfenen Körpers diejenige aus Trägheit und Schwerkraft ist. Aber – und dies ist der springende Punkt – von dieser einfachen Resultierenden aus zwei Taxien leiten alle nur denkbaren Zwischenstufen zu Verhaltensweisen empor, die eindeutig und allseits als einsichtig betrachtet werden. Zwischen dem Umweg jenes Fisches und der einsichtigen »Methodik« (griech. μέϑοδος = Umweg) höchster Lebewesen besteht keine scharfe Grenze, sondern ein durchaus fließender Übergang. Versucht man aber, introspektiv das *Erlebnis* der Einsicht, das Karl Bühler so treffend als das »Aha-Erlebnis« gekennzeichnet hat, zu ihrer Definition zu verwenden, so ergibt sich bezeichnenderweise wiederum keine scharfe Abgrenzung von einfachsten Orientierungsreaktionen. Es läßt sich leicht zeigen, daß dieses Erlebnis in qualitativ völlig gleicher Weise immer dann eintritt, wenn ein Zustand des Unorientiertseins dem der Orientiertheit *weicht*, und zwar bei einfachsten, sicher unmittelbar vom Labyrinth gesteuerten Lagereaktionen genauso wie bei den komplexesten wissenschaftlichen Einsichten.

Vergleicht man – zunächst in völlig naiver Weise – verschiedene Tiere in Hinblick auf ihre »Intelligenz«, so ergibt sich wiederum eine merkwürdig enge Beziehung zwischen dieser und der Ausbildung von Orientierungsreaktionen. Organismen aus wenig strukturierten Lebensräumen bedürfen eines weniger genauen und differenzierten Orientierungsverhaltens als solche, die sich auf Schritt und Tritt mit komplizierten räumlichen Gegebenheiten auseinandersetzen müssen. Der homogenste aller Lebensräume ist die Hochsee, und in dieser gibt es denn auch einzelne freibewegliche Lebewesen, die eigentlicher Orientierungsreaktionen *völlig* entbehren. Die Lungenqualle, *Rhizostoma pulmo*, z. B. besitzt keine einzige räumlich orientierte Reaktion auf Außenreize, weder auf die Beute, die sie durch Filtern des auch in Hinsicht auf seinen Gehalt an kleinen Nahrungstieren ziemlich homogenen Seewassers gewinnt, noch auch auf die Schwerkraft, da die Gewichtsverteilung zwischen Glocke und Magenstiel das Tier automatisch im Gleichgewicht hält. Die einzige Reizbeantwortung dieser Qualle besteht darin, daß ein Schlag der Umbrella mittels bestimmter Rezeptoren, der sog. Randkörper, den nächsten auslöst. »Sie vernimmt nichts als den Schlag der eigenen Glocke« – wie Jakob von Uexküll ebenso poetisch wie treffend sagte –, und sie ist damit das »dümmste« freibewegliche mehrzellige Tier, das wir kennen.

Aber auch weit höher organisierte Hochseetiere sind oft erstaunlich arm an Orientierungsreaktionen. An der adriatischen Küste sah ich einst Tausende von Jungfischen einer Art von Hornhechten (*Belone*, einer ans Hochseeleben angepaßten Gattung) ganz einfach ans Ufer schwimmen. Sie kamen einzeln, aber genau parallel zueinander angeschwommen, sichtlich von einer gemeinsamen Reaktion auf irgendeinen orientierenden Reiz, Licht, Wärme, Salinität oder sonst etwas, gesteuert. Die noch wenige Meter vom Ufer entfernten Tiere waren völlig gesund, die in der Brandungszone befindlichen kämpften mit dem Tode, und am Ufer lag ein kleiner Wall von Leichen. Dieses unvergeßliche Erlebnis brachte mir zum Bewußtsein, daß nicht allein die *Sinnesorgane* dafür ausschlaggebend sind, welche Umweltgegebenheiten ein Tier in seinem Innenleben zu »repräsentieren« vermag! Diese sind nämlich bei *Belone* um nichts weniger hochdifferenziert als bei irgendeinem Süßwasserfisch, der nicht nur das lotrechte Hindernis als solches zu »verstehen« vermag, sondern selbst einfache Umweltprobleme auf Anhieb löst. Auch vermag ja *Belone*, wie überhaupt alle optisch jagenden Fische, die *Beute* mit binokularer »telotaktischer« Einstellung sehr genau zu lokalisieren, nicht aber, wie wir gesehen haben, eine quer zu seinem Weg sich erstreckende Felsbank!

Ähnlich eng spezialisierte Fähigkeiten zum zentralen Repräsentieren findet man bei *Steppentieren*. In zwei Dimensionen ist die Steppe gewissermaßen das, was die Hochsee in dreien ist. Es gibt selbst unter den steppenbewohnenden Vögeln und Säugetieren solche, die ein *senkrechtes* Hindernis nicht verstehen und nicht einmal durch Lernen zu bewältigen vermögen. Rebhühner z. B. laufen in geschlossenen Räumen stundenlang an der am hellsten belichteten Wand – im Zimmer also stets an der dem Fenster gegenüberliegenden – auf und ab, und zwar dauernd so gegen sie andrängend, daß sie sich bald das Gefieder an Hals und Brust, häufig auch den Hornbelag am Oberschnabel abscheuern. Teilt man ihnen, wie ich es mit meinen jungaufgezogenen Tieren tat, einen Teil des Zimmers durch ein spannenhohes Brett als Auslauf ab, so lernen sie es niemals, dieses Hindernis durch Fliegen zu bewältigen, auch dann nicht, wenn sie wiederholt in einem kleinen Anfall von Fluglust über das Brett hinweggeflogen sind. Zeigte ich meinen sehr zahmen Vögeln einen Mehlwurm von oben, an einem nicht überstehenden, sondern glatt mit der Wand abschließenden Fensterbrett, so flogen sie sofort auf dieses hinauf. Dasselbe Problem, nur mit einem Tisch anstelle des Fensterbrettes, bewältigten sie nicht, weil sie immer *unter* den Tisch gerieten und dann ratlos waren. Sie konnten also sehr wohl nach *oben* intendieren; was sie nicht konnten, war, ein senkrecht zur Intentionsrichtung stehendes festes Hindernis zu berücksichtigen. Dieselben Vögel aber verhielten sich völlig anders, sobald sie nicht liefen, sondern *flogen*. Trotz der Schnelligkeit und des Ungestüms ihres Fluges prallten sie niemals gegen die Wände. Das *laufende* Rebhuhn vermag senkrechte Hindernisse nicht zu berücksichtigen, das *fliegende* aber kann es und muß es ja wohl auch, da es im Fliegen mit Waldrändern, lotrechten Lößwänden und dergleichen sich auseinanderzusetzen imstande sein muß. Das Merkwürdige ist nur, daß die hierzu nötige zentrale Repräsentation des Raumes offensichtlich für das Tier nicht verfügbar ist, wenn es sich auf dem Boden befindet. Wir kennen indessen viele Beispiele derartigen, nur an ganz bestimmte Situationen gebundenen Einsichtverhaltens.

Vergleicht man mit diesem Verhalten des Rebhuhns das einer nahverwandten, aber im Walde lebenden Form, etwa der kalifornischen Schopfwachtel, so ist man höchst erstaunt zu sehen, welche ungeheuer komplizierten räumlichen Strukturen ein solcher Vogel auf Anhieb einsichtig zu bewältigen vermag, obwohl weder in seinen Sinnesorganen noch in seinem zentralen Nervensystem ein merkbarer anatomischer Unterschied zu dem Steppentier zu finden ist. Analoges gilt für den Vergleich zwischen steppenbewohnenden Antilopen und der nahverwandten Gebirgsform, der Gemse.

Fragt man sich nun, welche Tiere auf ihren täglichen Wegen die kompliziertesten räumlichen Strukturen zu meistern gezwungen sind, so erhält man eine völlig eindeutige Antwort: Es sind dies die *Baumbewohner*, und unter ihnen wieder diejenigen, die nicht mit Krallen oder Haftscheiben, sondern mit zangenartig den Ast umfassenden *Greifhänden* klettern. Für den Krallen- wie für den Haftscheibenkletterer genügt es, wenn er das Gebilde, nach dem er springt, nur der Richtung nach korrekt lokalisiert. Beim Auftreffen wird sicherlich wenigstens eines seiner Haftorgane Halt gewinnen. So sehen wir Baumfrösche und – bei weiteren Sprüngen – selbst Eichhörnchen und Siebenschläfer sich ganz ungefähr in die Richtung des angestrebten Baumes werfen und doch nie abstürzen. Ganz anders liegen die Dinge bei der Greifhand. Hier müssen nicht nur die Richtung, sondern auch die Entfernung und überhaupt die genaue Lage, in der sich das Ziel des Sprunges darbietet, seine Dicke u. a. m., *vor* dem Absprung ganz genau im zentralen Nervensystem des Tieres repräsentiert sein. Denn die Greifhand muß sich in einer ganz bestimmten Raumlage und genau im richtigen Augenblick schließen, weder in offenem Zustande noch auch zur Faust geballt kann sie haften.

An den baumkletternden Säugetieren ist mir auch zum ersten Male eine sehr feste Korrelation aufgefallen, die zwischen der physiologischen Art der optischen Raumwahrnehmung und der zentralen Repräsentanz räumlicher Gegebenheiten besteht. Unter den Beuteltieren sowohl wie unter den Placentaliern haben alle Greifhandkletterer, vor allem aber alle jene, die weit springen und dann das Ziel mit der Greifhand erfassen, *nach vorn gerichtete Augen*, wie dies etwa von Affen und Makis allgemein bekannt ist. Krallenkletterer dagegen haben seitlich und weit hintenstehende, vorquellende Augen, die sich, wie etwa beim Eichhörnchen, in nichts von denen bodenbewohnender Verwandter unterscheiden. Zweifellos hängt dies damit zusammen, daß die Greifhandspringer ihr Ziel *binokular fixieren*, weil nur die stereoskopische Tiefenwahrnehmung ausreicht, um die Raumlage des Sprungzieles mit genügender Exaktheit zu erfassen.

Diese Korrelation zwischen genauerer Raumerfassung und dem Fixieren von Umweltgegenständen reicht aber noch weiter in der Stammesreihe zurück als das binokulare Raumsehen. Schon bei Fischen finden wir eine scharf gezogene Trennungslinie zwischen solchen, die sich nur mit peripherem Sehen und nach der parallaktischen Scheinbewegung der Umweltobjekte orientieren, und solchen, die durch dauerndes Fixieren nach allen Richtungen gewissermaßen den Raum austasten, und auch unter den Fischen sind, ceteris paribus, die ersteren Tiere des freien Wassers, letztere aber solche, die sich mit komplizierten Raumstrukturen abzufinden wissen. Eine Laube oder Orfe z. B., die sich nur nach der erstgenannten Methode orientiert, reagiert auf Hindernisse wesentlich dann, wenn sie sich in Bewegung befindet. Kommt der Fisch etwa zufällig dicht vor einer Wasserpflanze zum Stillstand, so schwimmt er, wenn er sich wieder in Bewegung setzt, zunächst gerade auf diese zu und beginnt erst abzuschwenken, wenn er wieder in Bewegung ist und das Hindernis ihm durch Scheinbewegung seine Raumlage kundtut. Ganz anders ein Stichling, ein Buntbarsch oder ein Lippfisch. Ein solches Tier kommt blitzrasch zwischen Steinen oder Pflanzen hervorgeschossen, bleibt ruckartig völlig still im Wasser stehen, äugt lebhaft fixierend nach allen Seiten und schießt dann ebenso plötzlich wieder davon, mit größter Zielsicherheit um komplizierte Hindernisse schwenkend und in engen Spalten verschwindend. Dieses Verhalten, ja schon das fixierende Umherblicken der Augen allein, macht auf den naiven Beobachter den Eindruck einer weit größeren Intelligenz als das starre »Fischauge« der parallaktisch raumorientierten Fische.

In der Klasse der Fische kommt es auch schon zu analogen Beziehungen zwischen Augenstellung und Raumorientierung, wie wir sie oben bei Säugern kennengelernt haben. Grundfische mit reduzierter Schwimmblase, die im Gewirr von Felsblöcken ihren Weg finden und geradezu »klettern« müssen, haben stets steil abfallende Stirnen, die den augenfreien Blick zum Konvergieren nach vorne frei lassen, wie etwa Blenniiden, manche Gobiiden und andere. Besonders an Gobiiden, unter denen es freischwimmende Formen mit funktionierender Schwimmblase gibt, läßt sich die Korrelation zwischen Augenstellung und Klettern völlig überzeugend nachweisen. Den »Rekord«, sowohl was Raumorientierung als auch was Augenstellung, Fixieren und räumliche Intelligenz anlangt, hält der zu den Gobiiden gehörige, in Mangrovenwurzeln kletternde »Überwasserfisch« *Periophthalmus*, der buchstäblich wie ein Affe den Zweig fixiert, zu dem er hinüberspringen will. Das schönste Beispiel der in Rede stehenden Korrelation aber bietet das Seepferdchen, dessen Kopfform und Augenstellung ja allgemein bekannt ist. Es ist dies der einzige Fisch, der in seinem Rollschwanz ein wirkliches Greiforgan besitzt, und es ist ein reizender Anblick, wie ein solches Tierchen den Korallenzweig, den es anpeilt, um an ihm »vor Anker zu gehen«, im Heranschwimmen binokular fixiert.

Schon beim Stichling und anderen Fischen macht es den Eindruck der Intelligenz, wenn die Orientierung, als eine Art Planung, der Bewegung zeitlich vorausgeht, so daß diese als eine *fertige* Lösung eines Raumproblems in Erscheinung tritt. Auf einer sehr viel höheren Ebene begegnen wir bei den klügsten Säugetieren einem mindestens funktionell analogen Vorgang, der aber nicht nur einen einzigen, einfachen Lokomotionsakt, sondern eine ganze Reihe komplexer Zweckhandlungen vorwegnimmt. Die hohe Ausbildung der zentralen Repräsentation der Umweltobjekte, in allen ihren räumlichen Strukturen und Beziehungen, ermöglicht es einigen wenigen Säugetieren, Raumprobleme nicht nur durch Lokomotion des eigenen Körpers, sondern durch Ortsbewegungen von Umweltobjekten zu lösen. Wir wundern uns nicht, zu erfahren, daß die Tiere, die das können, durchweg Baumtiere sind, die begabtesten unter ihnen Affen, und daß das einzige Raubtier, bei dem derlei bisher nachgewiesen wurde, nämlich der Waschbär, ein Tier mit einer geradezu affenartigen Geschicklichkeit im Gebrauche seiner Greifhändchen ist. Die zuerst von Wolfgang Köhler am Schimpansen beobachtete Fähigkeit, in einsichtiger Weise Stöcke als Werkzeuge zu gebrauchen, zur Erreichung eines hoch angebrachten Köders Kisten und dergleichen aufeinanderzubauen, wurde inzwischen auch beim neuweltlichen Kapuzineraffen und, in beschränktem Maße, auch beim Waschbären gefunden. Während aber die beiden letztgenannten sehr beweglichen Tiere stets »denken, indem sie auch schon handeln«, so daß ein gewisses Element von Versuch und Irrtum wohl bei allen ihren Lösungsfindungen nicht ganz auszuschließen ist, benehmen sich die großen Menschenaffen in einer Weise, die wohl jedem, der sie je gesehen hat, einen unauslöschlichen Eindruck hinterläßt. Ein Beispiel mag dies veranschaulichen. Eine Banane wird an einer Schnur an der Decke des Zimmers aufgehängt, so hoch, daß sie dem Orang, um den es sich in dem einen Falle, den ich, wenn auch nur im Film, selbst beobachten konnte, vom Boden aus unerreichbar ist. In eine Ecke des Zimmers wird eine Kiste gestellt, die hoch genug ist, um dem Affen als Leiter zu dienen. Der Orang, der wohl schon verschiedene Versuche über einsichtiges Verhalten hinter sich hat, nicht aber dieses neue Problem kennt, blickt zunächst nach der Banane, dann nach der Kiste, dann ein paarmal zwischen beiden hin und her, wobei er sich, genau wie ein schwer nachdenkender Mensch, am Kopf – und an anderen Körperstellen – kratzt. Dann bekommt er einen Wutanfall, strampelt und schreit und wendet, wie beleidigt, der Banane und der Kiste den Rücken. Die Sache läßt ihm aber doch keine Ruhe, er wendet sich dem Problem wieder zu und blickt wieder zwischen Köder und Kiste hin und her. Auf einmal, ich kann nur sagen, »erhellt« sich sein vorher mürrisches Antlitz, seine Augen wandern nun von der Banane zum leeren Platz *unter* ihr am Fußboden, von diesem zur Kiste, dann zurück zu jenem Platz und von ihm hinauf zur Banane. Im nächsten Augenblick stößt er einen Freudenschrei aus und begibt sich mit einem Purzelbaum des Übermutes zur Kiste, die er nun sofort mit vollster Erfolgssicherheit unter die Banane schiebt, um sich diese zu holen. Kein Mensch, der derlei gesehen hat, wird an dem Vorhandensein eines echten »Aha-Erlebnisses« beim Affen zweifeln.

Während der Stichling bei seinem pseudo-planenden Umherfixieren im Raum sicherlich nur die Bedingungen schafft, auf die seine nachfolgenden Lokomotionsakte die Reaktion einstellen, *agiert* der Menschenaffe bei seinem Umherblicken im Raum wirklich, aber nur in der zentralen Repräsentanz der Umweltobjekte. Er schiebt in seinem Vorstellungsraum – dieser Terminus ist hier sicher am Platze – die zentrale Repräsentation der Kiste und die zentrale Repräsentation der Banane, er benützt das »zentrale Raum-Modell« in höchst energiesparender Weise, um die gesamte Operation gewissermaßen »ins unreine« durchzuführen, ohne noch seine Motorik in Gang zu setzen. Und dies ist der Anfang alles Denkens!

Es ist mehr als wahrscheinlich, daß das gesamte Denken des Menschen aus diesen von der Motorik gelösten Operationen im »vorgestellten« Raum seinen Ursprung genommen hat, ja, daß diese ursprüngliche Funktion auch für unsere höchsten und komplexesten Denkakte die unentbehrliche Grundlage bildet. Es gelingt mir nicht, irgendeine Form des Denkens zu finden, die vom zentralen Raum-Modell unabhängig wäre. In der Anschauung, daß alles Denken seiner Herkunft nach räumlich ist, bestärkt uns die *Sprache*. Porzig (1950) sagt in seinem höchst aufschlußreichen Buche *Das Wunder der Sprache*: »Die Sprache übersetzt alle unanschaulichen Verhältnisse ins Räumliche. Und zwar tut das nicht eine oder eine Gruppe von Sprachen, sondern alle ohne Ausnahme tun es. Diese Eigentümlichkeit gehört zu den unveränderlichen Zügen (»Invarianten«) der menschlichen Sprache. Da werden Zeitverhältnisse räumlich ausgedrückt: vor oder nach Weihnachten, innerhalb eines Zeitraumes von zwei Jahren.

Bei seelischen Vorgängen sprechen wir nicht nur von außen und innen, sondern auch von ›über und unter der Schwelle‹ des Bewußtseins, vom ›Unterbewußten‹, vom Vordergrunde oder Hintergrunde, von Tiefen und Schichten der Seele. Überhaupt dient der Raum als Modell für alle unanschaulichen Verhältnisse: Neben der Arbeit erteilt er Unterricht, größer als der Ehrgeiz war die Liebe, hinter dieser Maßnahme stand die Absicht – es ist überflüssig, die Beispiele zu häufen, die man in beliebiger Anzahl aus jedem Stück geschriebener oder gesprochener Rede sammeln kann. Ihre Bedeutung bekommt die Erscheinung von ihrer ganz allgemeinen Verbreitung und von der Rolle, die sie in der Geschichte der Sprache spielt. Man kann sie nicht nur am Gebrauche der Präpositionen, die ja ursprünglich alle Räumliches bezeichnen, sondern auch an Tätigkeits- und Eigenschaftswörtern aufzeigen.« Ich will zu diesen Ausführungen des Sprachforschers nur hinzufügen, daß die in Rede stehende Erscheinung offensichtlich nicht nur für die Geschichte der Sprache, sondern mehr noch für die phylogenetische Entwicklung des Denkens schlechthin, also auch des vor- und unsprachlichen Denkens von grundlegender Bedeutung ist. Wie wenig sie selbst in den höchsten Leistungen des – angeblich nur an die Sprache gebundenen – menschlichen Denkens an Bedeutung verloren hat, geht daraus hervor, welche Bezeichnungen wir heute noch für die höchsten und abstraktesten Leistungen des menschlichen Geistes verwenden. Es sind nämlich *gerade* sie, die am unmittelbarsten an die zentrale Repräsentation des Raumes gebunden sind. Wir gewinnen »Einsicht« in einen »verwikkelten« »Zusammenhang« – wie ein Affe in ein Gewirr von Ästen –, aber wirklich »erfaßt« haben wir einen »Gegenstand« erst, wenn wir ihn voll »begriffen« haben. In den letzten drei Ausdrücken tut sich übrigens der uralte Primat des Haptischen vor dem Optischen in schöner Weise kund. Möchte es doch manchen Geisteswissenschaftlern, die gerade um der geistigen Leistungen des Menschen willen nicht an seine Abstammung von Primaten glauben mögen, als eine Mahnung zur Bescheidenheit dienen, daß sie bei der Darlegung selbst ihrer höchsten philosophischen Operationen gezwungen sind, Ausdrücke zu verwenden, die ihre Herkunft so eindeutig offenbaren.

2 Die Spezialisation auf Nichtspezialisiertsein und die Neugier

Arnold Gehlen (1950) nennt den Menschen das »Mängelwesen« und meint, er sei aus Mangel an morphologischen Spezialanpassungen gezwungen gewesen, sich Werkzeuge, Waffen, Kleider usw. selbst zu schaffen. Das ist nicht biologisch gedacht – ein unangepaßtes Wesen gibt es nicht oder nur als zum Untergang verdammtes, Letalfaktoren-behaftetes Einzelwesen. Auch übersieht Gehlen, daß das *Gehirn* in seiner gewaltigen Größe eine sehr greifbare morphologische Spezialanpassung darstellt. Dennoch ist an seiner These etwas grundlegend Wichtiges und Richtiges: Ein Wesen *mit* ausgesprochen spezialisierten morphologischen Anpassungen hätte nie zum Menschen werden können. Vielleicht sehen wir die Bedeutung eines *Fehlens* von speziellen Anpassungen klarer, wenn wir den Standpunkt wechseln und die *Vielseitigkeit* des nicht speziell angepaßten Lebewesens ins Auge fassen. Vergleichen wir einmal einige nach verschiedenen Richtungen hochspezialisierte, aber ziemlich nahverwandte Nagetiere, die Wüstenspringmaus (Rennanpassung), das Flughörnchen (Kletter- und Springanpassung), den Blindmull (Anpassung an unterirdisches Leben) und den Biber (Schwimmanpassung) mit einem unspezialisierten Nager, der Wanderratte. Diese übertrifft nun jeden der vier Spezialisten in den drei Leistungen, für die er *nicht* Spezialist ist, um ein Vielfaches und um ein Vielfaches dieses Vielfachen im biologischen Enderfolg, nämlich in Individuenzahl und Verbreitung der Art. Wenn wir nun rein körperliche, völlig ungeistige Leistungen des *Menschen* in Hinblick auf ihre Vielseitigkeit mit denen ungefähr gleichgroßer Säugetiere vergleichen, so zeigt er sich durchaus nicht als ein so gebrechliches und mangelhaftes Wesen, wie man meinen könnte. Stellt man etwa die drei Aufgaben, 35 Kilometer in einem Tage zu marschieren, 5 Meter hoch an einem Hanfseil emporzuklimmen und 15 Meter weit und 4 Meter tief unter Wasser zu schwimmen und dabei zielgerichtet eine Anzahl von Gegenständen vom Grunde emporzuholen, lauter Leistungen, die auch ein höchst unsportlicher Schreibtischmensch wie z. B. ich, ohne weiteres zustande bringt, *so findet sich kein einziger Säuger, der ihm das nachmacht.*

Mit dem Fehlen spezieller Anpassungen im Körperbau geht aber überdies stets eine sehr charakteristische Vielseitigkeit *des Verhaltens* einher. Zu hochspezialisierten Organen gehören stets auch ein in gleicher Richtung differenziertes Zentralnervensystem, ebensolche *Instinktbewegungen* und meist noch höher spezialisierte *angeborene auslösende Mechanismen*, die jede Instinktbewegung auf ihr ganz spezielles Objekt hinlenken. Nichtspezialisten dagegen besitzen stets nur wenige und wenig hochdifferenzierte Instinktbewegungen, die aber dafür von einer *viel allgemeineren Anwendbarkeit* sind als die wundervoll hochdifferenzierten eines speziell angepaßten Organismus. Noch viel weniger spezialisiert und selektiv sind die angeborenen auslösenden Mechanismen, die jene unspezialisierten Instinktbewegungen in Gang setzen. Beim erfahrungslosen Jungtier sprechen diese auf Schritt und Tritt, in den denkbar verschiedensten Umweltsituationen an, und es ist erst ein exploratives, latentes *Lernen* (*exploratory learning, latent learning* englischsprechender Autoren), das die sinnvolle Anwendung auf *bestimmte* Objekte hinlenkt. Der Anschaulichkeit halber seien aus der Klasse der Vögel zwei Extremtypen von Spezialistentum und Unspezialisiertheit herausgegriffen; es ist kein Zufall, daß der erste einer der dümmsten und der zweite einer der klügsten Vögel ist.

In der Umwelt eines *Haubentauchers, Podiceps cristatus* Pontopp, ist nahezu alles, worauf der Vogel Bezug nimmt, die Wasserfläche, die Beute, der Nistplatz usw., von vornherein, d. h. schon beim erfahrungslosen Jungvogel, durch hochspezialisierte angeborene auslösende Mechanismen bis in kleinste Einzelheiten festgelegt, die ebenso speziell angepaßte und in ihrer Angepaßtheit höchst wundervolle Instinktbewegungen auslösen. Der Vogel braucht nicht viel hinzuzulernen und *kann* es auch gar nicht. Zu seinen Beutefang und Fressen auslösenden angeborenen Mechanismen gehört z. B. die Bewegung des Fisches, und er lernt es nie, tote Fische in genügender Menge zu fressen, auch wenn diese völlig frisch sind und stoffwechselphysiologisch zu seiner Ernährung völlig ausreichen würden. Die auf Lernen beruhende Anpassungsfähigkeit in seinem Verhalten beschränkt sich im wesentlichen auf Wegdressuren, die dazu dienen, Orte und Situationen aufzufinden, in denen seine angeborenen Aktions- und Reaktionsweisen »passen«. Bei einem jungen *Kolkraben, Corvus corax* L., ist dagegen zunächst nahezu nichts festgelegt, mit Ausnahme einiger weniger Instinkthandlungen von vielseitigster Verwendbarkeit. Diese wendet er nun auf *alle unbekannten Objekte* an. Einem solchen nähert sich der Rabe zunächst mit äußerster *Fluchtbereitschaft.* Er verbringt buchstäblich Tage damit, das neue Objekt scharf im Auge zu behalten, ehe er sich ihm nähert. Die erste tätliche Bezugnahme besteht mit großer Regelmäßigkeit in einem sehr kräftigen Schnabelhieb, nach dem der Rabe augenblicklich flieht, um von einem erhöhten Sitzpunkt aus die Wirkung zu beobachten. Erst wenn diese Sicherungsmaßnahmen gründlich durchgeübt sind, beginnt der Vogel an dem betreffenden Gegenstand die Instinktbewegungen des *Beutekreises* durchzuprobieren. Das Objekt wird nun mit der Bewegung des Zirkelns nach allen Seiten umgewendet, mit der Klaue gepackt, mit dem Schnabel behackt, gezupft, wenn möglich in Stücke zerrissen und schließlich unfehlbar versteckt. Lebenden Tieren naht der junge Rabe stets von hinten, mit noch größerer Vorsicht als unbelebten Gegenständen; es können Wochen vergehen, bis er sich nahe genug zum Anbringen jenes kräftigen Schnabelhiebs herangewagt hat. Flieht das Tier dann, so ist der Rabe sofort mit erhöhtem Mute hinterher und tötet es, wenn er kann. Greift das Tier aber tatkräftig an, so zieht er sich zurück und verliert bald das Interesse. Die angeborenen auslösenden Mechanismen, die alle dieses Versuchs- und Irrtumsverhalten auslösen, sind außerordentlich wenig selektiv, nur für die Behandlung lebender Tiere stehen offensichtlich solche zur Verfügung, die dem erfahrungslosen Raben sagen, »wo vorn und hinten« sei, auch scheint der gerichtete Angriff auf Hinterkopf und Augen anderer Tiere von angeborenen Orientierungsmechanismen geleitet zu werden. Damit ist aber die angeborene Instinktausstattung, die dem Raben zur Behandlung der außerartlichen Umwelt zur Verfügung steht, nahezu vollständig erschöpft. Alles andere besorgen das explorative Lernen und die überwältigend starke *Gier* nach neuen Objekten, *Neugier* im buchstäblichsten Sinne des Wortes. Wie stark sie ist, zeigt folgende Tatsache: Meine Kolkraben konnte ich, wenn alle stärksten Lockmittel, rohe Eier und lebende Heuschrecken, versagten, immer noch dadurch in ihren Käfig lokken, daß ich meine – *Kamera* hinstellte, die sie aus naheliegenden Gründen noch nie untersuchen durften. Bei unserem Mungo spielte das Doktordiplom meines Bruders aus analogen Gründen die gleiche Rolle.

Der unzweifelhaft gewaltige Arterhaltungswert dieses Neugierverhaltens liegt nun ganz sicher darin, daß das Tier in weitester Generalisierung schlechterdings *alles* Neue als potentiell biologisch bedeutsam behandelt, und zwar, wie wir sahen, der Reihe nach als Feind, Beute und Nahrung, solange ihm nicht eine gründliche Selbstdressur beigebracht hat, ob es als Feind, als Beute oder Nahrung oder überhaupt nicht von Bedeutung für ihn ist. Auf Objekte, die der Rabe durch Durchprobieren sämtlicher Instinktbewegungen des Feind-, Beute- und Nahrungskreises »intim gemacht« und als für diese Funktionskreise bedeutungslos »dahingestellt« hat – wie Gehlen treffend ausdrückt –, kann er später jederzeit *zurückgreifen,* indem er z. B. in dieser Weise indifferent gewordene Gegenstände zum Bedecken eines zu versteckenden Nahrungsbrockens benützen kann oder auch, um einfach darauf zu sitzen.

Die Methode des neugierigen Durchprobierens aller Möglichkeiten bringt es mit sich, daß derartige Spezialisten auf Nichtspezialisiertsein in den *verschiedensten* Lebensräumen existenzfähig sind, weil sie früher oder später alles herausfinden, was zu ihrer Erhaltung nötig ist. Der Kolkrabe führt auf Vogelinseln ein ganz ähnliches Leben wie Raubmöwen und ähnliche Parasiten der großen Brutkolonien von Seevögeln, indem er Eier, Junge und herangebrachte Nahrung raubt, er lebt in der Wüste genau wie ein Aasgeier, indem er, in thermischen Aufwinden segelnd, nach gefallenen Tieren sucht, und er lebt in Mitteleuropa als Kleintier- und Insektenfresser.

Unter den Säugetieren ist die *Wanderratte, Epimys norvegicus* L., der Prototyp eines unspezialisierten Neugierwesens. Bei ihr ist die Neigung zum neugierigen Auswendiglernen aller in einem bestimmten Bezirk möglichen *Wege*, insbesondere des Fluchtweges zurück zum Loch, einer der hervorstechendsten Wesenszüge. Auch ist bei ihr das »Zurückgreifen« auf Wege, die zunächst als bedeutungslos dahingestellt wurden, besonders schön nachweisbar. Darauf paßt auch der Ausdruck des *latenten* Lernens besonders gut. Im Kanalsystem eines Labyrinthes bekriecht die Ratte zunächst *alle* Wege, unterläßt dies aber später bei denen, die »zu nichts führen«. Ändert man aber später, z. B. durch Ortsveränderung des Futterplatzes, die Bedingungen um ein weniges, so zeigt sich, daß das Tier das »ad acta Gelegte« keineswegs vergessen hat, es muß nämlich die *nunmehr* zweckmäßigsten Wegverbindungen keineswegs neu lernen, sondern greift auf Anhieb auf das bisher latent Bekannte zurück. Bei der Ratte ist der biologische Erfolg des unspezialisierten Neugierwesens besonders augenfällig. Sie kommt buchstäblich überall vor, wo der zivilisierte Mensch hinkam, lebt im Raum der Schiffe wie im Kanalsystem der Großstadt, in den Scheunen der Bauern, und selbst unabhängig vom Menschen, auf Inseln, auf denen sie das einzige Landsäugetier ist. Überall verhält sie sich so, als ob sie Spezialist für gerade *dieses* Milieu wäre.

Alle höheren Wirbeltiere, die *Kosmopoliten* sind, sind typische unspezialisierte Neugierwesen – und zu ihnen gehört zweifellos auch der Mensch. Auch er baut durch eine aktive, dialogische Auseinandersetzung mit seiner außerartlichen Umgebung seine Bedeutungswelt auf und kann sich dadurch an so verschiedene Milieubedingungen anpassen, daß manche Autoren der Meinung sind, von einer eigentlichen Umwelt des Menschen, im Uexküllschen Sinne, könne gar nicht mehr gesprochen werden. Ich möchte nur dartun, wie nahe *verwandt* dieses aktive, dialogische Auf- und Ausbauen der Umwelt im Grunde doch mit dem Neugierverhalten der besprochenen Tiere ist.

Das hervorstechende und essentielle Merkmal des Neugierverhaltens ist seine *Sachbezogenheit*. Wenn wir einem Kolkraben zusehen, der an einem ihm neuen Gegenstand nach explorativen »Vorsichtsmaßnahmen« hintereinander alle dem Beuteerwerb dienenden Instinktbewegungen durchprobt, so liegt zunächst die Meinung nahe, das ganze Tun des Vogels sei letzten Endes doch als *Appetenzverhalten* nach Nahrungsaufnahme zu verstehen. Daß dem nicht so ist, läßt sich indessen leicht zeigen. Erstens hört das neugierige Forschen sofort auf, wenn das Tier ernstlich hungrig wird: In diesem Falle wendet es sich alsbald einer bereits *bekannten* Nahrungsquelle zu. Junge Kolkraben haben ihre Phase des intensivsten Neugierverhaltens unmittelbar nach dem Flüggewerden, zu einer Zeit also, da der Vogel noch von den Eltern gefüttert wird. Sind sie hungrig, so verfolgen sie in aufdringlicher Weise das Elterntier bzw. den menschlichen Pfleger, und *nur* wenn sie satt sind, interessieren sie sich für unbekannte

Gegenstände. Zweitens überwiegt bei mäßigerem, aber doch deutlich nachweisbarem Hunger die Appetenz nach Unbekanntem diejenige nach der besten Nahrung. Bietet man einem Jungraben, der eben eifrig beim Untersuchen eines unbekannten Gegenstandes ist, irgendeinen Leckerbissen an, so verschmäht er ihn fast stets. All dies bedeutet vermenschlichend ausgedrückt: Das Tier will gar nicht fressen, sondern es will *wissen*, ob gerade dieser Gegenstand »theoretisch« freßbar sei! Ebensowenig wie der junge Rabe bei seinen »Forschungen« in Freßstimmung ist, ist die junge Wanderratte in Fluchtstimmung, wenn sie immer und immer wieder, von den verschiedensten Punkten ihres Gebietes aus, fluchtartig dem Höhleneingang zustrebt. Ebendiese *Unabhängigkeit* des explorativen Lernvorganges von dem *Bedarf* des Augenblicks, mit anderen Worten *von dem Motiv der Appetenz*, ist außerordentlich wichtig! Bally (1945) betrachtet es als das wesentliche Charakteristikum des *Spieles*, daß Verhaltensweisen, die an sich in den Bereich der Appetenzhandlungen gehören, »im entspannten Feld« ablaufen. Das entspannte Feld ist nun, wie wir gesehen haben – eine *conditio sine qua non* für alles Neugierverhalten ebenso wie für das Spiel –, eine sehr wesentliche Gemeinsamkeit zwischen beiden!

Die Unabhängigkeit von einem das Tier im Augenblick beherrschenden Triebziel bringt es mit sich, daß *verschiedene*, für verschiedene Triebziele relevante Eigenschaften des Gegenstandes gleichzeitig intim gemacht und ad acta gelegt werden, und diese »Akten« liegen als Engramme im Zentralnervensystem des Tieres offensichtlich nach Gegenständen geordnet. Denn nur das dinghafte Wiedererkennen des Gegenstandes, zu dem das ganze Arsenal der Konstanzphänomene der Wahrnehmung nötig ist, ermöglicht es dem Tier, auf Objekte zurückzugreifen und ihre latent gewußten Eigenschaften zu benutzen, wie dies nachweislich geschieht, wenn die Appetenz des Ernstfalles auf den Plan tritt. Durch dieses Erlernen der den *Dingen* anhaftenden Eigenschaften, unabhängig vom augenblicklichen physiologischen Zustand und Bedarf des Organismus, wirkt das Neugierverhalten *objektivierend* in des Wortes buchstäblicher und gewichtigster Bedeutung. *Erst durch das Neugier-Lernen entstehen Gegenstände in der Umwelt des Tieres wie des Menschen.* Gehlen hat in diesem Sinne sehr recht, wenn er sagt, der Mensch baue sich seine Umwelt selbst auf, denn seine Welt ist eine gegenständliche Welt! In einem geringeren Maße ist dies aber auch schon bei allen unspezialisierten Neugierwesen der Fall.

Eine zweite konstitutive Eigenschaft des Neugierverhaltens liegt darin, daß das Lebewesen hier etwas *tut*, um etwas zu *erfahren*. In diesem Verhalten steckt nämlich nicht mehr und nicht weniger als das Prinzip der *Frage*. Der Organismus, der durch sein Neugierverhalten »Gegenstände aufbaut«, indem er die in einem Dinge zusammengehörigen Eigenschaften durch eigenes, aktives Tun ermittelt, steht in einem gewissermaßen *dialogischen* Verhältnis zur außersubjektiven Realität. Dies aber ist, wie Baumgarten (1950) mit Recht betonte, eine der wesentlichsten Eigenschaften des *Menschen!*

Aus dieser dialogischen Auseinandersetzung mit den Dingen hat sich nun beim Menschen eine Leistung entwickelt, die, ebenso wie die Sprache, auch bei den höchsten Tieren kaum angedeutet ist. Wenn ein Mensch einen Gegenstand bearbeitet, beruht diese Leistung darin, daß er *während* seines Tuns dauernd die »Antwort« des Objektes registriert und seine weitere Tätigkeit danach steuert. Beim Einschlagen eines Nagels z. B. muß jeder Hammerschlag die unmerkliche seitliche Abweichung kompensieren, die der vorhergehende dem Nagel erteilte. Der Nicht-Tierkenner, der sich erfahrungsgemäß, trotz übertriebener Vorstellungen von der Sondergesetzlichkeit des Menschen, die höheren Tiere viel zu menschenähnlich vorstellt, pflegt nicht zu wissen, daß die Fähigkeit zu derartigem durch laufende Beobachtung des Erfolges geregelten Handeln selbst den Menschenaffen fast völlig *fehlt.*

Beim Kistenbau der Schimpansen fällt dies besonders auf. Die Tiere stellen eine Kiste auf die andere, rücken sie aber niemals zurecht; nur wenn die eine ganz weit nach einer Seite überhängt, stellen sie vielleicht die nächste kompensierend etwas weiter nach der anderen Seite, das ist alles. Die beste bisher bekannte Leistung dieser Art vollbrachte Köhlers Schimpanse Sultan, der eine losgebrochene Wandleiste so lange benagte, bis sie sich zur Verlängerung seiner zusammensteckbaren Angelrute in die Höhlung des Bambusrohres einschieben ließ. Er probierte wiederholt, ob sie schon dünn genug sei, und nagte weiter, solange dies noch nicht der Fall war. Um aber ein wirkliches Werkzeug, etwa einen Faustkeil, herzustellen, ist eine unvergleichlich viel höhere Differenzierung des dauernd durch Kontrolle des Erfolges geregelten Handelns nötig, und es will scheinen, als ob diese engste Bindung zwischen Tun und Erkennen, zwischen Praxis und Gnosis ein *besonderes Zentralorgan* zur Voraussetzung hat, das nur der Mensch besitzt, und zwar im *Gyrus supramarginalis* der linken unteren Schläfenhirnwindung. Bei Verletzung dieser Hirnteile, in denen vielsagenderweise auch das »Sprachzentrum« liegt, treten beim Menschen neben Sprachstörungen bestimmte Ausfälle des Tuns wie des Erkennens, »Apraxien« und »Agnosien« auf, und es ist bisher (Klüver 1933) nicht gelungen, bei Affen ähnliche Zentren nachzuweisen oder ähnliche Ausfälle hervorzurufen.

Wenn ich in obigem Raben und Ratten als typische unspezialisierte Neugierwesen dem Haubentaucher als Instinkt- und Organspezialisten gegenübergestellt habe, so soll das nicht heißen, daß Neugierverhalten bei anderen, etwas höher spezialisierten Wesen durchaus fehle. Die Rolle, die das Neugierlernen spielt, ist nicht nur von dem Fehlen von Spezialisation, sondern auch von der allgemeinen Differenzierungshöhe des Zentralnervensystems abhängig. Ein junger Hund oder eine junge Katze zeigen erheblich viel Neugierverhalten, und ein junger Orang-Utan übertrifft in den Leistungen seines explorativen Lernens den Raben wie die Ratte ganz gewaltig, obwohl seine Art in gewissen Richtungen sehr hoch spezialisiert ist. Beobachtet man einen jungen Menschenaffen, am besten einen Schimpansen, bei seinem wundervoll konsequent objektbezogenen Neugierverhalten, das hier deutlicher als bei Rabe und Ratte den Charakter des Spieles trägt, so kann man sich immer wieder wundern, daß bei seinem erstaunlich intelligenten, beinahe schöpferischen Experimentieren nicht *mehr* herauskommt als bloß die Kenntnis, welche Nüsse man knacken, auf welchen Ästen man klettern und bestenfalls mit welcher Stange man am bequemsten Gegenstände heranangeln kann. Wenn ich sehe, wie ein solches Jungtier mit Bauklötzen spielt oder Kistchen ineinandersteckt, so beschleicht mich immer wieder der Verdacht, daß diese Wesen in früher Vergangenheit geistig *viel höher* standen als heute, daß bei ihnen im Laufe ihrer Spezialisation Fähigkeiten *verloren*gegangen sind, die nur mehr im Spiel des Jungtieres schattenhaft auftauchen!

Eins nämlich unterscheidet das Neugierverhalten *aller* Tiere grundsätzlich von dem des Menschen: Es ist nur an eine kurze Entwicklungsphase in der Jugend des Tieres gebunden. Dasjenige, was der Rabe in so ansprechend menschlich wirkendem Experimentieren in seiner Jugend erwirbt, erstarrt alsbald zu Dressuren, die späterhin so wenig veränderlich und anpassungsfähig sind, daß sie sich hierin von instiktivem Verhalten kaum mehr unterscheiden. Die Gier nach Neuem schlägt in eine starke Abneigung gegen alles Unbekannte um, und ein erwachsener, nicht einmal alter Rabe, dem man einen grundlegenden Wechsel seiner Umgebung aufzwingt, vermag sich absolut nicht mehr in diesen hineinzufinden, sondern verfällt in eine Angstneurose, in der er nicht einmal mehr den wohlbekannten Pfleger erkennt. Der eben erst mannbare Rabe verhält sich in dieser Lage sehr ähnlich wie ein altersblödsinniger Mensch, dessen Verlust an Anpassungsfähigkeit unauffällig ist, solange er sich in der gewohnten Umgebung befindet, aber sofort eine weitgehende Demenz offenbart, sowie ihm ein Umgebungswechsel aufgezwungen wird. Um Mißverständnissen vorzubeugen, muß ausdrücklich betont sein, daß nicht etwa die Lernfähigkeit als solche erloschen ist, sondern nur die positive Hinwendung zu Unbekanntem. Der alte Rabe vermag z. B. sehr wohl noch durch eine einzige üble Erfahrung die Gefährlichkeit einer ihm neuen Situation zu erlernen. Dieses Lernen findet aber nunmehr nur unter dem unmittelbaren Zwang einer ganz bestimmten biologisch relevanten Situation statt. Alte Ratten oder gar Menschenaffen verhalten sich zwar erheblich plastischer als alte Raben, im Prinzip aber ist die Kluft zwischen jungem und altem Tier dieselbe.

Auf die Frage Herders: »Was fehlet dem menschenähnlichsten Tiere, dem Affen, daß er kein Mensch ward?« – können wir jetzt schon zwei sehr bestimmte Antworten geben: Obwohl Raumrepräsentation und Einsicht schon in beinahe menschlicher Ausbildung vorhanden sind, obwohl die bei anderen Tieren bestehende obligate Koppelung zwischen räumlichem Intendieren und Handeln gelöst ist und obwohl bereits – beim jungen Tier wenigstens – eine echt dialogische, neugierig objektivierende Auseinandersetzung mit der Umwelt stattfindet, *fehlt* dem Menschenaffen *erstens* jene innige Wechselwirkung zwischen Tun und Erkennen, zwischen Praxis und Gnosis, die das laufend vom Erfolg her geregelte Handeln ermöglicht und die offenbar nur durch das menschliche Praxien- und Gnosienzentrum im *Gyrus supramarginalis* vermittelt werden kann, womit dem Affen auch eine grundlegende Voraussetzung zur Sprache fehlt. *Zweitens* aber ermangelt der vollerwachsene, mannbare Pongide fast völlig des Neugierverhaltens, das beim Menschen bis an die Grenze des Greisenalters erhalten bleibt: Nur der Mensch bleibt bis in sein Alter ein *Werdender*.

3 Die Domestikation und die Weltoffenheit

Die Domestikation bestimmter Tierarten ist das älteste biologische Experiment der Menschheit. Schon deswegen ist sie wie kein anderes geeignet, der Synthese zwischen Abstammungs- und Erblehre zu dienen. Als »domestiziert« bezeichnet man herkömmlicherweise eine Rasse von Tieren, wenn sie sich von der wildlebenden Stammart in einigen typischen, erblichen Merkmalen unterscheidet, die sich im Laufe der Haustierwerdung herausgebildet haben. Bei fast allen Haustieren finden sich Scheckigkeit, Verkürzung der Extremitäten und der Schädelbasis, Verminderung der Straffheit des Bindegewebes, die zur Ausbildung von Wammen, Hängeohren, Herabsetzung des Muskeltonus u. dgl. führt, Neigung zum Fettwerden, vor allem aber eine ganz allgemeine und sehr erhebliche Zunahme der Variationsbreite in allen möglichen Artcharakteren. In bezug auf diese und viele andere Domestikationsmerkmale bestehen zwischen den verschiedensten Haustieren merkwürdig weitgehende Parallelen. Es läßt sich z. B. durch Kreuzungsversuche zeigen, daß selbst bei Arten, die zu verschiedenen Familien zählen, z. B. Türkenente, *Cairina moschata* L., und Stockente, *Anas platyrhynchus*, Scheckung, Hängebauch u. a. m. auf homologen

Erbanlagen beruhen. Es würde vielleicht naheliegen zu meinen, es seien die gleichen Lebensbedingungen, wie etwa Beschränkung der Bewegungsfreiheit, Mangel an Licht und Luft, einseitige, vitaminarme, aber reichliche Ernährung usw., die hier homologe Mutanten begünstigt hätten. Dies scheint indessen durchaus nicht der Fall zu sein, vielmehr scheint ausschließlich der Fortfall der natürlichen Auslese die Schuld daran zu tragen, daß alle diese Merkmale herausgezüchtet werden. Nach Untersuchungen von Herre hat das nordeuropäische Ren, *Rangifer tarandus*, wenn auch nicht in extremer Ausbildung, so doch ziemlich alle typischen Domestikationsmerkmale, obwohl es im ursprünglichen Lebensraum und in völliger Freiheit lebt, so daß sich seine Lebensbedingungen von denjenigen der Wildform ausschließlich in einem – nicht einmal sehr gründlichen – Schutz vor Wölfen und in einer bestimmten Auswahl der Zuchthirsche unterscheiden; die Lappen kastrieren gerade die stärksten Hirsche, um ihre Bösartigkeit zu vermindern.

Daß nicht etwa engere Gefangenschaft und Mangelerscheinungen für das Zustandekommen der hier in Rede stehenden Veränderungen des Erbbildes verantwortlich sind, zeigen andere Lebewesen, die sich gewissermaßen »selbst domestiziert« haben: der Höhlenbär und der Mensch. Der Höhlenbär scheint zur Zeit seiner größten Verbreitung in ähnlicher Weise der »Herr der Erde« gewesen zu sein wie jetzt der Mensch; es ist jedenfalls schwer vorzustellen, daß irgendein anderes Raubtier jener Zeit diesen gewaltigen Tieren überlegen gewesen sei. Und gerade diese Art zeigt während der ihrem Verschwinden unmittelbar vorausgehenden Hochblüte typische Domestikationserscheinungen. In der »Drachenhöhle« bei Mixnitz in Steiermark fanden sich nebeneinander Höhlenbärenskelette, die so ziemlich alle Veränderungen zeigen, die der Haushund im Laufe der Domestikation erlitten hat. Da liegen Riesen neben Zwergen, langbeinige Tiere mit ausgesprochen windhundähnlichen Kopfproportionen neben solchen, deren verkürzte Schädel unverkennbare Anklänge an Bulldogge und Mops zeigen und deren krumme Beine an den Dackel erinnern. Es gehört wenig paläobiologische Phantasie dazu, sich die Besitzer dieser Schädel im Leben hängeohrig und gefleckt vorzustellen!

Daß auch der Mensch echte Domestikationsmerkmale zeigt, hat interessanterweise Schopenhauer als erster gesehen. Er sagt klar, die blauen Augen und die helle Haut des Europäers seien »überhaupt nichts Natürliches«, sondern »den weißen Mäusen oder mindestens den Schimmeln analog«. Besonders merkwürdig ist hierbei das feine biologische Empfinden, das sich in dem Worte »mindestens« ausspricht! Eugen Fischer hat schon vor sehr langer Zeit darauf hingewiesen, daß die Pigmentverteilung, wie sie sich in blauen oder grauen Menschenaugen findet, bei keinem einzigen wildlebenden Tier vorkommt, dagegen in völlig gleicher Weise bei nahezu *allen* Haustieren. Es erübrigt sich wohl, auf die erdrückende Kasuistik der typischen Domestikationsmerkmale des modernen Menschen einzugehen. Jeder, der für derlei Dinge Augen hat, sieht sie ohne weiteres als eine Selbstverständlichkeit, und niemand wird an ihrer Wesensgleichheit mit den an Haustieren ausgeprägten zweifeln.

Eine Reihe domestikationsbedingter Veränderungen gehört nun ganz zweifellos zu jenen Voraussetzungen der Menschwerdung, die den heutigen Menschenaffen fehlen. Die wichtigste von ihnen ist die von Bolk als *Retardation* bzw. *Fötalisation* bezeichnete Entwicklungshemmung, die Jugendmerkmale der Wildform als persistierende Charaktere fixiert. Ich sehe keinen Grund, weshalb man die in der Biologie sonst übliche Bezeichnung *Neotenie* – wenigstens partiell – auf die in Rede stehenden Erscheinungen nicht anwenden sollte. Das Zurücktreten des Gesichtsschädels gegenüber dem Hirnschädel, die relative Kürze der Extremitäten, Schlappohrigkeit, Kurzhaarigkeit und Ringelschwänzigkeit beim Haushund und Hornlosigkeit bei Wiederkäuern mögen als Beispiele für die Persistenz körperlicher Jugendmerkmale der Wildform genügen. Bolk (1926), Schindewolf (1928) und andere haben am Menschen eine wahrhaft überzeugende Anzahl von Merkmalen hervorgehoben, die in engster Parallele zu denen sehr junger, ja fötaler Menschenaffen stehen. Die Kopfproportionen, die Krümmungen der Wirbelsäule und vor allem die der Beckenorgane, die Haarverteilung, die relative Pigmentarmut seien als Beispiele solcher neotener Charaktere genannt.

Viel wichtiger aber sind für das Problem der Menschwerdung die Neotenie-Erscheinungen im *Verhalten.* Bei sehr vielen hochdomestizierten Haustieren fehlt, im Verein mit der vollen Ausbildung des Sexualdimorphismus der Wildform, der Kampftrieb der erwachsenen Männchen weitgehend. Ein Eber, ein Bulle oder ein Hengst, der zwar zahm, aber im gleichen Maße aggressiv wäre wie ein Keiler, ein Urstier oder ein Wildpferdhengst, wäre auch in der Tat höchst gefährlich und als Nutztier völlig unbrauchbar. Das Haustier jedoch, für dessen Nutzbarkeit die Neotenie seiner Verhaltensweisen am meisten ausschlaggebend ist, ist der Hund. Seine sprichwörtliche Treue und Anhänglichkeit an eine bestimmte Person entstammen nämlich ohne allen Zweifel jenen Trieben, die sich bei wilden Verwandten *auf das Muttertier*, vielleicht später auch auf den Leiter des Rudels beziehen. Ein jungaufgezogener Schakal, Dingo oder Wolf verhält sich während seines erstens Lebensjahres gegenüber dem Menschen ganz genau wie ein Haushund; später jedoch ist der Pfleger enttäuscht, wie völlig unhündisch unabhängig sein Pflegling nunmehr wird, wenn er auch als erwachsenes Tier seinem Herrn immer noch eine gewisse kollegiale

Freundschaft entgegenbringt. Es ist für mich eine geradezu ergreifende Tatsache, daß der Hund sein wesentlichstes Merkmal, die Treue zum Herrn, ganz ebenso einer domestikationsbedingten Neotenie des Verhaltens dankt wie der Mensch seine konstitutive *Weltoffenheit*.

Es ist nämlich die dauernde, neugierige Kommunikation mit der außersubjektiven Wirklichkeit, in der wir mit Gehlen eins der konstitutiven Merkmale des Menschen sehen, ohne allen Zweifel ein persistierendes Jugendmerkmal! Auch bei stark neotenen Haustieren, so beim Hunde, persistiert das Neugierspiel! Daß Gehlen, der in seinem Buch doch die körperlichen Neotenie-Erscheinungen ausführlich abhandelt, den engen Zusammenhang zwischen Neotenie und persistierender Neugier nicht sah, beruht nur darauf, daß er das Neugierverhalten junger »Spezialisten auf Nichtspezialisiertsein« nicht kannte und meinte, das Tier lerne nur unter dem Druck unmittelbaren biologischen Zwanges, wie viele Erforscher des bedingten Reflexes zu jener Zeit behaupteten. Alles rein sachliche Forschen des wissenschaftlichen Menschen ist echtes Neugierverhalten, ist Appetenzverhalten *im entspannten Feld* – und in diesem Sinne *Spiel*! Alle naturwissenschaftlichen Erkenntnisse, denen der Mensch seine erdbeherrschende Rolle verdankt, entstanden aus spielerischen Betätigungen im entspannten Feld, die ausschließlich um ihrer selbst willen ausgeführt wurden. Als Benjamin Franklin Funken aus der Schnur des Drachens zog, dachte er ebensowenig an den Blitzableiter, wie Hertz bei der Erforschung elektrischer Wellen ans Radio dachte. Wer nun gar an sich selbst erlebt hat, in welch fließendem Übergang die Lebensarbeit eines Naturforschers aus dem neugierigen Spiel eines Kindes hervorgehen kann, wird an der grundsätzlichen Gleichartigkeit von Spiel und Forschung niemals zweifeln. Das neugierige Kind, das aus dem Wesen des erwachsenen, völlig zum Tier gewordenen Schimpansen so völlig verschwunden ist, ist im »echten Manne« durchaus nicht, wie Nietzsche sagt, *versteckt*: Es beherrscht ihn vielmehr völlig!

Die unbezweifelbare Tatsache der partiellen Neotenie des Menschen muß bei der Rekonstruktion seiner wahrscheinlichen Abstammung sehr viel mehr in Betracht gezogen werden, als dies manchmal geschieht. *Das Dollosche »Gesetz« von der Irreversibilität der Spezialisierung erfährt nämlich eine gewichtige Ausnahme, sowie Neotenie-Erscheinungen auftreten.* Der neotene, kiemenatmende Axolotl stammt ganz sicher von lungenatmenden Landtieren und nicht von aquatilen Urstegocephalen ab, wie man in Unkenntnis des Wesens der Neotenie nach dem Dolloschen Gesetze folgern müßte, da die Land-Axolotl doch zweifellos »höher« spezialisiert sind als die Larvenform! Genau das gleiche gilt nun aber auch für alle jene Hypothesen von der Abstammung des Menschen, die alle

Pongiden als mögliche Ahnenform ausscheiden wollen, weil diese höher spezialisiert sind als der Mensch, der mit seinen »Organprimitivismen« daher nicht von ihnen abgeleitet werden kann. Gewiß war der jüngste gemeinsame Ahne von Schimpanse und Mensch weniger hochspezialisiert als der heutige Schimpanse – ich habe ja schon gesagt, daß er vielleicht weit »menschlicher« war als dieser Affe es ist –, aber *höher* spezialisiert als der Mensch war er sicher und muß es gewesen sein, da die Greifhand und die mit ihr korrelierte zentrale Repräsentation des Raumes sich nur im Baumleben entwickeln konnten.

Der Mensch verdankt also seiner partiellen Neotenie, und damit mittelbar seiner Selbstdomestikation, *zwei* konstitutive Eigenschaften: erstens das Erhaltenbleiben der weltoffenen Neugier über nahezu sein ganzes Leben, zweitens aber eine Entspezialisation, die ihn schon rein körperlich zum unspezialisierten Neugierwesen stempelt.

Die »Selbstdomestikation« des Menschen hat ihm aber auch noch andere Gaben verliehen, teils solche, die zu seiner geistigen Entfaltung und zum Aufbau seines kulturellen Lebens unentbehrlich sind, teils solche, die den Bestand seiner Art dauernd gefährden. Wir wollen zunächst ihre Analoga im Verhalten von Haustieren kurz besprechen und uns dann ihrer Bedeutung im einzelnen zuwenden. Das angeborene arteigene Verhalten domestizierter Tiere unterliegt regelmäßig und bei verschiedensten Formen in durchaus gleicher Weise bestimmten *Störungen*, die sich übersichtlich in drei Gruppen zusammenfassen lassen.

Erstens unterliegt die *endogene Reizerzeugung* mancher Instinktbewegungen erheblichen *quantitativen* Veränderungen, die nach einer Richtung zu einer gewaltigen Hypertrophie, nach der anderen bis zum völligen Verschwinden führen kann. Die Produktion lokomotorischer Bewegungen sinkt bei fast allen Haustieren, meist in Korrelation zum Schwinden des Muskeltonus und zur Neigung zum Fettwerden. Ebenso neigen bei den meisten Haustieren alle feiner spezialisierten sozialen Instinkte sowie die der Brutpflege zum Schwinden, während die des Fressens und der Begattung sich meist ins Maßlose vermehren.

Zweitens geht bei den meisten Haustieren die spezifische Selektivität der angeborenen auslösenden Mechanismen weitgehend verloren. Reaktionen, die bei der Wildform nur auf Reizsituationen voll intensiv ansprechen, die durch eine ganze Reihe von Bestimmungsstücken gekennzeichnet sind, können beim Haustier durch sehr viel einfachere Ersatzreize ausgelöst werden.

Drittens können funktionell zusammengehörige Verhaltensweisen, die nur zusammen einen arterhaltenden Wert entfalten, völlig unabhängig voneinander werden. So dissozieren sich z. B. bei der Hausgans die Instinkthandlungen des »Sich-Verliebens«, d. h. die der Bildung und des monogamen Zusammenhaltens der Paare, von denen der Begattung.

Sosehr sich selbst bei einer so skizzenhaften Kennzeichnung dieser Desintegrationsvorgänge instinktiven Verhaltens der Vergleich mit menschlichen Degenerationserscheinungen aufdrängt, wollen wir doch zunächst ihre *positive* Seite betrachten. Schon Whitman (1898) hat klar gesehen, daß diese domestikationsbedingten Ausfälle im angeborenen Verhalten durchaus keinen Rückschritt in bezug auf die höheren Leistungen des Lernens und der Intelligenz bedeuten. In seiner Schrift *Animal Behaviour* sagt er von bestimmten, an Haustauben beobachteten Instinktausfällen: »Ich glaube, daß diese ›Instinktfehler‹ – weit davon entfernt, einen psychischen Rückschritt zu bedeuten – die ersten Zeichen einer größeren Plastizität innerhalb der angeborenen Koordinationen sind und somit einer vergrößerten Fähigkeit zu jener Neubildung von Kombinationen, die eine Wahlfreiheit des Handelns bringt.« An anderer Stelle sagt er: »Diese Fehler des Instinktes sind nicht Intelligenz. Aber sie sind das offene Tor, durch das der große Erzieher Erfahrung Zutritt erlangt, der dann alle Wunder der Intelligenz bewirkt.«

Diesen Worten des großen Pioniers der vergleichenden Verhaltensforschung ist nur sehr wenig hinzuzusetzen. Zweifellos waren die Pongiden-Ahnen des Menschen ebenso *stenöke* – d. h. an ganz bestimmte, enge Lebensräume gebundene – Wesen wie alle heutigen Menschenaffen. Ebenso zweifellos ist eine Reduktion vieler angeborener auslösender Mechanismen notwendig gewesen, um den Menschen in, geologisch gesehen, so kurzer Zeit zum euryöksten aller lebenden Organismen werden zu lassen, der auf dem Eis der Arktis und im äquatorialen Urwald gleich gut fortkommt. Auch die anlagemäßige Verschiedenheit der Individuen, die aus der Variationsbreite der Instinktausfälle resultiert und die es bei keiner Wildform gibt, ist von Wichtigkeit: Sie bildet die unmittelbare Voraussetzung jener hochentwickelten *Arbeitsteilung*, die ihrerseits Vorbedingung für das Entstehen aller menschlichen Kultur ist. Vor allem aber ist, wie Whitman so klar andeutet, die konstitutive *Freiheit* des menschlichen Handelns die unmittelbare Folge domestikationsbedingter Reduktion des starr instinktiven Verhaltens.

Freiheit bringt oft Gefahr mit sich, und besonders gefährlich ist die Art, wie der Mensch die ihm eigene Handlungsfreiheit dadurch erlangte, daß bei ihm erprobtermaßen arterhaltende Aktions- und Reaktionsnormen in regelloser Weise verlorengingen oder verändert wurden. Die domestikationsbedingten Veränderungen instinktiven Verhaltens sind an sich hart ans Pathologische grenzende Vorgänge, und jene Ausfälle, denen der Mensch seine spezifischen Freiheiten verdankt, stehen dicht neben solchen, die ihn in den Abgrund stoßen. Gehlens Aussage, daß der Mensch das »riskierte Wesen«, das Wesen »mit einer konstitutionellen Chance zu verunglücken«, ist, können wir durch folgende Erwägungen nur zu sehr bestätigen.

Die Hypertrophie der Triebe zu Nahrungsaufnahme und Begattung, die wir zu Unrecht als tierisch bezeichnen, da sie in Wirklichkeit nur »haustierisch« sind, gibt es als Degenerationserscheinungen bei zivilisierten Menschen ganz zweifellos ebenso wie den Schwund der feiner differenzierten sozialen Instinkte und Hemmungen. Die Dissoziation von Liebe und Begattung sind beim Menschen, vor allem beim Manne, beinahe häufiger als ihr arterhaltend sinnvolles Zusammenwirken. Um die deletären Konsequenzen allein dieser einen Instinkt-Dissoziation richtig einzuschätzen, muß man sich klarmachen, daß das Sich-Verlieben, die Auswahl des besten und schönsten erreichbaren Partners, so ziemlich der einzige Faktor ist, der beim Kulturmenschen heute noch eine Selektion im positiven Sinne treibt. In der Raumkonkurrenz der Zivilisierten haben nämlich leider fast alle beschriebenen domestikationsbedingten Instinktstörungen einen *positiven Selektionswert.* Eine Verminderung sozialer Triebe und Hemmungen ist im modernen Konkurrenzkampf äußerst nützlich, und so kommt es, daß weniger soziale bis asoziale Menschen weit erfolgreicher sind als die vollwertigen, auf deren Kosten sie letzten Endes leben. Ausfallbehaftete Elemente durchdringen Völker, Staaten und Kulturkreise genauso und aus völlig analogen Gründen, wie Krebszellen in infiltrativem Wachstum den Körper durchdringen. Und wie diese können sie den Wirtsorganismus und damit sich selbst schließlich zugrunde richten. Ich bin überzeugt, daß das von Spengler erkannte regelmäßige Zugrundegehen von Kulturen zum erheblichen Teile durch ebendiese Vorgänge bedingt ist. Keine unentrinnbare »Logik der Zeit« bringt ein »Altern« der Kulturnationen mit sich, wie Spengler meint, sondern höchst greifbare und experimentell erforschbare Vorgänge.

Es fällt beinahe schwer, in voller Erkenntnis dieser die Menschheit bedrohenden Gefahren einigen Optimismus für ihre zukünftige Evolution aufrechtzuerhalten, zumal zu der erwähnten noch andere, ebenso große Gefahren hinzukommen. Die sprunghafte Höherentwicklung des menschlichen Geistes, die in ganz kurzen, historischen Zeiträumen seine gesamte Ökologie von Grund auf veränderte, hatte notwendigerweise eine *Insuffizienz* seiner Ausstattung mit angeborenen Trieben und Hemmungen zur Folge. Viele soziale Verhaltensweisen, die dem persönlich bekannten Sozietätsmitglied gegenüber ohne weiteres ansprechen, mußten versagen, als durch das Anwachsen der Individuenzahlen innerhalb der menschlichen Gemeinschaften sich die Forderung erhob, dem anonymen Unbekannten gegenüber sich in gleicher Weise zu verhalten. Die Hemmungen, einen Artgenossen zu töten, erwiesen sich als unzureichend, als die erste Waffe diese Tat so erleichterte und beschleunigte, daß die früher hemmungsauslösenden Faktoren unwirksam wurden.

Jede *Erfindung*, durch die der seine Welt aktiv aufbauende Mensch seine bisherige Ökologie und Soziologie veränderte, hätte ihm zum Verderben gereichen können, wenn ihm nicht aus *derselben* Fähigkeit, die es ihm ermöglicht hat, Erfindungen zu machen, auch jenes Regulativ erwachsen wäre, das die Kluft zwischen Neigung und Sollen zu überbrücken vermag. Es ist dies die Fähigkeit, die Folgen des eigenen Tuns abzusehen. Jene Höherentwicklung des erfolgsgesteuerten Handelns, die wir nur beim Menschen finden und die zweifellos zur Herstellung selbst der einfachsten Waffe, des Faustkeiles, nötig war, gab wohl auch schon die Grundlage ab zu der einfachen Selbstbefragung: Was habe ich angerichtet? In dieser Frage aber liegt das Fundament der ganzen verantwortlichen Moral des Menschen. Wenn man sich so richtig vorstellt, was es bedeutet, daß ein Wesen mit der ganzen jähzornigen Aggressivität, wie sie unseren prähomininen Vorfahren sicherlich zu eigen war, mit dem Faustkeil plötzlich die Möglichkeit bekam, seinesgleichen mit einem einzigen Schlage zu vernichten, so wundert man sich beinahe, daß diese Erfindung nicht zur Selbstausrottung der Art geführt hat. Ob man daraus wohl die Hoffnung ableiten kann, daß es der verantwortlichen Moral der Menschheit gelingen möge, der unzähligen sie heute bedrängenden Gefahren Herr zu werden? Die um sich greifenden Degenerationen seiner sozialen Instinkte, das ständige Anwachsen der Furchtbarkeit seiner Waffen, die zunehmende Überbevölkerung der Erde scheinen den nahen Untergang der Menschheit zu verkünden. Oder sind alle diese Übel letzten Endes doch nur Teile von jener Kraft, die stets das Böse will und stets das Gute schafft?

Die hier besprochenen drei Voraussetzungen der Menschwerdung, nämlich erstens die aus dem Klettern mit der Greifhand erwachsene zentrale Repräsentation des Raumes, zweitens die Vielseitigkeit und die explorative Neugier des unspezialisierten Wesens und schließlich die Neotenie und das Freiwerden von starren Instinkten, sind sicherlich nicht die einzigen. Noch weniger bedeuten sie eine *Erklärung*. Wie und warum die Zentrale für Praxis, Gnosis und Sprechen im *Gyrus supramarginalis* entstanden ist, wie und warum das Hirn des Menschen seine gewaltige Vergrößerung und Weiterdifferenzierung erfahren hat, auf der sich das begriffliche Denken und die gesamte geistige Weiterentwicklung des Menschen aufbaut, das wissen wir so wenig, wie wir eine gesicherte kausale Erklärung für viele weitgreifende epigenetische Vorgänge im Laufe der Evolution geben können. Immerhin aber scheint es bedeutsam, wie eng offensichtlich alle diese weiteren Schritte an die besprochenen drei Voraussetzungen gebunden zu sein scheinen.

VII Zusammenfassung

Wenn ich im vorangehenden außer über die Entstehungsgeschichte der vergleichenden Psychologie noch über einige unter sich verhältnismäßig wenig zusammenhängende Teilgebiete dieser Wissenschaft berichtet habe, so geschah dies deshalb, weil gerade bei diesen Wissenszweigen die Unentbehrlichkeit der stammesgeschichtlich-vergleichenden Fragestellung besonders deutlich zutage tritt.

Schon in den ersten Pionierarbeiten unserer Wissenschaft kann man die Anbahnung einer exakteren kausalen Analyse tierischen und menschlichen Verhaltens finden, als sie je vorher von einer nur scheinbar naturwissenschaftlichen Experimentalpsychologie erreicht wurde. Die Ordnung, die von der stammesgeschichtlichen Fragestellung in die Erscheinungen gebracht wurde (S. 209 ff.), hat unmittelbar zur Analyse der endogen-automatischen Instinktbewegung geführt und damit zu einer Entthronung des Reflexes als allein möglichen »Elements« aller neuralen Erscheinungen. Dies hatte seinerseits eine exaktere Fassung des Reflexbegriffes selbst zur Folge. Die auslösende Wirkung von Außenreizen wurde von einer anderen Seite her untersucht und trat eben durch die Erfassung der beteiligten endogenen Vorgänge in ein neues Stadium quantifizierender Kausalanalyse, die eine weitgehende Rationalisierung des bisher scheinbar völlig chaotischen Verhältnisses zwischen Reizstärke und Reaktionsstärke erzielen konnte (S. 211 ff.). Außerdem ergab sich durch die scharfe begriffliche Scheidung von Automatismus und Reflex eine weitere Möglichkeit der Analyse der räumlich orientierten Bewegungen (S. 212). Die Einführung der stammesgeschichtlich-vergleichenden Fragestellung führte zur Aufstellung eines Forschungsprogramms, das die Grundlagen zu einer wirklich vom Erbgedanken ausgehenden Verhaltensforschung liefern wird (S. 222 f.). Schließlich hat uns die Fragestellung des stammesgeschichtlichen Vergleichens zu den Problemen des rätselvollen Übergangsfeldes zwischen dem Tiere und dem Menschen geführt. Ohne daß irgendeine »Erklärung« oder auch nur Definition des Menschen angestrebt wurde, wurden drei *Voraussetzungen* der Menschwerdung diskutiert: Die erste ist jene zentrale Repräsentation des Raumes, die durch Orientierungsreaktionen geleistet wird, bei Tieren, die mit Greifhänden klettern, ihre höchste Differenzierung erlangt und die zweifellos die Grundlage der menschlichen *Raumvorstellung* bildet, die ihrerseits allem Denken zugrunde liegt (S. 223 ff.). Die zweite Voraussetzung ist das aktiv explorierende Neugierverhalten, das sich nur bei Wesen findet, die nicht durch hochspezialisierte Differenzierung von Organen und angeborenen Verhaltensweisen festgelegt sind. Die »Sachlichkeit« und Objektbezogenheit des Neugierverhaltens führt zum aktiven Aufbau einer gegenständlichen Umwelt. Seine Beziehungen zum Spiel und zur Forschung des Menschen lassen das Neugierverhalten als Grundlage aller dialogischen Auseinandersetzung mit der Umwelt und damit auch als eine Voraussetzung der Sprache erscheinen. Doch ist bei keinem Tier eine andere unentbehrliche Voraussetzung erfüllt, nämlich die enge Koppelung von Praxis und Gnosis im Praxien- und Phasienzentrum (S. 237). Die dritte Voraussetzung bildet die Selbstdomestikation des Menschen. Sie führt zu einer partiellen *Neotenie* des Menschen (S. 239 ff.), als deren Folge das explorative Neugierverhalten, das bei Tieren nur an eine kurze Entwicklungsphase gebunden ist, bis an die Grenze des Greisenalters ausgedehnt wird. Außerdem schafft die Domestikation durch Abbau starrer Instinkte neue Freiheitsgrade des Handelns (S. 243 ff.), allerdings auch gleichzeitig schwere Gefahren. Die Rolle der verantwortlichen Moral beim Kompensieren der Insuffizienz menschlicher Instinkte wird kurz skizziert.

VIII Rückschau und Ausblick

Es braucht wohl nicht weiter betont zu werden, daß die stammesgeschichtliche Fragestellung auf dem Gebiete der vergleichenden Psychologie bereits zu Untersuchungen geführt hat, die über die reine Beschreibung und Systematik weit hinausgehen und tief in die dritte Entwicklungsphase jeder Naturwissenschaft, die nach Gesetzen suchende Kausalanalyse, eingedrungen ist. Dennoch wäre es ein durchaus verfrühter Hochmut, nunmehr zu meinen, die phylogenetisch-beschreibende Systematik habe in der Verhaltensforschung ihre Arbeit bereits geleistet und sei daher entbehrlich geworden. Gewiß werden wir unserem Hang zur experimentellen, exakt induktiven Forschung durch keinerlei schulmeisterliche Forschungsverbote methodischer Art irgendwelchen Zwang antun, noch weniger werden wir uns daran hindern lassen, die analytisch wichtigen Forschungsaufgaben unmittelbar in Angriff zu nehmen. Daneben aber wollen wir nicht vergessen, daß wir mit der Schaffung einer Induktionsbasis noch nicht einmal über die allerersten Anfangsstadien unseres Wissenszweiges hinaus sind und daß die einfachste Beschreibung des So-Seins von tierischem und menschlichem Verhalten, die voraussetzungslos nur nach dem naiven Motto »Was es alles gibt« vorgeht, noch Unabsehbares zu leisten hat. Wir besitzen heute erst ganz wenige Arbeiten, die Verhaltensbeschreibungen stammesgeschichtlicher Verwandtschaftsgruppen liefern, die durch die Genauigkeit ihrer Detailangaben und das Umfassen einer genügenden Artenzahl für die Zwecke der vergleichenden stammesgeschichtlichen Fragestellung jenes Mindestmaß an Anhaltspunkten bieten, wie es in jeder morphologischen Arbeit seit vielen Jahrzehnten selbstverständlich ist. Diese Arbeiten sind Whitmans Taubenuntersuchungen, Heinroths Anatidenarbeit, Antonius' Equidenstudien und Fabers (1929, 1932) Orthopterenstudien. Dazu kommt eine Reihe von Fragmenten, wie z. B. die Reiherarbeit von Verwey (1936) oder die Untersuchungen an Marderähnlichen von Goethe (1940). Von den in jüngster Zeit studierten Gruppen wären, ohne hier eine vollständige Übersicht geben zu wollen, unter anderem die folgenden zu nennen: Orthopteren (Jakobs 1950), Dipteren (Putzbewegungen: Heinz 1949; *Drosophila*: Milani 1951; Spieht 1951; Weidmann 1951), Salticiden (Crane 1949), Stichlinge (Tinbergen und van Iersel), Cichliden (Baerends 1950; Seitz 1950; Lorenz), Anuren (Eibl-Eibesfeldt 1953), Vögel (Intentionsbewegungen: Daanje 1950; Möwen: Tinbergen und Moynihan 1952; Sperlingsvögel: Nice 1943; Prechtl 1950; Reiher: Koenig 1952; Entenvögel: Lorenz 1941), Säuger (Caniden: Seitz 1950; Nager: Eibl-Eibesfeldt 1950, 1951). Trotzdem ist unsere Kenntnis dessen, »was es alles gibt«, so gering, daß wir noch weiterhin die Bescheidenheit und die Geduld aufbringen müssen, in genauer und voraussetzungsloser Beschreibung natürlichen Verhaltens die Induktionsbasis für jene Fragestellung *erst zu schaffen*, auf der sich unser späteres, exakt-analytisches Forschungsgebäude weiter in die Höhe treiben läßt.

Die vergleichende Verhaltensforschung ist besonders streng verpflichtet, die methodologischen Gesetze der induktiven Naturforschung exakt zu befolgen. Ohne allen Zweifel wird ihr in einer nahen Zukunft die wichtige Rolle zufallen, das Bindeglied zwischen den induktiven Naturwissenschaften und jenen vom Menschen selbst handelnden Disziplinen zu bilden, die heute noch der induktiven Forschung ziemlich beziehungslos gegenüberstehen, wie dies die menschliche Soziologie, Völkerpsychologie sowie ein großer Teil der Humanpsychologie überhaupt tun. Daß diese Wissenschaften, die sämtlich aus der Philosophie ihren Ursprung genommen haben, den Anschluß an das straff organisierte System der induktiv forschenden Wissenszweige nicht oder noch nicht gefunden haben, ist unschwer zu verstehen.

Einen bestimmten Vorgang *erklären* heißt in der induktiven Naturwissenschaft wie in der Umgangssprache des Alltags nichts anderes, als eine beobachtete speziellere Gesetzlichkeit auf eine bereits bekanntere allgemeinere zurückzuführen. Deshalb bedarf der Erforscher der spezielleren Naturgesetzlichkeiten stets einer nächstallgemeineren Naturwissenschaft, auf deren basalere Gesetze er die von ihm selbst untersuchten zurückführen kann. Der Stoffwechselphysiologe bedarf der organischen Chemie, der Chemiker der Atomphysik, um eine tiefer schürfende Erklärung für die beobachteten Vorgänge geben zu können. Im allgemeinen sind nun in der Geschichte der Naturwissenschaften die allgemeineren Naturgesetze *früher* bekannt geworden als jene spezielleren, zu deren Erklärung man sie benötigte. Die spezielleren Forschungsgebiete fanden beim tieferen Vordringen ihrer Analyse meistens schon die wohlvorbereitete Basis eines nächstallgemeineren Wissensgebietes vor, auf dessen weitere Gesetzlichkeiten sie die untersuchten Vorgänge zurückführen konnte. So fand der Vorstoß, den die physikalische Chemie ins Atomare führte, eine breite Basis bekannter Tatsachen und Gesetzlichkeiten der Atomphysik vor, und als die Physiologie des Stoffwechsels in die Bereiche des chemischen Geschehens vorzudringen begann, verfügte die organische Chemie längst über jene Grundlage bekannter Tatsachen, deren die Physiologie zu ihren Erklärungen bedurfte. Ähnlich lagen die Verhältnisse bei allen anderen speziellen Naturwissenschaften.

Bei der Psychologie wie auch bei allen anderen vom Menschen selbst handelnden Disziplinen ist die historische Sachlage völlig anders. Der Begriff der Psychologie als einer Wissenschaft ist uralt und findet sich schon in der Antike; sie existierte als eine rein introspektive Geisteswissenschaft schon lange, ehe es eine echte induktive Naturforschung in unserem Sinne überhaupt gab. Als Naturwissenschaft ist die Psychologie zwar ausgesprochen jung, aber immer noch viel älter als die nächstallgemeineren Nachbarwissenschaften. Als die Darwinsche Abstammungslehre allmählich auch auf die Psychologie Einfluß gewann und diese anfing, den Menschen als ein auf natürlichem Wege entstandenes Lebewesen zu betrachten, als die Psychologie begann, das Verhalten des Menschen sowohl als auch die Vorgänge seines Innenlebens als Lebenserscheinungen zu untersuchen, da wußte man von jenen nächstallgemeineren Gesetzlichkeiten, die Verhalten und Seelenleben *von Lebewesen schlechthin* beherrschen, so gut wie nichts. Als Wilhelm Wundt um die Jahrhundertwende als erster die Forderung nach einer im stammesgeschichtlichen Sinne vergleichenden Psychologie erhob, da fehlte die in voraussetzungsloser Idiographik gesammelte Induktionsbasis noch völlig, auf der sich eine derartige Wissenschaft hätte aufbauen können.

Auch in den folgenden Jahrzehnten verhinderte der verhängnisvolle Meinungsstreit zwischen Vitalisten und Mechanisten jedwede voraussetzungslose Idiographik der Verhaltensforschung. Die wenigen von diesem Streite nicht in Mitleidenschaft gezogenen Verhaltensforscher, H. S. Jennings, C. O. Whitman und O. Heinroth, waren Zoologen und standen schon deshalb den Kreisen der »berufsmäßigen« Verhaltensforscher und Psychologen so völlig fern, daß diese von ihrer Arbeit nie etwas erfuhren. Mit anderen Worten, die Humanpsychologie als Naturwissenschaft hing bis in die allerjüngste Zeit völlig frei im Raume. Zwischen ihr und den allgemeineren Naturwissenschaften gähnte eine unüberbrückte Kluft. Wo die Psychologie des Menschen überhaupt Versuche machte, naturwissenschaftlich vorzugehen, dort machte sie begreiflicherweise vergebliche Anschlußversuche an viel zu weit basal gelegene Wissensgebiete, d. h. sie zog viel zu weite und einfache Gesetzlichkeiten zur Erklärung speziellster Seelenvorgänge heran. Der einzige Boden, aus dem eine Naturwissenschaft gesunde Kräfte saugen kann, ist erstens die eigene Induktionsbasis und zweitens diejenige des *nächst*weiteren, *unmittelbar* anschließenden Nachbargebietes. Beides fehlte der sogenannten naturwissenschaftlichen Psychologie der Jahrhundertwende völlig, und so trieb sie verzweifelte Luftwurzeln, die vergeblich Nahrung aus dem steinigen Boden der mechanistischen Verhaltensforschung zu gewinnen trachteten.

Die aus methodischen Gründen nur allzu verständlichen Mißerfolge dieses Vorgehens waren so offensichtlich, daß in der ganzen Humanpsychologie ein Umschwung stattfand, der leider nicht nur zur Abkehr von den methodisch fehlerhaften atomistisch-mechanistischen Erklärungsversuchen, sondern von der naturwissenschaftlichen Denkweise als solcher führte. Die amerikanische Zweckpsychologie (*purposive psychology*) ging zu einer völlig einseitigen, vitalistisch-teleologischen Betrachtungsweise über, und auch die deutsche Gestaltpsychologie, die an sich dazu berufen gewesen wäre, eine wirklich ganzheitsgerechte und gleichzeitig induktiv-analytische Denkweise in die psychologische Forschung hineinzutragen, bekam leider zu einem sehr großen Teile eine ausgesprochen vitalistische Färbung, indem die Begriffe von Gestalt und Ganzheit mehr und mehr den Charakter vitalistischer »Faktoren« annahmen, die als einer natürlichen Erklärung weder bedürftig noch zugänglich erachtet wurden.

Wer die Psychologie des Menschen als eine Naturwissenschaft betrachtet und als solche zu betreiben gedenkt, muß es als eine dringende Pflicht und Aufgabe betrachten, diese geistesgeschichtlich begründete und für das Fortschreiten der Forschung außerordentlich hinderliche Sachlage aus der Welt zu schaffen und auch jene Forschungsgebiete, die seelische und geistige Leistungen des Menschen untersuchen, zu Naturwissenschaften im eigentlichen Sinne des Wortes werden zu lassen.

Wer die Psychologie des Menschen als induktive Naturwissenschaft betreiben will, kann sich unmöglich der Tatsache verschließen, daß der Mensch ein *Lebewesen* ist und daß er, wie alle anderen Lebewesen auch, in einem Vorgange natürlichen Werdens aus anderen, einfacheren Lebewesen entstanden ist. Will man als Naturforscher die speziellen und unermeßlich komplexen Gesetzlichkeiten, die menschliches Verhalten und Seelenleben beherrschen, auf natürlichem Wege erklären, d. h. sie auf die nächstweiteren und -allgemeineren Naturgesetze zurückführen, so erhebt sich die Frage, welches diese *basaleren* Gesetzlichkeiten seien. Auf diese Frage kann es keine andere Antwort geben als die: Es sind dies jene Gesetzlichkeiten, die *das Verhalten von Lebewesen schlechthin beherrschen.*

Zu diesem allgemein methodologischen Gesichtspunkte kommt noch der speziell phylogenetische. Die unbestreitbare und unbestrittene Tatsache der Deszendenz bringt die Erkenntnis mit sich, daß eine unermeßliche Zahl von Struktureigenschaften menschlichen Verhaltens und Innenlebens ihr So-und-nicht-anders-Sein dem historisch einmaligen Gange der Phylogenese verdankt und ohne Einsicht in deren Zusammenhänge schlechterdings unverständlich bleiben muß. Für die *sozialen* Verhaltensnormen des Menschen gilt dies in besonders hohem Maße, weil sie mehr als andere an ererbte, arteigene Aktions- und Reaktionsweisen gebunden sind.

Es ist also ganz sicher keine ressortpatriotische Überheblichkeit, sondern eine vom Standpunkte induktiver Forschung völlig unwiderlegliche Aussage, wenn ich behaupte, daß alle vom Menschen handelnden Wissenszweige, sofern sie als Naturwissenschaften gelten wollen, aus genau denselben Gründen die vergleichende Verhaltensforschung benötigen, aus denen die Stoffwechselphysiologie der Chemie bedarf oder die physikalische Chemie auf die Atomphysik angewiesen ist.

Umgekehrt jedoch ist der vergleichende Verhaltensforscher als Vertreter des *allgemeineren* Wissensgebietes nicht dazu verpflichtet, sich um die angrenzenden spezielleren zu bekümmern. Der Atomphysiker braucht nicht Chemie und der organische Chemiker nicht Stoffwechselphysiologie zu beherrschen.[1] Die vergleichende Verhaltensforschung hat ihr eigenes unermeßlich großes Forschungsgebiet, und sie ist nicht nur nicht verpflichtet, sondern auch gar nicht imstande, spezielle Humanpsychologie oder -soziologie zu treiben. Sie beginge einen nach den Gesetzen induktiver Forschung *illegitimen* Übergriff, wollte sie für irgendwelche komplexen Sondergesetzlichkeiten menschlichen Seelen- oder Gesellschaftslebens, die sie aus eigener Idiographik gar nicht kennt, irgendwelche Erklärungen zu geben versuchen, wie dies die mechanistischen Schulen wiederholt getan haben.

Ein solcher illegitimer Übergriff liegt indessen *nicht* vor, wenn wir auf gewisse Gesetzlichkeiten des menschlichen Verhaltens aufmerksam machen, die von unserer eigenen, vergleichend-phylogenetischen Induktionsbasis aus, *und nur von dieser*, überhaupt bemerkt werden können. Wenn z. B. die vergleichende Verhaltensforschung den Nachweis erbringt, daß endogen-automatische Reizerzeugungsvorgänge und angeborene Auslösemechanismen sowie vor allem deren domestikationsbedingte Funktionsstörungen auch im Verhalten des Menschen eine Rolle spielen, so liegt die Verpflichtung, sich um diese Ergebnisse zu bekümmern, ausschließlich bei der *spezielleren* Wissenschaft. Die vergleichende Verhaltensforschung selbst kann nur die Aussage machen, *daß* diese Dinge zweifellos auch das menschliche Verhalten beeinflussen; in welcher Weise dies aber geschieht, kann sie schon deshalb nicht sagen, weil sie die vielen anderen, spezielleren Sondergesetzlichkeiten, die in Psychologie und Soziologie des Menschen obwalten, aus eigener Induktion nicht kennt. Die speziellere Wissenschaft aber begeht den schlimmsten Verstoß gegen die Gesetze der induktiven Forschung, wenn sie diese Dinge unberücksichtigt läßt, nämlich einen *Wissensverzicht*!

Diese Erkenntnis beginnt sich, zwar sehr langsam, aber doch zweifellos mit einer geometrisch sich steigernden Geschwindigkeit, in den Kreisen aller naturwissenschaftlich denkenden Psychologen Bahn zu brechen. Es ist mit einer an Sicherheit grenzenden Wahrscheinlichkeit damit zu rechnen, daß in sehr absehbarer Zeit die gesamte, im eigentlichen Sinne des Wortes naturwissenschaftliche Psychologie den Anschluß an die phylogenetisch vergleichende Verhaltensforschung und damit an die kollektive Organisation *aller* induktiven Naturwissenschaften gefunden haben wird. Bezeichnenderweise sind es die Kinderpsychologen, die als voraussetzungslose Beobachter von jeher echte Naturforscher gewesen sind, welche als erste damit begonnen haben, unsere Ergebnisse für sich auszuwerten und unsere Sprache zu sprechen. Es ist uns eine innige Freude, daß ihnen zu voraussetzungsloser Beobachtung begabte Tiefenpsychologen oder Psychoanalytiker zu folgen beginnen. Viele unbezweifelbare Irrgänge beider Schulen könnten durch die Synthese mit der vergleichenden Verhaltensforschung berichtigt werden, und wenn diese Synthese auch sicherlich die gesamte Lebensarbeit mehr als eines Forschers beanspruchen wird, so wird sie dafür ein unabsehbar großes und fruchtbares, bisher völlig unbeackertes Feld der exakt-induktiven Forschung zugänglich machen.

Wenn erst Humanpsychologie und Tiefenpsychologie auf eine *gemeinsame* naturwissenschaftliche Basis gestellt sein werden, so wird damit auch ihre Synthese *untereinander* erreicht, die heute noch in so schmerzlicher Weise fehlt. Damit aber würde eine Basalwissenschaft entstehen, die ihrerseits auch die Grundlage dafür abgeben könnte, daß die *Soziologie* des Menschen den Anschluß an die induktive Naturwissenschaft findet. Auch die Soziologie ist eine Tochter der Geisteswissenschaften und steht der induktiven Naturforschung heute noch recht ablehnend gegenüber, eine Haltung, in der sie leider durch die berechtigte Abwehr der oben erwähnten, illegitimen Übergriffe von seiten einer mechanistisch denkenden Biologie und Psychologie bestärkt wurde. Die Bezeichnung »Psychologismus« hat in der modernen Soziologie vielfach eine ähnlich abschätzige Bedeutung bekommen wie der Ausdruck »Biologismus«. Wenn aber die gesamte Psychologie des Menschen, einschließlich der Tiefenpsychologie und Psychoanalyse, ihre solide, naturwissenschaftliche Verankerung in dem Nachbargebiet gefunden haben wird, das ohne allen Zweifel als das nächstweitere betrachtet werden muß, wenn die Psychologie dann ihrerseits der menschlichen Soziologie eine ebenso solide Basis bekannter Gesetzlichkeiten *anbietet*, dann wird die Soziologie diese Grundlage zu ihren Erklärungsversuchen nicht nur benutzen *können*, sondern *müssen*, sofern sie überhaupt den Charakter einer Wissenschaft wahren will.

Einer induktiv naturwissenschaftlichen Soziologie des Menschen aber bedürfen wir heute dringender als jeder anderen Wissenschaft, denn die drängendsten Probleme der Menschheit sind *soziale* Probleme, und zwar solche, *die nicht durch geisteswissenschaftliche Spekulation, sondern ausschließlich durch geduldige induktive Forschungsarbeit gelöst werden können.*

Gestaltwahrnehmung als Quelle wissenschaftlicher Erkenntnis (1959)

Karl Bühler zum 80. Geburtstag gewidmet

Ist die Natur nur groß,
weil sie zu zählen euch gibt?
Schiller

I Einleitung und Aufgabestellung

Die allgemeine Aufgabe vorliegender Abhandlung ist durch die als Motto vorangestellte Frage Friedrich Schillers eigentlich schon ausgedrückt: Wir leben in einer Zeit, in der es allzu üblich geworden ist, die »Exaktheit« und damit auch den Wert jedes wissenschaftlichen Ergebnisses ausschließlich nach der Rolle zu beurteilen, die quantifizierende Methoden bei seiner Erlangung spielten. Damit wird erstens jenem Vorgang, der prinzipiell die Basis und Wurzel aller induktiven Forschung ist, der schlichten, voraussetzungslosen Beobachtung, aller Wert und alle wissenschaftliche Legitimität aberkannt, so weit, daß im Munde mancher behavioristischen Psychologen der Terminus »naturalistisch« eine ausgesprochen geringschätzige Bedeutung angenommen hat. Zweitens werden die verschiedenen Disziplinen der Naturwissenschaft in eine völlig unberechtigte Skala der Bewertung eingeteilt, in der alle beschreibenden, mit der Erforschung von Strukturen beschäftigten, untenan zu stehen kommen, während auf der anderen Seite die Physik, vor allem die atomare, als die höchste, ja beinahe einzige Form wirklich »wissenschaftlicher« Forschung bewundert wird. Die böse Folge hiervon ist, daß manche Forschungsrichtungen, die kompliziert strukturierte ganzheitliche Systeme zum Gegenstand haben, dem Irrglauben huldigen, ohne Einsicht in die Struktur zum Verständnis der Funktion kommen zu können. Man kann aber nicht einmal die Funktionsgesetzlichkeiten einer Pendeluhr, z. B. diejenige, die besagt, daß sich der große Zeiger zwölfmal schneller bewegt als der kleine, direkt auf die Gesetze der klassischen Mechanik zurückführen, ohne die Struktur des Uhrwerks und im besonderen die Zahlenverhältnisse der Zähne an den verschiedenen Zahnrädern morphologisch untersucht zu haben.

Mit dem Mangel an Einsicht in die theoretische Notwendigkeit der

Strukturforschung geht eine Geringschätzung jener Erkenntnisvorgänge Hand in Hand, die uns das Vorhandensein von Strukturen mitteilen. Wenn Wolfgang Metzger von manchen Geisteswissenschaftlern so witzig sagt: »Es gibt Menschen, die durch erkenntnistheoretische Erwägungen am Gebrauch ihrer Sinne zum Zweck naturwissenschaftlicher Erkenntnis unheilbar behindert sind«, so trifft dieser Satz paradoxerweise auch so manche im übrigen sehr scharfsinnige Forscher, die besonders »objektiv« und naturwissenschaftlich zu verfahren meinen, indem sie die eigene Wahrnehmung, soweit irgend möglich, aus ihrer Methodik verbannen. Die erkenntnistheoretische Inkonsequenz dieses Vorgehens ist indessen leicht aufzuzeigen, viel leichter als die der von Metzger verspotteten Philosophen. Sie liegt darin, daß der Wahrnehmung die wissenschaftliche Legitimität dort zuerkannt wird, wo sie der Ablesung eines Meßinstrumentes dient, aberkannt aber dort, wo sie zu direkter Beobachtung eines Naturvorganges verwendet wird. Die Physik ist nicht nur durch die Natur ihres Gegenstandes gezwungen, dauernd zum Meßinstrument zu greifen, sie ist auch durch den Stand ihrer Einsicht in die Struktur des Untersuchten dazu berechtigt. Der Versuch jedoch, ein Naturgeschehen allein durch Messungen zu erforschen, ehe man durch Wahrnehmung Einsicht in seine Struktur gewonnen hat, entspricht wohl großenteils einem Mißverstehen der Physik und dem Bestreben, ihre Äußerlichkeiten nachzuahmen.

Der Physiker selbst denkt nämlich ganz anders über die Leistung der Wahrnehmung. Max Planck hat in einer 1942 erschienenen kleinen Schrift sehr anschaulich gezeigt, daß das »Weltbild der Physik« durch keine anderen Erkenntnisleistungen zustande kommt als das des naiven, vorwissenschaftlichen Menschen, ja selbst des Kindes. All unser Wissen um die Gesetzlichkeiten der uns umgebenden Wirklichkeit gründet sich auf die Meldungen jenes wundervollen, aber recht gut erforschbaren neuralen Apparates, der aus Sinnesdaten Wahrnehmungen formt. Ohne ihn, vor allem aber ohne die im wahrsten Sinne des Wortes objektivierende Leistung der sog. Konstanzmechanismen, die wir noch genauer erörtern werden, wüßten wir nichts von der über kürzere oder längere Zeiträume sich erstreckenden Existenz jener natürlichen Einheiten, die wir Gegenstände nennen.

Schon diese auch von ihren größten Verächtern unbesehen als wahr hingenommenen Mitteilungen der Wahrnehmung sind auf Vorgängen begründet, die, obzwar der Selbstbeobachtung wie der verstandesmäßigen Kontrolle völlig unzugänglich, dennoch nächste Analogien zu rationalen Operationen, z. B. zu solchen von Schlußfolgerungen, besitzen, was bekanntlich Helmholtz zu einer Gleichsetzung beider Arten von Vorgängen veranlaßte.

Noch weiter gehen diese Analogien bei anderen, noch weit höher differenzierten Leistungen der Wahrnehmung, die den Konstanzfunktionen aufs engste verwandt sind und sie zum Teil in sich schließen. Es sind dies jene höchsten Leistungen der Gestaltwahrnehmung, die es uns ermöglichen, eine im komplexen Naturgeschehen obwaltende Gesetzlichkeit unmittelbar zu erfassen, d. h. aus dem Hintergrund der zufälligen, nichtssagenden Informationen herauszugliedern, die uns von unseren Sinnesorganen und niedrigeren Wahrnehmungsleistungen gleichzeitig übermittelt werden. Wie ich noch zu zeigen versuchen werde, vollbringt der Mechanismus der Gestaltwahrnehmung hierbei Leistungen, die nicht nur »unbewußten Schlüssen«, sondern den klassischen drei Schritten induktiver Naturforschung, nämlich dem Sammeln einer Induktionsbasis, ihrem systematischen Ordnen und der Abstraktion einer Gesetzlichkeit, wahrhaft verblüffend analog sind.

So offensichtlich dieser Vorgang den Charakter des Physiologischen hat, ja sogar manchen Leistungen von Rechenmaschinen gleicht, ist er doch mit anderen der Selbstbeobachtung unzugänglichen und rational nicht leicht nachvollziehbaren Leistungen des Zentralnervensystems unter den recht mystischen Begriff der »Intuition« subsumiert worden. Dies ist wohl der Grund, weshalb viele ernstzunehmende Naturforscher geneigt sind, denjenigen mit Mißtrauen zu betrachten, der offen eingesteht, daß er sich in seiner wissenschaftlichen Arbeit von der Gestaltwahrnehmung beeinflussen oder gar leiten läßt.

Man kann indessen ihre Hilfe um so weniger entbehren, je mehr das Objekt der Forschung den Charakter eines komplizierten Systemganzen trägt. Nun gibt es aber in aller Welt kein System, das an Komplikation seiner Struktur und an regulativer Ganzheitlichkeit dasjenige der physiologischen Mechanismen übertrifft, die beim höheren Tier und beim Menschen die Gesetzlichkeiten des Verhaltens bestimmen. Wichtiger als für jeden anderen Naturwissenschaftler ist daher für den Verhaltensphysiologen die Frage, ob und wieweit er die Meldungen der eigenen Gestaltwahrnehmung in jenem Sinne als wahr hinnehmen darf, der sich etymologisch schon im Wort Wahrnehmung ausdrückt. Die Notwendigkeit, die Gestaltwahrnehmung als Quelle wissenschaftlicher Erkenntnis kritisch zu werten, stellt sich mir also aus den Bedürfnissen meiner alltäglichen Arbeit. Darin liegt meine Rechtfertigung, wenn ich mir in der vorliegenden Schrift ebendiese Wertung zur speziellen Aufgabe gemacht habe, obwohl ich mir bewußt bin, zu ihrer Bewältigung wenig befähigt zu sein.

II Erkenntnistheoretische Erwägungen

Ich möchte von vornherein dem Mißverständnis vorbeugen, daß die nun folgenden Erwägungen angestellt werden, um Stützen für den hypothetischen Realismus zu gewinnen. Sie erreichen dies vielleicht als einen Nebeneffekt, ihr eigentliches Ziel aber dient viel unmittelbarer der im vorangehenden Abschnitt umrissenen Aufgabe. Sie sollen folgendes zeigen: Wenn man überhaupt eine reale Außenwelt annimmt, muß man auch den einfachsten Formen der Raumorientierung und der Wahrnehmung zubilligen, daß die Art und Weise, in der sie uns per analogiam ein Wissen über die außersubjektive Wirklichkeit vermitteln, derjenigen, in der die höchsten Formen unserer Ratio dasselbe tun, grundsätzlich gleich und nur im Grade der erreichten Analogie verschieden ist. Damit soll erwiesen werden, daß sie ebenso legitime Wissensquellen sind. Der naive Realist blickt nur nach außen und ist sich nicht bewußt, ein Spiegel zu sein. Der Idealist blickt nur in den Spiegel und kann bei dieser Blickrichtung nicht sehen, daß dieser eine nicht spiegelnde Hinterseite hat. Wenn man als Physiologe tierisches und menschliches Verhalten untersucht, kann man nicht umhin, irgendeine Form der Isomorphie zwischen physiologischem Geschehen und Erleben anzunehmen, wobei es heuristisch gleichgültig ist, ob man sich zu der Lehre ihrer Identität oder ihres Parallelismus bekennt. In beiden Fällen ist die Folgerung unausweichlich, daß man als Naturforscher und somit als hypothetischer Realist den Mechanismen und Funktionen, die auf der physiologischen Seite unserem Erkennen parallelgehen, dieselbe Art von Realität und Erkennbarkeit zuschreiben muß wie den Dingen der äußeren Wirklichkeit, über die sie uns Meldung erstatten. Daraus aber ergibt sich die weitere, ebenso unausweichliche Folgerung, daß wir unser Wissen über die »Rückseite des Spiegels«, über den Apparat, der unser Weltbild aufnimmt und in unser Erleben projiziert, nicht fördern können, ohne gleichzeitig unser Wissen über die »gespiegelten« Gegebenheiten der außersubjektiven Wirklichkeit voranzutreiben, mit denen er in realer Wechselwirkung steht. Selbstverständlich ist dieser Satz umkehrbar. Erkenntnistheorie treiben heißt daher für den hypothetischen Realisten, den Weltbild-Apparat des Menschen in seiner Funktion und als organisches System untersuchen. Ich bin mir bewußt, daß herkömmlicherweise das Wort »Erkenntnistheorie« in der Philosophie eine wesentlich andere Bedeutung hat und daß Geisteswissenschaftler daran Anstoß nehmen können, wenn ich einfache Teilfunktionen des Weltbildapparates, wie die der Raumorientierung und der Wahrnehmung oder gar deren Analoga bei Tieren, kurzweg als Erkenntnisleistungen bezeichne. Ich tue das aber aus Überzeugung. Die vorliegende Abhandlung ist nur geschrieben, um zu zeigen, daß die Gestaltwahrnehmung eine grundsätzlich unentbehrliche Teilfunktion im Systemganzen der menschlichen Erkenntnisleistungen und somit selbst eine solche ist. Nur diesem Ziel dienen die folgenden erkenntnistheoretischen Erwägungen, die vielleicht besser erkenntnispraktische hießen.

Jeder Naturforscher würde, wie Max Planck sagt, einer unverzeihlichen Inkonsequenz schuldig, wollte er das, was er zu erforschen trachtet, nicht als real voraussetzen. Die von allen Naturforschern gemachte Annahme einer unabhängig vom erlebenden Objekt existierenden Außenwelt wird von D. T. Campbell als Arbeitshypothese aufgefaßt, der deshalb die betreffende erkenntnistheoretische Einstellung hypothetischen Realismus nennt. In dieser Auffassung steckt etwas mehr, als in der Aussage Plancks ausgedrückt ist. Zum Begriff der Hypothese gehört nämlich als konstitutives Merkmal ihre Eigenschaft, durch Konfrontierung mit Tatsachen prüfbar zu sein. Gerade dies aber würde der Kantianer mit größter Energie leugnen. Er würde sagen, daß alle naturwissenschaftliche Erkenntnis sich nur auf die phänomenale Welt beziehen könne und daß der Glaube, die Erkenntnisfunktionen des Menschen an der Arbeit prüfen und dabei in Irrtümern ertappen zu können, an sich schon ein Bekenntnis zum naiven Realismus bedeute. Ich glaube, daß diese naheliegende Erwiderung nicht stichhaltig ist.

Ich behaupte vielmehr, daß die moderne Physik das angeblich Unmögliche bereits getan hat. Männer wie Planck und Einstein sehen ein Bild der außersubjektiven Realität, auf das die Bezeichnung »phänomenale Welt« fürwahr nicht mehr passen will. Man merkt in diesem Weltbild der modernen Physik nur mehr verzweifelt wenig von jenen Formen, die nach Ansicht des transzendentalen Idealismus durch die »Brillen« von Raum, Zeit, Kausalität, Substantialität und anderen »denknotwendigen« Kategorien schlechterdings aller menschlichen Erfahrung aufgezwungen wird. Wenn wir nicht lieber alle Gesetze der Logik und Mathematik über Bord werfen wollen, müssen wir widerwillig zur Kenntnis nehmen, daß die schöne und scheinbar so klare phänomenale Form, die unser anschaulicher, dreidimensionaler und unendlicher euklidischer Raum den Dingen aufzwingt, nur ganz ungefähr und für unsere praktischen Belange ausreichend, sozusagen nur in einem »mittleren Meßbereich«, auf die hinter der Erscheinung »Raum« sich bergende Wirklichkeit paßt und daß diese nicht nur, zu unserer Enttäuschung, endlich, sondern noch dazu in einer nie vermuteten weiteren Dimension unregelmäßig und verwirrend gekrümmt ist. Wir müssen uns sagen lassen, daß die Aussage, zwei Dinge seien gleichzeitig geschehen, ebenfalls nur in den praktischen engen Belangen des Lebens sinnvoll ist, eines genauen physikalischen Sinns dagegen entbehrt. Wir müssen es glauben, daß die so zwingend und logisch unangreifbar scheinende Denkform der Kausalität ebenfalls nur grob und statistisch auf die Dinge paßt, daß Materie und Energie letzten Endes dasselbe sind.

Jeder der erwähnten Erkenntnisschritte der Physik bedeutet das Ablegen einer »Brille«. Nicht, daß der Mensch aller »Brillen« entraten könnte. Das, was die Physik an Neuem über die außersubjektive Realität zutage gebracht hat, verdankt sie selbstverständlich auch apriorischen Denkformen, aber solchen, die auf solche Tatsachenbereiche anwendbar sind, in denen die vorerwähnten versagen. Ihr »Ablegen« geschah in genau gleicher Weise und aus gleichen Gründen wie das Beiseitelassen einer vom Menschen geschaffenen Arbeitshypothese, die man verläßt, weil Phänomene bekannt werden, die sie nicht mehr einzuordnen vermag. Daß man sich dann mit einer anderen Arbeitshypothese weiterhelfen kann, bedeutet keineswegs, daß man diese für absolut wahr hält; genausowenig braucht die moderne Physik an die absolute Gültigkeit der Erkenntnisformen zu glauben, mittels deren sie den Anwendungsbereich anderer zu kritisieren lernte.

Den Biologen wundert es keineswegs, daß die Physik den Glauben an die absolute Gültigkeit apriorischer Denk- und Anschauungsformen verloren hat. Als Physiologe der Sinnesleistungen und der Wahrnehmung weiß er, wie »engstirnig« auf die praktischen Belange der Arterhaltung ausgerichtet die Organisation peripherer und zentraler rezeptorischer Apparate ist, wie willkürlich sie aus der Wirklichkeit gerade nur das und gerade nur so viel herausschneidet, wie für diese Belange wichtig ist, und welch »schiefes« Bild sie auf diese Weise von der Realität liefert. Ein Paradebeispiel für diesen Vorgang ist die Funktion der Farbwahrnehmung, die das Kontinuum der Wellenlängen völlig willkürlich in ein Diskontinuum von »Spektralfarben« einteilt, einzig und allein, um ihre Meldungen so zu schalten, daß die Farben sich paarweise aufheben, und um dabei eine extra zu diesem Zweck »erfundene« Farbe »Weiß« zu bilden, eine qualitativ einheitliche Erlebnisform, der in der Realität durchaus nichts Einfaches entspricht. Da die Mitte des Spektrums kein Gegenüber in Form wirklich existierender Wellenlängen hat, das zu ihrer kompensierenden Auslöschung verwendet werden könnte, wird die Komplementärfarbe »Purpur« ebenso erfunden wie das Weiß und schließt so die Farbenreihe zu einem Farbenring. Die arterhaltende Leistung dieses ganzen Apparates liegt ausschließlich darin, zufällige Verschiedenheiten in der Farbe der Beleuchtung zu kompensieren und so die den Gegenständen anhaftenden Reflexionseigenschaften als Konstante herauszuheben. Diese »objektivierende« Funktion, von der noch S. 278 ausführlich die Rede sein wird, zielt also ausschließlich auf das Sehding, nicht auf das Licht als solches. Es ist der Biene, um es einmal ganz grob zu sagen, völlig gleichgültig, welche

Realität sich hinter der Erscheinung »Licht« birgt; was sie können muß, ist, eine Blüte an den ihr konstant anhaftenden Reflexionseigenschaften zu erkennen, unabhängig davon, ob sie von mehr bläulichem oder mehr rothaltigem Licht getroffen wird. Für die große arterhaltende Zweckmäßigkeit des eben skizzierten Mechanismus spricht seine Verbreitung: Wenn, wie sicher nachgewiesen, so verschiedene Wesen wie Mensch und Biene einen nach gleichen Prinzipien arbeitenden Mechanismus der Farbkonstanz haben, ist mit Sicherheit anzunehmen, daß er in der Stammesgeschichte beider unabhängig, aber sicher unter dem Selektionsdruck gleicher Funktionen entstanden sei.

An dieser Stelle sei dem Vorwurf einer μετάβασις εἰς ἄλλο γένος entgegengetreten, der dem Wahrnehmungsphysiologen oft deshalb gemacht wird, weil er die Wahrnehmung, also ein subjektives Erleben, ohne weiteres als Indikator für ein physiologisches Geschehen benutzt. Er darf dies nicht nur, sondern er muß es deshalb, weil ja, wie schon gesagt, die Annahme irgendeiner Form des Isomorphismus zwischen physischem und psychischem Geschehen geradezu die Grundhypothese aller wahrnehmungsphysiologischen Forschung ist, wobei es ganz gleichgültig ist, ob man sich zu einer Identitätslehre bekennt, die in physiologischen und erlebnismäßigen Vorgängen nur zwei inkommensurable Seiten derselben außersubjektiven Wirklichkeit sieht, oder zum psycho-physischen Parallelismus. In beiden Fällen träfe der Vorwurf einer μετάβασις schon die allgemein übliche Bezeichnung Wahrnehmungsphysiologie. Wenn die Art, in der Physiologen Termini der Erlebnislehre auf objektives Geschehen anwenden, dem terminologischen Puristen etwas unsauber erscheint, etwa wenn Frisch und seine Mitarbeiter von »Bienenpurpur« als von einer Farbe sprechen, so ist das in Wahrheit nur eine anschauliche Kurzschrift zum Ausdrücken von Tatbeständen, die sich sehr wohl in objektivierender Sprache darstellen lassen und die durch rein objektive Forschung zutage gefördert wurden. Schließlich wird das Vertrauen in die Hypothesen der Identität oder des Parallelismus auch dadurch gestärkt, daß man, z. B. im Falle des Mechanismus der Farbkonstanz, genau dieselbe Antwort erhält, ob man nun das eigene subjektive Erleben oder das objektive Dressurverhalten der Bienen zum Indikator der physiologischen Funktion wählt. Jeder, der ernstlich Wahrnehmungsphysiologie betreibt, ist sich sehr wohl bewußt, dauernd in zwei Sätteln zu reiten. Gerade darin aber liegt der Reiz und der Wert dieses Wissenszweiges, daß man ein und dasselbe Geschehen von der objektiven und von der subjektiven Seite her in die Zange nehmen kann. Insgeheim kaut man dabei an der harten Speise des Leib-Seele-Problems und kann dies nicht lassen, obwohl man genau weiß, daß »von der Wiege bis zur Bahre kein Mensch den alten Sauerteig verdaut«.

Wichtigste Ergebnisse, die vom Erkenntnistheoretiker nicht ignoriert werden dürften, liefert die Wahrnehmungsphysiologie in bezug auf den merkwürdigen Vorgang der Transformation, der sich zwischen der Aufnahme physikalischer Einwirkungen am peripheren Sinnesorgan und dem Erleben des Wahrnehmungsphänomens vollzieht. Die Kritik der Wahrnehmung als einer Erkenntnisleistung, die sich dabei ergibt, hat bedeutsame Ähnlichkeit mit jener anderen, die moderne Physiker an zentraleren Funktionen des Erkennens üben. Das Verhältnis zwischen »Außen« und »Innen« stellt sich dem Physiologen und dem Physiker merkwürdig ähnlich dar. Ein großer Geist wie Goethe konnte noch ernstlich glauben, daß die Farben objektiv unanzweifelbare Gegebenheiten und Gegenstand der Physik, keinesfalls aber der Physiologie seien. Heute beginnen die hypothetischen Realisten einzusehen, daß auch die Anschauungsformen und Kategorien Funktionen zentralnervöser Organisation seien, die zum An-Sich der Dinge in einem ebenso unvollständigen Analogieverhältnis stehen wie die Farbe »Rot« zu elektromagnetischen Wellen eines bestimmten Längenbereiches.

Am allerwenigsten aber vermag derjenige an eine absolute Gültigkeit apriorischer Denk- und Anschauungsformen zu glauben, der sich in vergleichender Forschung mit der Stammesgeschichte tierischer und menschlicher Verhaltensweisen und der sie bestimmenden physiologischen Mechanismen beschäftigt. Für ihn ist die Organisation der Sinnesorgane und des Nervensystems, deren Funktion uns Mitteilung über außersubjektive Wirklichkeiten macht, nicht anders als die aller anderen körperlichen Strukturen ganz selbstverständlich etwas, das im Verlaufe des Artenwandels in Auseinandersetzung mit und in Anpassung an diese unverrückbaren Gegebenheiten entstand. Sie sind denselben Methoden phylogenetisch vergleichender Forschung zugänglich, und diese ergibt recht eindeutig, wie völlig fließend der Übergang zwischen den Mechanismen der Raumorientierung und der Wahrnehmung einerseits und den apriorischen Denk- und Anschauungsformen andererseits ist. Trotz der gewaltigen Verschiedenheiten, die diese niedrigeren und höheren Erkenntnisleistungen in bezug auf ihre Komplikation und ihre Integrationsebene aufweisen, fügen sie sich bezeichnenderweise samt und sonders der Kantischen Definition des Apriorischen: Sie alle sind vor jeder individuellen Erfahrung gegeben und müssen es sein, damit Erfahrung überhaupt möglich werde.

Diese evolutionistische Anschauungsweise der »apriorischen« Denk- und Anschauungsformen des Menschen hat eine Meinung über die Erkennbarkeit der außersubjektiven Wirklichkeit zur Folge, die von derjenigen des transzendentalen Idealismus grundsätzlich abweicht. Solange man in den apriorischen Anschauungsformen und Kategorien absolut denknotwendige Gegebenheiten erblickt, die zu der Welt der Dinge in keinem wie immer gearteten Zusammenhang stehen, gleichzeitig aber die »Brille« darstellen, durch die allein wir die Dinge zu sehen bekommen, solange ist es nur folgerichtig, das Ding an sich nur im Singular zu nennen und als grundsätzlich unerkennbar zu bezeichnen. Völlige Beziehungslosigkeit zwischen apriorischem Schematismus und außersubjektiver Welt vorausgesetzt, wäre ja die phänomenale Welt in keiner Weise ein Bild der realen. Das Verhältnis zwischen beiden wäre, um ein Gleichnis zu gebrauchen, dasselbe, das zwischen Erleben und dahintersteckender Wirklichkeit etwa dann bestünde, wenn sich ein jeglicher Information über Toxikologie entbehrender Mensch mit irgendeinem exotischen Gift leicht vergiftete: Der Mensch erlebt etwas, aber das Erlebte steht in keinem Bildverhältnis, in keiner wie immer gearteten Analogie zu der Realität jener chemischen Verbindung. Dieses Verhältnis zwischen Erlebnis und dahinter sich verbergender Realität ändert sich jedoch grundlegend, sowie der Erlebnisempfänger Informationen über die betreffende Realität besitzt, etwa wenn, um bei unserem Gleichnis zu bleiben, der Vergiftete ein Pharmakologe ist, der sich aus der Selbstbeobachtung seiner Symptome sogleich »ein Bild davon machen kann«, welche Droge sie verursacht hat.

Die Organisation unserer Wahrnehmung, unserer Anschauungsformen und Kategorien, kurz unseres ganzen »Weltbild-Apparates«, enthält aber gar nicht so wenig Informationen über die realen Gegebenheiten, von denen sie uns in Form von Phänomenen Kunde vermittelt. Es sind nicht die apriorischen Schematismen unserer Anschauung und unseres Denkens, die willkürlich und beziehungslos der außersubjektiven Realität die Form vorschreiben, in der sie in unserer phänomenalen Welt erscheint; stammesgeschichtlich gesehen war es umgekehrt die außersubjektive Realität, die den in äonenlangem Daseinskampf sich entwickelnden Weltbild-Apparat des Menschen gezwungen hat, ihren Gegebenheiten Rechnung zu tragen. Sowenig es die Fischflosse ist, die dem Wasser seine physikalischen Eigenschaften vorschreibt, sowenig das Auge die des Lichtes bestimmt, sowenig sind es unsere Anschauungs- und Denkformen, die Raum, Zeit und Kausalität »erfunden« haben. Gewiß bestimmt die Flosse in maßgebender Weise die Art, in der ein Fisch das Wasser erlebt, oder das Auge diejenige, in der das Licht sich in unserer phänomenalen Welt malt, und gewiß haben Wasser und Licht Eigenschaften, die durch jene Organe dem Erleben ihrer Träger nicht vermittelt werden. Gewiß sind die Dinge an sich nie restlos erkennbar. Aber ebenso gewiß haben die grundsätzlich unvollkommenen und groben Meldungen, die unsere Weltbild-Apparatur uns über die Außenwelt macht, ihre realen Entsprechungen in Eigenschaften, die den Dingen an sich zukommen.

Die für den naturwissenschaftlich Denkenden kaum zu bezweifelnde Tatsache, daß auch unsere Weltbild-Apparatur im Laufe der Evolution in Auseinandersetzung mit den mitleidslosen Gegebenheiten der wirklichen Außenwelt entstanden ist, hat interessante Konsequenzen für den Widerspruch, der zwischen Idealismus und Empirismus bezüglich der Apriorität unserer Denk- und Anschauungsformen besteht. Sie löst ihn zwar nicht gerade in ein Scheinproblem auf, läßt seine Entscheidung jedoch als eine Frage von recht geringer erkenntnistheoretischer Bedeutung erscheinen. Selbstverständlich wäre die These *Nihil est in intellectu quod non ante fuerat in sensu* blanker Unsinn, wenn man sie wörtlich nehmen und so auslegen wollte, als wäre das gesamte Zentralnervensystem beim jungen, erfahrungslosen Organismus eine völlig strukturlose Masse, die der Sinneserfahrung bedarf, um überhaupt erst einmal irgendwelche Strukturen zu erwerben. Auf der anderen Seite aber ist der phylogenetische Vorgang, der zum Entstehen arterhaltend sinnvoller Strukturen führt, einem Lernen des Individuums in so vielen Punkten analog, daß es uns nicht besonders zu wundern braucht, wenn die Endergebnisse beider oft zum Verwechseln ähnlich sind. Das Genom, das System der Chromosomen, enthält einen geradezu unbegreiflich reichen Schatz von »Information«, der viele, viele Lehrbücher der Anatomie, Physiologie und Verhaltenslehre füllen würde, wenn wir überhaupt imstande wären, ihn in Menschenworten wiederzugeben. Dieser ganze Hort ist durch einen Vorgang angehäuft worden, der demjenigen von Lernen durch Versuch und Irrtum aufs nächste verwandt ist. Die Anordnung der Gene in den Chromosomen, ihre beschränkte, gewissermaßen dosierte Veränderlichkeit und die Möglichkeit ihrer Neukombination durch die Vorgänge der geschlechtlichen Fortpflanzung bilden zusammen einen Apparat, der mit den Gegebenheiten der Umwelt vorsichtige Experimente anstellt, bei denen nie der Bestand der Art und alle schon erreichten Anpassungen – die natürlich »Informationen« über Umweltfaktoren gleichkommen – aufs Spiel gesetzt werden, sondern immer nur ein wahrscheinlichkeitsmäßig bestimmter Prozentsatz der Nachkommenschaft. Wir wissen, daß diese Methode von durchschlagendem biologischen Erfolg war, sind doch alle Tiere und Pflanzen Nachkommen jener Wesen, die sich ihrer zum erstenmal »bedienten«, nämlich der Geißelträger oder Flagellaten. Campbell hat gezeigt, daß das Verfahren, mit dem die stammesgeschichtliche Veränderung des Genoms die Gegebenheiten der umgebenden Welt nach neuen Lebensmöglichkeiten austastet, in allen Punkten einer reinen, d. h. aller deduktiven Prozesse ermangelnden Induktion genau gleichkommt.

Wir kennen nur zwei Arten, in denen ein Organismus Informationen über die ihn umgebende Welt erlangen kann. Erstens die eben skizzierte genetisch-phylogenetische Auseinandersetzung des Stammes mit seiner Umwelt und zweitens das Lernen des Individuums durch Versuch und Irrtum. Selbstverständlich aber ist alles Lernen stets die Funktion eines ungeheuer komplizierten Apparates, der, bis in die kleinsten Einzelheiten »durchkonstruiert«, im Verlauf der Stammesgeschichte und in Auseinandersetzung der Art mit ihrer Umwelt entstanden ist.

Die dritte mögliche Annahme, die die Tatsache der Passung zwischen Organismus und umgebender Welt erklären könnte, ist die einer prästabilierten Harmonie. Diese könnte, wenn man alle mystischen Annahmen ablehnt und auf kausale Erklärung dringt, nur so zu verstehen sein, daß strukturbegründete Funktionseigenschaften der Materie im Organismus in gleicher Weise wirken wie in seiner anorganischen Umgebung, was angesichts der strukturellen Komplikationsunterschiede so unwahrscheinlich ist, daß mir eine nähere Diskussion dieses Gedankens unnötig erscheint.

Alles tierische und menschliche Verhalten, das sich in arterhaltend sinnvoller Weise mit bestimmten Einzelheiten der umgebenden Welt auseinandersetzt, verdankt diese Anpassung einer der beiden genannten Informationsquellen, meist aber beiden. Für den Verhaltensphysiologen muß es eines der wichtigsten Anliegen sein, die Angepaßtheit einzelner Verhaltenselemente auf eine oder die andere dieser Quellen zurückzuführen, für den Erkenntnistheoretiker jedoch ist es beinahe gleichgültig, welchem der beiden Anpassungsvorgänge eine bestimmte Struktur oder Funktion unseres Wahrnehmens, Denkens oder Erkennens ihre Existenz und ihre spezielle Form verdankt. Im überindividuellen, stammesgeschichtlichen Sinne sind die Formen unserer Anschauung und unseres Denkens genauso a posteriori entstanden wie die unserer Organe, und zwar auf dem Wege einer Empirie, die zwar nicht vom Individuum, wohl aber von der Folge der Generationen ausgewertet werden konnte.

»Notwendig« sind gewisse Anschauungs- und Denkformen höchstens insofern, als manche Naturgesetze so allgegenwärtig sind, daß jeder höhere Organismus die Fähigkeit mit auf die Welt bringen muß, sich mit ihnen auseinanderzusetzen. Nahezu jedes höhere Tier hat in der Organisation seines Körpers und seines Verhaltens erbgebundene Strukturen, die solchen unentrinnbaren Tatsachen Rechnung tragen, wie etwa der, daß zwei feste Körper nicht den gleichen Platz im Raum einnehmen können, daß das Licht sich annähernd geradlinig fortpflanzt oder daß die Wirkung stets zeitlich nach ihrer Ursache eintritt.

Von solchen zentralnervösen Organisationen, die in Anpassung an allgemeinste und allgegenwärtige Naturgesetze entstanden sind, leiten fast stufenlose Übergänge über zu solchen, die im Zusammenhang mit ganz speziellen Erfordernissen der menschlichen Umwelt und besonders der menschlichen Sozietät entstanden sind. Wenn wir beim Erblicken eines bestimmten Gesichtsausdruckes an einem Mitmenschen dessen Erleben unmittelbar »intuitiv« mitvollziehen und wenn wir, nachts aus dem Fenster des Eisenbahnwagens blickend, die Verschiebung einiger weniger Lichtpunkte gegeneinander richtig als parallaktisch interpretieren und aus ihr in unmittelbarer Anschaulichkeit nicht nur die räumliche Verteilung der Lichter, sondern auch die Eigenbewegung unseres Zuges entnehmen, so beruhen beide Leistungen sicher auf sehr verschiedenen physiologischen Vorgängen; die erste, wie z. B. die Reaktion von Spitz' lächelnden Säuglingen, auf einem angeborenen Auslösemechanismus, die zweite auf einem jener höchst komplizierten Verrechnungsvorgänge, die für unsere Raum-Gestaltwahrnehmung so kennzeichnend und bewußtem Rechnen so ähnlich sind, daß Helmholtz sie für unbewußte Schlußfolgerungen halten konnte. Beide Vorgänge aber sind Leistungen neuraler Organstrukturen, die im Laufe der Evolution unserer Art in Auseinandersetzung mit und in Anpassung an Gegebenheiten unserer Umwelt entstanden sind. Der Unterschied zwischen beiden besteht, was die Funktion anlangt, vor allem darin, daß der erste sich mit einer sehr speziellen, spezifisch menschlichen Umweltsituation auseinandersetzt, der zweite aber mit einer höchst allgemeinen, die nicht nur für die Art *homo sapiens*, sondern für die allermeisten optisch sich orientierenden Organismen biologisch relevant ist.

Der Leistungsunterschied zwischen den beiden als Beispiel gewählten Mechanismen unserer Erkenntnis liegt also nicht darin, daß der eine etwas Wahreres und Richtigeres vermeldet als der andere, sondern *in der verschiedenen Weite des Anwendungsbereichs*, innerhalb dessen jeder von ihnen sinnvoll funktioniert. Ein neuraler Verrechnungsapparat, der es zustande bringt, alle überhaupt vorkommenden parallaktischen Verschiebungen aller möglichen Sehdinge zu einer korrekten Meldung über ihre Lage im Raum und dazu noch über die Eigenbewegung des sehenden Auges auszuwerten, muß notwendigerweise in einer großen Zahl von einzelnen Hinsichten wirkliche Analogien zu den Gegebenheiten der außersubjektiven Wirklichkeit besitzen, die er in unserer phänomenalen Welt widerspiegelt. Das erlebte Phänomen ist in einem anderen, gewissermaßen »abstrakteren« Sinne ein Bild der außersubjektiven Realität als etwa unser Erleben einer einzigen Gefühlsqualität beim Anblick der Ausdrucksbewegung eines Mitmenschen, wie ein angeborener Auslösemechanismus es uns vermittelt.

Es ist vielleicht nicht ganz richtig, von solchen verschiedenen Erkenntnisformen zu sagen, die einen seien mehr, die anderen weniger anthropomorph, wie ich das 1942 getan habe. Selbstverständlich sind sie das letzten

Endes alle in gleichem Maße. Nur sind jene allgemeineren Vorformungen möglicher Erfahrung, die auf allüberall sich auswirkende Naturgesetze gemünzt sind, auch bei anderen Organismen nachzuweisen, während die speziellsten Auslösemechanismen natürlich ganz spezifisch menschlich sind. Selbst die allgemeinsten Formen der uns möglichen Erfahrung, Raum, Zeit, Kausalität usw., haben, wie die moderne Physik weiß, auch nur beschränkte, wenn auch voneinander verschiedene Anwendungsbereiche, und wo sie alle versagen, hilft die »un-anthropomorphste« aller Kategorien, die der Quantität, noch ein wenig weiter. Es war eine revolutionäre, nach den transzendental-idealistischen Gesetzen menschlicher Vernunft durchaus illegitime Tat, daß Max Planck die Kategorie der Kausalität dort, wo sie nicht mehr weiterhalf, als wäre sie eine vom Menschen geschaffene Hypothese, einfach beiseite stellte, und sie durch die Wahrscheinlichkeitsberechnung ersetzte.

Möglicherweise ist es das Charakteristikum allgemeinster Anwendbarkeit, das so vielen Naturforschern die Kategorie der Quantität als die einzige »nicht anthropomorphe«, schlechthin objektive, erscheinen läßt. Viele oft zitierte Aussprüche drücken einen Primat der Quantität aus, wie etwa, »jede Naturforschung enthalte so viel Wissenschaftlichkeit, wie Mathematik in ihr stecke«, oder, Naturwissenschaft bestünde darin, »zu quantifizieren, was quantifizierbar sei, und dasjenige, was es nicht sei, quantifizierbar zu machen«. Was die Dichter dieser ebenso geistreichen wie falschen Aphorismen vergessen, ist nicht mehr und nicht weniger als die Struktur der Materie, ganz abgesehen davon, daß sie der psychologischen Forschung den Charakter der Wissenschaftlichkeit und der bunten Welt der Qualitäten den der Wirklichkeit absprechen. Außerdem ist die Absolutsetzung der Kategorie der Quantität erkenntnistheoretisch falsch. Auch sie ist nur eine Schachtel, die schlecht und recht, für die Bedürfnisse der Arterhaltung ausreichend, auf die Gegebenheiten der außersubjektiven Realität paßt. »Zweimal zwei gleich vier ist Wahrheit: Schade, daß sie leicht und leer ist« – sagt Wilhelm Busch. Die Zählmaschine unserer extensiven Quantifikation arbeitet gleichsam wie ein Schaufelbagger, der ein Schäufelchen voll irgend etwas zum vorhergehenden addiert. Wirklich stimmig und widerspruchsfrei ist ihre Arbeit nur, solange sie leerläuft und immer nur das Wiederkehren ihrer einzigen Schaufel, der eins, abzählt. Sowie wir diese Maschine in die inhomogene Materie der außersubjektiven Wirklichkeit eingreifen lassen, geht die absolute Wahrheit ihrer Aussagen sofort verloren. Daß zwei Hammel oder Atome plus zwei anderen gleich vier weiteren seien, ist eine Behauptung von nur sehr grobem Annäherungswert, aus dem einfachen Grund, daß es nicht einmal zwei wirklich gleiche Atome oder Hammel gibt, geschweige denn die acht, die nötig wären, um die obige Aussage absolut wahr werden zu lassen. Die Gleichung, zwei Millionen plus zwei Millionen sind vier Millionen, ist, auf die Realität angewendet, sehr viel richtiger als die Aussage »Zwei mal zwei ist vier«, und zwar deshalb, weil sich die individuellen Unterschiede der gezählten Einheiten bei großen Zahlen mit einer an Sicherheit grenzenden Wahrscheinlichkeit statistisch aufheben, immer vorausgesetzt, daß man nicht Hammel und Ochsen zueinander addiert. Unsere Denkform der extensiven Quantifikation gleicht also derjenigen der Kausalität in dem entscheidenden Punkte, daß auch ihre Aussagen nur mit statistischer Wahrscheinlichkeit der außersubjektiven Wirklichkeit entsprechen und keine absoluten Wahrheiten enthalten.

Eine annäherungsweise Wahrheit, eine »Information« über die außersubjektive Gegebenheit, steckt, wie schon gezeigt, in jeder Anpassung des Verhaltens, die seine erfolgreiche Auseinandersetzung mit dem betreffenden Umweltfaktor bewirkt. In Fällen, in denen sich sowohl einfachere als auch kompliziertere Mechanismen mit derselben Gegebenheit auseinandersetzen, wird diese Analogie zwischen Verhaltensanpassung und wirklicher Erkenntnis oft sehr deutlich. Die blinde und starre Ausweich-Reaktion eines *Paramaecium* enthält nur eine einzige Information über den in seinem Weg liegenden Gegenstand, nämlich, daß an jener Stelle ein für die Lokomotionsbestrebungen unüberwindliches Hindernis liege. Die dreidimensionale Raumeinsicht, die unsere optische Tiefenwahrnehmung vermittelt, vermeldet dem menschlichen Beobachter sehr viel mehr Einzelheiten über das die Bahn versperrende Objekt, in dem für das *Paramaecium* allein wesentlichen Punkte aber muß sie seine bescheidene Information bestätigen: An jenem Punkte kann es tatsächlich nicht in seiner bisherigen Richtung weiterschwimmen.

Der Mechanismus, der es so vielen Tieren ermöglicht, bedingte Reaktionen auszubilden, ist eine Anpassung an die physikalische Tatsache der Kraftverwandlung. Das Ansprechen auf den bedingten Reiz, der dem biologisch relevanten vorausgeht, ergibt nämlich nur dann eine arterhaltend sinnvolle – vorbereitende oder vermeidende – Antwort, wenn beide Reize einander mit verläßlicher Regelmäßigkeit folgen, und das ist nur dann der Fall, wenn beide Glieder derselben Kausalkette sind. Von diesem Zusammenhang enthält der Mechanismus der bedingten Reaktion nur die eine Information, daß die Wirkung zeitlich auf die Ursache folgt – aber von welch unermeßlichem Arterhaltungswert ist diese »Erkenntnis«! Sie ist außerdem richtig, denn auch von der höheren Warte unseres kausalen Denkens aus betrachtet bleibt sie durchaus wahr.

Die primitivere und die höher differenzierte Erkenntnisleistung unterscheiden sich also nicht etwa darin, daß die erstere andere Gegebenheiten vermeldet als die letztere: Diese erfaßt nur mehr Einzelheiten derselben außersubjektiven Wirklichkeit. Das einfachere Weltbild ist, mit dem am höchsten differenzierten verglichen, keineswegs verzerrt, sondern nur in einem unvergleichlich viel gröberen Raster wiedergegeben.

Wenn irgend etwas geeignet ist, unseren Glauben an die Realität der Außenwelt zu festigen, so sind es diese funktionellen Analogien, die zwischen einfachsten und differenziertesten, unbewußten und rationalen Erkenntnisleistungen bestehen. Sie können nur auf Grund der Annahme verständlich werden, daß die analogen Mechanismen in Anpassung an dieselbe Struktur der außersubjektiven Wirklichkeit entstanden sind. Analogien wie die beiden in den oben gebrachten Beispielen veranschaulichten finden sich ganz ebenso beim Vergleichen tierischer mit menschlichen Leistungen wie bei dem niedrigerer mit höheren Erkenntnisfunktionen des Menschen selbst. Als Egon Brunswik und ich noch in Wien arbeiteten, er über Mechanismen der Wahrnehmung, ich über angeborene Auslösemechanismen, waren wir bei unseren Diskussionen immer wieder erstaunt darüber, bis zu welchen Einzelheiten derartige Analogien oft gehen. Oft reagiert die Wahrnehmung des Menschen genau wie die eines Tieres und läßt sich durch plumpe Attrappen in die Irre führen, oft vollbringt diejenige eines Tieres Leistungen, die im höchsten Maße das sind, was Brunswik später »ratiomorph« nannte.

Die eben besprochenen, aus der Einführung des Entwicklungsgedankens in die Erkenntnistheorie sich ergebenden Erwägungen stimmen ebenso zwanglos mit der Grundannahme des hypothetischen Realismus überein wie die Ergebnisse der modernen Physik und die der Wahrnehmungsphysiologie. Sie erfüllt die an eine neue Hypothese zu stellende Forderung, daß sie Tatsachen einzuordnen vermag, die vom Standpunkt anderer erkenntnistheoretischer Einstellungen, vor allem der des transzendentalen Idealismus, nicht erklärt werden können.

Eine Forderung, die ich eingangs erwähnte und deren Unabweislichkeit ich 1942 aus den Annahmen des hypothetischen Realismus gefolgert hatte, ist die, daß jede Theorie des Erkennens alle Fortschritte unseres Wissens über die Natur des Erkannten in ihre Betrachtung einzubeziehen verpflichtet ist, ganz besonders dort, wo sich diese den »apriorischen« Denk- und Anschauungsformen gegenüber so widerspenstig erweist wie der Gegenstand der modernen Physik. Wohl kann man die Formen, also gewissermaßen den leer ablaufenden Mechanismus der Erkenntnisleistungen, zum Gegenstand der Untersuchung machen, »reine« Erkenntnistheorie treiben. Man würde aber dabei so verfahren, als ob man etwa die Mechanismen einer Photokamera, sagen wir einer Leica, in ihren inneren Gesetzmäßigkeiten untersuchte, ohne dabei in Betracht zu ziehen, daß der ganze Apparat zum Photographieren da ist und von der Firma Leitz/Wetzlar im Dienste dieser Funktion aus einfacheren, früheren Typen entwickelt worden ist. Vor allem aber wird man bei einem solchen Vorgehen weder über die Leistung noch über die Leistungsgrenzen des untersuchten Apparates dasjenige erfahren, was zu wissen nötig ist, will man die Leistung verstehen und verbessern lernen, um jene Grenzen zu erweitern.

Die oben erwähnte kleine Schrift, in der ich die wesentlichsten Teile der oben angestellten erkenntnistheoretischen Erwägungen veröffentlichte, war eben erschienen, als die S. 256 zitierte Abhandlung Max Plancks folgte, in der er in so vielen Punkten zu übereinstimmenden Ergebnissen kommt. Niels Bohr hat in einem im Jahr 1957 im Rahmen der American Academy of Arts and Sciences gehaltenen Vortrag genau die gleichen Prinzipien dargelegt, und P. W. Bridgman hat in seiner zusammenfassenden Bemerkung zu diesem Vortrag gesagt: »Das Objekt unserer Erkenntnis und das Instrument unserer Erkenntnis dürfen legitimerweise nicht voneinander getrennt werden, sondern müssen zusammen, als ein Ganzes, betrachtet werden.« (Übers.: ... the object of knowledge und the instrument of knowledge cannot legitimately be separated, but must be taken together as one whole.) Ich erwähne die Priorität meiner kleinen Schrift gegenüber den gleichsinnigen Äußerungen der hier als Kronzeugen aufgerufenen drei Nobelpreisträger der Physik gewiß nur deshalb, weil die Übereinstimmung unabhängig voneinander bedeutsam ist und man mir eher zutrauen würde, von ihnen beeinflußt worden zu sein, als umgekehrt. Ich will aber nicht verschweigen, daß es bei weitem der stolzeste Augenblick meines Lebens war, als ich in einem Briefe Max Plancks las, es erfülle ihn mit großer Befriedigung, »daß man von so völlig verschiedenen Induktionsbasen ausgehend zu so völlig übereinstimmenden Anschauungen über das Verhältnis zwischen realer und phänomenaler Welt kommen kann«.

Zum Schlusse dieses Abschnittes sei noch die Frage gestellt, ob sich die eingangs geäußerte Vermutung bestätigt, daß sich tatsächlich aus den angestellten Betrachtungen über den menschlichen Erkenntnisapparat Argumente für die Grundannahmen des hypothetischen Realismus ergeben. Der m. E. theoretisch bereits erbrachte Nachweis der Legitimität der Wahrnehmung als Erkenntnisquelle wird von der Beantwortung dieser Frage jedoch nicht betroffen.

Bei oberflächlicher Betrachtung der oben angestellten Erwägungen regt sich zunächst der Verdacht, die Argumentation für die Annahme einer per analogiam und teilweise erkennbaren Wirklichkeit bewege sich in einem logischen Zirkel, analog dem Verfahren Münchhausens, der sich selbst am Zopfe aus dem Sumpfe zieht. Es mag nämlich scheinen, als ob die Kenntnis der physikalischen Tatsachen sowie die Anerkennung ihrer Realität die Voraussetzung dafür seien, daß wir gewisse Vorstellungen über den ebenfalls als real vorausgesetzten Erkenntnisapparat gewinnen, der sie als Phänomene in unser Erleben projiziert, wie etwa unsere oben dargestellten Vorstellungen über Mechanismus und Funktion des Farbenkreises. Hier täuscht die einfachste und didaktisch selbstverständliche Form der Darstellung über den Weg, den die Erkenntnis ursprünglich beschritt. Die Physiker wären nie zu ihren Vorstellungen von der Wellennatur des Lichts gelangt, zerschnitte nicht der Mechanismus des Farbenkreises das vom Prisma entworfene Spektrum in qualitativ verschieden wahrgenommene Bänder. Sosehr der Mechanismus der Farbkonstanz auf seine spezielle Funktion zugeschnitten ist, so willkürlich er im Dienste dieser einen Funktion mit dem Kontinuum der Wellenlängen verfährt, das sich hinter den von ihm entworfenen Phänomenen birgt, so irreführend er Weiß und Purpur für »reine Farben« ausgibt, hat er doch der Physik zu der einen wesentlichen Entdeckung verholfen, daß es verschiedene Wellenlängen überhaupt gibt. Es war ein weiterer Erkenntnisschritt, wenn danach das Wissen um die Wellennatur des Lichtes zu weiteren Fragen über die Natur des Farbenkreises anregte.

Dieses Vorgehen scheint mir weniger dem des legendären Lügners zu gleichen als dem eines gewöhnlichen Menschen, der beim Gehen einen Fuß nach dem anderen vorsetzt. Daß aus ganz verschiedenen Wissensgebieten stammende, aus völlig verschiedenen Phänomenen abgeleitete Ergebnisse nie miteinander in Widerspruch geraten, sondern ganz im Gegenteil auf jenen Gebieten am meisten weiterhelfen, die dem ihrer Herkunft am fernsten liegen, ist eine Tatsache, über die sich, wie mich dünkt, alle nichtrealistischen Philosophen zu wenig wundern. Mir scheint es absurd, für sie eine andere Erklärung zu suchen als die, daß sich hinter allen Phänomenen eine einzige außersubjektive Wirklichkeit birgt. Diese Meinung gründet sich eingestandenermaßen auf die naive, aber bewährte Anschauung, daß die Richtigkeit jeglicher Zeugenaussage mit Anwachsen der Zahl unabhängig übereinstimmender Zeugen wahrscheinlicher wird. Wenn die fünf Diskutanten eines Symposions in der Aussage übereinstimmen, daß auf dem Tisch, um den sie sitzen, fünf Weingläser stehen, so vermag ich, wie ich aufrichtig bekenne, mit bestem Willen nicht zu verstehen, wie irgendein vernünftiger Mensch für diese Übereinstimmung eine andere Erklärung suchen kann als die, daß, was immer sich hinter dem Phänomen »Weinglas« verbergen mag, wirklich in Fünfzahl vorhanden ist.

III Die Konstanzleistungen der Wahrnehmung

Ich vermag mir keine bessere Legitimierung der Wahrnehmung als Quelle wissenschaftlicher Erkenntnis zu denken als den Nachweis, daß die Gestaltwahrnehmung nicht nur gleiches leistet wie das allgemein anerkannte rationale Denken, sondern dazu noch durch weitgehend analoge Operationen, die allerdings der Selbstbeobachtung unzugänglich sind. Um diesen Nachweis zu erbringen, wähle ich zwei Mechanismen, die lange bekannt sind, deren Arbeitsweise und arterhaltende Zweckmäßigkeit aber in jüngerer Zeit besonders durch E. von Holst klargestellt wurde.

1 Farbkonstanz

Ich sehe die Platte meines Schreibtisches in immer gleicher, hellbrauner Farbe, gleichgültig, ob ich sie im bläulichen Morgenlicht, im stark rötlichen Licht des späten Nachmittags oder im gelben Licht der elektrischen Glühbirne betrachte. Tatsächlich reflektiert die Platte unter diesen verschiedenen Umständen jedesmal sehr verschiedene Wellenlängen, davon teilt mir meine Wahrnehmung aber merkwürdigerweise nichts oder nur sehr wenig mit. Was sie mir meldet, ist nämlich, im Grunde genommen, überhaupt keine Farbe, sondern eine dem Gegenstand konstant anhaftende Eigenschaft, Licht von bestimmten Wellenlängen besser als solches von anderen zurückzuwerfen. Wie sie diese konstante Eigenschaft im Wechsel der Bedingungen ermittelt, sei zunächst in einer Weise dargestellt, die den Vorgang anthropomorphisiert, weil ihn das leichter verständlich macht, obwohl der physiologische »ratiomorphe« Verrechnungsmechanismus einfacher verfährt. Der Wahrnehmungsmechanismus »überblickt« zunächst das ganze Gesichtsfeld und ermittelt die im Durchschnitt von ihm reflektierten Wellenlängen. Herrschen unter ihnen die einer bestimmten Spektralfarbe vor, so nimmt er an, daß die Lichtquelle diese mehr als solche anderer Farbe aussende. Der Mechanismus arbeitet also auf der Grundlage der durchaus nicht sicheren, sondern nur wahrscheinlichen Voraussetzung, daß die das Gesichtsfeld ausfüllenden Gegenstände im Durchschnitt alle Spektralfarben gleich gut, ohne Bevorzugung einer einzelnen, reflektieren. Ist diese Hypothese falsch, d. h. herrschen unter den gesehenen Dingen solche vor, die z. B. Rot bevorzugt reflektieren, so schließt der Konstanzmechanismus prompt, daß die Farbe der Beleuchtung viel Rot enthalte, und schreibt daher, logisch formal richtig, aber aus falscher Prämisse notwendigerweise Falsches folgernd, den weniger Rot reflektierenden Sehdingen irrtümlich die Eigenschaft zu, Rot weniger als andere Wellenlängen bzw. diese anderen bevorzugt zurückzuwerfen. Von solchen Spezialfällen abgesehen aber teilt uns der in Rede stehende Konstanzmechanismus mit großer Verläßlichkeit die für einen bestimmten Gegenstand kennzeichnenden Reflexionseigenschaften mit, die wir unmittelbar als »seine Farbe« wahrnehmen.

Was eben in ratiomorphisierender Weise dargestellt wurde, wird in Wirklichkeit durch einen physiologischen Mechanismus geleistet, der auf einem beträchtlich einfacheren Weg aus den gleichen Reizdaten die gleichen Informationen erschließt, wie eben dargestellt wurde. Seine Funktion beruht auf dem bekannten Prinzip der Komplementärfarben, und der geradezu geniale »Trick«, den die Evolution dieses Mechanismus »erfunden« hat, ist die Reduktion von Spektralfarben auf einen »willkürlich« gewählten Nullpunkt, das Weiß. (Es ist merkwürdigerweise nicht die dem Sonnenlicht genau entsprechende Mischung von Wellenlängen, die wir als »Weiß« wahrnehmen, sondern eine ein wenig nach der kurzwelligen Seite des Spektrums verschobene. Warum dies so ist, wissen wir nicht, es ist auch für die Funktion der Farbkonstanz ziemlich gleichgültig.) Die zweite große Erfindung liegt darin, daß bestimmte, im Spektrum voneinander getrennt liegende Bereiche von Wellenlängen so zusammengefaßt werden, daß sie einander aufheben, also zusammengenommen Null, d. h. Weiß, ergeben. Da nun das Spektrum linear angeordnet ist, besteht für dieses System gegenseitiger Kompensation von je zwei Bereichen von Wellenlängen eine große Schwierigkeit: Wie immer die einander komplementären Bereiche auch liegen mögen, stets muß einer von ihnen ohne ein komplementäres Gegenüber bleiben. Diese Schwierigkeit wurde durch die »Fiktion« einer gar nicht existierenden Spektralfarbe, des Purpur, überwunden, die das Spektralband zum Kreise schließt, indem sie das rote Ende mit dem violetten verbindet. Der Farbenkreis und seine Bedeutung wurde von Wilhelm Ostwald erstmalig erkannt.

Wird nun ein Netzhaut-Areal von Licht einer bestimmten Wellenlänge getroffen, so beginnt jener Sektor des Wahrnehmungsapparates, der diese Farbmeldung aufnimmt und zentralwärts weiterleitet, gleichzeitig auch die Komplementärfarbe zu melden. Im Gegensatz zur primären Farbmeldung irradiert die Komplementärmeldung über andere Teile der Netzhaut und der an diese gekoppelten afferenten Teile des Nervensystems, sofern diese nur überhaupt von Licht irgendeiner Art erregt sind. Wir begegnen hier einer weitverbreiteten Leistung des Wahrnehmungsapparates, nämlich der aktiven Produktion einer Wahrnehmung, die von einer gleichen, vom peripheren Sinnesorgan herkommenden Meldung nicht zu unterscheiden ist. Die höchst wichtige, arterhaltende Funktion dieser »Phantome« liegt darin, daß sie dort, wo eine Konstanzwahrnehmung dies erfordert, imstande sind, Meldungen der Sinnesorgane auszulöschen, indem sie ihnen eine gleiche Meldung umgekehrten Vorzeichens überlagert. Das bei Einstrahlung von Rot aktiv produzierte Grün supponiert sich mit wirklichem Rot gleicher Intensität genauso zu Weiß, wie »wirkliches«, von der Retina gemeldetes Grün dies tut. Deshalb sehen wir bei rötlicher Beleuchtung unser Schreibpapier immer noch weiß.

Die Grün-Meldung, die von der Wahrnehmung aktiv und kompensatorisch auf Rot-Bestrahlung hin produziert wird, kommt nicht – oder wenigstens nicht ausschließlich – dadurch zustande, daß eine Schwellenerniedrigung auf grünes Licht ein tatsächlich vorhandenes Grün verstärkt und hervorhebt. Läßt man nämlich einen rotbestrahlten Halbkreis mit einem solchen in Kontrast treten, dessen Weiß aus spektralem Blau und Gelb gemischt ist, also kein wirklich grünes Licht reflektiert, so sieht die Versuchsperson dieses Weiß ebenfalls grün. Allerdings ist noch nicht quantitativ untersucht, ob dieses Grün ebenso intensiv ist, wie wenn es auf allfarbig gemischtem Weiß gesehen würde.

Die Einteilung der kontinuierlichen Abstufung der Wellenlängen in eine Anzahl diskontinuierlicher, komplementärer und mit positiven und negativen Vorzeichen versehener Bänder, die Einführung der Null-Farbe Weiß und vor allem die aktive Produktion von »Phantom«-Farben bilden zusammen eine Organisation der Wahrnehmung, die evolutiv ganz sicher im Dienste der Farbkonstanz, mittelbar also in dem der Dingkonstanz herausdifferenziert worden ist. Die altbekannten Kontrast-Phänomene sind, wie so viele andere sog. Sinnestäuschungen, sinnlose, aber nicht artgefährdende Fehlleistungen eines hochdifferenzierten Organsystems, dessen Funktion paradoxerweise darin liegt, Sinnestäuschungen zu vermeiden und den höheren Instanzen unserer Weltbildapparatur nur solche Informationen zu melden, die tatsächlich ihre Entsprechung in der außersubjektiven Realität haben.

2 Richtungskonstanz

Der zweite Konstanzmechanismus, den ich als Beispiel eines ratiomorph arbeitenden Wahrnehmungsapparates heranziehen will, ist derjenige, der verhindert, daß wir die Verschiebungen des Netzhautbildes, die durch Eigenbewegung unserer Augen hervorgerufen werden, irrtümlich als Bewegungen unserer Umgebung interpretieren.

Schon Helmholtz wußte die Bedeutung der Tatsache zu würdigen, daß passive Bewegungen des Augapfels, etwa mit dem Finger oder am anästhetisierten Auge mit einer geeigneten mechanischen Vorrichtung, Scheinbewegungen der Umgebung im Gegensinne zur Folge haben. Er schloß richtig, daß Propriozeptoren daher nicht an der Verhinderung der Scheinbewegungen bei aktiven Bulbusbewegungen beteiligt sein könnten. Eine bedeutungsvolle Ergänzung zu dieser Feststellung Helmholtz' ist eine ebenfalls schon alte Beobachtung der Augenärzte: Menschen mit Lähmungen von Augenmuskeln leiden darunter, daß bei dem Versuch, den Blick in die durch die Lähmung behinderte Richtung zu lenken, die Umgebung einen Sprung im Sinne der intendierten, aber nicht ausgeführten Bulbusdrehung zu machen scheint.

In ratiomorphisierender Weise kann man sich diese beiden Erscheinungen folgendermaßen verständlich machen: Bei passiver Drehung des Bulbus »erfährt« die Wahrnehmung nichts von dieser Bewegung, sie muß daher »folgern«, daß die auf der Netzhaut bemerkbare Bildverschiebung durch eine Bewegung der Außenwelt im umgekehrten Sinn der aufgezwungenen Drehung verursacht wurde. Beim Versuch aktiver Drehung, die durch eine Lähmung behindert wird, »erwartet« die Wahrnehmung eine Verschiebung des Netzhautbildes. Sie »weiß« ja nichts von der Lähmung und setzt daher voraus, daß der von zentralher gegebene Befehl ordnungsgemäß ausgeführt wurde, d. h. daß sich der Bulbus um den durch das Kommando vorgegebenen Betrag gedreht hat. Aus dieser falschen Prämisse muß sie logischerweise schließen, daß die Außenwelt die Drehung des Bulbus mitvollzogen hat, denn das Netzhautbild steht ja auf der gleichen Stelle wie vorher.

In Wirklichkeit wird der eben ratiomorph dargestellte Vorgang durch einen Mechanismus bewerkstelligt, der von von Holst und Mittelstaedt entdeckt und analysiert wurde. Von dem Kommando, das an die Motorik ergeht, wird ein Teil, gewissermaßen eine »Kopie«, direkt an diejenigen Sektoren der Wahrnehmung geleitet, denen auch jene Meldungen zulaufen, die als Folge des eben gegebenen Kommandos vom Sinnesorgan erstattet werden müssen. Solche unmittelbar durch Eigenbewegung des Organismus verursachte Sinnesmeldungen heißen Reafferenzen, die an die Wahrnehmung ergehende Mitteilung von dem eben ausgegebenen motorischen Kommando Efferenzkopie. Die Konstanzleistung des ganzen Mechanismus beruht darauf, daß die Efferenzkopie in höheren rezeptorischen Instanzen aktiv eine Wahrnehmung erzeugt, welche derjenigen völlig gleich ist, die durch die Reafferenz hervorgerufen wird, aber umgekehrte Vorzeichen hat, so daß beide sich zu einer Null-Meldung ergänzen. Deshalb sehen wir bei aktiven, ungestörten Augenbewegungen die Umgebung in völliger Ruhe, obwohl auf unserer Netzhaut ausgiebige Verschiebungen stattfinden und auch zentralwärts weitergegeben werden.

Selbstverständlich könnte theoretisch dieselbe Konstanzleistung auch dadurch erreicht werden, daß unter Mitwirkung von Propriozeptoren die tatsächlich vollzogene Bewegung an die zentrale Wahrnehmung gemeldet und von ihr mit der Reafferenz in Beziehung gebracht wird, ein Weg, der von der Evolution in vielen Fällen beschritten wurde, und zwar augenscheinlich besonders in jenen Fällen, in denen es mehr auf Genauigkeit als auf Schnelligkeit der Kompensation ankommt. Der biologische Vorteil der Efferenzkopie liegt ja eben darin, daß sie die Reafferenz gewissermaßen antizipiert bzw. gleichzeitig mit ihr im Wahrnehmungssektor eintrifft.

Den eben etwas ausführlicher erörterten Beispielen von Konstanzmechanismen sei noch anhangweise kurz ein weiterer, der der Größenkonstanz, angeschlossen. Von ihr hat von Holst gezeigt, daß die bei größerer Annäherung des Sehdings eintretenden motorischen Vorgänge der Konvergenz und Akkomodation überraschenderweise direkt, d. h. ohne Mitspielen der Entfernungswahrnehmung, ein kompensatorisches »Phantom« im Sinne des Kleinerwerdens bewirken, höchstwahrscheinlich auf dem Wege einer Efferenzkopie. Zwingt man beiden Augen bei gleichbleibender Akkomodation eine stärkere Konvergenz auf, so wird das gesehene Bild kleiner. Dasselbe geschieht, wenn man beide Augen bei gleichbleibender Konvergenz und Netzhautbildgröße zu stärkerer Akkomodation veranlaßt. Beide Vorgänge wirken additiv, in einer von von Holst quantitativ untersuchten Art und Weise. Dieser Mechanismus erteilt der Wahrnehmung selbstverständlich auch Informationen über die jeweilige Entfernung des gesehenen Dinges, überraschend ist nur, daß er nicht den unserem Ratiomorphisieren viel näherliegenden Weg beschreitet, primär die Entfernung zu messen und die konstante Größe aus der Korrelation zwischen ihr und der Netzhautgröße zu bestimmen, wie das in so vielen Lehrbüchern als sicher angenommen wird. Das ist um so merkwürdiger, als andere Mechanismen der Größenkonstanz die letztgenannte Methode anwenden: Die Täuschung, daß im Nebel gesehene Dinge größer erscheinen, beruht sicherlich darauf, daß das Tiefenkriterium der Luftalbedo hier irrtümlich eine größere Entfernung meldet, aus der dann ratiomorph eine zu große Ausdehnung des Sehdinges errechnet wird.

3 Allgemeines über Konstanzleistungen

Ich habe im obigen absichtlich Konstanzleistungen als Beispiele gewählt, die in ihrem kausal-physiologischen Zustandekommen sehr verschieden voneinander sind, um die in Anpassung an ähnliche Funktionen entstandenen gemeinsamen Eigenschaften um so deutlicher zu zeigen.

Beide entwickeln ihren besonderen Arterhaltungswert dadurch, daß sie akzidentelle, dem Wechsel unterworfene Wahrnehmungsbedingungen kompensieren – die erste die wechselnde Farbe der Beleuchtung, die zweite die wechselnde Stellung des Sinnesorganes im Raum – und der Wahrnehmung unmittelbar Gegebenheiten vermelden, die den Dingen der außersubjektiven Wirklichkeit anhaften.

Beide bewirken dies, indem sie aktiv das Phantom einer Wahrnehmung produzieren. Diese »Schein«-Wahrnehmung ist, mit umgekehrtem Vorzeichen, qualitativ und quantitativ genau jener anderen gleich, die der akzidentelle Wechsel der Wahrnehmungsbedingungen hervorruft oder, genauer gesagt, hervorrufen würde, wenn diese Meldung nicht durch die Superposition des »Phantoms« völlig ausgelöscht würde. Die Worte »Phantom« und »Schein« habe ich deswegen unter Anführungszeichen gesetzt, weil es sich eigentlich um völlig echte Wahrnehmungen handelt. Es ist, mit anderen Worten, höchst wahrscheinlich, daß die im Dienste der Konstanz kompensierenden Meldungen auf der letzten Strecke ihres afferenten Weges dieselben Bahnen benutzen und dieselben zentralen Instanzen zum Ansprechen bringen wie »echte«, d. h. unmittelbar durch Meldungen der Sinnesorgane hervorgerufene Wahrnehmungen. Wenigstens liegt diese Annahme demjenigen nahe, der in völliger Ununterscheidbarkeit von zwei Erlebnisvorgängen ein Argument für Gleichheit ihrer physiologischen Korrelate sieht. Ein gutes Beispiel für die Identität der zentralen Phänomene trotz verschiedener Herkunft der Meldungen bietet das Bewegungssehen. Wenn wir am blauen Himmel einen Vogel dahinfliegen sehen, sind es zuerst Netzhautelemente, die durch das zeitliche Hintereinander ihres Ansprechens Information über die Bewegung des Vogels liefern. Im nächsten Augenblick aber wird das Netzhautbild durch »telotaktische« Mechanismen auf die *Fovea centralis* der Netzhaut gebracht und hier stationär erhalten, indem das Auge der Bewegung folgt. Von nun an ist es nur die Efferenzkopie der an die Augenmuskeln ergehenden Befehle, die Mitteilungen über Richtung und Schnelligkeit des bewegten Sehdinges zentralwärts meldet. Unsere Wahrnehmung der gleitenden Bewegung des Vogels aber bleibt während des ganzen Vorgangs dieselbe, wir bemerken nichts von dem Übergang, in dem ein peripherer Verrechnungsapparat den anderen ablöst.

Wie die im vorigen Abschnitt näher erörterten sind prinzipiell alle Konstanzapparate im strengsten Sinne »ratiomorph«, denn alle enthalten Vorgänge, die denen der Induktion wie denen der Deduktion analog sind, alle enthalten »Hypothesen«, deren Stimmigkeit nicht absolut, sondern nur in hohem Grade wahrscheinlich ist. Alle können bei Fälschungen der Induktionsbasis zu falschen Schlüssen kommen, an denen sie – oft völlig unbelehrbar – festhalten.

Alle Leistungen der Konstanzwahrnehmung sind objektivierend im buchstäblichen Sinne des Wortes. Sie bringen Ordnung in die unermeßlich vielstimmige Kakophonie der auf uns einstürmenden Sinnesdaten, indem sie in echt induktivem Verfahren aus vielen Einzelfällen die in ihnen allen obwaltende Gesetzlichkeit abstrahieren. Diese allein ist es, über die sie uns Meldung erstatten, nicht die Sinnesdaten selbst und noch weniger das Verfahren, durch das sie zu ihren Abstraktionen gelangten.

Die allermeisten und bekanntesten Wahrnehmungstäuschungen sind Fehlleistungen von Konstanzmechanismen, die durch spezielle, generell unwahrscheinliche Reizsituationen dazu »verleitet« werden, ihr kompensatorisches »Phantom« dort zu produzieren, wo es nichts zu kompensieren gibt.

4 Die Formkonstanz

Die komplexeste und wunderbarste aller eigentlichen Konstanzleistungen ist die der Formkonstanz. Sie ist es so recht, die der Dingkonstanz, der Wiedererkennbarkeit der Gegenstände, zugrunde liegt, man denke an Jakob von Uexkülls Definition: »Ein Gegenstand ist das, was sich zusammen bewegt.« Während ich meine Pfeife betrachte, die ich vor meinen Augen hin- und herwende, interpretiert meine Wahrnehmung die mannigfachen Veränderungen, die das Netzhautbild dabei erfährt, richtig als Veränderungen der Raumlage und nicht der Form der Pfeife. In dieser Leistung, die uns in ihrer Selbstverständlichkeit kaum zum Nachdenken anregt, stecken als integrierende Bestandteile so ziemlich sämtliche der schon erwähnten Konstanzleistungen mit drin und dazu noch eine Unmenge von so hochkomplexen stereometrischen Berechnungen, daß man an der Erforschbarkeit der solches leistenden Mechanismen verzweifeln möchte, wenn nicht die Erfahrung lehren würde, daß diese manchmal einfacher arbeiten als rationale Vorgänge mit analoger Funktion. Die darstellend-geometrische Leistung dieses Mechanismus bleibt fast ungeschmälert erhalten, wenn man ihm die Konturveränderung des Bildes als einzige Informationsquelle beläßt und alle anderen entzieht, wie dies beim Betrachten eines Schattenbildes der Fall ist. Die einzige Einbuße, die seine Meldung dann erfährt, liegt darin, daß der Sinn der Drehrichtung in ihr nicht mehr enthalten ist, das Drehen des Schattenbildes kann bekanntlich gleich gut rechts herum oder links herum interpretiert werden. Von dieser Zweideutigkeit der Information teilt uns der Wahrnehmungsapparat indessen nichts mit, sondern »entschließt« sich zur »hypothetischen« Annahme einer bestimmten Drehrichtung. Bekanntlich springt dann häufig eine Interpretation in die andere um, was sich mit einiger Übung sogar willkürlich hervorrufen läßt. Man könnte diesem plötzlichen Sich-Entschließen der Wahrnehmung für eine von zwei alternativen Deutungen eine arterhaltende Zweckmäßigkeit zuschreiben. Da nämlich die Wahrnehmung, insbesondere die von Bewegungsvorgängen, dazu da ist, ein sofortiges sinngemäßes Handeln zu steuern, ist sie nicht in der Lage, »Statistik« zu treiben. Es ist zweckmäßiger, wenn sie mit 50 % Wahrscheinlichkeit das Falsche macht, als eine mit Sicherheit sinnlose Kompromißlösung zu versuchen. Bei den langfristigen Vorgängen komplexer Gestaltwahrnehmung ist dies, wie wir noch sehen werden (S. 282), ganz anders.

In der konstanten Wahrnehmung einer räumlichen Form stecken Leistungen des Transponierens, die denen der echten Gestaltwahrnehmung nahe verwandt sind. Das Bild, das z. B. von der Konturlinie eines Fischrückens auf meiner Netzhaut entworfen wird, ist eine mehrfach gekrümmte Linie, die ihre Länge, ihre Radien sowie den Sinn ihrer Krümmungen mit dem Blickwinkel verändert, sich zu einer kurzen Geraden zusammenstaucht, wenn ich das Tier genau von vorn oder von hinten sehe, und bei Betrachtung genau von oben zu einer langen Linie streckt. Wenn meine Wahrnehmung diese Leistung unter gewöhnlichen Beobachtungsbedingungen vollbringt, so mögen Tiefenkriterien und anderes Informationen liefern, wenn sie aber dasselbe am Schattenbild eines hin- und hergedrehten Gegenstandes vollbringt, so ist die einzige Informationsquelle, der sie das Konstantbleiben der gesehenen Form entnehmen kann, die feste Beziehung zwischen den Höhen, Abständen und Vorzeichen der Kurvengipfel, die sich auf der Netzhaut abbilden. Die Vielzahl dieser sehr »abstrakten«, konstant bleibenden Relationen in eine einzige wahrgenommene Qualität zu verarbeiten ist eine Leistung, die alle klassischen Kriterien der Gestalt in sich verwirklicht.

IV Die Gestaltwahrnehmung als Konstanzleistung

Ich vermag keinen grundsätzlichen Unterschied zwischen den eben skizzierten Mechanismen der optischen Formkonstanz und denen der Gestaltwahrnehmung zu sehen. Es ist eine sehr kontinuierliche Kette von einfacheren und komplizierteren Mechanismen, die es uns ermöglichen, ein für unser Überleben ausreichendes Bild der uns umgebenden Dinge zu erlangen und sie trotz dauernden Wechsels der Wahrnehmungsbedingungen als »dasselbe« wiederzuerkennen. Ja, es ist sogar irreführend, von einer »Kette« zu reden, da alle zusammen ein System bilden, in dem alles mit allem in funktioneller Wechselbeziehung steht. Größentransponierbare Formkonstanz z. B. ist in der Leistung der Größenkonstanz ganz ebenso enthalten wie umgekehrt.

Die kennzeichnende Objektivationsleistung aller Konstanzmechanismen beruht, wie schon S. 277 f. gesagt, auf dem Herausgliedern einer in den Sinnesdaten obwaltenden Gesetzlichkeit, die, vor allem bei der Formkonstanz, so komplex sein kann, daß ihre Abhebung vom »Hintergrund« des Akzidentellen einer echten, rationalen Abstraktion analog erscheint. Der Mechanismus, der diese spezielle Leistung vollbringt, erweist sich nun als fähig, auch eine allgemeinere zu bewältigen. Er erweist sich als imstande, nicht nur jene Gesetzlichkeiten als konstant wahrzunehmen, die sich aus der Konstanz der den Gegenständen anhaftenden Eigenschaften ergeben, sondern auch solche, die in irgendwelchen anderen Reiz-Konfigurationen, vor allem auch in ihrem zeitlichen Aufeinanderfolgen, enthalten sind.

An und für sich ist die Wahrnehmung zeitlicher Gegebenheiten nichts für die komplexe Gestaltwahrnehmung Besonderes und Neues. Sie spielt sicher auch in den niedrigeren Wahrnehmungsleistungen, wie bei der besprochenen Richtungskonstanz, bei der Bewegungskonstanz u. ä., eine Rolle. Die Anschauungsform der Zeit ist der des Raumes merkwürdig nahe verwandt, ist sie doch überhaupt nur im Gleichnis einer Bewegung im Raume ausdrückbar, was sich schon in der doppelten Verwendbarkeit raum-zeitlicher Präpositionen, wie »vor«, »nach«, ebenso auch in der bildhaften Etymologie der Worte »Zukunft« und »Vergangenheit« usw. bemerkbar macht. Aber auch das Umgekehrte, die Beschreibung von Räumlichem in den Gleichnissen von Vorgängen in der Zeit, ist uns durchaus geläufig, etwa wenn wir vom »Verlauf« einer »gewundenen« Linie oder der »Ausdehnung« eines Gegenstandes sprechen. Diese bis zur gegenseitigen Vertretbarkeit gehenden Parallelen zwischen Anschauungsformen des Raumes und der Zeit sind sicher nicht nur kennzeichnend für die Sprachsymbolik des Menschen, sondern entspringen der primären Gegebenheit, daß eine Bewegung räumliche und zeitliche Ausdehnung besitzt. Jene zentrale Repräsentation des Raumes, die als Vorstufe menschlicher Anschauungsform bei vielen Organismen vorhanden ist, entstand selbstverständlich nur bei frei beweglichen Wesen, die gezwungen waren, ihre Bewegungen im Raum zu orientieren. Es läßt sich durch vergleichende Betrachtung sehr schön zeigen, wie sich das »zentrale Raum-Modell« Hand in Hand mit den gesteigerten Anforderungen an die Orientierungsfähigkeit der Bewegungen höher und höher differenziert hat.

Angesichts dieser Tatsachen ist es etwas weniger verwunderlich – wenn auch immer noch höchst wunderbar –, daß bei der Wahrnehmung von Vorgängen in Raum und Zeit und bei derjenigen von nur-räumlichen Gestalten die Leistungen des Transponierens, des Abhebens vom Akzidentellen und von elementaren Sinnesdaten, und vor allem die des Abhebens konstanter Gesetzlichkeiten, in nahezu gleicher Weise vor sich gehen. Eben deshalb ist es für die Diskussion der komplexesten und echter Abstraktion nächstverwandten Funktionen der Gestaltwahrnehmung beinahe gleichgültig, ob man die Beispiele aus dem Bereich der nur-zeitlichen Gestalten, wie etwa der Melodien, dem der raum-zeitlichen Gestalten von Bewegungen oder nur-räumlicher Konfigurationen wählt, was sich der Anschaulichheit halber empfiehlt, obwohl es eine rein statisch-räumliche Gestaltwahrnehmung genaugenommen nicht oder doch nur im Spezialfalle der tachistoskopischen Darbietung gibt. In allen anderen Fällen wandert stets das Auge über die gesehene Konfiguration, womit die in der Zeit sich abspielenden Mechanismen der Richtungskonstanz bereits ins Spiel kommen.

Genaugenommen steckt in der Wahrnehmung jeder »zeithaltigen« Gestalt etwas von Gedächtnisfunktion, da zum Überblicken ihrer Konfiguration ein, wenn auch nur kurzes, Festhalten der Anfangsglieder nötig ist, mit alleiniger Ausnahme des eben erwähnten Spezialfalles. Ich glaube, daß es eine auf anderer Ebene sich abspielende Leistung des Lernens und des Gedächtnisses ist, die bei dem Zustandekommen der nun zu besprechenden, komplexesten Gestaltwahrnehmung eine ausschlaggebende Rolle spielt. Die dabei benötigte Zeit ist um viele Zehnerpotenzen länger. Die konstante Farbe, Größe eines Sehdings wird buchstäblich augenblicklich in ihrer endgültigen Form übermittelt, das Überblicken einer kurzen Zeitgestalt dauert kaum länger als sie selber. Eine wirklich komplexe Gestalt, etwa eine Physiognomie, müssen wir mehrmals gesehen, ein polyphones Musikstück mehrmals gehört haben, bis die Gestalt, als die wir diese Konfiguration wahrnehmen, ihre endgültige Qualität angenommen hat. Ja, man könnte vielleicht etwas überspitzt sagen, daß solche komplexesten Gestalten überhaupt nie eine wirklich endgültige Qualität erreichen, sondern sich bei jeder Wiederholung der Wahrnehmung, bei jeder weiteren kleinen Zunahme des Bekanntheitsgrades, immer noch ein ganz klein wenig ändern, daß sich immer noch neue kleine Regelhaftigkeiten vom Hintergrund des Akzidentellen abheben und ein immer tieferes Eindringen in die Struktur des Ganzen gestatten.

Die Beteiligung von Lernen und Gedächtnis am Zustandekommen der komplexen Wahrnehmung macht nämlich das »Abstrahieren« der Gestalt aus dem Hintergrund chaotischer Reizdaten selbst dann noch möglich, wenn sie von dem »Lärm« der letzteren so stark übertönt wird, daß in einer einmaligen Darbietung nicht genügend Information betreffs der Gestaltgesetzlichkeit enthalten ist. In einem Vorgang des Sammelns von Informationen, der sich über Jahre, ja über Jahrzehnte erstrecken kann, schafft die Gestaltwahrnehmung im Verein mit dem – in dieser speziellen

Leistung ganz rätselhaft guten – Gedächtnis eine so breite »Induktionsbasis«, daß auf deren Grundlage die gesuchte Regelmäßigkeit als »statistisch gesichert« erscheint. Die Anführungszeichen sollen hier wirklich Analogie der ratiomorphen zur rationalen Leistung ausdrücken. Als ich einst auf einem Kongreß ausführlich über diese Vorgänge sprach und beschrieb, wie man bei der Beobachtung komplexer tierischer Verhaltensweisen buchstäblich Tausende von Malen denselben Vorgang sehen kann, ohne seine Gesetzmäßigkeit zu bemerken, bis urplötzlich, bei einem weiteren Male, ihre Gestalt sich mit so überzeugender Klarheit vom Hintergrunde des Zufälligen abhebt, daß man sich vergeblich fragt, wieso man sie nicht schon längst gesehen habe, faßte Grey-Walter meine etwas lange Rede in einem Satz zusammen: »Redundancy of information compensates noisiness of channel« – Wiederholung der Information kompensiert den überlagernden »Lärm«.

Die klärende Mitwirkung dieser nur unter Mitwirkung von Lernen und Gedächtnis denkbaren Ausschaltung des Akzidentellen ist wahrscheinlich die Voraussetzung dafür, daß die Gestaltwahrnehmung zu einer gänzlich neuen Leistung fähig wird, die in der Stammesgeschichte offenbar sehr spät aufgetreten und erst beim Menschen zu hoher Blüte gekommen ist. Dieselben Mechanismen, die Dingkonstanz bewirken und die im Laufe der Phylogenese ganz sicher nur im Dienste dieser Leistung herausgebildet wurden, sind, wie wir oben gesehen haben, in einer Verallgemeinerung ihrer Leistung imstande, auch andere Gesetzlichkeiten, wie kurzfristige Zeitgestalten, zu erfassen. Ohne eigentliche Veränderung ihrer physiologischen Struktur vermögen dieselben Mechanismen aber auch etwas ganz anderes: Aus einer größeren Anzahl individueller Konfigurationen, die in erheblichem Zeitabstand geboten sein können, »abstrahieren« sie eine in ihnen allen obwaltende überindividuelle Gesetzlichkeit.

Dieselben Mechanismen der Wahrnehmung, die es mir ermöglichen, meinen Chow-Hund Susi von vorne und von hinten, von weitem und aus der Nähe, in rotem und in bläulichem Licht usw. als dasselbe Individuum wiederzuerkennen, setzen mich durch einen merkwürdigen Funktionswechsel in Stand, in diesem Chow, einer Dogge, einem Zwergpinscher und einem Dackel eine gemeinsame, unverwechselbare Gestaltqualität zu sehen, die des Hundes.

Ganz sicher geht diese hochspezialisierte Leistung der Gestaltwahrnehmung der Abstraktion von Gattungsbegriffen voraus, höchstwahrscheinlich bildet sie deren unbedingte Voraussetzung. Das kleine Kind, das bereits imstande ist, alle Hunde als »Wauwau« und alle Katzen als »Miau« zu bezeichnen, hat ganz sicher nicht die zoologische Bestimmungsformel von *Canis familiaris* und *Felis ocreata* abstrahiert. Auch ist durchaus nicht vorauszusagen, welchen Inhalt eine solche von der Gestaltwahrnehmung vollzogene Quasi-Abstraktion umschließt. Der kleine Sohn eines Mitarbeiters bezeichnete hartnäckig und unbelehrbar nicht nur Hunde, sondern auch Pferde, Katzen und Mäuse als »Wauwau«. Die Bestürzung der Zoologen-Eltern wandelte sich erst dann in Freude, als sich herausstellte, daß »Wauwau« ganz einfach »Säugetier« hieß und irrtumsfrei auf alle Wesen dieser Klasse angewandt wurde, einschließlich des neugeborenen Schwesterchens.

Meine ältere Tochter kannte im Alter von 5 Jahren von der formenreichen und vielgestaltigen Ordnung der Rallenvögel, *Rallidae*, nur das grünfüßige Teichhuhn, *Gallinula chloropus* L., und das Bleßhuhn, *Fulica atra* L., diese beiden allerdings sehr genau. Als wir sie unter Vermeidung aller suggestiven Hilfen an der reichen Vogelsammlung des Schönbrunner Zoologischen Gartens prüften, fand sie, ohne je zu irren, die in den verschiedenen Flugkäfigen gehaltenen Rallenvögel heraus, das bei den Stelzvögeln untergebrachte, langbeinige Sultanshuhn, *Porphyrio*, ebenso wie die steppenbewohnenden, äußerlich täuschend hühnervogelähnlichen und auch mit kleinen Hühnervögeln zusammen gehaltenen kleinen Rallenformen wie den Wachtelkönig, *Crex crex* L. In demselben Käfig befanden sich einige Laufhühnchen, *Turnicidae*, die zu einer sehr altertümlichen, den Hühnervögeln vielleicht nahestehenden Gruppe gehören, äußerlich sehr wachtelähnliche Vögel. Über diese befragt, sagte sie nur zweifelnd: »Die haben ein bisserl was von Hühnervögeln«, und äußerte damit genau die Meinung berufenster Systematiker.

Das Vorhandensein eines so hochentwickelten »systematischen Taktgefühls« bei einer Fünfjährigen beweist zwingend, daß dieses auf zwar ratiomorphen, aber nicht rationalen Vorgängen beruht. Dies wird einem sehr eindringlich zum Bewußtsein gebracht, wenn man als gewiegter vergleichender Zoologe den Versuch unternimmt, diese Leistungen an sich selbst zu studieren. Man vermag dann zwar selbstbeobachtend sehr wohl festzustellen, daß die Meldung der Gruppen abstrahierenden Gestaltwahrnehmung in einer einzigen, unverwechselbaren Erlebnis-Qualität besteht, aber nichts darüber aussagt, welche Merkmale und Merkmal-Kombinationen es sind, die als qualitätsbestimmende Glieder in die Ganzheit dieser Qualität eingehen. Ich habe diesen Selbstversuch immer wieder angestellt, und zwar an der familienreichen Gruppe der Barschähnlichen, *Percoidei*. In fast jeder Familie dieser Gruppe gibt es Anpassungen an sehr verschiedene ökologische Nischen, so daß die Breite der Verschiedenheit innerhalb einer Familie weit größer ist als die durchschnittlichen, äußerlich sichtbaren Unterschiede zwischen den Familien. Die von den Taxonomen für die Diagnose und die Definition der Familien verwandten Merkmale sind äußerlich meist nicht sichtbar. Schon als Schüler fiel mir auf, daß ich die Mitglieder zweier mir schon damals in vielen Vertretern wohlbekannter Familien der Buntbarsche, *Cichlidae*, und der nordamerikanischen Sonnenfische, *Centrarchidae*, auch dann unfehlbar richtig ansprach, wenn ich die betreffende Art oder Gattung zum ersten Male sah. Meine spätere Bemühung, die Merkmale und Merkmal-Konfigurationen herauszufinden, die, in die ganzheitliche Gestaltwahrnehmung eingewoben, die unverwechselbaren Qualitäten des »Cichlidenhaften« und »Centrarchidenhaften« bestimmen, zeitigte nur das bescheidene Ergebnis zweier negativer Aussagen.

Erstens sind es nicht die auffallenden, groben Charaktere wie Körperform, Zahl und Art der Flossen usw., die die Qualität bestimmen. Als ich zum erstenmal den winzigen Zwergcentrarchiden *Elassoma evergladei* sah, der wegen seiner rundlichen Körperform und der Unsichtbarkeit der Rükkenflossenstacheln überhaupt nicht »barschähnlich« aussieht, hielt ich ihn sekundenlang für einen Zahnkärpfling, *Cyprinodontidae*, und empfand dann sofort das jedem gestaltpsychologisch Geschulten wohlbekannte, ungemein kennzeichnende Unbehagen, das durch gestörte Gestaltwahrnehmung verursacht wird. Dann sprang mit geradezu »hörbarem Einrasten« und wahrhaft erlösendem »Aha-Erlebnis« die wohlbekannte Gestalt des Centrarchiden aus dem Hintergrunde der akzidentellen cyprinodontenhaften Merkmale hervor.

Zweitens ist es merkwürdigerweise nicht gesagt, daß Merkmale, die an allen gebotenen Einzelgestalten in scheinbar eindringlicher Form vorhanden sind, notwendigerweise als qualitätsbestimmend in die von der Wahrnehmung der überindividuellen Gruppengestalt vollzogene Quasi-Abstraktion eingehen. Beide meiner kleinen Tochter bekannten Rallenvögel waren Schwimmvögel von äußerlich entenähnlicher Körperform. Das Fehlen dieses Merkmals bei der ersten ihr begegnenden unbekannten Rallengattung störte sie nicht im geringsten im Wiedererkennen der Qualität des »Rallenhaften«. Sämtliche mir bis kürzlich bekannten Cichliden besitzen einen stark seitlich zusammengedrückten Körper mit hohem Rükken. Als ich nun zum ersten Male die an das Leben eines Bodenfisches angepaßten, dorso-ventral abgeflachten Formen aus dem Stromschnellengebiet des Kongo zu sehen bekam, erkannte ich sie augenblicklich als Cichliden; die völlig veränderte Körperform tat der unverwechselbaren Qualität des »Cichlidenhaften« nicht den geringsten Abbruch.

Welche Informationen sind es nun, die der Gestaltwahrnehmung bei derlei Leistungen mitteilen, daß ein grobes, auffallendes und in allen bekannten Fällen vorhandenes Merkmal nur ein »Akzidens« der betreffenden Konfiguration sei? Der Vergleich von ratiomorpher und rationaler Bewältigung der gleichen Aufgabe erlaubt gewisse Vermutungen, in welcher Richtung die Lösung dieses informationstheoretischen Rätsels zu suchen sei. Jeder zoologische Systematiker, der versucht hätte, auf Grund dessen, was meine Tochter über Rallenvögel und ich über Cichliden wußte, induktiv eine »Diagnose« der betreffenden Gruppe zu abstrahieren, hätte ganz sicher den Schwimmvogelcharakter der Rallen bzw. die Hochkörperigkeit der Cichliden in seinen Bestimmungsschlüssel aufgenommen. Um vor diesem Irrtum bewahrt zu bleiben, hätte er viel mehr Informationen haben müssen. Wenn beispielsweise die zoologische Taxonomie die Schlangen zu den Tetrapoden stellt, obwohl ihnen die für die Namensgebung dieser großen Gruppe bestimmenden vier Beine fehlen, so tut sie dies mit gutem Grunde. Die jedem naiven Kenner der betreffenden Tiergruppe von seiner Gestaltwahrnehmung vermittelte Überzeugung, daß die Schlangen »ihrem Wesen nach« Tetrapoden sind und daß das Fehlen der Beine nur etwas »Akzidentelles« ist, entspricht völlig der zwingenden phylogenetischen Überlegung, daß man der Beinlosigkeit der Schlangen nur dann die Dignität eines primären Merkmales zuerkennen könnte, wenn man annehmen wollte, daß alle ihre anderen mit Tetrapoden, insbesondere mit Reptilien, übereinstimmenden Merkmale rein zufällig zustande gekommen seien, eine Annahme von einer Unwahrscheinlichkeit, deren sehr wohl errechenbarer mathematischer Ausdruck astronomische Ziffern erheischen würde.

Schon vor vielen Jahrzehnten hat der Ornithologe Gadow den hochinteressanten Versuch unternommen, den Grad der Richtigkeit des »systematischen Taktgefühls« mit demjenigen einer rationalen Erwägung über verwandtschaftliche Zusammenhänge zu vergleichen, die auf Grund einer bekannten Zahl von verwerteten Merkmalen angestellt wurden. Er kam zu dem zweifellos richtigen Schluß, daß die Gestaltwahrnehmung, dem Wahrnehmenden unbewußt, eine außerordentlich große Zahl von Merkmalen zu berücksichtigen vermag. Wie groß diese Zahl offenbar sein muß, geht unter anderem auch daraus hervor, daß aus dem Vergleich ganz weniger, in einem der oben erwähnten Beispiele sogar nur zweier Arten, genug Information entnommen werden kann, um die gestaltmäßige »Diagnose« der Gruppe zu ermöglichen.

V Die »Schwächen« und die »Stärken« der Gestaltwahrnehmung

Wenn irgendwo in der Physiologie des Zentralnervensystems die Kenntnis moderner Rechenmaschinen mehr als ein bloßes Denkmodell vermittelt, so ist es in der jener Mechanismen, die aus Sinnesdaten die Information unserer Wahrnehmung ziehen. Weit davon entfernt, den Eindruck des prinzipiell Unerforschlichen zu machen und zu mystisch-vitalistischen Deutungen zu verleiten, tragen ihre Leistungen – und noch mehr ihre höchst aufschlußreichen Fehlleistungen – so sehr die Kennzeichen des Mechanischen oder, besser gesagt, des Physikalischen, daß sie mehr als alle anderen ähnlich komplexen Lebenserscheinungen geeignet sind, unseren Forschungsoptimismus zu bestärken. Paradoxerweise sind es also gerade die Fehlleistungen dieses Apparates, die unsere Überzeugung festigen, daß er etwas Wirkliches ist, das sich mit Wirklichem in der außersubjektiven Realität auseinandersetzt und uns Wahres über diese Wechselwirkung mitteilt, wenn auch selbstverständlich nur annäherungsweise – mehr aber vermögen auch die allgemeinsten und am wenigsten »anthropomorphen« Formen möglicher Erfahrung nicht, weder die Kategorie der Kausalität noch die der Quantität.

Man muß allerdings die spezifischen Funktionseigenschaften der Gestaltwahrnehmung wachsam im Auge behalten, um zu vermeiden, daß sie zu Quellen wissenschaftlichen Irrtums werden. Die Gestaltwahrnehmung ist nur ein einziges, für eine ganz spezielle Funktion spezialisiertes Glied des Systemganzen unserer Erkenntnisfunktionen. Die besondere arterhaltende Leistung aber, deren Selektionsdruck diese Spezialisation verursacht hat, ist die des Entdeckens von Gesetzlichkeiten.

Der Empfindlichkeit dieses »Detektors« sind nun gewisse andere Eigenschaften geopfert worden, und daraus ergibt sich die für die kritische Auswertung der Gestaltwahrnehmung wichtigste und daher hier als erste zu besprechende Möglichkeit zu Fehlleistungen. In analoger Weise wie bei vielen Sinnesleistungen ist die Empfindlichkeit des Ansprechens komplexer Gestaltwahrnehmung bis hart an jene Grenze gesteigert, jenseits deren die Gefahr auftritt, daß durch Selbsterregung des Apparates Meldungen zustande kommen, denen gar kein von außen kommender Reiz entspricht. Genau dieselbe Grenze für die Steigerung der Empfindlichkeit eines Empfangsapparates besteht auch in der Technik, man darf z. B. die Empfindlichkeit eines Mikrophons nicht so weit steigern, bis »Eigenrauschen« auftritt.

Diesem »Eigenrauschen« entspricht bei der Gestaltwahrnehmung jenes Phänomen, das von verschiedenen ihrer Untersucher als »Gestaltungsdruck«, »Prägnanztendenz«, »Tendenz zur Gestalt schlechthin« usw. bezeichnet wurde. Die Erscheinung besteht, kurz gesagt, darin, daß die Wahrnehmung solche Sinnesdaten, die sich einer Interpretation im Sinne einer in ihnen obwaltenden Gesetzlichkeit beinahe, aber nicht ganz fügen, in solcher Weise umfälscht, daß sie es nunmehr zu tun scheinen. Der offensichtlich gleiche Mechanismus kann sich auch darin auswirken, daß Sinnesdaten, die sich im Sinne von zwei alternativen Gesetzlichkeiten interpretieren lassen, stets im Sinne der einfacheren, »prägnanteren«, der beiden gedeutet werden, und zwar selbst dann, wenn die kompliziertere, »weniger elegante« Deutung die richtige ist und zur Aufrechterhaltung der unrichtigen ein Retuschieren von Sinnesdaten nötig ist.

Wenn die in den Sinnesdaten enthaltene Information sich gleich gut zur Stützung von zwei – manchmal entgegengesetzten – Auslegungen verwenden läßt, so meldet uns unsere Wahrnehmung nicht diese Zweideutigkeit, sondern »entschließt« sich für eine der Deutungen und teilt uns diese als »wahr« mit. Die Zähigkeit, mit der sie an dieser »willkürlichen« Wahl festhält, wechselt stark, plötzliches Umschlagen kommt vor und kann vom Geübten absichtlich gefördert werden, wie im allbekannten Fall der Drehrichtung von Schattenbildern. Einen analogen Fall auf der Ebene komplexester, auf Lernen gegründeter Gestaltwahrnehmung beobachtete ich an mir selbst beim Erkennen genau intermediärer Mischlinge zwischen zwei mir gut bekannten Tierarten. Als ich zum erstenmal und völlig unerwartet einen Hybriden zwischen Hausgans und Höckerschwan erblickte, »erkannte« ich ihn zuerst als Schwan, zweifelte in der nächsten Sekunde an meiner geistigen Gesundheit, weil ich eine Hausgans für einen Höckerschwan hatte halten können, und erst nach mehrmaligem Hin- und Her-Umschlagen der Gestaltwahrnehmung wurde mir klar, was ich wirklich sah. Dann konnte ich, mit etwas Augenzwinkern, die Gestalt des Vogels willkürlich umschlagen lassen und ihn abwechselnd als Gans und als Schwan sehen, ganz wie man die Drehrichtung des von einem rotierenden Gegenstand entworfenen Schattenbildes umschlagen lassen kann.

Unter Wahrnehmungsbedingungen, die eine Verminderung der Deutlichkeit der einzelnen Sinnesmeldungen bewirken, ist der »Phantasie« des in Rede stehenden Vorganges größerer Spielraum gegeben. Wie besonders Sander in seinen bekannten Versuchen mit tachistoskopischer Darbietung unvollständiger geometrischer Figuren zeigte, fälscht dann die Gestaltwahrnehmung ganz erheblich im Sinne größerer Regelhaftigkeit und Prägnanz des Wahrgenommenen. An Bildhauern und Malern kann man oft beobachten, daß sie von dem eben Geschaffenen zurücktreten und es durch fast völlig geschlossene Lider betrachten, im nächsten Augenblick aber scharf ansehen. Diese »Technik« benutzt die Prägnanztendenz, indem sie ihr durch absichtliches Unscharf-Machen des Bildes Gelegenheit gibt, es in Richtung der angestrebten Regelhaftigkeit zu verändern, um die Diskrepanz zwischen der gesuchten Gestalt und dem tatsächlich gegebenen festzustellen. Der gleichen Eigenart der Gestaltwahrnehmung bedient sich der Porträt-Photograph, indem er absichtlich etwas unscharf einstellt; ebenso die Mode, die durch einen Schleier ein Frauengesicht regelmäßiger erscheinen läßt, als es tatsächlich ist usw.

Ein altbekannter Versuch ist geeignet, das Zusammenwirken aller eben besprochenen Fehlleistungen der »Prägnanztendenz« zu veranschaulichen. Man stellt aus dünnem, schwarzem Draht (so dünn, daß die Plastik des zylindrischen Fadens verschwindet) das Kantenmodell eines Würfels her und läßt es um eine lotrecht gehaltene Raumdiagonale rotieren. Dabei betrachtet man es einäugig vor einem Spiegel so, daß das Spiegelbild genau in das Bild des Drahtwürfels fällt und die Drehachsen beider Bilder zusammenfallen. Dann scheint das Spiegelbild nach vorne, in den direkt gesehenen Drahtwürfel zu springen, so daß sich beide um dieselbe Achse zu drehen scheinen, wobei sich gleichzeitig der wahrgenommene Drehsinn des gespiegelten Würfels umkehrt, so daß man jetzt beide Würfel ineinandergeschachtelt und in gleicher Richtung sich um dieselbe Achse drehen sieht. Dieses Umschlagen der Wahrnehmung von Ort und Drehrichtung des Spiegelwürfels ist von zwei leicht verständlichen, aber interessanten Erscheinungen begleitet. Erstens scheint er erheblich viel kleiner zu werden, was begreiflich ist, da er ja nun viel näher am Auge wahrgenommen wird, als die Ebene des virtuellen Bildes tatsächlich ist. Zweitens aber scheint er einen merkwürdigen Bauchtanz zu vollführen, indem sich seine Drehachse, gleichsam wie eine biegsame Welle, im Tempo des Drehens dauernd so verkrümmt, daß sie dem Beschauer ihre konkave Seite zukehrt. Je näher man das Auge an den Würfel bringt, desto ausgesprochener wird die Erscheinung. Sie ist leicht aus der Tatsache zu erklären, daß die Wahrnehmung das nur aus schwarzen, körperlosen Linien bestehende, und daher in bezug auf Vorn und Hinten zweideutige Netzhautbild des Drahtkantenwürfels bei dem erwähnten Umschlag uminterpretiert, d. h. die tatsächlich vom Auge abgewandten Teile des Spiegelwürfels als vorne liegend meldet, und umgekehrt. Die im virtuellen Bild hinten liegenden, von der Wahrnehmung aber als vornliegend gemeldeten Teile des Bildes erfahren eine doppelte Verkleinerung, erstens diejenige, die das Netzhautbild durch die Vergrößerung der Entfernung tatsächlich erfährt, zweitens aber diejenige, die durch den Mechanismus der Größenkonstanz hervorgerufen wird, der jeden Gegenstand entsprechend seinem Näherkommen verkleinert (S. 275).

Wenn man die eben besprochene Fehlleistung der Gestaltwahrnehmung ratiomorphisiert, wirkt sie geradezu wie eine Karikatur des Vorganges, der sich bei vorschneller und unkritischer Hypothesenbildung nur allzu oft auch auf der Ebene des Rationalen abspielt. Es wird kurzschlüssig eine extrem einfache und »elegante« Hypothese gebildet, die »denk-ökonomisch« mit der Annahme einer einzigen Achse und eines einzigen Drehsinns auskommt. Die Daten, die diese Hypothese nicht einzuordnen vermag, werden durch eine außerordentlich unwahrscheinliche und gewaltsame »Zusatzhypothese« fügsam gemacht, die in der Annahme besteht, daß der innere Würfel seine Starrheit verliere und gummiartig biegsam und kompressibel werde. Die Falschmeldung wird, wie jede Wahrnehmung, »für wahr« hingenommen und unbelehrbar festgehalten, ganz wie eine falsche Annahme von einem unkritischen Hypothesenbildner.

Damit kommen wir zu der zweiten, nächst der Prägnanztendenz als Fehlerquelle gefährlichsten Funktionseigenschaft der Gestaltwahrnehmung, nämlich ihrer grundsätzlichen Unbelehrbarkeit. Der Mechanismus, der dazu gemacht ist, in den Sinnesdaten obwaltende Gesetzlichkeiten zu entdecken, erhält seine Informationen offenbar fast ausschließlich von der Peripherie. Die Fälle, in denen man die Wahrnehmung zwischen zwei gleich guten »Hypothesen« willkürlich hin und her umschlagen lassen kann, bilden die einzigen mir bekannten Beispiele für eine nachweisbare Beeinflussung des Wahrnehmungsmechanismus durch höhere Instanzen des Zentralnervensystems. Deshalb werden die Fehlmeldungen komplexester und höchst ratiomorpher Gestaltwahrnehmung ebenso unkorrigierbar festgehalten wie die einfachster Konstanzmechanismen. Während sich aber der Wahrnehmende bei diesen der Täuschung leicht bewußt wird, verleitet ihn gerade bei den höchsten Leistungen der Gestaltwahrnehmung ihr Ratiomorphismus dazu, Pseudo-Rationalisierungen vorzunehmen und zu glauben, er sei überhaupt nicht durch unbewußte Wahrnehmungsvorgänge, sondern auf rationalem Weg zu dem betreffenden Ergebnis gelangt.

Der Informationstheoretiker und Gruppenpsychologe A. Bavelas hat über einen eindrucksvollen Fall dieser Art berichtet, der noch dazu in einer Situation auftrat, in der die Gestaltwahrnehmung überhaupt jeder Regelmäßigkeit in den Daten absichtlich beraubt worden war, um ihr »Eigenrauschen« zu demonstrieren. Bavelas ließ von mehreren Versuchspersonen eine Anzahl von Tasten in beliebiger Reihenfolge drücken und dazu, in völlig unregelmäßigen Zeitabständen, ein Signal ertönen. Dabei lautete die Instruktion, es sei die Gesetzmäßigkeit in der Reihenfolge der gedrückten Tasten herauszufinden, die das Signal hervorriefen. Die Mehrzahl der Versuchspersonen glaubte eine solche Gesetzmäßigkeit wahrzunehmen, und verstieg sich dabei bis zu recht komplizierten Hypothesenbildungen.

Die nachfolgende Aufklärung, daß keinerlei Regelmäßigkeit vorhanden gewesen sei, stieß auf starke Widerstände, eine Versuchsperson suchte Bavelas längere Zeit nach Abschluß der Experimente auf und versuchte, ihn an Hand von während der Versuche gemachten Notizen davon zu überzeugen, daß der Apparat, der die Zufallsverteilung der Signale besorgte, nicht richtig funktioniert hätte und daß sich, vom Versuchsleiter unbemerkt, die wahrgenommene Regelmäßigkeit tatsächlich in die Versuchsanordnung eingeschlichen hätte.

Die dritte große Schwäche der Gestaltwahrnehmung, die zwar nicht wie die vorbesprochenen Funktionseigenschaften der Prägnanz-Übertreibung und der Unbelehrbarkeit zu tatsächlichen Falschmeldungen führt, aber doch ihre allgemeine wissenschaftliche Verwendbarkeit erheblich beeinträchtigt, liegt in der großen Verschiedenheit der Ausbildung bei verschiedenen Menschen. Zur Gestaltwahrnehmung besonders begabte Menschen neigen dazu, jene zu verachten, die das, was sie selbst ganz selbstverständlich wahrnehmen, nicht zu sehen vermögen und seine rationale Verifikation – mit vollem Rechte – fordern. Rational und analytisch begabte Denker, die ja selten gleichzeitig hervorragende Fähigkeiten zur Wahrnehmung komplexer Gestalten besitzen, halten den in dieser Hinsicht begabten für einen Schwätzer, weil sie den Weg, auf dem er zu seinen Ergebnissen kam, nicht nachvollziehen können, und dazu noch für kritiklos, weil er die Verifikation des Wahrgenommenen nicht für wichtig hält.

Wenn auch diese Schwierigkeit des gegenseitigen Verständnisses mit einiger Einsicht in die Natur der Gestaltwahrnehmung leicht überwindbar ist, bleibt doch die individuelle Verschiedenheit der Begabung zum Gestaltsehen ein Hemmschuh seiner wissenschaftlichen Verwertbarkeit, schon deshalb, weil es sich nicht lehren, ja kaum durch Lernen und Übung verbessern läßt.

Eine vierte, an sich recht interessante Schwäche der Gestaltwahrnehmung ist ihre Empfindlichkeit gegen Selbstbeobachtung. Sowie man auch nur seine Aufmerksamkeit auf ihre Funktion richtet, ist diese erheblich gestört. Eine eigene Erfahrung mag dies illustrieren. In meiner Heimat gibt es im Sommer nur Rabenkrähen und keine Saatkrähen. Die erste Saatkrähe, die ich bei Beginn des Herbstdurchzugs fliegen sah, fiel mir stets augenblicklich als solche auf, niemals verwechselte ich dabei die nur in winzigsten Proportions-Einzelheiten verschiedenen Flugbilder von Saatkrähe und Rabenkrähe, stets erwies sich beim Näherkommen des Vogels und Sichtbarwerden anderer Merkmale die Diagnose als richtig. Dagegen ergab der bewußt angestellte Versuch, die Flugbilder zu unterscheiden, eine rein zufallsgemäße Verteilung meiner Aussagen. Das rational gesteuerte Beachten wahrgenommener Einzelheiten stört offenbar das Gleichgewicht, das zwischen ihnen herrschen muß, sollen sie sich zu einer ganzheitlichen Gestalt zusammenfinden. Dies beeinträchtigt leider die wissenschaftliche Verwendbarkeit der Gestaltwahrnehmung ganz erheblich.

In den eben besprochenen Hinsichten, d. h. in bezug auf ihre Tendenz zur Prägnanz-Übertreibung, ihre Unbelehrbarkeit, ihre unvoraussagbaren individuellen Verschiedenheiten und die Tatsache, daß sie nicht oder kaum gelehrt werden kann, ist die Gestaltwahrnehmung den funktionell analogen rationalen Leistungen ausgesprochen unterlegen. Überlegen ist sie ihnen in zwei wesentlichen Punkten.

Erstens ist die Gestaltwahrnehmung imstande, eine unvermutete Gesetzlichkeit zu entdecken, wozu die rationale Abstraktionsleistung absolut unfähig ist. Abgesehen von einigen hochmodernen Rechenmaschinen, die imstande sind, aus der Superposition sehr vieler Kurven eine in ihnen allen enthaltene Gesetzmäßigkeit zu entnehmen, besitzen wir kein Mittel, vor allem keine rationale im Zentralnervensystem sich abspielende Leistung, die imstande ist, Gesetzmäßigkeiten zu entdecken. Immer ist die Fragestellung, d. h. die Vermutung einer Gesetzmäßigkeit nötig, ehe es möglich wird, sie nachzuweisen.

Zweitens vermag die Gestaltwahrnehmung, wie gezeigt wurde, mehr Einzeldaten und mehr Beziehungen zwischen diesen in ihre Berechnung einzubeziehen, als irgendeine rationale Leistung. Selbst eine auf breitester Statistik aufgebaute Korrelationsforschung kommt in dieser Hinsicht nicht an sie heran, und nur die erwähnten Maschinen zur Auswertung komplexer Kurven leisten auf dem engen Bereiche, auf den sie anwendbar sind, annähernd gleiches wie der Mechanismus der Gestaltwahrnehmung. Goethes Aussage »Das Wort bemüht sich nur umsonst, Gestalten schöpferisch aufzubauen« ist eben deshalb richtig, weil die rationale Übersicht über all die Daten unmöglich ist, die im linearen, zeitlichen Nacheinander der Wortsprache übermittelt werden müßten. Vor allem genügt diese Übersicht nie und nimmer, um die unzähligen, kreuz und quer bestehenden Beziehungen zwischen den Einzeldaten zu erfassen. Das Hindernis liegt hierbei sehr wahrscheinlich in einem Versagen des Gedächtnisses. Liest man z. B. in einem zoologischen Lehrbuch die Beschreibung eines Vogels, so kann man sich aus ihr vor allem deshalb kein »Bild« machen, weil man längst vergessen hat, wo etwa ein brauner Streifen beschrieben wurde, wenn man die Schilderung der benachbarten Körperregionen liest. Daß es prinzipiell möglich ist, aus zeitlichem Nacheinander von Einzeldaten eine Gestalt aufzubauen, beweisen die Bildtelegraphie und das Fernsehen, bei dem allerdings die Übermittlung so schnell erfolgen muß, daß das positive Nachbild die Aufgabe übernimmt, an der bei der sprachlichen Schilderung unser Gedächtnis scheitert.

Das Gedächtnis, das sich weigert, Einzeldaten zu behalten und es uns dadurch zu ermöglichen, sie rational zueinander in Beziehung zu bringen, ist merkwürdigerweise imstande, die gegenseitige Beziehung, die »Konfiguration« von sehr vielen Daten, sehr genau und auf lange Zeiträume zu behalten, woferne die Wahrnehmung es war, die ihm diese Beziehungen mitgeteilt hat. In dieser Hinsicht vollbringt es wahre Wunderleistungen, wofür nur ein Beispiel angeführt sei, das jedem Mediziner geläufig sein wird. Man hat irgendeinen Symptomenkomplex, vielleicht vor Jahren, ein einziges Mal gesehen, ohne bei dieser ersten Darbietung bewußt eine besondere Gestaltqualität wahrzunehmen. Sieht man nun aber denselben Komplex ein zweites Mal, so kann es vorkommen, daß urplötzlich aus der Tiefe des Unbewußten, die Gestaltwahrnehmung mit der unbezweifelbaren Meldung hervortritt: »Genau dieses Krankheitsbild hast du schon einmal gesehen!«

Die überraschende Leistung des Gedächtnisses im Festhalten von Gestalten ist es ja auch, die es der Gestaltwahrnehmung ermöglicht, im Laufe der Jahre einen so gewaltigen Schatz an Tatsachenmaterial anzusammeln. Er übertrifft an Zahl der festgehaltenen Tatsachen ganz gewaltig das rationale Wissen, das ein Forscher bewußt und verfügbar je zu besitzen vermag. Gleichzeitig aber beeinflußt der Umfang dieses unbewußten Wissens die Wahrscheinlichkeit der Richtigkeit der Wahrnehmungsmeldung in ganz genau gleicher Weise, wie die Breite der Induktionsbasis die Verläßlichkeit jedes rational gewonnenen Ergebnisses beeinflußt: In beiden Fällen ist die Wahrscheinlichkeit der Richtigkeit der Breite der Tatsachenbasis direkt proportional.

Der ungeheure Schatz an Tatsachen, den die Wahrnehmung aufhäuft, spielt in ihrer ratiomorphen Abstraktionsleistung eine analoge Rolle wie die Induktionsbasis in der rationalen Forschung; auch beansprucht sein Zustandekommen ebensoviel Zeit. Hierin liegt die Erklärung dafür, daß die Entdeckungen, die große Naturforscher am gleichen Forschungsobjekt machen, manchmal Jahrzehnte auseinanderliegen. Karl von Frisch z. B. veröffentlichte 1913 seine erste Arbeit über Bienen, 1920 schrieb er zum ersten Male über ihr Mitteilungsvermögen durch Tänze, 1940 entdeckte er den Mechanismus der Orientierung nach dem Sonnenstand, der einen »inneren Chronometer« zur Voraussetzung hat, sowie die Richtungsweisung im Stock, die mit einer Transposition der Sonnenrichtung operiert, indem sie diese in den Tänzen durch die Lotrechte »symbolisiert«. 1949 fand er den erstaunlichen »Verrechnungsapparat«, der aus der Polarisationsebene des Lichtes vom blauen Himmel den Stand der Sonne zu ermitteln vermag. Soviel wahrhaft bienenfleißiges Experimentieren und gewissenhaftes Verifizieren auch hinter diesen großen Entdeckungen eines großen Naturforschers steckt, ist es doch sicherlich kein Zufall, daß sie im wesentlichen während der Ferien des Forschers an seinen eigenen Bienenstöcken in seinem Sommerheim gemacht wurden. Denn eine der angenehmsten Eigenschaften der Gestaltwahrnehmung liegt darin, daß sie dann am eifrigsten am Werk ist, Informationen zu sammeln, wenn der Wahrnehmende, in die Schönheit seines Objektes versunken, tiefster geistiger Ruhe zu pflegen vermeint.

VI Der kritische Gebrauch der Gestaltwahrnehmung

Meiner Meinung nach kommt jede Entdeckung einer einigermaßen komplexen Regelhaftigkeit grundsätzlich durch die Funktion der Gestaltwahrnehmung zustande. Dies gilt in allen Naturwissenschaften, aber auch in der Mathematik, und wird von den Mathematikern bereitwilligst bestätigt. Obwohl, wie schon dargelegt, ratiomorphe und rationale Erkenntnisleistungen oft hochgradig analoge Funktionen haben und daher in vielen Fällen imstande sind, einander zu vertreten, halte ich die Gestaltwahrnehmung in dieser einen Leistung für völlig unersetzlich. Gerade deshalb aber erscheint es mir von größter Wichtigkeit, daß jeder Forscher die im vorigen Abschnitt besprochenen Funktionseigenschaften der eigenen Gestaltwahrnehmung genau genug kennt, um ihre Schwächen durch rationale Leistungen zu kompensieren und ihre Stärke voll auszunützen.

Die Fehlleistungen, die sich daraus ergeben, daß die Prägnanztendenz über das Ziel hinausschießt (S. 287), sind gerade für jene Forscher am gefährlichsten, die am besten mit der Fähigkeit zur Wahrnehmung komplexer Gestalten begabt sind. Indessen läßt sich diese Gefahr zum großen Teil schon dadurch bannen, daß man entweder mehr und mehr Information in den eigenen Wahrnehmungsapparat »hineinfüttert« – hier paßt der unschöne Anglizismus zufällig sehr genau –, oder aber dadurch, daß man der Wahrnehmung Gelegenheit gibt, von einem anderen »Gesichtspunkt« her Daten zu sammeln, etwa so, wie man die S. 288 besprochene Wahrnehmungstäuschung mit dem rotierenden Drahtwürfel dadurch zerstört, daß man das andere Auge öffnet. In beiden Fällen ist es die Wahrnehmung selbst, die an Hand einer erweiterten »Induktionsbasis« die eigene »vorschnell gebildete Hypothese« fallenläßt. Man wird selbstverständlich nie vergessen, daß das Wahrgenommenhaben einer Gesetzmäßigkeit, und mag es noch so überzeugend wirken, keine wissenschaftliche Wahrheit bedeutet, ehe das ganze Arsenal höherer rationaler Erkenntnisleistungen die schwere Aufgabe gemeistert hat, das von der

Wahrnehmung Entdeckte »nachzuweisen«, oder aber die noch viel schwierigere Leistung, das Verfahren zu erkunden und nachzuvollziehen, auf dem sie zu ihrem Ergebnis gelangt ist. Drittens, und vor allem, muß man immer dessen bewußt bleiben, daß die Gestaltwahrnehmung nur ein Entdeckungsapparat ist und daß man dort, wo ihre Ergebnisse denen der rationalen Leistungen widersprechen, den letzteren zu glauben verpflichtet ist und daß in allen Belangen des Verifizierens die Quantifikation das letzte Wort hat.

Die zweite Schwäche aller Wahrnehmung, ihre hartnäckige Unbelehrbarkeit, macht es oft besonders schwer, diese letzte Forderung zu erfüllen. Sie ist imstande, den Forscher in ernste innere Konflikte zu stürzen.

Die dritte Schwäche der Gestaltwahrnehmung, die individuelle Verschiedenheit ihrer Ausbildung und die Unmöglichkeit, sie im eigentlichen Sinne zu lehren, kann in erheblichem Maße durch Vermehrung der »Information«, d. h. des schlichten Beobachtens, überwunden werden. Was ein Beobachter an einem Objekt die ersten zwanzig Male absolut nicht zu sehen vermag, sieht er beim zweihundertsten Male dann doch. Auch wird aus dem Nachteil oft dadurch ein Vorteil, daß ein im Sehen von Einzelheiten und im analytischen Denken besser Begabter die an sich richtigen Wahrnehmungen des Ganzheits-Sehers bezweifelt und schließlich auf rationalem Wege genau jene Verifikation erbringt, die jenem nie gelungen wäre.

Die vierte große Schwäche der Gestaltwahrnehmung, der Umstand, daß sie prompt streikt (S. 290 f.), wenn die Ratio versucht, ihr ins Handwerk zu pfuschen, macht eine ganz eigenartige Technik nötig, die man, gewissermaßen wie eine Yogi-Übung, erlernen muß. Um dieses Verfahren verständlich zu machen, möchte ich versuchen, die Genese einer recht langwierigen, sich über Jahre hinstreckenden Gestaltbildung (S. 281 f.) phänomenologisch zu schildern. Das erste Anzeichen, daß die Gestaltwahrnehmung »Wind« von irgendeiner in den just beobachteten Vorgängen obwaltenden Gesetzlichkeit bekommen hat, besteht darin, daß sie, gleichsam wie ein guter Jagdhund, in der betreffenden Richtung »an der Leine zu ziehen« beginnt. Sie bewerkstelligt das mittels der ihr eigenen Fähigkeit, gewissen Reizkombinationen die Qualität des Anziehenden und Interessanten zu verleihen. Diese zunächst völlig diffuse Gesamtqualität kann, wie gesagt, jahrelang als ungegliedertes Erleben bestehen bleiben, wirkt aber gleichzeitig so stark auf das gesamte Gefühlsleben, daß man von dem betreffenden Beobachtungsgegenstand einfach nicht loskommt. So wird zwangsläufig mehr und mehr Information in den Verrechnungsapparat der komplexen Gestaltwahrnehmung hineingepreßt, was man ordentlich zu fühlen meint und was dann Schritt für Schritt zu einer Wahrnehmung einzelner relevanter Glieder der gesuchten Gestalt führt. Es ist, wenigstens für mich, in diesen Fällen komplexester Wahrnehmungsleistung nicht richtig, daß die Gestalt vor ihren Teilen gegeben ist. Man weiß vielmehr zunächst, welche Teilkomplexe es sind, aus denen sich die Ganzheit aufbauen wird, nicht aber, in welcher Konfiguration sie sich zu ihrer Gestalt zusammenfügen werden. Sehr gut kommt dies in der Schilderung zum Ausdruck, die Max Wertheimer von den Erkenntnisschritten gibt, die Einstein zur Formulierung der Relativitätstheorie führten.

Gerade dies ist nun die Phase, in der man nicht versuchen soll, durch bewußtes Experimentieren mit den als wesentlich erkannten Gliedern die Synthese der Gestalt zu erzwingen. Jeder zur Selbstbeobachtung Neigende weiß z. B., daß man beim Lösen eines Silbenrätsels nie versuchen darf, die gesuchte Reihenfolge durch Permutation zu finden. Man rennt sich dabei sofort in einer oder mehreren Silbenkombinationen fest und kommt nicht mehr davon los. Man muß vielmehr alle Glieder gleicherweise, gewissermaßen mit schwebendem Akzent, im Auge behalten und sich dann in einer ganz bestimmten, schwer beschreibbaren Weise anstrengen. Die angedeutete »Yogi-Kunst« besteht nur darin, in dieser Weise bewußt Druck hinter die Gestaltwahrnehmung zu setzen, ohne in ein bewußtes Nachdenken abzugleiten, das die Lösungsfindung mit Sicherheit verhindern würde. Wer davon überzeugt ist, daß alle seelischen Vorgänge ihre neurophysiologische Seite haben, sollte sich eigentlich nicht darüber wundern, daß die Gestaltwahrnehmung zum Vollbringen ihrer höchsten Leistungen der Energiezufuhr bedarf.

Der nun folgende, entscheidende Schritt ist das plötzliche »Herausspringen« der Lösung. Es kommt meist ganz unerwartet und fast nie dann, wenn man sich mit dem Problem beschäftigt. Es ist ganz buchstäblich so, als ob ein Bote, den man mit einem bestimmten Erkundungsauftrag ausgeschickt hat, sich mit der Nachricht des Erfolges zurückmeldet. C. F. von Weizsäcker hat dies einst auf einem zwanglosen Treffen kybernetisch interessierter Biologen sehr anschaulich geschildert, besonders aber auch, wie man im entscheidenden Augenblick zunächst mit voller Sicherheit nur weiß, daß man die Lösung hat, aber noch nicht, wie sie aussieht. Das Erlebnis ist dabei ganz so, als überreichte einem jener Bote die erwartete Erfolgsmeldung in einem verschlossenen Brief.

Sehr bemerkenswerte Erlebnisvorgänge spielen sich ab, wenn die Gestaltwahrnehmung zur Bildung von zwei miteinander unvereinbaren »Hypothesen« gelangt ist, was gar nicht so selten vorkommt. Als ich, wie schon mitgeteilt, jenen Gans-Schwan-Mischling unerwartet sah und ihn abwechselnd als Gans und als Schwan wahrnahm, hatte ich dieses Gefühl mit einer Intensität, die an Übelkeit grenzte. Dieselbe Erlebnisqualität tritt aber nicht nur dann auf, wenn, wie in jenem Fall, zwei gleich deutliche Gestalten einander glatt widersprechen, sondern auch schon dann, wenn eine geringere Minorität gespeicherter Informationen sich einer »Hypothese« nicht fügt, die imstande ist, eine erdrückende Mehrheit von Daten mit bestechender Eleganz einzuordnen. Es ist einem dann »nicht ganz wohl« bei dieser Interpretation, und es entsteht ein Gefühl des Zweifels, welches das ratiomorphe Analogon zur rationalen Leistung des Zweifelns ist. Auch hierfür finden sich in Wertheimers Bericht über sein Gespräch mit Einstein sehr überzeugende Beispiele. Zur »Yogi-Kunst« des kritischen Gebrauchs der Gestaltwahrnehmung gehört in allererster Linie, was ich hier zuletzt erwähne: Man muß es lernen, sein Ohr aufs äußerste für jene Warnung zu schärfen, die einem der Wahrnehmungsmechanismus in Form des eben beschriebenen Unlustgefühles erteilt. Verführerisch elegante Meldungen, die er uns über das Bestehen komplexer Gesetzlichkeiten erstattet, können unter Umständen völlig falsch sein. Und wenn er uns durch jenes spezifische Gefühl gegen seine eigenen Mitteilungen mißtrauisch macht, ist immer etwas faul an ihnen.

VII Die Rolle der Gestaltwahrnehmung im Rahmen der Funktionsganzheit der menschlichen Erkenntnisleistung

Die ungeheure Diskrepanz der Meinungen über den Wert und selbst über die wissenschaftliche Legitimität der Gestaltwahrnehmung beruht, neben offensichtlich kulturellen und geistesgeschichtlichen Faktoren, sicherlich auch zu sehr großem Teile auf jenen typologischen Verschiedenheiten der Forscher, die den einen dieser, den anderen jener Disziplin sich zuwenden lassen. Der zoologische und botanische Phylogenetiker, der medizinische Kliniker und der Humanpsychologe europäischer Prägung sind wohl diejenigen, die sich dieses Wertes am meisten bewußt sind und die sie systematisch benutzen. Das andere Extrem sind die Behavioristen, die der Gestaltwahrnehmung – und damit der Beobachtung der Organismen in ihrem natürlichen Lebensraum – jeglichen Wert, ja den Charakter der Wissenschaftlichkeit aberkennen. Einen recht erheiternden Kompromiß zwischen beiden Extremen bilden Forscher, die sich zwar unbewußt von der eigenen Gestaltwahrnehmung leiten lassen, dies aber im psychoanalytischen Sinn »verdrängen« und empört ableugnen.

Beide Extreme führen zu falschen erkenntnistheoretischen Einstellungen, das erste häufig, das zweite immer. Die Verehrer der eigenen Intuition neigen dazu, den Wert der rationalen, vor allem der induktiven Erkenntnisleistung zu unterschätzen und zu meinen, »geheimnisvoll am lichten Tag läßt sich Natur des Schleiers nicht berauben, und was sie Deinem Geist nicht offenbaren mag, das zwingst Du ihr nicht ab mit Hebeln und mit Schrauben«. So hält denn auch der größte aller Gestaltseher den nach Verbreiterung der Induktionsbasis und rationaler Verifikation strebenden Grundlagenforscher für den »ärmlichsten aller Erdensöhne«, der »immerfort an schalem Zeuge klebt, mit gieriger Hand nach Schätzen gräbt und froh ist, wenn er Regenwürmer findet« – wobei der Dichter völlig übersieht, daß sich der also Geschmähte in höchst bemerkenswerter Weise für Regenwürmer und nicht für Schätze interessiert und diese, wenn er sie als Nebenprodukt seines Grabens zutage fördert, meist achtlos anderen zur Ausbeutung überläßt.

Während man der übertriebenen Hochschätzung, die Goethe der »intuitiven Offenbarung«, für die er die Leistungen der eigenen Gestaltwahrnehmung hielt, nur den Vorwurf großer Einseitigkeit machen kann, trifft die extrem entgegengesetzte Meinung, daß alle Meldungen der Gestaltwahrnehmung als »nur subjektiv« ohne wissenschaftlichen Wert seien, zusätzlich noch der einer schier unbegreiflichen erkenntnistheoretischen Inkonsequenz. Denn ganz selbstverständlich ist nicht nur das, was die Gestaltwahrnehmung uns vermeldet, subjektiv, sondern alle Erkenntnisse schlechthin sind es. Die vorangehenden erkenntnistheoretischen Erwägungen genügen, um die grenzenlose Naivität der Meinung darzutun, daß die Wahrnehmung nur dann »Objektives« vermeldet, wenn sie zum Ablesen eines Meßinstruments benutzt wird.

Um die Rolle richtig darzustellen, die unsere Gestaltwahrnehmung im Rahmen des Systemganzen aller unserer Erkenntnisleistungen spielt, müßte man mehr, als ich weiß, über die Funktion rationaler Leistungen wissen. Ich kann also nur versuchen, in recht groben Zügen die Rollenverteilung ratiomorpher und rationaler Leistungen zu schildern, wobei ich mir bewußt bin, daß wahrscheinlich schon die scharfe Trennung dieser beiden Arten von Vorgängen eine künstliche Vereinfachung der Wirklichkeit ist.

Ganz sicher aber bedeutet es einen solchen Simplismus, wenn ich im obigen das Zusammenspiel der verschiedenen Erkenntnisleistungen so dargestellt habe, als bestünde immer eine klare zeitliche Trennung zwischen der vorangehenden Entdeckung einer Gesetzlichkeit durch ratiomorphe und ihrer darauf folgenden Verifikation durch rationale Vorgänge.

Wohl beginnt höchstwahrscheinlich jede wissenschaftliche Entdekkung damit, daß die Gestaltwahrnehmung in der beschriebenen diffusen Weise auf das Vorhandensein eines zu Entdeckenden aufmerksam macht. Doch ist damit keineswegs gesagt, daß es die Wahrnehmung allein ist, die nun zur Herausgliederung einer Gestalt führt. Es kann sein, daß das Datenmaterial so kompliziert und reich an Unregelmäßigkeiten ist, die eine Gesetzlichkeit überlagern, daß es der Wahrnehmung unmöglich wird, die Gestalt vom Hintergrund des Akzidentellen abzugliedern. Es kann dann oft eine rationale, quantifizierende, statistische und sichtende Vorarbeit nötig sein, um gerade dies zu ermöglichen. Wie oft hat schon ein Forscher die geahnte Gesetzmäßigkeit erst in seinen Kurven und Diagrammen, ja selbst in seinen Gleichungen »gesehen«, wie oft hat einer in diesen Ergebnissen rationaler Leistungen eine andere als die zuerst vermutete Gesetzmäßigkeit gefunden!

Eine ganz besonders enge und direkte funktionelle Beziehung scheint mir zwischen der Leistung extensiven Quantifizierens und der Gestaltwahrnehmung zu bestehen. Wenn uns die Baggermaschine unseres Zählapparates über konkrete Dinge der realen Außenwelt sinnvolle Aussagen erlaubt, so hat dies zur unabdingbaren Voraussetzung, daß die gezählten Einheiten untereinander gleich sind. Dies festzustellen ist aber die Kategorie der Quantität allein völlig außerstande – alle Quantifikation ist in dieser Hinsicht auf die objektivierenden Leistungen der Konstanzmechanismen und der Gestaltwahrnehmung angewiesen. Dies gilt ebensowohl, wenn ein Äpfel zählendes Schulkind die Gleichheit der gezählten Objekte unmittelbar wahrnimmt oder der Physiker die Dingkonstanz des Meßinstruments, das ihm dazu verhilft, jede Schaufel seiner Zählmaschine mit einer gleichen Menge des zu messenden Konkretums zu beschicken. In seiner stammes- und kulturgeschichtlichen Entwicklung hat der Mensch durch Zehntausende von Jahren Gegenstände gezählt, natürliche Einheiten, deren ungefähre Gleichheit ihm die Wahrnehmung meldete, ehe er die geniale Erfindung des Maßes machte, die es ihm ermöglichte, ein Kontinuum in eine Anzahl gleicher Gegenstände zu zerlegen. Daß die niedrigere und phylogenetisch ältere Funktion der Wahrnehmung die Voraussetzung der jüngeren und höheren der Quantifikation bildet, ja daß sie geradezu in ihr enthalten ist, nimmt keineswegs wunder. Diese Beziehung besteht häufig zwischen niedrigeren, älteren und jüngeren, höheren Leistungen des Zentralnervensystems. Verwunderlich aber ist es, daß diese Tatsache nicht allgemein als wissenschaftliche Legitimierung der Gestaltwahrnehmung angesehen wird.

Innerhalb der langen Reihe sehr verschiedener Vorgänge, die von der dunklen Ahnung einer von der Gestaltwahrnehmung entdeckten Gesetzlichkeit zur klaren Formulierung einer wissenschaftlichen Erkenntnis führen, werden die beteiligten Mechanismen sicher in ganz unregelmäßiger Reihenfolge, oft auch gleichzeitig, eingesetzt. An den verschiedensten Stationen mag die Gestaltwahrnehmung eingreifen, um eine regelhafte Beziehung zwischen anderen, rationalen Gliedern des Gesamtgeschehens festzustellen, bekanntlich sieht man auch in Zahlen oder in Gleichungen echte Gestalten. An anderen Stellen mögen rationale Kategorien auf Komplexe angewendet werden, deren natürliche Einheit eben erst von der Gestaltwahrnehmung und noch von keiner rationalen Leistung festgestellt worden ist, wie etwa im oben erörterten Fall des Zählens wahrgenommener Gegenstände, oder wenn wir uns fragen, ob ein bestimmter, wahrgenommener, aber noch unanalysierter Symptomenkomplex in einer Kausalbeziehung zu einem anderen, ebensolchen stehe, usw. Wie sehr verschieden das Zusammenwirken der verschiedenen Wahrnehmungs-, Denk- und Anschauungsleistungen sein kann, geht ja auch aus der Verschiedenheit der Wege hervor, die zur gleichen Erkenntnis führen können.

Nur das Ende dieses Weges scheint mir, wie sein Anfang, von den Mechanismen der Gestaltwahrnehmung bestimmt zu werden. Hierfür sprechen zwei Argumente, die zwar nicht Anspruch erheben können, zwingende Beweise zu sein, aber doch wohl Indizien sind, die man nicht übersehen sollte. Erstens hat man in jenem Augenblick, in dem man die Lösung eines noch so komplizierten und noch so »rein verstandesmäßigen« Problems findet, genau dasselbe qualitativ unverwechselbare Erlebnis, das auch dann auftritt, wenn durch die Leistung völlig unbewußt funktionierender Mechanismen der Raumorientierung oder der Wahrnehmung der Zustand des Unorientiertseins beseitigt wird und »mit hörbarem Einrasten« dem des Orientiertseins weicht. Bühler hat es treffend als »Aha-Erlebnis« bezeichnet.

Zweitens aber ist der Vorgang der Lösungsfindung der Selbstbeobachtung so absolut unzugänglich, wie es für die ratiomorphen Leistungen der Wahrnehmung so kennzeichnend ist. Stets kommt die Lösung als eine Überraschung, eine Erleuchtung, die unserem rationalen Denken von anderswo, von außen her, zu kommen scheint, was sich bekanntlich in vielen Wendungen der nichtwissenschaftlichen Sprache ausdrückt. Wenn man an eine außernatürliche Herkunft solcher »Inspiration« nicht recht glauben mag, so erscheint einem doch die Annahme am wahrscheinlichsten, daß sie das Ergebnis der höchstentwickelten und dem rationalen Denken am nächsten analogen Leistungen unseres Zentralnervensystems ist, nämlich der Gestaltwahrnehmung.

Ich komme zu dem Schlusse, daß die Wahrnehmung komplexer Gestalten eine völlig unentbehrliche Teilfunktion im Systemganzen aller Leistungen ist, aus deren Zusammenspiel sich unser stets unvollkommenes Bild der außersubjektiven Wirklichkeit aufbaut. Sie ist damit eine ebenso legitime Quelle wissenschaftlicher Erkenntnis wie jede andere an diesem System beteiligte Leistung. Sie ist sogar, in jeglicher Reihe von Schritten, die zu einer Erkenntnis führen, der Anfang und das Ende, das Alpha und das Omega, allerdings nur im ganz buchstäblichen Sinne, denn zwischen diesen beiden Lettern liegt das ganze Alphabet der anderen, »apriorischen«, Formen unseres Denkens und unserer Anschauung, in dessen Chiffren die Phänomene geschrieben sein müssen, sollen wir imstande sein, sie als Erfahrungen zu lesen.

VIII Zusammenfassung

Aufgabe vorliegender Schrift ist, zu zeigen, daß unter den an der Gesamtleistung menschlichen Erkennens beteiligten Funktionen keine, auch nicht die des Quantifizierens, als Quelle wissenschaftlicher Erkenntnis einen Primat über irgendeine andere besitzt und daß in der Systemganzheit aller Erkenntnisleistungen die Wahrnehmung komplexer Gestalten eine nicht nur wissenschaftlich legitime, sondern völlig unentbehrliche Rolle spielt.

Phylogenetische Anpassung und adaptive Modifikation des Verhaltens (1961)

I Einleitung und Aufgabestellung

Merkmale werden nicht vererbt, sondern Variationsbreiten der möglichen Merkmalsausbildung. Diese verläuft, innerhalb der erblich abgesteckten Variationsbreite, in engster und komplexester Wechselwirkung zwischen Erbfaktoren und Außenfaktoren, in einer Weise, die von der Phänogenetik in einzelnen Fällen analysiert worden ist. Das ausgebildete Merkmal darf man also nicht als »angeboren« oder »ererbt« bezeichnen, genaugenommen nicht einmal dann, wenn es, wie Erbkoordinationen und viele andere Elemente des Verhaltens, nur eine minimale, praktisch zu vernachlässigende Modifikabilitätsbreite besitzt. Aber allgemein üblich ist das unter Genetikern trotzdem, so daß es wohl nicht tadelnswert erscheint, wenn bestimmte arteigene Bewegungskoordinationen auch von Biologen, die durchaus nicht nur im Nebenberuf Genetiker sind, wie E. Mayr, W. H. Thorpe und O. Koehler, ohne jeden Vorbehalt als angeboren bezeichnet werden.

Die Formulierung vieler englisch publizierender Ethologen lautet, man dürfe das Eigenschaftswort »angeboren« nur auf Merkmalsunterschiede, nicht aber auf die Merkmale selbst anwenden. Auch wer die logisch-begriffliche Fassung dieser Formulierung nicht ganz nachzuvollziehen vermag, muß zugestehen, daß es tatsächlich der klarste und vom Genetiker schlechthin geforderte Beweis für die Erbgebundenheit einer Verhaltensweise ist, wenn sie bei gleich aufgezogenen Individuen verschiedener Abstammung kennzeichnende, ebendieser Abstammung entsprechende Verschiedenheiten zeigt, wie z. B. die Verhaltensweise des Nistmaterial-Eintragens bei W. Dilgers Agapornidenarten und deren Kreuzungen oder die Balzbewegungen bei Schwimmenten-Mischlingen. W. von de Wall erhielt von der Kreuzung *Anas georgica spinicauda* × *A. bahamensis bahamensis* eine F_2-Generation, allerdings nur zwei Erpel, die sowohl voneinander als auch von allen anderen bekannten Schwimmentenarten verschiedene Neukombinationen bekannter Bewegungselemente zeigten.

Außer genetisch-nomenklatorischen Bedenken haben jene Forscher auch grundsätzliche, methodologische und begriffliche Einwände dagegen, Verhaltensweisen, und seien es auch noch so kleine Elemente, als angeboren zu bezeichnen. Meiner Meinung nach beraubt uns diese Einschränkung eines Begriffs, dem ganz sicher eine wirkliche natürliche Einheit entspricht. Auf dem letzten Ethologenkongreß in Cambridge konnte ich mich einer etwas boshaften Erheiterung nicht erwehren, als immer und immer wieder der gewiß etwas unhandliche Ausdruck »was wir früher als angeboren bezeichneten« (»what we formerly called innate«) gebraucht wurde. Dieses offensichtliche Bedürfnis nach einem Terminus spricht eine beredte Sprache für die Existenz eines Begriffes, der Wirkliches zum Inhalt hat.

Aufgabe vorliegender Abhandlung ist es, diesen Begriff zu klären und die Existenz des ihm entsprechenden Wirklichen nachzuweisen. Dieses Unterfangen bringt eine Kritik an mehreren, heute unter Verhaltensforschern weit verbreiteten Einstellungen zum Begriff des Angeborenen mit sich, ebenso aber auch eine Diskussion des Experimentes der Aufzucht unter Entzug bestimmter Lernmöglichkeiten.

II Theoretische Einstellungen zum Begriff des Angeborenen

Drei bestimmte Meinungen über den Begriff dessen, »was wir früher als angeboren bezeichneten«, verdienen hier diskutiert zu werden. Die erste ist die der amerikanischen, behavioristisch orientierten Psychologen, von der ich zeigen zu können glaube, daß sie sowohl epistemologisch als auch biologisch falsch ist. Die zweite ist die mancher englisch sprechenden Ethologen, von denen ich behaupte, daß sie einen heuristisch unentbehrlichen Begriff aus den Händen verloren haben, und zwar teils aus Übervorsicht, teils aber sicher auch aus dem Wunsche, mit gewissen amerikanischen Schulmeinungen einen Kompromiß zu bilden, der sehr zum Schaden der Erkenntnis ausschlägt. Die dritte Meinung schließlich ist die der »naiven« älteren Ethologen, wie Heinroth, Whitman und anderer, einschließlich meiner selbst, an der ich, abgesehen von wenigen »Atomismen« und übertriebenen Vereinfachungen, aus zu erörternden Gründen durchaus festhalte.

Die Schule des Behaviorismus behauptet einhellig, die »Dichotomie« von »Angeborenem« und »Erlerntem« entbehre jedes analytischen Wertes (»is not analytically valid« [Hebb 1935]). Diese Behauptung wird vor allem durch zwei Argumente gestützt. Das erste lautet, die erwähnte »Dichotomie« sei nichts als eine *petitio principii*, daß bisher die einzig mögliche Definition für das Angeborene in der Aussage bestehe, daß es nicht erlernt sei, und *vice versa*. Hebb schreibt: »Die Identität von Faktoren, die nur durch Ausschluß definiert werden können, muß stark bezweifelt werden« (»The identity of factors only identified by exclusion must strongly be doubted«), und: »Ich möchte stark nahelegen, daß es nicht zwei Arten von Faktoren gibt, die tierisches Verhalten bestimmen, und das der Terminus ›Instinkt‹ völlig irreführend ist, weil er die Existenz eines nervlichen Vorganges oder Mechanismus bedeutet, der unabhängig von Umgebungsfaktoren ist und verschieden von jenen Nervenprozessen, in die Lernen eingeht« (»I strongly urge there are not two kinds of factors determining animal behaviour and that the term ›instinct‹ is completely misleading, as it implies a nervous process or mechanism which is independent of environmental factors and different from those nervous processes into which learning enters«).

Das zweite Argument, das besonders von Lehrman betont wurde, besagt, daß, selbst wenn man das Vorhandensein lernunabhängiger Anteile des Verhaltens nicht von vornherein leugnet, der Begriff des Angeborenen dennoch heuristisch wertlos sei, weil es praktisch nie möglich sein werde, die Beteiligung des Lernens an frühen epigenetischen Prozessen völlig auszuschließen, die sich, dem Beobachter unzugänglich, im Ei oder *in utero* abspielen.

Scharf von der behavioristischen Einstellung zu trennen, wenn auch an manchen Äußerlichkeiten ihr ähnlich ist die Tinbergens und vieler anderer moderner englischsprechender Ethologen. Obwohl diese Autoren, zum Teil aus den schon erwähnten genetisch-terminologischen Erwägungen, den Ausdruck »angeboren« nicht mehr auf Verhaltensweisen anwenden, sind sie sich doch voll bewußt, daß es zwei völlig voneinander unabhängige Mechanismen gibt, die eine Anpassung des Verhaltens an die Erfordernisse der Arterhaltung bewirken, nämlich erstens die Vorgänge der Phylogenese, in der die Evolution arterhaltender Verhaltensweisen durch die gleichen Faktoren bewirkt wird wie die morphologischer Merkmale, und zweitens die Vorgänge adaptiver Modifikation des Verhaltens, die sich im Leben des Individuums abspielen und unter denen das sogenannte Lernen zweifellos die wichtigste ist.

Obwohl sie sich der grundsätzlichen Zweiheit der Quellen aller Anpassung bewußt sind, halten die hier in Rede stehenden Forscher die Annahme für die günstigste Arbeitshypothese, daß in *allen* Verhaltensweisen, selbst in deren kleinsten denkbaren Elementen, Anpassungen aus *beiden* Quellen enthalten seien. Nach ihrer Meinung sind jene Verhaltensweisen,

»die man früher als angeboren und erlernt bezeichnete«, nichts als die extremen Endglieder einer stufenlosen Skala, die alle nur denkbaren Mischungen und Überlagerungen von Anpassungen beiderlei Art enthält. Daß gerade die beiden Extremtypen mit so erstaunlicher Häufigkeit vorkommen, wird voll erkannt und mit der vorläufigen Zusatzhypothese erklärt, daß beide wegen ihres besonders großen Arterhaltungswertes von der Selektion gegenüber den Mischformen bevorzugt würden.

Bei dieser Einstellung erscheint jeder Versuch, phylogenetisch und individuell angepaßte Verhaltens*elemente* begrifflich oder gar im praktischen Experiment voneinander zu trennen, von vornherein als sinn- und hoffnungslos, und zwar keineswegs nur aus den schon erwähnten genetisch-nomenklatorischen Gründen, sondern aus sorgfältig angestellten methologischen Erwägungen, die vor allem von dem Bestreben geleitet werden, nur »operationelle« *(operational)* Begriffsbildungen zu verwenden, d. h. solche, die auf unmittelbare Prüfbarkeit durch das Experiment zugeschnitten sind.

Tatsächlich kann man im voraussetzungslosen Versuch das Angeborene von dem durch Umweltfaktoren Bewirkten nur dadurch unterscheiden, daß man, da Erbfaktoren nicht unmittelbar experimentell zu verändern sind, jeweils die Wirkung eines bestimmten Umgebungsfaktors prüft, indem man eine Gruppe von Versuchstieren unter Bedingungen aufwachsen läßt, die sie dieser Wirkung entziehen, eine Gruppe von Kontrolltieren dagegen unter solchen, bei denen jener Faktor wirksam ist. Ein einzelnes Experiment dieser Art kann natürlich nur zu der Aussage berechtigen, daß ein einzelner geprüfter Umgebungsfaktor unwesentlich für die Entwicklung des zu untersuchenden Verhaltenselementes sei. Da es nun weder praktisch noch auch theoretisch möglich ist, von *allen* denkbaren Umgebungsfaktoren nachzuweisen, daß sie für die Ontogenese eines bestimmten Verhaltenselementes belanglos seien, ist es auch grundsätzlich unmöglich, so wird argumentiert, die volle Erbgebundenheit dieses Elementes nachzuweisen. Der Begriff des Angeborenen, auf Verhaltensbestandteile angewendet, entbehre daher des analytischen Wertes. Erst recht sei es unmöglich, auf Grund eines einzigen oder einiger weniger Experimente mit Erfahrungsentzug zu behaupten, eine Bewegungs- oder Reaktionsweise sei als Ganzes angeboren, womit dem Versuch der Aufzucht unter Erfahrungsentzug, wie wir ihn anstellen, jeder Wert abgesprochen ist. Diese Konsequenz wird noch durch ein Argument gestützt, daß sich aus bestimmten, S. 346 ff. genau zu erörternden Leistungsbeschränkungen des Experiments der isolierenden Aufzucht ergibt.

Die dritte und zur Zeit am meisten um- und bestrittene Anschauung ist die, daß im Aktionssystem höherer Tiere größere Einheiten von Verhaltensweisen auftreten, die durch Lernen völlig unbeeinflußbar sind und mit anderen Systemen, vor allem solchen auf der rezeptorischen Seite, zusammenarbeiten, die ihrerseits durch Lernen verändert und angepaßt werden können. Der alte Ausdruck »Instinkt-Dressur-Verschränkung«, den ich vor mehr als dreißig Jahren vorschlug, entspricht dieser Auffassung. Wenn sie richtig ist, so muß die bei höheren Wirbeltieren ganz zweifellos nachweisbare phylogenetische Entwicklung des Verhaltens in der Richtung zunehmender Veränderlichkeit und individueller Anpassungsfähigkeit ebensosehr auf einer Reduktion der starr angeborenen Verhaltensweisen wie auf einer Höherentwicklung der Lernfähigkeit beruhen, wie schon Whitman (1898) folgerichtig annahm.

III Kritik des ersten behavioristischen Argumentes

Es ist einfach nicht wahr, daß »das, was wir früher als angeboren bezeichneten«, und »das, was wir früher erlernt nannten«, je nur durch Ausschluß des anderen definiert sei. Wie ein zweiter, bei Diskussion des zweiten behavioristischen Argumentes zu kritisierender Irrtum entspringt auch dieser dem geflissentlichen Übersehen der Tatsache, daß keine Angepaßtheit von Struktur oder Verhalten an eine bestimmte Gegebenheit der Umwelt jemals als ein Produkt des Zufalls betrachtet oder gar als selbstverständlich hingenommen werden darf. Anpassung ist der Vorgang, der den Organismus in Auseinandersetzung mit seiner Umgebung formt, daß er sich und seine Art erhält. Angepaßtheit ist stets der unwiderlegliche Beweis, daß sich ein solcher Vorgang abgespielt hat. Die *An-Formung* des Organismus an die wenig oder nicht durch ihn veränderlichen Gegebenheiten der Umwelt kommt einer *Abbildung* dieser Gegebenheiten so nahe, daß man berechtigterweise von *Information* über sie sprechen kann, die in irgendeiner Weise in das organische System hineingelangt sein muß. (Das Wort »Information« wird hier durchaus im Sinne der Umgangssprache gebraucht, nicht in dem weit engeren der Informationstheorie.) *Es gibt nur zwei Wege, auf denen dies geschehen sein kann.*

1. Der erste dieser Wege ist die Wechselwirkung zwischen der Art und ihrer Umwelt. Sie verursacht auf dem Wege der Erbänderung und der natürlichen Zuchtwahl Anpassung des Organismus an die Umwelt. Alle Strukturen und Funktionen des Chromosomenapparates können in ihrer Gesamtheit als ein Mechanismus aufgefaßt werden, der nach dem Prinzip von Versuch und Irrtum verfährt und Informationen über die für den Organismus wesentlichen Umweltdaten sammelt und aufbewahrt. Immer

wird nur ein durch die Mutationsrate bestimmter Teil der Nachkommenschaft in neuen »Experimenten« aufs Spiel gesetzt, ohne den Bestand der Art und damit den Hort der bereits zusammengetragenen Information zu gefährden. Vielleicht liegt eine sehr wesentliche Funktion der geschlechtlichen Fortpflanzung im raschen Verbreiten der »Nachricht«, daß eine bestimmte neue Erbänderung im Daseinskampf besonders erfolgreich sei. Donald Campbell (1958) hat darauf hingewiesen, daß dieses Vorgehen mit dem der reinen, d. h. nicht durch deduktive Vorgänge beeinflußten und geleiteten *Induktion* identisch sei. Die gewonnene Information wird in den Genen gespeichert, die deshalb treffend mit einer »chiffrierten Information« verglichen wurden, die von Generation zu Generation weitergegeben und in jeder Ontogenese aufs neue dechiffriert wird.

Die Organisation, die all dies leistet, ist in der Evolution der Lebewesen sehr früh entstanden. Daß sämtliche höheren Tiere und Pflanzen von jenen Organismen abstammen, die Chromosomenapparat, Meiosis und Zygotenbildung »erfunden« haben, steht fest, und je mehr die Forschung über die Fortpflanzung niederer und niedrigster Lebensformen zutage fördert, desto mehr drängt sich die Frage auf, ob nicht die Entstehung der eben diskutierten Leistungen des Gewinns und des Sammelns von Information mit der Entstehung des Lebens gleichzusetzen sei.

2. Der zweite Weg, auf dem Information über die Außenwelt in den Organismus gelangen kann, ist die Auseinandersetzung des *Individuums* mit ihr. Einen Informationsgewinn bedeutet jeder Reizempfang, der den Organismus über seine *augenblickliche* Situation in der Umwelt orientiert und das hic et nunc seines Verhaltens bestimmt. Zu dieser Art von sofortiger, arterhaltend sinnvoller Bezugnahme auf soeben eintreffende Umweltreize gehören alle unmittelbar *re-aktiven* Vorgänge, was immer auch durch sie bestätigt wird, »unbedingte Reflexe«, angeborene Auslösemechanismen, Hemmungen oder Taxien. Die letzteren nehmen unter den Mechanismen der »Augenblicksinformation« insofern eine Sonderstellung ein, als sie neben dem zeitbezogenen Kommando »Jetzt ist die betreffende Verhaltensweise loszulassen« auch räumliche Angaben enthalten, die sehr reich an Informationen sein können. Der Empfang aktueller Situationsinformation geht, besonders bei den am höchsten differenzierten Orientierungsmechanismen des Menschen, mit dem subjektiven Phänomen der *Einsicht* einher. Er kann Lernvorgänge erzeugen und ist wohl sehr oft ihre Voraussetzung, aber grundsätzlich unabhängig von ihnen, denn er funktioniert auch bei den niedrigsten Lebewesen, die nicht lernen. Auch wäre es ein Irrtum, die durch ihn bewirkte Anpassung des Verhaltens an die jeweiligen Augenblicksforderungen der Umwelt als Modifikation zu bezeichnen, da sie ja nur die Funktionen eines Apparates sind, der für

diese Anforderungen bereitliegt, nicht aber Modifikationen dieses Apparates selbst.

Jegliches *Lernen* dagegen ist der phylogenetischen Anpassung von Verhaltensmechanismen darin geschwisterlich verwandt, daß es im neuralen Apparat, der das Verhalten bestimmt, *Strukturen schafft bzw. verändert.* Einen derartigen Vorgang, der sich im Leben des Individuums abspielt, bezeichnet man als *Modifikation.* Daß eine Modifikation, die durch einen bestimmten Umwelteinfluß hervorgerufen wird, eine Anpassung an gerade diesen Umstand hervorbringt, ist um nichts wahrscheinlicher, als daß eine Mutation adaptiv wirkt. Im Laufe der Stammesgeschichte muß sich ein solcher Zufall natürlich mindestens so oft ereignet haben, wie eine arterhaltend zweckmäßige Modifikabilität zum Artmerkmal geworden ist. Wenn also etwa ein Säugetier je nach Strenge des Klimas ein dichteres Fell bekommt oder eine Pflanze, je weniger Licht sie erhält, sich um so höher emporreckt und dadurch ihre Vegetationsspitze doch noch in ausreichende Beleuchtung bringt, so sind diese Anpassungserfolge *nicht* nur durch die aktuellen Einwirkungen der Umgebung verursacht, sondern ebensosehr durch Vorgänge der Phylogenese, die ebendiese Form der Modifikabilität ausgelesen und im Genom fixiert haben.

Unvergleichlich viel unwahrscheinlicher als bei diesen verhältnismäßig einfachen Modifikationen ist das rein zufällige Zustandekommen eines Arterhaltungswertes bei den komplexen Modifikationsvorgängen des Verhaltens, die wir als Lernen bezeichnen. Je differenzierter und je feiner angepaßt ein physiologischer Mechanismus ist, desto leichter wird er durch zufallsbedingte Abänderungen gestört werden, und um so unwahrscheinlicher ist es, daß sie seinen Arterhaltungswert vergrößern. Wenn nun die durch Lernen bewirkte Modifikation höchstdifferenzierter Verhaltensweisen *immer* eine Verbesserung ihrer arterhaltenden Funktion bedeutet – von seltenen und in ihrem Zustandekommen durchschaubaren Ausnahmen abgesehen –, so ist dies ein unumstößlicher Beweis dafür, daß der Lernmechanismus selbst ein Produkt phylogenetischer Anpassungsvorgänge ist.

Welche Definition immer man von dem, »was wir früher Lernen nannten«, zu geben gedenkt, zwei Bestimmungsstücke dürfen in ihr nicht fehlen: erstens, daß Lernen eine Modifikation ist, und zweitens, daß es Arterhaltungswert entwickelt. Letzteres als selbstverständlich hinzunehmen bedeutet die Annahme einer prästabilierten Harmonie; ihn zu ignorieren, wie es viele behavioristische Psychologen tun, ist biologischer Unsinn, der bei den meisten jener Autoren nur deshalb nicht so sehr ins Auge fällt, weil ihre Versuchsanordnungen von den Bedingungen des natürlichen Lebensraumes der untersuchten Arten ebensoweit abweichen wie ihre Fragestellung von der biologischen.

Dem biologisch Denkenden muß es eine Selbstverständlichkeit sein, daß jede Form von Lernen wie jede andere ebenso komplizierte und offensichtlich arterhaltende Leistung die Funktion eines in das organische System eingebauten Mechanismus ist, der unter dem Selektionsdruck ebendieser Leistung phylogenetisch entstanden ist. Daß diese Leistung beim Lernen darin besteht, *individuell* gewonnene Informationen zu speichern und auszuwerten, ändert an diesen Erwägungen nichts, stellt aber die sehr konkrete Frage, wie der Mechanismus es fertigbringt, unter der Vielfalt möglicher An- und Abdressuren die arterhaltend günstigen zu bewirken und die schädlichen zu vermeiden.

Die Klassiker des Behaviorismus gaben auf diese Frage die einfache Antwort, daß alle Reizsituationen, die mit der Stillung primärer körperlicher Bedürfnisse einhergehen, andressierend, alle hingegen, die körperliche Schädigungen verursachen, abdressierend auf jene Verhaltensweisen wirken, die unmittelbar vorangingen und ebenjene Reizsituation herbeiführten. Dabei wird zwar die Notwendigkeit einer Erklärung für den Arterhaltungswert des Lernens berücksichtigt, aber vorausgesetzt, daß der Organismus »wisse«, wann es ihm gut und wann es ihm schlecht gehe. Daran ist insofern etwas Wahres, als es offenbar Mechanismen gibt, die im vegetativen Nervensystem und in seinen nahen Beziehungen zum Stoffwechsel verankert und so konstruiert sind, daß sie an die zentralsten Instanzen des Zentralnervensystems Störungsmeldung erstatten, wenn in irgendeinem der unzähligen Regelsysteme des Organismus eine Abweichung von dem im Interesse der Arterhaltung erwünschten Sollstand eintritt. Bei Menschen ist diese Störungsmeldung mit dem diffusen Erlebnis korreliert, das wir mit dem bezeichnenderweise so ungeheuer allgemein gehaltenen Ausdruck beschreiben: »Mir ist schlecht.« Genau wie die Meldung des durch sehr viel einfachere rezeptorische Apparate ausgelösten Schmerzsinnes wirkt diejenige des fast ebenso vielseitigen »Übelkeitsrezeptors« intensiv abdressierend, ihr Abflauen oder Aufhören dagegen als positives Dressurmittel.

Wie vielseitig der Apparat zur Stillung körperlicher Bedürfnisse arbeitet, zeigte Curt Richter 1954, indem er die Nahrungsstoffe, die Ratten benötigen, in die größtmögliche Zahl ihrer chemischen Bestandteile zerlegte und diese in getrennten Futtergefäßen anbot, z. B. die zu Eiweiß gehörigen Aminosäuren getrennt voneinander. Wie genaue Wägungen ergaben, nahmen die Versuchstiere von jedem Nahrungsmittel genau so viel, wie davon verhältnismäßig in normaler Nahrung enthalten ist. Der Nebenniere beraubte Tiere vermehrten alsbald ihre Kochsalzaufnahme und kompensierten so die durch den Eingriff erzeugte Störung des Salzhaushaltes.

Diese Ergebnisse stellen die wichtige und meines Wissens noch nicht untersuchte Frage, woher dem Organismus die Information zukommt, welche Stoffe ihm fehlen und woran sie zu »erkennen« seien. Es gibt zumindest einen Fall, in dem ein phylogenetisch entstandener rezeptorischer Apparat, ein echter angeborener Auslösemechanismus, für den Mangel eines lebenswichtigen Stoffes bereitliegt: Vögel fressen bei Kalkmangel alles, was weiß, hart und bröckelig ist, ohne Rücksicht auf chemische Zusammensetzung, und vergiften sich dabei leicht, z. B., wie ich es an einem Steinsperling erlebte, an Calciumkarbid. Daß die von Richter entdeckten Leistungen auf ähnlichen, phylogenetisch entstandenen Mechanismen beruhen, ist wohl mit Sicherheit auszuschließen, denn daß die zum lebensnotwendigen Eiweiß gehörigen Bestandteile getrennt angeboten werden, ist sicherlich Richters Versuchstieren in der gesamten Stammesgeschichte von *Epimys norvegicus* als ersten passiert! Die nächstliegende, meines Wissens noch nicht geprüfte Hypothese ist, daß Tiere zunächst von jedem gebotenen Stoff nur wenig fressen und so in Erfahrung bringen, »wie einem darauf wird«. Tatsächlich nehmen viele omnivore Tiere beim erstmaligen Angebot unbekannter Nahrung nur wenig auf, und häufig wird ein bestimmtes Futter nur einmal und dann nie wieder gefressen. Gleiche Erwägungen treffen auf die Kompensation der durch Nebennierenrindenschädigung erzeugten Störung des Kochsalzhaushaltes zu.

Wenn Hull (1943) die hochwichtige und unzweifelhaft richtige Aussage macht, daß jede Änderung der äußeren und inneren Reizsituation, die ein »Nachlassen der Spannung« (*relief of tension*) verursacht, als positives Dressurmittel wirkt, so steckt auch hinter dieser Tatsache die Funktion eines »eingebauten« Mechanismus, der, ähnlich vielseitig wie der oben besprochene, imstande ist, das Lernen in einer sehr großen Zahl höchst verschiedener Umweltsituationen in arterhaltende Bahnen zu lenken. Appetenzen und Aversionen, entgegengesetzt wirkende Typen tierischen und menschlichen Verhaltens im Sinne Wallace Craigs, haben das eine gemeinsam, daß dressurvariables, zielgerichtetes Verhalten nach einer äußeren und inneren Reizsituation strebt, die mit einem Abklingen der Allgemeinerregung einhergeht, und daß eben dieses als positives Dressurmittel auf die vorangegangenen Verhaltensweisen einwirkt. Gegenteilig ist bei diesen beiden Dressurvorgängen nur die Art und Herkunft der Spannung, die beseitigt wird: Im ersten Falle ist sie durch die spontane Reizerzeugung der Instinktbewegung geschaffen, nach deren Auslösung das Appetenzverhalten im engeren Sinne strebt, im zweiten Falle durch den Störungsreiz, dem sich der Organismus durch »Aversion«, die wir besser mit M. Meyer-Holzapfel (1940) als »Appetenz nach dem Ruhezustand« bezeichnen, zu entziehen strebt.

Bei allen Dressurvorgängen der eben besprochenen Art steckt die phylogenetisch erworbene Information, die dem Organismus sagte, welche Erfolge seines Handelns im Interesse der Systemerhaltung möglichst oft wieder herbeigeführt und welche möglichst vermieden werden sollen, in der Organisation rezeptorischer Mechanismen, die ganz bestimmte äußere und innere Reizsituationen selektiv aufnehmen, mit positiven und negativen Vorzeichen versehen und zentralwärts melden. Wie in den eben besprochenen Mechanismen ist diese Information häufig sehr allgemein und »abstrakt« gehalten, wobei der stets notwendige Kompromiß zwischen Selektivität und Breite der Anwendbarkeit zugunsten der letzteren ausfällt. So ist bei vielen omnivoren oder zumindest euryphagen Tieren der Auslösemechanismus des Fressens so organisiert, daß solche Nahrung bevorzugt wird, die möglichst reich an Fett, Zucker und Kohlehydraten und möglichst arm an Faserstoffen ist. Unter natürlichen Bedingungen hochgradig arterhaltend zweckmäßig, führt dieser beim zivilisierten Menschen zur Verfettung und Obstipation von Millionen. In analoger Weise führt der Mechanismus, der das Nachlassen innerer Spannung zum andressierenden Mittel macht, zu leicht verständlichen Fehlleistungen, indem er außer auf die normalerweise Entspannung erzeugenden Situationen auch auf Giftwirkungen anspricht und so Süchtigkeit nach Alkohol oder Beruhigungsmitteln erzeugt.

Weit davon entfernt, Zweifel am allgemeinen Arterhaltungswert von Lernvorgängen zu erregen, sind diese Fehlleistungen mehr als alles andere geeignet zu zeigen, in welcher Weise der rezeptorische Apparat funktioniert, in dem jene phylogenetisch erworbene Information steckt, ohne die das Lernen eben *nicht* arterhaltend wirksam werden könnte, bzw. welche Leistungsgrenzen diesem Apparat gesetzt sind. Wie alle organischen Mechanismen erfüllt er seine Leistungen nur wahrscheinlichkeitsmäßig und unter eng gesetzten Umweltbedingungen. Es ist leicht und billig, Denkmodelle oder Apparate zu erfinden, die »irgend etwas« lernen, d. h. deren Funktionsweise durch vorangegangenes Funktionieren verändert wird. Wenn man mit Systemen von Elektronenröhren operiert, ist es geradezu schwer, ein System auszudenken, daß dies *nicht* in irgendeiner Weise tut. Man versuche jedoch, ein Modell zu konstruieren, das seine Funktion im Laufe seines Funktionierens mit erdrückender Wahrscheinlichkeit im Sinne einer Verbesserung ihrer systemerhaltenden Wirkung verändert, indem es durch Lernen solche verstärkt, die dieser nützlich, solche aber vermeidet, die ihr schädlich sind. Wer nicht einsieht, daß in dieser Auswahl das Problem steckt, ist des Glaubens an eine prästabilierte Harmonie dringend verdächtig!

Wir kommen somit bei der Diskussion des ersten behavioristischen

Argumentes zu dem Ergebnis: Die »Dichotomie« des Verhaltens und seiner Elemente in »angeborene« und »erlernte« ist tatsächlich irreführend, aber in genau umgekehrtem Sinne, als Hebb meinte. Es ist in keiner Weise denknotwendig und noch weniger durch irgendwelche experimentelle Tatsachen wahrscheinlich gemacht, daß Lernen in jedwedes phylogenetisch angepaßte System von Verhaltensweisen, geschweige denn in jedes seiner kleinsten Elemente »eingeht«.

Zwar enthält jede funktionell ganzheitliche Verhaltensweise, in psychologischer Ausdrucksweise jede durch »Handlung« individuell erworbene Information, kurzfristig reaktive Vorgänge, die ihr Jetzt und Hier bestimmen (S. 305 f.), sofern wir von Extremfällen, wie etwa dem automatisch-rhythmischen Schwimmen mancher Quallen, absehen, deren makroskopisches Verhalten reaktiver Vorgänge entbehrt. Diese kurzfristig reaktiven Vorgänge haben aber mit Lernen nichts zu tun; sie bewirken keine Modifikation der Verhaltensstruktur, am wenigsten eine adaptive, ja, sie sind geradezu die Antithese zum Lernvorgang, nämlich genau das, was I. P. Pawlow ihm als »unbedingte Reflexe« begrifflich gegenüberstellte.

Umgekehrt aber ist es nicht nur eine Denknotwendigkeit, sondern steht auch im besten Einklang mit allen bekannten Tatsachen der Beobachtung und des Experimentes, wenn ich hier die jedem Biologen selbstverständliche Behauptung aufstelle, daß jedes Lernen die Funktion eines neurophysiologischen Mechanismus ist, der wie alle anderen Organstrukturen im Laufe der Stammesgeschichte im Dienste seiner arterhaltenden Leistung entwickelt wurde.

Außer den beiden besprochenen »Kanälen«, durch welche in das organische System Informationen über seine Umweltfaktoren hineingelangen können, *gibt es keinen dritten Weg; tertium non datur!* Wo immer eine Struktur samt ihrer Funktion so beschaffen ist, daß sie auf eine bestimmte Umweltgegebenheit paßt, muß sich einer der beiden Vorgänge oder müssen beide sich abgespielt haben, und es ist, wenigstens prinzipiell, stets erforschbar, in welcher Weise. Kein Biologe, der phylogenetisch und genetisch denken gelernt hat, könnte je auf den Gedanken kommen, man müsse die Begriffe der phylogenetischen Anpassung und der adaptiven Modifikation deshalb fallenlassen, weil in der großen Mehrzahl aller Fälle beide zusammen die Angepaßtheit einer Struktur oder Funktion bewirken. Nicht einmal die Tatsache, daß jeder der beiden Faktoren im Falle einer Phänokopie haargenau dasselbe hervorzubringen vermag, kann als Grund gelten, den beiden Begriffen ihre »analytische Validität« abzusprechen, wie Hebb es tut.

Auch dürfen die schon S. 305 f. erwähnten funktionellen Analogien zwischen den beiden Vorgängen des Informationsgewinnes nicht dazu verführen, sie einfach für »dasselbe« zu halten. Wenn beide nach dem Prinzip von Versuch und Irrtum arbeiten, wenn jeder von ihnen auf einem komplexen eingebauten Mechanismus beruht, der Informationen speichert und in Form angepaßt strukturierten Verhaltens auswertet, so ist dies zwar ein durchaus vernünftiger Grund, für die in solcher Art festgelegten Verhaltensweisen einen übergeordneten Begriff zu schaffen, wie Russell (1958) es tat, der beides als »instinktives« Verhalten dem durch Einsicht variablen begrifflich gegenüberstellt. Es ist aber durchaus kein Grund zu der Annahme, daß die analogen Funktionen ursächlich und physiologisch dasselbe seien. Wir *wissen*, daß sie das nicht sind. Es ist nicht dasselbe, wenn eine Species mit Mutation und Selektion »experimentiert« und die Ergebnisse in Form von Überleben des Angepaßten »vermerkt«, und andererseits, wenn ein Einzeltier dies und jenes tut und ein »Engramm« von den zu an- bzw. abdressierenden Reizsituationen führenden Verhaltensweisen zurückbehält. Auch ist dieses »Engramm«, was immer es physiologisch sein mag, sicherlich etwas anderes als das gleicherweise als Informationsspeicher wirkende Genom. Man muß sich die biologisch unsinnigen Konsequenzen der behavioristischen Begriffseinstampfung klarmachen, um ihre heuristische Schädlichkeit zu erfassen. Keine funktionelle Analogie und keine technische Schwierigkeit der Analyse kann uns je der Pflicht entheben, jegliche Angepaßtheit des Verhaltens auf die beiden voneinander so verschiedenen Quellen zurückzuführen, aus denen die Information über die Umweltgegebenheiten stammt und ohne die keine Anpassung möglich ist.

Schließlich sei noch am Rande auf ein sehr tiefgehendes Mißverständnis ethologischer Begriffsbildung hingewiesen, das in dem S. 303 als letztem zitierten Satz Hebbs zutage kommt, daß das Wort »Instinkt« – gemeint ist hier der Tinbergensche Instinktbegriff einer neuralen Organisation – die Annahme eines »nervlichen Vorgangs oder Mechanismus« bedeute, der verschieden von jenen sei, »in welche Lernen eingeht«. Wir glauben nicht, sondern wir wissen, daß es nicht nur einen, sondern unzählige »nervliche Vorgänge oder Mechanismen« gibt, in die Lernen »nicht eingeht«. Der Verrechnungsapparat, den Hoffmann beim Star nachgewiesen hat und der den Gang der Sonne beim Ermitteln der Himmelsrichtung in Betracht zieht, der komplizierte *feedback*-Mechanismus, der bei Mantiden, wie Mittelstaedt 1957 zeigte, den Beuteschlag aufs Ziel richtet, die »innere Uhr«, die so vielen Tieren ihren Aktivitätsrhythmus vorschreibt, die formkonstante Koordination einer Instinktbewegung, die verschiedenen Mechanismen der Raumorientierung usw., sie alle sind samt und sonders phylogenetisch angepaßt, aber ursächlich und physiologisch so verschieden, wie etwa ein langer Röhrenknochen, eine Leber und eine Vogelfeder voneinander verschieden sind, und aus denselben Gründen. Auch wissen wir nicht, wie viele ähnlich unabhängige neurale Apparate *sui generis* noch unentdeckt sind.

Zusammenfassend lautet die Antwort auf das zur Diskussion stehende Argument: Wir definieren das, was wir seit je als angeboren und als erlernt bezeichnen, nach dem Vorgang, durch den die jeder Anpassung innewohnende Information in das organische System gelangt ist. Die Definition mag neu scheinen, die Begriffsbestimmung ist alt. Wenn wir vom Verhalten und seinen Problemen sprechen, haben wir seit je *angepaßtes* Verhalten und die Rätsel der Anpassung im Sinne. Wir erwähnten es stets besonders, wenn von Epiphänomen ohne Arterhaltungswert die Rede war. Wenn wir von angeborenem Verhalten sprachen, meinten wir solches, das *seine spezifische Angepaßtheit* phylogenetischen Vorgängen verdankt. Wenn wir von Lernen sprachen, meinten wir immer schon adaptive Modifikation des Verhaltens, bewirkt durch die Auseinandersetzung des Individuums mit seiner Umwelt. Auch daß es einen individuellen Informationsgewinn gibt, der keine Modifikation des Verhaltens bewirkt, wohl aber seine reaktive Anpassung an augenblickliche Umweltbedingungen, ist durchaus nicht neu, und daß die Funktion von Taxien und unbedingten Reflexen weder objektiv beschreibend noch introspektiv von derjenigen der »Einsicht« zu trennen ist, hat meine Frau auf dem Instinktkongreß in Leiden im Jahre 1936 entdeckt. Und daß schließlich alle die lebenswichtigen Apparate individuellen Informationsgewinnes phylogenetisch unter dem Selektionsdruck ihrer Funktion entstanden sein müssen, wußte sicher schon Darwin. Bei der weiteren Anwendung des Wortes »angeboren« auf Verhaltenselemente bin ich einer terminologischen Ungenauigkeit in genetischer Hinsicht schuldig, die ich angesichts der nachweislich minimalen Modifikationsbreite besagter Strukturen und Funktionen verantworten zu können glaube.

IV Kritik des zweiten behavioristischen Argumentes

Die gewaltige Überschätzung dessen, was ein Organismus im Ei oder *in utero* lernen kann, entspringt, genau wie der Hauptirrtum des schon kritisierten Argumentes, aus dem Übersehen der Tatsache, daß es unmöglich ein Zufall sein kann, wenn Einzelheiten des Verhaltens auf solche der Umwelt *passen* und noch dazu so genau, wie es meist der Fall ist. Wenn etwa Lehrman (1953) ernstlich die Annahme erwägt, das Hühnchen könne noch im Ei wesentliche Anteile des Pickens dadurch lernen, daß, wie Kuo (1932) nachwies, das schlagende Herz seinen Kopf passiv auf- und abbewegt, so vergißt er völlig, uns zu sagen, wieso die in dieser Weise individuell erworbene Bewegung nach dem Ausschlüpfen so genau zur Funktion der Nahrungsaufnahme paßt und woher es kommt, daß andere Vögel, die im Ei gleichen Einwirkungen unterliegen, etwas ganz anderes tun, um Nahrung zu gewinnen: Singvögel sperren, Enten im Wasser machen Seihbewegungen, Tauben bohren den Schnabel in den Mundwinkel der Eltern usw. Das mehr als wunderbare Zusammenpassen von Bewegungsweise und Funktion wird stillschweigend als etwas Selbstverständliches übergangen, obwohl es wahrhaft astronomische Ziffern erheischen würde, die Unwahrscheinlichkeit ihres zufälligen Zustandekommens auszudrücken.

Selbstverständlich kann dieses Passen aber nur für denjenigen sein, der wie Jakob von Uexküll eine prästabilierte Harmonie zwischen Organismus und Umwelt annimmt. Tut man das nicht, so muß man, sofern man ein solches Lernen im Ei für möglich hält, folgerichtig annehmen, daß ein in der Phylogenese entwickelter besonderer Lehrapparat für das Zustandekommen auf spätere Erfordernisse der Umgebung abgestimmte Leistung verantwortlich sei, eine Annahme, die sicherlich Lehrman und Kuo ganz fernlag. So steckt paradoxerweise in der Annahme, das Tier könne im Ei oder im Uterus etwas lernen, das auf später eintretende Anforderungen des Lebensraumes paßt, diejenige einer prästabilierten Harmonie, d. h. genau jener »Präformationismus«, dessen die Behavioristen in völlig mißverstandener Weise uns Biologen anklagen! Ein erheiterndes Doppelparadoxon liegt darin, daß dieser »Präformationismus« der Preis ist, den so viele amerikanische Psychologen dafür bezahlen müssen, daß sie es trotz ihres Lippenbekenntnisses zu Darwin um jeden Preis vermeiden, den Arterhaltungswert und die phylogenetische Angepaßtheit des Verhaltens in ihre Betrachtungen einzubeziehen. Dies tun sie deshalb nicht, weil sie jene Begriffe als »finalistisch« oder »teleologisch« verdammen. Für letzteres nämlich halten sie es, wenn ein Biologe etwa sagt, die Katze habe ihre spitzen krummen Krallen, »um Mäuse damit zu fangen«. Sie *wollen* nicht verstehen, daß dies nur eine gekürzte Ausdrucksweise für die Tatsache ist, daß es die Leistung des Mäusefangens war, die jenen Selektionsdruck ausübte, der die Evolution eben dieser Form von Krallen *verursacht* hat.

Immerhin ist am hier in Rede stehenden Argument prinzipiell richtig, daß gewisse Lernvorgänge sich schon im Ei oder Uterus abspielen könnten – Prechtl (1958) hat solche am menschlichen Fötus nachgewiesen – und daß man daher auch bei Experimenten mit radikalstem Erfahrungsentzug nie behaupten könne, *alles* vorgefundene Verhalten verdanke seine Angepaßtheit ausschließlich dem vorangegangenen phylogenetischen Geschehen. Doch ist der mögliche Fehler, der in dieser Aussage liegen könnte, um viele Zehnerpotenzen kleiner, als viele amerikanische Psychologen auf Grund des oben besprochenen Denkfehlers annehmen.

Oft genug kann man, selbst ohne Experimente mit isolierender Aufzucht anzustellen, bestimmte Angepaßtheiten des Verhaltens mit Sicherheit auf phylogenetisch erworbene Information zurückführen. Ein junges Springspinnenmännchen, das nach der letzten Häutung sich zum erstenmal einem Weibchen nähert, darf weder eine nahverwandte Art mit der eigenen verwechseln, noch die auslösenden Bewegungsweisen seines Balztanzes in einer anderen als der streng artgemäßen Weise vollführen; sonst bleibt bei der weiblichen Spinne die spezifische Hemmung des Beutemachens aus, und sie frißt den Freier sofort. Das Prinzip von Versuch und Irrtum ist eben dort nicht anwendbar, wo letzterer sofort mit dem Tode bezahlt wird (Drees 1952).

Ein junger Mauersegler, der in einer engen Nisthöhle heranwuchs, in der er nicht einmal die Flügel ausbreiten, geschweige denn mit ihnen schlagen konnte, der noch niemals einen Gegenstand scharf sehen konnte, weil der fernste Punkt der Höhle seinen Augen stets näher als ihr Nahpunkt war, der noch weniger irgendwelche Erfahrungen über parallaktische Verschiebungen von Sehdingen erwerben konnte, ist vom Augenblick des Ausfliegens an imstande, durch die Bewegungen seiner Flügel und seines Steuers aller vielfachen Anforderungen Herr zu werden, die Luftwiderstand, Turbulenz, Fallwinde usw. an sein Flugvermögen stellen. Er vermag eine exakte Raumorientierung aus der parallaktischen Verschiebung der Netzhautbilder zu gewinnen, Beute zu erkennen, mit gut gezielten Bewegungen zu erschnappen und schließlich mit richtiger Entfernungsschätzung an einem geeigneten Punkt zu landen. Die Information über die unzähligen Umweltdaten, die implicite in der Angepaßtheit der erwähnten Verhaltensweise steckt, würde, in Worte gefaßt, viele Bände füllen. Selbstverständlich ist sie nicht in der Form von Worten oder menschlichen rationalen Operationen gegeben, sondern in anderer, vielleicht sehr viel einfacherer Weise. Es gibt sehr einfache physikalische Vorgänge, die sich, in Termini menschlicher Ratio übersetzt, nicht anders als z. B. in Form des Integrierens oder Differenzierens ausdrücken lassen. Analoges gilt mutatis mutandis für die in Rede stehenden Leistungen, doch wird der hier gezogene Vergleich zwischen der Menge dessen, was ein Tier erfahrungsgemäß wissen kann, und dem, was ihm in seinem Genom überliefert sein muß, durch diese Überlegungen nicht betroffen. Die Beschreibung der phylogenetisch angepaßten Entfernungsmesser allein würde ganze Lehrbücher der Stereometrie in sich schließen, die der Flugbewegungen ebensolche der Aerodynamik usw.

Wenn man nun in grober Schätzung den Quotienten zwischen der Zahl der Einzelinformationen, die ein solches Tier individuell erworben haben kann, und der Zahl derjenigen aufstellt, die es aus seinem Genom entnommen haben muß, so kommt ein winziger Bruch zustande, selbst dann, wenn man für den erstgenannten Vorgang die unwahrscheinlichsten Möglichkeiten zugibt. Selbst wenn wir jenem Mauersegler weit übermenschliche Befähigung zum Lernen darstellender Geometrie zuschreiben, kann er die physiologischen Mechanismen seiner Entfernungsschätzung nicht individuell erworben haben. Betreffs der Flugbewegungen kann er nur weit weniger gelernt haben, als etwa ein Mensch in einem Trockenskikurs vom Skifahren lernt, über Aerodynamik aber überhaupt nichts. Alle Informationen, die er im Ei oder in der engen Höhle erworben haben kann, können nur Daten betreffen, die dort ebenso gegeben sind wie in seiner späteren Umwelt, also erstens Gegebenheiten seines eigenen Körpers und zweitens Tatsachen über allgemeinste und allgegenwärtige physikalische Gesetze. Der Vogel könnte also z. B. gelernt haben, synergistische Muskeln gleichzeitig und antagonistische wechselweise zu innervieren, oder er könnte aus Erfahrungen im Tastraum den ersten Hauptsatz der Physik entnommen haben und »wissen«, daß zwei Körper nicht gleichzeitig am gleichen Orte sein können. Selbst wenn man die gewaltigen Unwahrscheinlichkeiten der Annahmen außer acht läßt, daß erstens so einfache motorische Koordinationen erlernt seien – man weiß das Gegenteil aus Arbeiten von E. von Holst und anderen – und daß zweitens der Vogel imstande sei, das taktil Gelernte in optischer Raumorientierung zu verwerten, so ist immer noch die Zahl der Einzelinformationen, die er möglicherweise individuell erworben haben könnte, ein winziger Bruchteil des gewaltigen Informationsschatzes, der ihm in seinem Genom gegeben ist. Die Aussage des naiven Ethologen, daß Verhaltensweisen wie die oben als Beispiele angeführten »rein angeboren« seien, ist also, was die Quantität ihrer ziemlich genau schätzbaren Ungenauigkeit betrifft, weit exakter als etwa die Behauptung, eine Dampflokomotive oder der Eiffelturm seien »ganz« aus Metall gebaut! Mit anderen Worten, sie erreicht eine Exaktheit, die wissenschaftlichen Aussagen auf biologischem Gebiet nur äußerst selten beschieden ist.

V Kritik an der Einstellung moderner Ethologen

Was ich hier diskutieren möchte, ist nur die einleitend erwähnte Annahme, daß das, »was wir früher angeboren nannten«, und das, »was wir früher als erlernt bezeichneten«, nur die extremen Endglieder einer stufenlosen Reihe von Misch- und Übergangsformen zwischen beiden seien, sowie daß die häufig feststellbare reinliche Trennung beider nur scheinbar und jeweils das Ergebnis eines besonderen Selektionsdruckes sei. Ich glaube zeigen zu können, daß diese Annahmen nicht nur heuristisch ungünstig, sondern schlechthin falsch sind.

Ebenso steckt ein Denkfehler in der oben (S. 304 f.) wiedergegebenen Überlegung, daß eine, wenn nicht unendliche, so doch praktisch unerreichbare Zahl kontrollierter Versuche mit Erfahrungsentzug nötig ist, um das Angeborensein eines Verhaltenselementes behaupten zu können. Der Irrtum steckt im Übersehen der Tatsache, daß jede *Angepaßtheit* des Verhaltens an eine bestimmte Gegebenheit der Umwelt nur aus der Auseinandersetzung mit ebendieser und keiner anderen Umweltgegebenheit entstanden sein kann. Da diese abbildende, Information liefernde Auseinandersetzung aber nur entweder in der S. 306 diskutierten phylogenetischen »Induktion« liegen kann oder aber in ihr und zusätzlich in den von ihr hervorgebrachten, wohlangepaßten Lernmechanismen (S. 309), lautet die Fragestellung nicht allgemein, was angeboren und was umgebungsbedingt sei, sondern sehr viel spezieller, ob das zu untersuchende Verhaltenselement auf Grund genomgebundener Information völlig funktionsfähig sei oder ob es zusätzlicher Lehrvorgänge bedürfe, um dies zu werden, und worin diese bestünden. Der Nachweis spezieller Angepaßtheit eines Verhaltenselementes besagt immer, daß es im Dienste einer bestimmten arterhaltenden Funktion entstanden sei, doch braucht man diese nicht zu kennen, geschweige denn nachgewiesen zu haben, um aus der Entsprechung zwischen Verhaltenselement und Umwelt obige Schlüsse zu ziehen.

Wenn also ein Stichling auf die Konfiguration »unten rot« mit Rivalenkampf antwortet und der Rivale tatsächlich unten rot ist oder wenn ein Webervogel eine Bewegung ausführt, die, auf einen Grashalm angewandt, diesen an einen Ast knotet, und wenn die spezielle Angepaßtheit dieser Verhaltenselemente sich in der Ontogenese eines Stichlings, der nie einen Rivalen gesehen hat, oder eines Webervogels, der keine Erfahrung mit Grashalmen hat, in unveränderter Weise entwickelt, so genügt im Prinzip dieser einzige Befund zum Nachweis, daß die »Planskizze« der gesamten Struktur besagter Elemente im Genom vorhanden sei. Daran ändert es nichts, wenn etwa dauernde Einwirkung von Licht auf die Retina, Copepodenfutter oder irgendwelche andere, im Versuch veränderbare Faktoren ebenfalls als zur Ausbildung der betreffenden Reaktions- oder Bewegungsweisen notwendig befunden werden sollten: So unentbehrlich sie als Lieferanten unstrukturierter Bausteine für die ontogenetische Verwirklichung der ererbten Planskizze sein mögen, zusätzliche Information über deren anpassungswesentliche Strukturierung können sie unmöglich enthalten.

Ich betone hier besonders die Struktur, weil sie von der zu kritisierenden Lehrmeinung vergessen wird. Die im Genom vorhandene »Planskizze« des angeborenen Verhaltenselementes enthält einen sehr großen Schatz von Informationsdaten, der unmöglich anders in fruchtbringende arterhaltende Wirkungen umgesetzt werden kann als durch Ausbildung entsprechend organisierter Strukturen des rezeptorischen und effektorischen Apparates. Da mir ein spezifisch angepaßter Prozeß nur als Funktion ebensolcher Strukturen denkbar ist, kann ich den Gedankengang nicht nachvollziehen, der zu der oft gehörten Aussage führt, das Wort »angeboren« dürfe nur auf Vorgänge, nicht aber auf Merkmale angewendet werden.

Alle hier kritisierten Denkfehler moderner Ethologen sind identisch mit denen behavioristischer Lehrmeinung: Der irrige Glaube, mit »operationellen«, d. h. nur durch praktische Möglichkeit experimenteller Prüfung bestimmten Begriffen allein auskommen zu können, ja zu müssen, führt notwendigerweise zum Ausklammern der phylogenetisch gewordenen, durch den Selektionsdruck ihrer Funktion bestimmten Strukturen und damit, in letzter bitterer Konsequenz, des ganzen Organismus.

Ebenfalls mit behavioristischen Lehrmeinungen verwandt ist die Anschauung, daß individuelle Modifikation sich grundsätzlich in jede Verhaltensweise, bis hinab in die kleinsten Elemente, mischen könne (S. 303 f.). Gegen die Annahme einer diffusen Mischbarkeit phylogenetischer und modifikatorischer Anpassung des Verhaltens spricht alles, was in Kritik des ersten behavioristischen Argumentes angeführt wurde. Die unbestreitbare oder doch nur von »Präformationisten« bezweifelbare Tatsache, daß jeder Verbesserung des Verhaltens durch Lernen ein ad hoc in der Phylogenese entstandener neuraler Apparat zugrunde liegen muß, schließt von vornherein aus, daß derartige Apparate in unendlicher Zahl vorhanden seien, wie es der Fall sein müßte, wenn Lernen an beliebiger Stelle des Verhaltensinventars einer Tierart angreifen könnte.

Schließlich spricht noch ein trotz seines spekulativen Charakters recht zwingendes Argument gegen die Annahme einer allgemeinen und ausnahmslosen Modifizierbarkeit phylogenetisch angepaßter Verhaltensorganisationen durch Lernen. Wenn ein solches System so hohe Grade der konstruktiven Komplikation erreicht, daß nur ein mathematisch und kybernetisch hochgebildeter Mensch imstande ist, den Mechanismus zu verstehen, wie etwa beim *feedback*-System, das bei Mantiden das Zielen beim Beuteschlagen bewerkstelligt (Mittelstaedt 1957), oder beim Verrechnungsapparat, der bei Vögeln (Kramer, Hoffmann 1952) und bei Fischen (Braemer 1959) unter Einbeziehung der Tageszeit die Himmelsrichtung aus dem Sonnenstand entnimmt, so ist wohl mit Sicherheit auszuschließen, daß ein solcher Apparat an beliebiger Stelle durch Lernen veränderlich sei. Ich weigere mich jedenfalls zu glauben, daß die Mantis oder der Star imstande seien, durch Lernen ein System adaptiv zu modifizieren, das ich trotz angestrengten Lesens der betreffenden Arbeit nur mit größter Mühe und auch dann nicht völlig zu verstehen vermag! Ich behaupte vielmehr, daß ein solches System als Ganzes gegen jede, auch die kleinste Veränderung durch individuelles Lernen resistent sein muß, weil diese eine lebensnotwendige Präzision zerstören würde, es sei denn, daß ein Lernmechanismus mit eng begrenzter, konstruktiv vorgesehener »Leistung« an ganz bestimmter Stelle eingebaut sei.

Selbst bei uns Menschen sind Verrechnungsapparate von so hoher Komplikation meist so gebaut, daß sie der Beeinflussung durch Lernen, ja der Selbstbeobachtung durchaus unzugänglich sind. Obwohl ihre Funktion oft echten Verstandesleistungen in so vielen Punkten analog ist, daß E. Brunswik sie mit Recht als »ratiomorph« bezeichnete, lassen sie sich durch die Ratio in keiner Weise beeinflussen oder korrigieren. Nahezu alle »optischen Täuschungen« beruhen darauf, daß einer dieser ratiomorphen Vorgänge in logisch richtiger Konsequenz, aber auf Grund einer eingeschmuggelten falschen Prämisse unbelehrbar ein falsches Ergebnis vermeldet. Wo sich in und zwischen derartigen neuralen Apparaten Leistungen adaptiver Modifikabilität eingebaut finden, sitzen sie wiederum nachweisbar an genau »vorgesehener«, phylogenetisch angepaßter Stelle.

Es sind jedoch keineswegs nur diese theoretischen Erwägungen, die gegen die Annahme einer diffusen Modifikabilität phyletisch angepaßter Verhaltensmechanismen sprechen. Alle bekannten Beobachtungstatsachen und Versuchsergebnisse deuten übereinstimmend darauf hin, daß jeder Lernleistung ein in der Phylogenese der betreffenden Art unter dem Selektionsdruck der betreffenden Funktion entstandener Mechanismus zugrunde liegt. Wie eng begrenzt und wie sehr ad hoc differenziert solche Mechanismen sind, geht schon daraus hervor, daß sie häufig nur ein ganz bestimmtes Verhaltenssystem zu modifizieren imstande sind. So vermögen Bienen als Signale für Futter nur regelmäßige, womöglich radiärsymmetrische Figuren zu erlernen, als Wegemarken dagegen auch solche von beliebiger, unregelmäßiger Konfiguration. In keinem einzigen Fall ist bei einem der vorerwähnten komplexen, phylogenetisch angepaßten Mechanismen des Verhaltens eine modifikatorische Veränderlichkeit an anderer als an einer bestimmten, vorgeformten Stelle nachgewiesen worden. Mit anderen Worten, die naive Theorie von der »Verschränkung« von lernresistenten mit durch Lernen modifizierbaren Verhaltensmechanismen ist nicht nur nicht widerlegt worden, sondern hat sich als fähig erwiesen, eine Menge von Vorgängen einzuordnen, die von anderen Forschern entdeckt und mit anderer Problemstellung untersucht wurden, wie z. B. auf Vorgänge der sogenannten Sinnesadaption und der Gewöhnung, auf solche der Fernorientierung, auf Zielmechanismen, auf die »innere Uhr« der circadischen Rhythmen und schließlich auch auf komplexe Formen zielstrebigen Verhaltens. Immer wieder ergibt eine system- und ganzheitsgerechte Analyse der Ontogenese sowohl wie der Regulationsfähigkeit tierischen Verhaltens, daß Lernvorgänge stets an ganz bestimmten »präformierten« Stellen eingebaut sind und dort ebenso scharf umschriebene Arterhaltungsleistungen vollbringen. Aus der Konstanz beider ergibt sich ein starkes Argument gegen die Annahme einer diffusen Veränderlichkeit phylogenetisch angepaßter Verhaltensweisen durch Lernen. Das mögen ein paar Beispiele für die verschiedenen Funktionen belegen, die Lernen an verschiedenen, aber stets sehr bestimmten Stellen des Aktionssystems entwickelt. Diese Beispiele können nur nach funktionellen Gesichtspunkten angeordnet werden, da über die physiologische Natur analoger Leistungen kaum etwas bekannt ist.

1 Reizspezifischer Schwund der Reaktion

Wie Thorpe (1956) betont hat, ist die einfachste und sicher phylogenetisch älteste Form einer adaptiven Modifikation des Verhaltens das Abflauen und schließlich Verschwinden der Reaktion auf biologisch bedeutungslose Reize, die sich in längerer Folge wiederholen. Thorpe definiert diesen Vorgang, den man als Gewöhnung zu bezeichnen pflegt, als »den verhältnismäßig langandauernden Schwund der Reaktion, der als Folge einer wiederholten Reizung eintritt, der keine andressierte Reizsituation folgt« (»the relatively persistent waning of a response as a result of repeated stimulation which is not followed by any kind of reinforcement«). Obwohl diese Definition für sehr viele Fälle der Reizgewöhnung sehr gut zutrifft, scheint mir doch die zweite der gewählten Bestimmungen zu speziell auf jene besonderen Arten der Reizgewöhnung zugeschnitten, die mit der sogenannten Auslöschung einer bedingten Reaktion verwandt sind. Selbstverständlich ist der funktionelle Begriff der Gewöhnung nur injunktiv zu fassen, und es ist Geschmackssache, wie viele der charakteristischen Bestimmungen man in die Definition aufnehmen will. Ich glaube jedoch, daß die ganz spezielle arterhaltende Funktion, die ich hier diskutieren möchte, auch völlig ohne Mitspielen an- und abdressierender Reizsituationen vorkommt und auch bei solchen Lebewesen, die, wie etwa Protisten und Coelenteraten, zur Ausbildung bedingter Reflexe, soweit wir heute wissen, nicht befähigt sind. Dagegen möchte ich eine für diese arterhaltende Leistung höchst wesentliche andere Eigenschaft der Gewöhnung in ihre Definition aufnehmen, auf die ebenfalls Thorpe, wenn auch in einem anderen Zusammenhang, hingewiesen hat, nämlich auf ihr höchst selektives Gebundensein an die oft komplexe Reizsituation, die sie erzeugt. Es ist durchaus richtig, daß, wie Thorpe betont, die unselektive Auslösbarkeit einer Reaktion durch vielerlei verschiedene Reize das Leben unmöglich machen würde, wenn alle sie in automatenhafter, immer gleicher Weise beantworten würden. Ebenso wesentlich aber ist es, daß der Schwellenwert anderer Reize, die die gleiche Reaktion auslösen, durch den Gewöhnungsvorgang nicht betroffen wird bzw. im Interesse der Arterhaltung nicht betroffen werden darf. Schon Protisten und Coelenteraten sind dazu imstande: Ein seitlicher Wasserstrahl löst zunächst Kontraktion aus, nach häufiger Wiederholung aber nicht mehr, während die Schwellenwerte anderer kontraktionsauslösender Reize, wie solche der Erschütterung oder Berührung, nicht verändert werden (Jennings 1904).

Thorpe spricht die Vermutung aus, die komplexeren und selektiveren Auslösemechanismen höherer Tiere seien gegen Gewöhnung gefeit und eine solche trete nur dann ein, wenn in einer großen Zahl von Fällen keine zielbildende Endhandlung nebst der dazugehörigen Reizsituation auf die primär auslösenden Reize folge und abdressierend wirke. Diese Regel darf wohl nicht verallgemeinert werden. Bei fluchtauslösenden Mechanismen muß doch wohl das Fliehen selbst in seinen besonderen artbezeichnenden Bewegungsweisen als zielbildende Endhandlung betrachtet werden, und doch tritt gerade hier Gewöhnung in ausgesprochener Form ein. Bei der Graugans wird die Flucht vor dem einzigen ihr gefährlichen Raubvogel, dem Seeadler, gemäß einem verhältnismäßig einfachen angeborenen Auslösemechanismus ausgelöst, nämlich durch jedes Objekt, das sich gegen den freien Himmel abzeichnet und gleitend, in Eigenlängen gemessen, langsam fortbewegt. Rasche Flügelschläge zerstören die Wirkung sofort, ganz langsame scheinen sie zu fördern, was indessen von Tinbergen, der diese Dinge 1937 in Altenberg untersuchte, nicht experimentell nachgeprüft wurde. Die geringe Zahl und verhältnismäßige Einfachheit der erwähnten Schlüsselreize bringt es mit sich, daß *neben* dem Seeadler noch sehr viele andere Objekte auslösend wirken. Eine dunkle Feder, die langsam im Winde treibt, eine Taube oder Dohle, die gegen starken Gegenwind gleitend angeflogen kommt, ein Bussard oder ein Flugzeug hoch am Himmel: das sind alles Attrappen, die an Wirkung einem wirklichen Adler gleichkommen. Aber mit häufiger Wiederholung verliert jede einzelne dieser Reizsituationen ihre auslösende Wirkung sehr rasch durch Gewöhnung. Jede dieser Gewöhnungen aber ist spezifisch für die betreffende Reizsituation. Der Schwellenwert der Reaktion auf einen Bussard oder Reiher wird durch Gewöhnung an Flugzeuge nicht geändert, der auf den wirklichen Adler nicht durch alle »irrtümlichen« Reaktionen zusammen.

Die hohe Selektivität der Gewöhnung wird noch besser durch ein anderes, wenn auch nicht experimentell analysiertes Beispiel illustriert. Als wir unsere Enten und Gänse auf den Ess-See, ein uneingezäuntes und von Füchsen stark heimgesuchtes Gelände, übersiedelten, befürchteten wir, die Gewöhnung an unsere äußerlich sehr fuchsähnlichen Chow-Schäferhund-Mischlinge könnte die Reaktion unserer Vögel auf Füchse in gefährlicher Weise abgestumpft haben. Dies war durchaus nicht der Fall; ja die Gewöhnung erwies sich als an die Individualität unserer Hunde gebunden: fremde Hunde aller Rassen lösen nach wie vor dieselbe Reaktion aus wie ein am anderen Seeufer entlangschnürender Fuchs. Diese Beobachtung zeigt so recht, wie gerade das selektive Gebundensein der Gewöhnung an eine einzige, höchst komplexe Reizsituation für ihren Arterhaltungswert wesentlich ist. Gewiß ist es ein Nutzen des eben beschriebenen Vorgangs, daß die Wildgänse nicht unnötigerweise alle paar Minuten auf- und ins Wasser fliegen, sooft ein Hund vorbeikommt; die Hauptsache aber ist, daß das häufige Vorüberkommen des Hundes die Reaktion auf den Fuchs nicht abschwächt.

Gleichzeitig aber drängt sich dabei ein völlig ungelöstes Problem auf. Reaktionsschwund nach wiederholtem Eintreten derselben Reizsituation ist eine sehr allgemeine Erscheinung und ist weder an einfache, unselektive Auslösemechanismen noch auch, soviel wir wissen, an biologisch bedeutsame Reizsituationen gebunden. Hochselektive und arterhaltend extrem wichtige Reaktionen, wie etwa das von R. Hinde (1954) untersuchte Hassen des Buchfinken auf Eulen, schwinden nach wiederholter Auslösung bis zum fast völligen Verlust ihrer arterhaltenden Funktionsfähigkeit. Versuche, diesem Schwund durch andressierende Reizsituation entgegenzuwirken, z. B. indem man den Buchfinken mit der Attrappe bedrängte und ihm dabei Federn ausriß, blieben ohne jede Wirkung. Die Frage ist nun, ob in den Versuchsanordnungen irgendein wesentlicher Fehler unerkannt blieb oder ob unter den natürlichen Bedingungen des Freilebens die Reaktion ebenso schnell und irreversibel abflaut. Angesichts der hohen Differenzierung und des offensichtlichen Arterhaltungswertes fällt es schwer, dies zu glauben. Den im Sinne der Arterhaltung so unerwünschten Reaktionsschwund als »Adaptation« zu bezeichnen erscheint mir recht mißverständlich. In Versuchen, in denen wir bei jungen Graugänsen die Reaktion auf den elterlichen Warnlaut durch stimmliche Nachahmung, grobe Lautattrappen und Bandaufnahmen warnender Wildgänse auslösten, zeigte sich stets derselbe rasche Schwund, wie ihn Hinde (1954, 1960) am Hassen des Buchfinken und an anderen Vorgängen beschrieben hat. Dagegen ist ohne weiteres zu beobachten, daß von ihren Eltern geführte junge Gänse unveränderlich und ohne jeden Schwund auf beliebig oft wiederholtes Warnen der Eltern ansprechen. Dies legt die Vermutung nahe, daß vielleicht die Unvollständigkeit der im Versuch gebotenen Reizsituation, die nur wenige und vielleicht schwächere Schlüsselreize bietet, die Ursache des raschen Reaktionsschwundes ist. Eine andere, interessante Möglichkeit aber wäre vielleicht die Annahme, daß die Einförmigkeit der Begleitumstände, unter denen experimentelle Reizungen dieser Art vorgenommen werden, eine Reiz-»Adaptation« bewirkt, die im Freileben deshalb ausbleibt, weil dort die Reaktion kaum zweimal unter völlig gleichen Begleitumständen ausgelöst wird. Es ist auch eine stets wiederholte Erfahrung bei Attrappenversuchen aller Art, daß gleicher Ort, gleichförmige Bewegung, rhythmische Wiederholung desselben Lautes usw. zu raschestem Schwinden anfänglich starker Reaktionen führen (W. Schleidt, F. Schutz, in Vorbereitung).

Beim gegenwärtigen Stand unseres Wissens sind über die physiologische Verursachung der Gewöhnung nur Vermutungen möglich. Gewöhnung mag vielleicht in ihren Ursachen mit Ermüdung verwandt sein; vielleicht ist sie phylogenetisch dadurch aus Ermüdungsvorgängen entstanden, daß diese immer spezifischer werdende Bindungen an die sie hervorrufenden komplexen Reizsituationen entwickelten. Mit einiger Sicherheit aber läßt sich behaupten, daß sehr verschiedene physiologische Vorgänge zum Vollbringen der eben diskutierten Arterhaltungsleistung führen können. Bei der Gewöhnung der Wildgänse an bestimmte Hundeindividuen spielen ganz sicher Vorgänge komplexester Gestaltwahrnehmung mit; bei der Gewöhnung der Hydra an lokale Wasserströme ist dies ebenso sicher nicht der Fall. Wenn ich im obigen Beispiele gewählt habe, in denen die arterhaltende Leistung und Gewöhnung *ohne* Abdressur der Reaktion durch Ausbleiben andressierender Reizsituationen zustande kommt, so geschah dies nicht etwa in der Absicht, zu leugnen, daß Abdressur eben dieselbe Leistung vollbringen kann, was sie sicher in unzähligen Fällen tut, sondern nur um dem durch die erste Thorpesche Definition vielleicht entstehenden Eindruck entgegenzuwirken, daß Reizgewöhnung immer von Dressurvorgängen vom Typus der bedingten Reaktion abhängig sei. Dies ist sie zweifellos nicht, was hier auch deshalb besonders betont sei, weil für die im folgenden Abschnitt zu besprechende Lernleistung gleiches gilt.

2 Zunahme der Selektivität phylogenetisch angepaßter reizspezifischer Reaktionen

Im gewöhnlichen Sprachgebrauch kann das Wort »Gewöhnung« auch bedeuten, daß sich ein dem im vorigen Abschnitt besprochenen genau reziproker Vorgang abspielt. Bei jenem wird ein Komplex zusätzlicher Reize mit den angeborenermaßen auslösenden Schlüsselreizen zu einer untrennbaren Einheit verschmolzen, in der die letzteren *ihre auslösende Wirkung verlieren.* Bei dem nun zu erörternden Prozeß wird ebenfalls durch häufige Wiederholung ein erlernter Reizkomplex mit den Schlüsselreizen verwoben; aber dabei *verlieren nicht* die in der so neu entstandenen Reizkombination enthaltenen Schlüsselreize *ihre Wirksamkeit, sondern alle anderen Reizkombinationen,* auch wenn sie dieselben angeborenen Schlüsselreize in sich schließen und daher primär auslösend waren. Die so entstehende Vermehrung der ursprünglichen Selektivität eines phylogenetisch angepaßten Auslösemechanismus kann wie der vorher besprochene Reaktionsschwund ohne Beteiligung bedingter Reaktionen zustande kommen.

Eine junge Graugans folgt unmittelbar nach dem Verlassen des Nestes jeder beliebigen führenden Gans nach, wenige Tage später nur mehr ihrer Mutter. Bedingte Reaktionen in Form einer Abdressur spielen dabei sicher keine Rolle, denn junge Gänschen, die während der ersten Lebenstage die Mutter verloren und fremden Gänsen nachfolgten, wobei sie Schreckliches und unzweifelhaft Abdressierendes erlebten, sind in der Folge nicht weniger, sondern mehr geneigt, denselben Irrtum zu begehen, als Geschwister, die das nie taten. Bei sehr vielen Vogelarten nehmen Elterntiere während der ersten Lebenstage ihrer Jungen auch fremde an, etwas später aber nicht mehr. Ein frischgefangener Vogel nimmt sein Futter aus jedem beliebigen Gefäß; einer, der jahrelang im gleichen Käfig lebte, weigert sich lange, aus einem neuen Napf zu fressen. Der phylogenetisch angepaßte Auslösemechanismus wird in solchen Fällen um eine ganze Anzahl von »Bedingungen« bereichert, und zwar ohne daß eine Abdressur anderer Reizsituationen stattgefunden hätte, ein Vorgang, der schon den klassischen Untersuchern der bedingten Reaktion durchaus bekannt war.

Ein verwandter, wenn auch durch weitere Eigenschaften gekennzeichneter Vorgang ist die sogenannte *Prägung.* Es ist eine alte Faustregel, daß kein angeborener Auslösemechanismus selektiver ist als notwendig, um mit genügender Wahrscheinlichkeit ein »irrtümliches« Ansprechen zu verhindern. Bei geselligen und vor allem brutpflegenden Arten ist ein Zusammentreffen erfahrungsloser Jungtiere mit anderen Wesen als mit Artgenossen so unwahrscheinlich, daß es völlig ausreicht, wenn höchst unselektive Auslösemechanismen ein erstes Ansprechen der auf Artgenossen gemünzten Verhaltensweisen bewirken, während es individuellen Erwerbungsvorgängen überlassen bleibt, eine für das spätere Leben ausreichende Selektivität zu erzeugen. In manchen Fällen – eben jenen, die den Kern des eigentlichen Prägungsphänomens darstellen – ist dieser Erwerbungsvorgang auf eine sehr kurze und scharf umschriebene Periode des individuellen Lebens beschränkt und schwer oder nicht rückgängig zu machen. Diese Selektivität in bezug auf die Zeit kompensiert gewissermaßen die Unselektivität der Auslösemechanismen. Die Nachfolgereaktion der frischgeschlüpften Graugans wird durch folgende als Schlüsselreize wirksame Konfiguration auf ihr Objekt fixiert: Erstens: kurze, rhythmisch sich wiederholende Töne oder Geräusche, die vor allem dann wirksam werden, wenn sie als »Antwort« auf das »Pfeifen des Verlassenseins« folgen. Zweitens: Bewegungen des diese akustischen Reize aussendenden Objekts vom Gänschen weg. Läßt man ein Gänschen unter einer Kunstglucke trocken werden, die diese Schlüsselreize zu geben vermag, so hört man das Pfeifen des Verlassenseins zum ersten Male stets dann, wenn das Tier unter der Glukke hervorgekrochen ist. Läßt man nun als »Antwort« durch einen eingebauten Lautsprecher oder Summer ein Geräusch, am besten in rhythmischer Wiederholung, ertönen, *so blickt das Gänschen zur Attrappe empor* und vollführt die »Grußbewegung«, d. h. eine schwache Intensitätsstufe des sogenannten Triumphgeschreis. Wenn man dies sich während mehrerer Stunden regelmäßig wiederholen läßt, so folgt das Gänschen der Attrappe sofort dicht aufgeschlossen nach, wenn sie sich fortzubewegen beginnt.

Nach diesem Vorgang, der sich selbstverständlich im Freileben zwischen Kind und Mutter in gleicher Weise abspielt, ist die Nachfolgereaktion des Jungen auf das betreffende Objekt fixiert, und zwar zumindest insofern irreversibel, als ein Wechsel des Objekts nur sehr schwer und stets nur mit großer und dauernder Abnahme der Reaktionsintensität zu erzwingen ist.

Obwohl die Bindung einer bestimmten Reaktion an ein bestimmtes Objekt zweifellos von der früher gegebenen, sehr weiten Definition des Lernens mit einbegriffen wird, hat sie doch eine Reihe von Eigenschaften, die sie von anderen Lernvorgängen, vor allem dem Ausbilden bedingter Reaktionen, unterscheiden. Die erste und wohl wichtigste ist, daß die Reaktion, ohne jemals ausgelöst worden zu sein, nur dadurch bedingt ist, daß das Tier einer spezifischen Reizsituation ausgesetzt war. Dies ist ebenso merkwürdig und für die Prägung kennzeichnend wie ihr Gebundensein an eine bestimmte Phase der Ontogenese und ihre Irreversibilität. Eine weitere und vorläufig noch höchst rätselhafte Eigenschaft der Prägung liegt darin, daß sie die betreffende Reaktion des Jungtieres an Reize koppelt, die nicht das individuelle Objekt kennzeichnen, sondern seine Art oder Gattung. Junge Wildgänse, deren Nachfolgereaktion »auf Menschen geprägt« ist, folgen zunächst allen Menschen nach, die sich angemessen bewegen. Bei Gänschen, die von ihrer Mutter geführt werden, kann Entsprechendes in den ersten Tagen nach dem Verlassen des Nestes auch geschehen; aber wenn es unterbleibt, verwechseln sie vom dritten Tag an niemals andere Gänse mit ihren Eltern. Dagegen dauerte es über drei Wochen, um den Gänsen zweier von Menschen geführter Scharen die Unterscheidung zwischen einem großen bärtigen Mann – mir selbst – und einem untermittelgroßen blonden Mädchen – Margret Schleidt – anzudressieren. Es wirft ein interessantes Licht auf die spezielle Angepaßtheit der Gestaltwahrnehmung der Gans, daß es ihr schwerer fällt, die individuellen Unterschiede zwischen zwei äußerlich so ungleichen Menschen zu lernen, als diejenigen, die zwischen den Physiognomien zweier für das menschliche Auge kaum zu unterscheidenden Graugänse bestehen.

Sehr wahrscheinlich sind die beiden Vorgänge, die erst die Nachfolgereaktion der jungen Gänse auf Wesen einer bestimmten Art und dann in einem zweiten, gewaltigen Zunehmen der Selektivität auf ein bestimmtes Individuum einstellen, physiologisch voneinander durchaus verschieden. Dafür spricht auch ihr unabhängiges Auftreten bei verschiedenen Arten einer immerhin so engen Verwandtschaftsgruppe, wie die Anatiden es sind. Die ♀♀ prachtkleidtragender Entenarten bedürfen keiner Prägung sexueller Reaktionen; diese werden gemäß dem angeborenen Auslösemechanismus durch artgleiche ♂♂ auch dann ausgelöst, wenn das betreffende ♀ sein ganzes Leben lang in Gesellschaft einer anderen Art verbracht hat. Dagegen spielt sich ein individuelles Kennenlernen des Partners genauso ab wie etwa bei Gänsen. Bei der unehigen und prachtkleidlosen Türkenente, *Cairina moschata* L., findet eine echte irreversible Prägung geschlechtlicher Reaktionen auf die Art des Objektes statt, dagegen fehlen bei ihr sichere Anzeichen für ein individuelles Sichkennenlernen der Partner.

Unter den besprochenen Beispielen von Zunehmen der Selektivität einer Reaktion durch Lernen habe ich absichtlich zunächst solche hervorgehoben, die nicht dem Schema der klassischen bedingten Reaktion folgen, bei denen also das Hinzulernen weiterer Bedingungen der Reaktionsauslösung nicht unter der Wirkung andressierender (*reinforcement*) und abdressierender Reizeinwirkungen erfolgt. Das soll nicht heißen, daß letzteres nicht ebensooft oder noch häufiger vorkommt. Wenn junge Erdkröten, wie Eibl-Eibesfeldt beobachtete, unmittelbar nach der Metamorphose nach allen möglichen bewegten Gegenständen bestimmter Größenordnung, Steinchen, Grasspitzen usw., schnappen, dies aber nach kurzer Zeit nicht mehr tun, so beruht das nicht auf einer Gewöhnung im Sinne des im vorhergehenden Abschnitt besprochenen Vorgangs; vielmehr wird den Kröten die Reaktion auf Ungenießbares durch das Wegbleiben der zielbildenden Endhandlung abdressiert (Eibl-Eibesfeldt 1951).

3 Eichung von Zielmechanismen, »Einstellung« von Verrechnungsapparaten und »Uhrenstellung« endogener Rhythmen

Eine besondere Art modifikatorischer Einwirkung auf sehr komplexe und bis in kleinste Einzelheiten phylogenetisch angepaßte Mechanismen des Verhaltens stellen die Vorgänge der Eichung von Zielmechanismen dar, vergleichbar dem Einschießen eines Gewehres, wie auch die Einstellung circadischer Rhythmen durch Zeitgeber. Beide fallen unter die sehr weite Begriffsbestimmung des Lernens, wie sie hier bisher verwendet wurde, doch ist es zumindest zweifelhaft, ob sie mit der Ausbildung bestimmter Reaktionen zu tun haben.

Zielmechanismen können, wie vor allem Mittelstaedt (1957) an Mantiden gezeigt hat, auf höchst kompliziert gebauten Regelkreisen beruhen, in denen die Information über bereits vollzogene Bewegung, die aus der Bildverschiebung im Auge und aus Propriozeptoren gewonnen wurde, dem Bewegungsapparat erneut zugeführt wird und so eine höchst genaue Einstellung des Beuteschlagens auf das Ziel ermöglicht. Das Vorhandensein eines der Eichung dienenden Mechanismus in einem solchen System von Regelkreisen ist keine theoretische Notwendigkeit, wird aber dadurch wahrscheinlich, daß die Folgen mancher operativer Störungen einige Zeit nach dem Eingriff bis zu einem gewissen, wenn auch sehr geringen Grad kompensiert werden. Junge Hühnchen, denen E. Hess Prismengläser aufsetzte, die das gesehene Bild um einige Millimeter seitlich verschoben, lernten es nie, diese Verschiebung zu kompensieren. Bei Verwendung symmetrischer Prismen, die eine kleine scheinbare Annäherung der Sehdinge bewirkten, pickten die Vögel zunächst zu kurz, lernten es aber allmählich, diesen Fehler zu kompensieren; dies gelang nur dann, wenn die aufzupickenden Körnchen auf der Ebene lagen, auf der die Hühnchen standen. Nach frei in der Luft an dünnen Drähten vorgehaltenen Nahrungsbrocken pickten sie andauernd zu kurz.

Bei Ameisen, die lernen, einen bestimmten Weg vom Nest und zu ihm zurück zu steuern, sitzt das Lernen ebenfalls an präformierter Stelle an einem ganz bestimmten Punkt des komplizierten Regelsystems, das die Licht-Kompaß-Orientierung bewirkt. Beim Auslaufen vom Nest steht das Tier bei Lichtreizung unter dem Einfluß einer positiven Phototaxis bzw. einer negativen Geotaxis bei Schwerkraftreizung, die, wie bei Insekten so oft, vikariierend gegeneinander austauschbar sind. Wenn die Auslaufstimmung der Ameise in Heimlaufstimmung umschlägt, ändert sich das Vorzeichen dieser Orientierungsreaktion. Daß nun das Tier imstande ist, nicht nur diesen einfachen Taxien zu gehorchen, sondern einen »willkürlich« gewählten oder auch durch Dressur festgelegten Kurs hin- und zurückzusteuern, wird durch die Mitwirkung eines anderen sehr komplexen zentralnervösen Mechanismus bewerkstelligt, der ebenfalls Drehtendenzen, das sogenannte »Drehkommando«, erzeugt, die sich denjenigen der vorerwähnten Taxien überlagern und die Ameise aus ihrem rein photo- bzw. geotaktisch bestimmten Kurs um einen dosierten Winkelbetrag abdrängen. In die Bestimmung dieses Winkelbetrages gehen nun, wie bei so vielen Organismen (Vögeln, Fischen, Insekten, Krebsen), die längere Zeit einen geraden Kurs relativ zur Sonne steuern können, die Leistungen eines Verrechnungsapparates ein, der die tageszeitlichen Verschiedenheiten der Sonnenrichtung kompensiert, außerdem aber auch Lernvorgänge. Die Ameise vermag das Gesamtmuster der optischen Reize, das die weitere Umgebung des Nestes kennzeichnet, derart auszuwerten, daß sie seinen Helligkeitsschwerpunkt ermittelt und einen konstanten Winkel zu ihm einhält. Umwege können mit Hilfe eines zweiten Integrationsapparates gemeistert werden, der imstande ist, die beim Aus- und Zurücklaufen eintretende Folge der als Marken dienenden, verschiedenen Helligkeitsschwerpunkte festzuhalten (»Reizfolge-Integration«) und zu verwerten.

Jander (1957) hat das Funktionsgefüge dieses komplexen Orientierungsmechanismus untersucht und in einem kybernetischen Diagramm wiedergegeben, das dem Sachverhalt insofern voll gerecht wird, als jeder schematisch dargestellten Instanz eine experimentell isolierbare, spezielle Leistung entspricht. Es läßt sich zeigen, daß sowohl der tageszeitliche Verrechnungsapparat des Sonnenganges als auch die Lernvorgänge, die das Steuern nach Wegmarken ermöglichen, am »Drehkommando« angreifen.

Ein weiterer hochinteressanter Lernvorgang spielt sich außerdem bei der unerfahrenen jungen Ameise und bei der älteren jeweils nach dem Winterschlaf ab. Die Ameise muß den Sonnengang mindestens drei Stunden lang beobachtet haben, ehe der ihn verrechnende und für das Drehkommando auswertende Mechanismus funktioniert. Dies bedeutet sicher nicht, daß das Insekt etwa imstande wäre, durch Lernen aus dreistündiger Beobachtung den Gang der Sonne zu extrapolieren und aus ihrem jeweiligen Stande die Himmelsrichtung zu entnehmen, sondern nur, daß ein phylogenetisch angepaßter Verrechnungsapparat der »Einstellung« bedarf, um zu funktionieren.

Wohl nirgends tritt die ganz spezielle, phylogenetische Angepaßtheit der hier in Rede stehenden Lernvorgänge klarer zutage als in dem Unterschied, den Braemer und Schwassmann (1959) bei der Untersuchung der Sonnenorientierung zwischen nordamerikanischen Barschen, *Centrarchidae*, und dem mittel- bis südamerikanischen Buntbarsch, *Aequidens portalegrensis*, fanden. Die erstgenannten Fische, die allein auf der nördlichen

Halbkugel vorkommen, können ausschließlich einen Sonnengang mit Azimutbewegung von links nach rechts »verrechnen«. Versuchte man bei ihnen Richtungsdressuren zu erreichen, indem man ihnen eine Südsonne mit Azimutbewegung von rechts nach links präsentierte, sei es durch Darbietung einer Kunstsonne oder durch Verfrachtung nach Süden, so hatten diese Fische, auch wenn sie in Dauerlicht aufgezogen waren, erwartungsgemäß eine Richtung, die tageszeitlich mit doppelter Sonnenazimutgeschwindigkeit linksherum vor der Sonne rundumlief. Ganz anders die erwähnten Cichliden. Diese vermögen ebensowohl eine links-rechts laufende Nordsonne als auch eine andersherum wandernde Südsonne zu korrekter Orientierung zu benutzen. In ihrer Jugend auf Nordsonne eingestellte Tiere verrechneten, auf die südliche Halbkugel versetzt, zunächst doppelt. Es steht dahin, ob sie sich bei längerem Aufenthalt auf richtige Orientierung nach der Südsonne umgestellt hätten.

Zu den einfachen Modifikationsvermögen, die als Eichungs- oder Einstellmechanismen in hochdifferenzierte phylogenetisch angepaßte Verhaltenssysteme eingebaut sind, gehört schließlich noch die Leistung der sogenannten *Zeitgeber*. Alle die inneren »Uhren«, die eine unentbehrliche Grundlage der vorerwähnten orientierenden »Verrechnungsmechanismen« wie aller anderen im Rhythmus astronomischer Vorgänge oszillierenden Verhaltensänderungen sind, gehen niemals genau, sondern ebenso wie die mechanischen Uhren des Menschen stets ein wenig vor oder nach, sobald man den Organismus in absolut konstante Umgebung bringt. So regelmäßig ist diese Erscheinung, daß der erfahrene Rhythmusforscher, der eine absolut richtig gehende Uhr vorfindet, sofort annimmt, daß der zu untersuchende Rhythmus nicht wirklich »freiläuft«, sondern daß die Versuchsanordnung insofern mangelhaft sei, als dem Organismus unentdeckte zeitgebende Reize zugänglich blieben. Die notwendigerweise mittelbar oder unmittelbar durch astronomische Vorgänge verursachten Reize, die den Organismus über das Vor- oder Nachgehen seiner inneren Uhr informieren, *bewirken niemals eine Modifikation der Ganggeschwindigkeit der Uhr*, sondern regelmäßig nur ein für den Augenblick kompensierendes Zurück- oder Vorrücken ihres Zeigers. Der Organismus verwertet die empfangene Information also nicht so wie der kundige Uhrmacher, der eine Modifikation an dem die Geschwindigkeit bestimmenden Pendelmechanismus vornimmt, sondern wie der Laie, der seine Uhr vor- oder nachstellt; ebendies ist nach den S. 319 angestellten Erwägungen zu erwarten.

4 Lernen der Anwendungsweise von Instinktbewegungen

Vor allem bei höheren Säugern ist es für die Ontogenese der höher spezialisierten Instinktbewegungen geradezu typisch, daß sie zuerst an falschem Ort auftreten. Der junge Hund schüttelt die Pantoffeln seines Herrn tot oder vollführt die ganze Bewegungsfolge des Beuteverscharrens auf dem Parkett in der Zimmerecke. Wallace Craig (1914) hat in seiner klassischen Schrift über Appetenzverhalten in unübertrefflicher Weise dargestellt, wie jede zielbildende Endhandlung *(consummatory act)* ein Dressurmittel darstellt, das dem Tier beibringt, zum »Abreagieren« eine ganz bestimmte möglichst adäquate Reizsituation aufzusuchen bzw. nicht passende zu vermeiden.

Lernvorgänge, die Eibl-Eibesfeldt in seinen Versuchen an Ratten und kleinen Musteliden zu sehen bekam, entsprachen ausnahmslos diesem Typus. Er zog Ratten so auf, daß sie keine Möglichkeit hatten, Erfahrungen im Herumtragen und sonstigem Behandeln fester Gegenstände zu machen; selbst der Schwanz war ihnen amputiert worden, nachdem man gesehen hatte, wie sie ihn als Ersatzobjekt für Nestbauhandlungen benutzten. Als diese Tiere Nestmaterial erhielten, zeigten sie eine ganze Anzahl längerer, wohlgeordneter Bewegungsfolgen des normalen Nestbaus. Außer den völlig angeborenen Bewegungsfolgen des Hinauslaufens, Erfassens von Material, Zurücklaufens und Niederlegens waren ebenso die des Aufhäufens eines ringförmigen Nestwalles, des »Tapezierens«, d. h. Flachklopfens der inneren Nestwand, sowie die des Zerspleißens von grobem Nestmaterial völlig ungestört. Doch erwiesen sich folgende Lernvorgänge als notwendig, um diese unzweifelhaft phylogenetisch angepaßten Teilvorgänge des Nestbaus zu einer funktionellen Ganzheit zu verbinden: Zunächst mußte, wofern der strukturarme Käfig keine Stelle bot, die durch Deckung oder andere angeborenermaßen beantwortete Reize den Nestbau begünstigte, der *Ort* der Nestmitte durch Selbstdressur festgelegt werden. Hatte sich ein Versuchstier trotz der völligen Leere des Käfigraums einen bevorzugten Schlafplatz angewöhnt oder wurde durch Anbringung eines kleinen Blechschirms eine Deckung geboten, so trugen die Versuchstiere sofort richtig ein. Dagegen häuften und tapezierten sie zunächst oft sinnlos, d. h. sie ließen die betreffende Bewegung in photographisch genau gleicher Koordination wie normale Tiere in der leeren Luft ablaufen, lange ehe das herbeigeschleppte Material zu jener Mindesthöhe angewachsen war, bei der die Bewegung es berührt hätte. Offensichtlich ist es die andressierende Wirkung der zielbildenden Endsituation und der in ihr ablaufenden Bewegung mit all den unter adäquaten Bedingungen eintretenden extero- und propriozeptorischen Rückmeldungen, kurz die *consumma-*

tory situation W. Craigs, die die Tiere die richtige Reihenfolge lehrt, in der die einzelnen, phylogenetisch angepaßten Bewegungsweisen ausgeführt werden müssen, um ihre arterhaltende Leistung zu vollbringen.

Die »Information« darüber, welche Reizsituation die biologisch richtige ist, steckt also nicht nur im angeborenen Auslösemechanismus, sondern auch in der Bewegungsweise selbst, die zum großen Teil die Reafferenzen erzeugt, die zur andressierenden Wirkung gehören. Es scheint mir grundsätzlich unmöglich zu sein, die Lernleistung einer Tierart, im besonderen ihre Fähigkeit zur Ausbildung bedingter Reaktionen, zu analysieren, ohne zunächst ein Inventar der an- und abdressierenden Reizsituationen, mit anderen Worten der phylogenetisch angepaßten Aktions- und Reaktionsnormen aufzustellen.

Die eben besprochene Lernleistung ist von den in den vorhergehenden Abschnitten behandelten in einem Punkte verschieden: Sie ist von einem *Gefälle* stärker und weniger stark wirkender Reizsituationen abhängig. Die Zweckpsychologen, vor allem E. C. Tolman, haben immer schon betont, daß Lernen von diesem Typus nur im Rahmen zweckgerichteten Verhaltens, in unserer Terminologie also in dem des *Appetenzverhaltens*, auftritt, wobei es gleichgültig ist, ob das Tier nach der eine zielbildende Endhandlung auslösenden oder den Ruhezustand ermöglichenden Reizsituation strebt. In beiden Fällen entnimmt das Individuum die Information, die zur adaptiven Modifikation seines Verhaltens benötigt wird, aus einem Gradienten: Es muß Erfahrung von mindestens zwei Reizsituationen haben, von denen die eine näher, die andere weniger nahe an die vom Appetenzverhalten angestrebte optimale herankommt. Die Information darüber jedoch, wie diese optimale Reizsituation beschaffen sein muß, ist selbstverständlich phylogenetisch erworben. Der Mechanismus, der das Lernen in die arterhaltend richtigen Bahnen lenkt, steckt in der reizselektiven Afferenz des »unbedingten Reflexes«, der, wie wir seit I. P. Pawlow wissen, die Voraussetzung für das Entstehen einer bedingten Reaktion ist. Wo immer man Versuch und Irrtum bzw. eine damit einhergehende fortschreitend adaptive Modifikation von Verhaltensweisen sieht, ist die Annahme des Lernens vom Pawlowschen Typus wahrscheinlich. Bekanntlich können sich bedingte Reaktionen zweiter und dritter Ordnung oder, in der Ausdrucksweise der Zweckpsychologen, fast beliebig gliederreiche Ketten von »Zwischenzielen« ausbilden. Auf diese Weise können Lernvorgänge von demselben Typus, von dem wir im obigen Abschnitt ein besonders leicht durchschaubares Beispiel kennengelernt haben, auch ganz andere und komplexere Arterhaltungsleistungen vollbringen.

5 Lernen von Wegen

Vielleicht erwerben die meisten höheren Tiere ihre Wegdressuren in Form derartiger Reihen von bedingten Reaktionen, also durch einen Vorgang, der dem auf S. 328 skizzierten Wegelernen der Ameisen wenig verwandt ist. Beobachtet man z. B., wie eine Maus das Durchlaufen eines Hochlabyrinths (O. Koehler und Dinger 1952) erlernt, so wird der Unterschied zwischen einer freien, den Anforderungen des Augenblicks voraussetzungslos gegenüberstehenden Orientierungsreaktion und dem erlernten Abhandeln einer festgefahrenen Folge von Bewegungen eindrucksvoll vor Augen geführt. Rechts und links schnurrhaartastend, immer wieder ein Stück rückwärts gehend, arbeitet sich das Tier im unbekannten Gelände buchstäblich Schritt für Schritt vorwärts. Schon bei der dritten oder vierten Wiederholung durchläuft es wohl ganz plötzlich ein kleines Wegstück schneller, stockt aber sofort und wird wieder langsam; mit öfterer Wiederholung erscheinen auch an anderen – immer an denselben – Stellen des Weges Stücke raschen Laufes, werden zahlreicher und länger und fließen an den Berührungsstellen zusammen; und wenn schließlich alle diese »Schweißnähte« des raschen Laufes ausgefeilt sind, durcheilt die Maus in einem einzigen glatten Lauf den ganzen Weg. Manchmal erhält sich eine bestimmte Stelle des Stockens noch durch viele Wiederholungen, genau wie bei Kindern, die ein Gedicht auswendig lernen.

Beim Entstehen einer Wegdressur unter natürlichen Umständen sind das langsame, orientierende und offensichtlich dem Sammeln von Informationen dienende Fortschreiten und das schnelle, bereits »gekonnte« Laufen auf die beiden verschiedenen Richtungen verteilt, in denen der zu erlernende Weg durchmessen wird. Alle Tiere, die Wege auswendig lernen, verfahren hierin völlig gleich, ob es nun gewisse Fische (Blenniiden, Pomacanthiden), Eidechsen, Insektenfresser oder Nager sind. Das Tier verschwindet, in eine ihm fremde Umgebung gesetzt, sofort ängstlich im nächsten Unterschlupf. Erst wenn es sich beruhigt hat, beginnt es in ganz bestimmter Weise zu erkunden. Es geht zunächst langsam, mit allen zur Verfügung stehenden Sinnen die Umgebung untersuchend, nur wenig weit, oft weniger weit als die eigene Körperlänge, aus der Deckung heraus und ist im nächsten Augenblick blitzschnell wieder in ihr verschwunden. Allmählich durchmißt es immer längere Strecken; der Rückweg in die Deckung, die im Laufe des Bekanntwerdens mit der Umgebung später meist mit einer besseren vertauscht wird, ist immer ein einziger, glatter Ablauf, und die für das Labyrinthlernen so kennzeichnenden »Internodialläufe« sieht man nie.

Den Vorgang, den Kühn 1919 als Mnemotaxis beschrieben hat, später aber wohl mehr als eine theoretische Möglichkeit denn als einen wirklich vorkommenden physiologischen Mechanismus betrachtete, findet man in einzelnen Spezialfällen des Weglernens tatsächlich verwirklicht. Bei einer Wasserspitzmaus z. B. liegt tatsächlich jede Wendung stets genau an derselben Stelle des Weges, und sehr wahrscheinlich trifft sogar jeder Tritt jedes Fußes genau auf denselben Fleck. Ändert man an dem im buchstäblichen Sinne »auswendig« gekonnten Pfad die kleinste Kleinigkeit, so wird das Tier dadurch völlig aus dem Konzept gebracht (Lorenz 1943), wie dies im Sinne der »mnemischen Homophonie« im Sinne von Kühn auch zu fordern ist. Man kann also wirklich die ganze Wegfindung solcher Tiere als eine Reihe von Lokomotionsbewegungen und Wendungen auffassen, die als bedingte Reaktionen auf eine korrelierte Reihe von Reizen erfolgen, die von den als Wegmarken fungierenden Umweltdingen gesetzt werden.

Es ist indessen ein Spezialfall, daß die Beherrschung eines Weges in der eben geschilderten Weise von der Übereinstimmung zwischen einer starr eingefahrenen Bewegungsgestalt und einer festgelegten Reihenfolge von Umweltreizen abhängig ist. Bei den meisten, nach erlernten Wegmarken steuernden Wesen hängt die Orientierung nicht davon ab, daß das Tier wie ein Schienenfahrzeug wirklich genau auf einer bestimmten Linie entlangfährt, wie die Wasserspitzmaus dies tatsächlich meistens tut und wie es nach der Theorie der Mnemotaxis im strengen Sinne auch zu fordern wäre. Die meisten Tiere, die die erlernten Wegmarken überhaupt wahrnehmen, sind völlig über ihre Position im Raume orientiert. Da sie also aus allen überhaupt möglichen Kombinationen von Winkeln, die von den Richtungen der verschiedenen Wegmarken eingeschlossen werden, die eigene Position entnehmen können, muß die Gesamtheit der Informationen, die das Tier über die Struktur der bekannten Umgebung erworben hat, einer im Zentralnervensystem vorhandenen räumlichen Repräsentation gleichkommen, sowohl der orientierenden Wegmarke als der Eigenposition und -bewegung des Tieres. Rein funktionell kommt diese Art des Orientiertseins, für die Tinbergen den Terminus Pharotaxis vorgeschlagen hat, der räumlichen »Einsicht« gleich. Zwischen räumlicher Einsicht und der Beherrschung des Raumes durch Auswendiglernen aller in ihm möglichen Wege bestehen sicherlich Übergänge und Zwischenformen, denn auch bei ersterer vergeht Zeit zwischen den Rezeptionsvorgängen, und die zuerst empfangenen Reize müssen in irgendeiner Form aufbewahrt werden, bis die zentrale Repräsentation der betreffenden räumlichen Gegebenheiten vollständig ist.

6 Motorisches Lernen

Wie Otto Storch 1949 meines Wissens als erster hervorgehoben hat, spielt die »Erwerbsrezeptorik« im Tierreich eine weit größere Rolle und tritt auf weit geringerer Organisationshöhe auf als die »Erwerbsmotorik«. Alle bisher besprochenen Funktionen einer adaptiven Modifikation des Verhaltens beruhen auf erworbenen Änderungen der Reaktionen im rezeptorischen Sektor des Nervensystems, vielleicht mit Ausnahme der S. 328 ff. geschilderten Entstehung einer mnemotaktisch gesteuerten Bewegungsfolge. Die einzelnen Laufbewegungen und Wendungen werden in solchem Fall ja zu einer in sich geschlossenen, auch transponierbaren Weg-»Gestalt« (O. Koehler 1952, 1958) verschmolzen, die, als Ganzes betrachtet, tatsächlich eine individuelle Erwerbung darstellt, wenn auch in jedem ihrer Einzelglieder und in deren Organisierbarkeit phylogenetisch angepaßte, arteigene Koordinationen stecken. Es ist eine Frage willkürlich gewählter Definitionen, ob man diesen Vorgang »motorisches Lernen« nennen will.

Bis zur Stufe der Vögel und niederen Säuger ist fast alles, was man als motorisches Lernen bezeichnen könnte, von dieser Art und spielt eine große Rolle. Erstaunlicherweise beruht auch bei vielen Vögeln das Beherrschen von Flugstrecken in stark strukturiertem Raum auf demselben Vorgang eines Zusammenschweißens von einzelnen, in ihrer Koordination angeborenen Bewegungsweisen zu einem »gekonnten« Ganzen. Höhlenbrütende Enten z. B. brauchen wochenlang, um auf diese Weise das schwierige Flugproblem der Landung am Eingang des oft schwer zu erreichenden Nistlochs zu meistern, und im Aktionssystem der betreffenden Enten ist der Dauer dieses Lernvorganges dadurch Rechnung getragen, daß die Nestsuche entsprechend lange vor dem Eierlegen beginnt.

Ob es je vorkommt, daß eine phylogenetisch angepaßte Erbkoordination durch »Übung« verbessert, gewissermaßen »ausgeschliffen« wird, ist mir zweifelhaft und auch ebenso schwer zu beweisen wie zu widerlegen. Gewährt man dem heranwachsenden Tier alle Möglichkeiten zu üben, so schließt die allmähliche Verbesserung der Bewegung nicht aus, daß es sich um einen Reifungsvorgang handelt; behindert man diese Möglichkeit und entwickelt sich die Bewegung daraufhin langsamer oder unvollkommener, so kann Inaktivitätsatrophie als Ursache nie ausgeschlossen werden.

Eine echte »Erwerbsmotorik« im Sinne einer wirklich neuen, erlernten Bewegungsweise, die nicht einmal erkennbare Teilstücke erbkoordinierter Bewegungen enthält, spielt, soviel ich weiß, nur bei den allerhöchsten Säugetieren eine wesentliche Rolle. Daß etwas im allgemeinen nicht vorkommt, wird dem Beobachter oft erst durch den Ausnahmefall zum Bewußtsein gebracht, der ihm zeigt, wie das betreffende Phänomen, wenn es oft vorkäme, aussehen würde. In dieser Hinsicht ist ein Befund, den mir Verplanck vor einigen Jahren mündlich mitgeteilt, leider aber meines Wissens noch nirgends veröffentlicht hat, von größtem Interesse. Er versuchte bei Stockenten eine häufige erbkoordinierte Bewegungsweise, nämlich das gewöhnliche Kopfschütteln, als bedingte Reaktion an einen andressierten Reiz zu koppeln, indem er jeden Vogel, der eben kopfgeschüttelt hatte, sofort durch Zuwerfen eines Brotstückchens belohnte. Die Enten lernten nicht, das Kopfschütteln willkürlich zu produzieren, aber sowie sie den Experimentator an der gewohnten Stelle erscheinen sahen, machten sie merkwürdige, krampfartig aussehende Bewegungen mit Kopf und Hals, offenbar die nächste Annäherung an das Kopfschütteln, die ihnen als erlernte »Willkürbewegung« erreichbar war. Vom Standpunkt ihrer Ausstattung mit willkürlichen Bewegungen aus betrachtet, war die den Enten aufgezwungene Leistung dem vergleichbar, was eine Yoghi-Übung von einem Menschen verlangt.

Wirklich »neue« Bewegungskoordinationen, »Erwerbsmotorik« im eigentlichen Sinne des von Storch geprägten Ausdrucks, können offenbar nur von verhältnismäßig wenigen, hochorganisierten Tieren erlernt werden, und selbst bei diesen entsteht der Eindruck des Neuen nur dadurch, daß die zu einer Neukombination verschmolzenen, erbkoordinierten Elementarbewegungen eben sehr klein sind. Diese Elemente, die immer noch sehr hoch über dem Integrationsniveau der fibrillären Zuckung (Ebene 2 nach P. Weiss 1941) liegen, sind eben das, was man als *Willkürbewegung* zu bezeichnen gewohnt ist. Diese nicht assoziierten, ja vielleicht sogar im phylogenetischen Sinne tatsächlich *dis*-soziierten Bewegungselemente, die dem Pyramidensystem frei zu Gebote stehen, sind das Rohmaterial, aus dem das motorische Lernen gekonnte Bewegungen formt. Der Prozeß, durch den dies erreicht wird, ist nicht grundsätzlich von demjenigen verschieden, der S. 332 ff. für das Erwerben von Wegdressuren beschrieben wurde, nur daß hier das »Auffädeln« angeborener Bewegungsweisen zu einer gekonnten Koordination nicht nur eine lineare Kette aufeinanderfolgender Bewegungen erzeugt, gewissermaßen eine einstimmige Impulsmelodie, sondern – einem polyphonen Musikstück vergleichbar – einen durch Querverbindungen in Form von simultanen Koordinationen bereicherten Ablauf.

Wie schon angedeutet, verdanken die Elemente, deren freie Verfügbarkeit Voraussetzung des eben geschilderten Vorganges ist, ihre Unabhängigkeit einem Vorgang des phylogenetischen *Zerfalls* primär sehr komplexer, phylogenetisch angepaßter Bewegungskoordinationen. Zumindest gilt dies ganz sicher für die willkürlichsten Willkürbewegungen, die wir kennen, nämlich die der menschlichen Hand. Ein vergleichendes Studium der Erbkoordinationen, die bei kletternden Tieren und insbesondere bei Primaten dem schlichten Ziel der *Lokomotion* dienen, gibt eine zwanglose Erklärung dafür, daß Tiere, die im Geäste klettern, und insbesondere solche, die dies mit Hilfe von Greifhänden tun, eines Maximums frei verfügbarer Willkürbewegungen bedürfen: Buchstäblich jeder Schritt und jeder Griff der Zangenhand muß bis in jede kleinste Einzelheit und in allen drei Raumdimensionen steuerbar sein, und es ist ohne weiteres klar, warum größere Komplexe erbkoordinierter Bewegungen, wie etwa die des Galopps der Flachlandtiere, unter diesen Umständen unbrauchbar sind. Der »Mangel an Rhythmus«, der für die Lokomotion der Anthropoiden und mehr noch für ihr exploratives Verhalten so kennzeichnend ist, entstand zweifellos als Folge dieser besonderen Anforderungen an ihre Motorik und war seinerseits eine der Voraussetzungen für die Ausbildung der menschlichen Willkürbewegung und alles dessen, was diese im Gefolge hatte.

Solange sie nicht durch motorisches Lernen zu neuen Komplexen sukzessiver und simultaner Koordination verschmolzen sind, sehen Willkürbewegungen stets in hohem Maße *ungeschickt* aus, wie etwa das linkshändige Zeichnen eines Rechtshänders oder jede andere erstmalig ausgeführte Manipulation. Sie sind in dieser Hinsicht genau das Gegenteil des ausgefeilten Endproduktes, das durch motorisches Lernen aus ihnen entsteht und dessen Arterhaltungswert jenen Selektionsdruck ausübte, der beim Menschen zur extremen Ausbildung der Willkürbewegung führte.

Wahrscheinlich besitzen alle höheren Lebewesen, die reichlich mit Willkürbewegungen ausgestattet sind, einen *besonderen eingebauten Mechanismus, der andressierend* auf solche Bewegungskombinationen wirkt, die ein Maximum an Wirkung mit einem Minimum an Aufwand erreichen. Auf die Existenz eines solchen *Dressurmechanismus* kann aus der weiten Verbreitung seiner Wirkungen bei gewissen, sehr besonders »konstruierten« Lebewesen geschlossen werden; über seine physiologische Natur sind nur Spekulationen möglich. Es wäre sicher *vorstellbar*, daß proprio- und exterozeptorische Meldungen über erreichten Bewegungserfolg mit solchen über geleistete Muskelarbeit in Beziehung gesetzt und Bewegungen mit bestem Wirkungsgrad an-, alle mit schlechteren hingegen abdressiert werden. Die Selbstbeobachtung, eine durchaus legitime Wissensquelle, scheint eine solche Hypothese durchaus zu bejahen, wenn sie auch außerdem noch auszusagen scheint, daß der Gestaltwahrnehmung nächstverwandte Vorgänge am Werke sind, die einfach-prägnante, »elegante« Lösungen der dem Organismus gestellten motorischen Aufgaben bevorzugen. Beides kann sehr gut dasselbe sein, hat doch E. von Holst unzweifelhaft gezeigt, daß schon relative Koordination und Magneteffekt, auf niedrigem Niveau zentralnervöser Vorgänge sich selbst überlassen, einfache Koordinationsweisen erzeugen können, die bestmöglichen Wirkungsgrad mit unzweifelhaften Gestalteigenschaften verbinden. Auch läßt sich zeigen, daß selbst die speziellsten menschlichen Willkürbewegungen dem Einfluß jener elementaren Koordinationsmechanismen unterliegen, was jedem Klavierschüler schmerzlich beigebracht wird, wenn er erstmalig versucht, mit einer Hand Achteltriolen und mit der anderen Achtelzweitakt zu spielen. Während aber die Flossenbewegungen eines Lippfisches, *Labrus*, ausschließlich durch relative Koordination und Magneteffekt in Beziehung gesetzt werden, kann diesen Faktoren bei der Entstehung gekonnter Bewegungen doch nur eine Hilfsrolle zukommen, da ja die primäre Entscheidung darüber, welche Bewegungselemente mit welchen anderen gekoppelt werden müssen, von höchsten Instanzen des Zentralnervensystems autoritär getroffen wird.

Die Annahme, daß es ein *besonderer andressierender Mechanismus* und nicht einfach die leichtere Erreichbarkeit des biologischen Enderfolges sei, der allen gekonnten Bewegungen seinen besonderen Stempel aufdrückt, vermag eine Reihe von Erscheinungen zu erklären, die anders nicht einzuordnen sind.

Sie gibt eine zwanglose Erklärung für jene subjektiven Erscheinungen, auf deren Existenz und hohe Bedeutung im menschlichen Leben Karl Bühler als erster hingewiesen und die er als *Funktionslust* bezeichnet hat. Damit ist keineswegs nur die jede Instinktbewegung begleitende und andressierend wirksame subjektive Erscheinung gemeint, sondern ganz besonders jene Freude an erlernten, gekonnten Funktionen, die mit der Größe der gemeisterten Schwierigkeiten wächst. Wir wissen durch Selbstbeobachtung, daß wir, von verschwindend wenigen *»professionals«* abgesehen, gerade um ebendieser Freude willen eislaufen, skifahren oder tanzen, und auch wenn wir ganz »objektiv« verfahren, können wir feststellen, daß diese Betätigungen, ganz für sich genommen, eine starke andressierende Wirkung auf ein speziell nach ihnen gerichtetes Appetenzverhalten unzähliger Menschen ausüben. Genau dasselbe hat dreißig Jahre nach W. Köhler (1921) auch Harlow (1950) an Affen gefunden, bei denen die Freude an gekonnten, nur um ihrer selbst willen ausgeführten Manipulationen sich als starkes andressierendes Mittel erwies. Wie so oft erlauben hier Nebenprodukte oder Fehlleistungen eines physiologischen Mechanismus, die seine eigentlichen arterhaltenden Leistungen gar nicht erfüllen, bessere Einsicht in seinen physiologischen Aufbau und seine Funktion als jene Fälle, in denen er den Arterhaltungswert, dessen Selektionsdruck ihn entstehen ließ, voll erfüllt.

In ganz ähnlicher Weise, wie menschliche Schläue supernormale Schlüsselreize für so viele andere auslösende bzw. andressierende Mechanismen gefunden hat (S. 309 f.), so hat sie auch für den hier in Rede stehenden Dressurmechanismus in raffinierter Weise außerordentlich »lohnende« Reizsituationen zu erfinden vermocht. Die enge Analogie, die in dieser Hinsicht viele »Sports«, wie Skilauf oder Tennis, sowie manche Künste, wie Kunsteislauf oder Tanz, mit den S. 309 diskutierten »Lastern« verbindet, wird wegen der gegenteiligen Wirkung, die beiderlei Erscheinungen auf die menschliche Gesundheit haben, leicht übersehen. Ein sehr bekannter Künstler und Wissenschaftler meines Freundeskreises ist dem Segelfliegen allerdings in einer Weise verfallen, die von seinen Mitarbeitern als gefährliches Laster bezeichnet wird.

Proprio- und exterozeptorische Wahrnehmungen, welche die vollendete Ausführung der eigenen Bewegung vermelden und belohnen, sind weder voneinander klar zur unterscheiden, noch auch von dem rein exterozeptorischen Vergnügen, das wir beim Betrachten von Bewegungsweisen empfinden, die bis zur Vollkommenheit »gekonnt« sind. »The entrancing beauty of everything done superlatively well« – die berückende Schönheit von allem, was über die Maßen gut getan wird, wie Beebe so schön gesagt hat – hängt nicht nur den Bewegungen an, die unmittelbar am Tun beteiligt sind, sondern oft auch den Dingen, die es hervorbringt. Es wäre leicht, sich hier in philosophische Spekulation zu verlieren: Der Selektionsdruck, den die Ökonomie der aus willkürlichen Elementen zusammenzusetzenden gekonnten Bewegung ausübt, führt zur Differenzierung eines andressierenden Mechanismus, der die koordinative Vollkommenheit der eigenen Erwerbsmotorik belohnt. Wie die meisten rezeptorischen Organisationen seiner Art ist dieser Mechanismus supernormalen Reizsituationen zugänglich, die noch stärker »belohnend« wirken als diejenigen, auf die er von der phylogenetischen Entwicklung gemünzt ist. So führt er den erfindungsreichen *homo faber* zu stärker und stärker befriedigenden Reizsituationen, ganz wie dies bei der Entstehung von Lastern zu geschehen pflegt, aber die Folge ist hier nicht Verfall und Gefahr für das Überleben der Art, sondern eine nach dem Unendlichen strebende Entwicklung unserer Empfänglichkeit für das Schöne. Als strenge Vertreter der psycho-physiologischen Parallelismuslehre müssen wir ernstlich die Möglichkeit erwägen, daß unser ästhetisches Wertempfinden nichts anderes als die Erlebnisseite der eben diskutierten Funktionen sei. Ebenso aber müssen wir uns darüber klarsein, daß, auch wenn diese Erklärung richtig sein sollte, sie der Wirklichkeit und dem Werte des Schönen keinen Abbruch täte.

Immerhin ist die obige Erklärung durchaus nicht die einzig mögliche. Wir empfinden Schönheit auch bei Betrachtung von Phänomenen, die ihre Harmonie und Vollkommenheit keineswegs dem hier in Rede stehenden andressierenden Mechanismus, sondern ausschließlich phylogenetischen

Vorgängen verdanken. Das Schwimmen eines Hais oder der Galopp einer Antilope kann sich an Schönheit mit der künstlerisch höchstentwickelten gekonnten Bewegung messen. Dennoch aber glaube und behaupte ich, eine ganz besondere *Art* von Schönheit in den übermütigen Flugspielen gesehen zu haben, die ein Kolkrabe im Aufwind vollführt, in den unglaublichen Turnkunststücken eines munteren Gibbons und in den stromliniengeformten Bewegungsspielen, die ein Delphin mit der Bugwelle eines Dampfers treibt, *noch ehe ich wußte, daß gerade diese Bewegungsweisen einen besonders hohen Anteil individuell erlernter, gekonnter Koordinationen enthalten.*

Der beste Grund, die Funktion eines besonderen Mechanismus anzunehmen, der in aus Willkürbewegungen zusammengesetzten Koordinationen größte »Vollkommenheit« im Sinne des besten Wirkungsgrades belohnt und andressiert, liegt im offensichtlichen Fehlen anderer Motivationen gerade bei den intensivsten und besonders typischen Betätigungen gekonnter Bewegung, nämlich bei den Bewegungsspielen höherer Tiere sowie in der deutlichen Korrelation zwischen Häufigkeit und Differenzierung solcher Spiele einerseits und der Lernfähigkeit der betreffenden Tierart andererseits.

Schließlich vermag die in Rede stehende Annahme eine wenigstens spekulative Erklärung für einen Kreis sonst völlig rätselhafter Beobachtungen zu geben. Wenn ein Delphin, *Lagenorhynchus*, es ohne jedes Zutun menschlicher Dressur lernt, im raschen Schwimmen einen Aluminiumteller auf der Schnauzenspitze zu balancieren, aufgepumpte Gummireifen unter den Bauch schwimmender Seeschildkröten zu legen und mit Steinen gezielt nach unbeliebten Personen zu werfen, so war bisher die Herkunft dieser außerordentlich geschickten und zweifellos nicht phylogenetischer Anpassung entstammenden Bewegungen ein ebenso großes Rätsel wie die des riesigen, windungsreichen Großhirns, das zweifellos die Voraussetzung für derartige Verhaltensweisen bildet. Mein Erklärungsversuch geht dahin, daß die Vorfahren der wasserlebenden Säuger zur Zeit ihrer Rückkehr ins Wasser bereits eine ziemlich reichliche Ausstattung mit Willkürbewegungen und entsprechendem Lernvermögen besaßen und deshalb gewissen Anforderungen des neuen Lebensraumes dank diesen fast beliebig modifizierbaren Funktionen gerecht werden konnten. So wirkte sich der Selektionsdruck, der die Entstehung neuer, dem Wasserleben angepaßter Bewegungen begünstigte, fast ebensosehr in Richtung einer höheren Ausbildung von Willkürbewegungen wie in derjenigen einer Neudifferenzierung phylogenetisch angepaßter Erbkoordinationen aus. Zu dieser Annahme stimmt, daß Ottern, Seelöwen und Wale in so erstaunlich differenzierter Weise spielen, die erstgenannten auffällig viel mehr als andere Musteliden. Es mag zunächst paradox erscheinen, daß die Wale ihr gewaltiges und leistungsfähiges Gehirn nur unter dem Selektionsdruck entwickelt haben sollen, den die Anforderungen des Wasserlebens auf die Ausbildung neuer Lokomotionsweisen ausübten, aber das Prinzip, das Rudyard Kipling in den witzigen Worten ausgesprochen hat: »Wenn ich schon Rasiermesser zum Holzhacken nehmen muß, ziehe ich den feinsten Stahl vor!« findet sich in der Evolution der Organismen nicht allzu selten verwirklicht. Auch sind die Nebenprodukte der Willkürbewegung und der ihre Vervollkommnung bewirkenden Mechanismen, die wir bei den Walen beobachten und die uns durch ihre Ähnlichkeit zu entsprechenden Erscheinungen bei uns selbst verblüffen, ganz genau das, was man bei der angenommenen Entwicklungsweise erwarten müßte.

VI Kritik der »naiven« Einstellung älterer Ethologen

Unrichtig ist zweifellos die Gegenüberstellung von »angeboren« und »erlernt« als zweier konträrer Begriffe, ganz abgesehen von der eingangs erwähnten Ungenauigkeit des ersten Terminus in genetischer Hinsicht. Wie schon in der Kritik der behavioristischen Argumente ausführlich erörtert, ist es zweifellos grundsätzlich möglich, daß eine einzige Bewegungsfolge beides zugleich ist, dann nämlich, wenn die ihrer Anpassung zugrunde liegende Information ausschließlich in der Morphologie der bewegten Organe enthalten ist und vom Individuum erst durch Versuch und Irrtum aus dieser entnommen wird. Die »chiffrierte Information« des Genoms würde dann gewissermaßen doppelt, erst durch die Vorgänge der Morphogenese und dann noch einmal durch Lernen, »dechiffriert«. Die Komplikation eines solchen Vorganges schließt sein reales Vorkommen, vor allem beim Menschen (Prechtl 1958), nicht aus. Der in Rede stehende Denkfehler hindert jedoch nicht, daß – wie im vorigen Abschnitt erörtert – die auf ziemlich naiven Begriffsbildungen aufgebauten Vorstellungen von der »Instinkt-Dressur-Verschränkung«, wie Heinroth sie hegte und ich sie 1932 ausführlich darstellte, für die allermeisten Fälle zutreffen, in denen Ontogenie des Verhaltens genau untersucht wurde.

Aus der disjunktiven Gegenüberstellung der Begriffe »angeboren« und »erlernt« entsprang eine Denkweise, der man dieselben Vorwürfe nicht ersparen kann, die weiter oben (S. 305 ff.) gegen die Behavioristen erhoben wurden. Erstens kann man das Vorgehen der alten Ethologen insofern als atomistisch bezeichnen, als sie sich ausschließlich für das angeborene Verhalten interessierten – vielleicht ein wenig entschuldigt durch die Antithese zu den Behavioristen, die das Umgekehrte taten – und erlerntes und einsichtiges Verhalten unbesehen als Sammeltopf für unanalysierte Restbestände betrachteten.

Zweitens aber kann man den Vorwurf, der in Kritik von 1 b gegen die Behavioristen erhoben wurde, auch den alten Ethologen nicht ersparen: Sie haben kaum darüber nachgedacht, welche phylogenetisch entstandenen Mechanismen es seien, die das Lernen stets in Bahnen von Verhaltensweisen mit positivem Arterhaltungswert lenken; sie nahmen diese Tatsache ebenso wie die Behavioristen als selbstverständlich hin. Höchstens bei Wallace Craig klingt diese Problematik an, und selbst bei ihm mehr zwischen den Zeilen in den Verhaltensschilderungen als in klarer Formulierung. Ich selbst habe mir jedenfalls die »Verschränkung« zwischen phyletischer Anpassung und Lernen viel zu mosaikhaft und viel zuwenig als Wechselwirkung vorgestellt: ein ausgesprochen atomistischer Denkfehler. Dieser hatte auch falsche Vorstellungen von der physiologischen Natur der zielbildenden Endhandlung zur Folge: Ich glaubte lange Zeit, daß das Ende der Handlungskette dadurch erreicht würde, daß sie in plötzlichem, hochintensivem Hervorbrechen alle aktivitätsspezifische motorische Erregung entlade und total erschöpfe. Wie F. Beach (1942) am Kopulationsverhalten des Schimpansen nachgewiesen hat, ist diese Vorstellung falsch: Es sind Reafferenzen, die sicher in diesem und wahrscheinlich auch in anderen Fällen von kritisch aufhörenden Endhandlungen gewissermaßen »Erfolg melden« und das Appetenzverhalten abschalten.

Diese Reafferenzen extero- wie propriozeptorischer Herkunft sind erstens das positive Dressurmittel *(reinforcement)*, das, an höhere Instanzen weitergeleitet, die vorhergehenden zum Erfolg der Endhandlung führenden Verhaltensweisen andressiert, zweitens aber enthalten sie auch die wesentlichen, phylogenetisch gewonnenen Informationen, die den Arterhaltungswert der Lernleistung sichern. Diese Informationen liegen nicht nur in der Selektivität auslösender Mechanismen, sondern, wie S. 331 erörtert, auch in der Erbkoordination der Bewegung selbst. Gerade hierauf gründet sich die große Anpassungsfähigkeit des erlernten Verhaltens und damit seine Überlegenheit über rein phylogenetisch angepaßte Verhaltensketten. Wenn etwa Eibl-Eibesfeldts erfahrungslose Ratte (S. 330) zunächst die »Tapezierbewegung« in leerer Luft vollführt, bald aber lernt, zuvor eine Reihe anderer Bewegungsformen einzusetzen, die erst die Voraussetzung für eine erfolgreiche Funktion der erstgenannten schaffen, so ist es sicherlich in erster Linie die beim »Tapezieren« empfangene Reafferenz, die als andressierendes Mittel wirkt. Dabei bestimmt sie einen zu erreichenden Endzustand der Nestwand und gibt den vorangehenden, dieses »Ziel« herbeiführenden Verhaltensweisen breiten Spielraum, ganz wie dies für alles »zweckgerichtete« Verhalten im Sinne E. C. Tolmans kennzeichnend ist. Die zielbildende Endhandlung ist phylogenetisch in höchst subtiler Weise zum Dressurmittel differenziert, ja, eine ihrer wichtigsten Funktionen ist die eines solchen. Daß auf diese Weise das Lernen seinerseits zweifellos einen wesentlichen Einfluß auf die stammesgeschichtliche Entwicklung der Instinktbewegungen genommen hat, lag dem Denken der älteren Ethologen, wenigstens dem meinen, durchaus fern.

Dieser Atomismus hat indes wenig Schaden angerichtet, weil in jeder anderen Hinsicht das willkürlich herausgegliederte Element, eben die Erbkoordination, tatsächlich einer jener »ganzheitsunabhängigen Bausteine« (Lorenz 1950) des Verhaltens ist, die vom Systemganzen weit weniger beeinflußt werden, als sie es ihrerseits beeinflussen. Auf jeden Fall war die erbkoordinierte Bewegung der archimedische Punkt, auf dem sich alle ethologische Erkenntnis aufgebaut hat. Vor allem aber hat sich mit Sicherheit bestätigt, daß durch Lernen erworbene Informationen in diese Bewegungsweisen *nicht* eingehen, sosehr sie ihrerseits durch ihre Funktion als positive Dressurmittel das Lernen beeinflussen. Die naive Anwendung des Terminus »angeboren« auf die erbkoordinierte Bewegung hat dem Fortschreiten der Erkenntnis unvergleichlich viel weniger geschadet als die in keinerlei Beobachtung oder experimentellem Befund, sondern ausschließlich in behavioristischer Ideologie begründete Behauptung, auch sie müsse, wenigstens im Prinzip und wenigstens ein klein wenig, durch Lernen modifizierbar sein, bzw. als diese Behauptung tun würde, wenn die modernen Ethologen die Konsequenzen aus ihr zögen, was sie, wie gesagt, zum Glück ihrer Forschung nicht tun (S. 301 f.).

VII Leistung und Leistungsbeschränkung des Experimentes mit Erfahrungsentzug

Alles bisher Gesagte diente dem ersten der beiden S. 301 f. genannten Ziele, der begrifflichen Klärung der Frage, was moderne Ethologen meinen, wenn sie sagen: »was wir früher angeboren und erlernt nannten«. Die unbestrittene, aber so oft vernachlässigte Tatsache, daß es nur zwei voneinander scharf getrennte und durch keinerlei Übergänge miteinander verbundene Wege gibt, auf denen die jeder Anpassung des Verhaltens zugrunde liegende Information in das organische System hineingelangen kann (S. 303 f.), wurde teils in Verfolgung dieses ersten Zieles ausführlich diskutiert, teils aber auch, um damit der zweiten der gestellten Aufgaben zu dienen, nämlich der Prüfung der Frage, was und wieviel wir aus Experimenten entnehmen können, in denen dem heranreifenden Organismus die Möglichkeit genommen wird, durch Lernen Information über bestimmte Umweltgegebenheiten zu gewinnen. Das Isolierungsexperiment, wie ich diesen Versuchstyp der Kürze halber nennen will, wäre von sehr geringem Wert, wenn die S. 314 als »präformationistisch« gekennzeichnete Meinung mancher behavioristischer Psychologen zu Recht bestünde, daß ein Lernen im Ei oder *in utero* eine Angepaßtheit an Umweltgegebenheiten erklären könne, denen das Tier erst in seinem späteren Leben begegnet. Selbst die bereits kritisierte (S. 318) Annahme einer diffusen Mischbarkeit phylogenetischer und individueller Verhaltensanpassung ist wenig geeignet, das Isolierungsexperiment als besonders aussichtsreich erscheinen zu lassen. Eine Darstellung dessen, was der Isolierungsversuch tatsächlich zu leisten vermag, ist also sicherlich am Platze.

Außerdem wurden Versuche dieser Art in den letzten Jahren wiederholt in so fehlerhafter Weise angestellt und aus ihren Ergebnissen so völlig falsche Schlüsse gezogen (Riess 1954, Birch 1945), und die Schlüsse wurden dann noch von sonst höchst kritischen Autoren in unverdienter Weise so ernst genommen (Lehrman 1953), daß die Besprechung der wenigen und einfachen Regeln, die beim Anstellen von Isolierungsversuchen zu beachten sind, als dringend nötig erscheint.

1 Die erste Regel für den Versuch mit Erfahrungsentzug[1]

Wie schon S. 316 f. bei der Diskussion der Einstellung moderner Ethologen zum Begriff des Angeborenen ausgeführt, ist das Experiment isolierender Aufzucht nur dann sinnvoll, wenn sicher bekannt ist, daß das zu untersuchende Verhaltensmerkmal *eine arterhaltende Leistung vollbringt.* Dies steht, aus naheliegenden Gründen (Lorenz 1955) bei allen Verhaltensweisen fest, deren komplexer und differenzierter Aufbau ihr rein zufälliges Zustandekommen ausschließt. Bei ihnen erhebt sich, neben der selbstverständlichen Frage nach der Leistung, deren Selektionsdruck ebendiese Differenziertheit bewirkte, auch die Forderung nach Kausalanalyse der Entwicklungsmechanik, durch die das angepaßte Verhalten ontogenetisch zustande kommt. Bei regellosen Vorgängen, die keinen Arterhaltungswert besitzen – und ganz ebenso, wenn man diesen aus seiner Betrachtungsweise fortläßt – entbehren beide Fragen nicht nur des Sinnes, sondern werden auch unlösbar; in diesem Sinne sind die S. 303 zitierten Erwägungen durchaus richtig: An einem unstrukturierten, nicht im Dienste der Arterhaltung differenzierten Merkmal der Organisation von Körper oder Verhalten ist es nicht nur sinnlos, nach dem Anteil zu fragen, den Vererbung und Umgebungseinwirkung an seiner ontogenetischen Entwicklung nehmen, sondern es ist auch unmöglich, diese uninteressante Frage zu entscheiden, ohne die von den vorerwähnten Erwägungen geforderte Vielzahl von Versuchen anzustellen.

Weiß man dagegen, daß das untersuchte Verhaltenselement im Dienste einer bestimmten arterhaltenden Leistung seine hochdifferenzierte Form gewonnen hat, und kennt man dazu noch diese Leistung, so sind Fragestellung und Strategie analytischen Vorgehens völlig andere. Man kennt dann nämlich die Herkunft der abbildenden Information, die in der Anformung des organischen Systems an eine bestimmte Umweltgegebenheit enthalten ist: Sie kann nur aus dieser Gegebenheit selbst stammen. Die Fragestellung ist damit von der Berücksichtigung einer schier unendlichen Zahl möglicher Faktoren auf die weit geringere der in jeder Gegebenheit selbst enthaltenen eingeschränkt. Außerdem aber weiß man, daß die genannte Information nur durch zwei Arten von Vorgängen gewonnen sein kann, entweder durch die phylogenetische »Induktion« (S. 306) oder durch diese *und* individuelles Lernen. Der entwicklungsmechanischen Ursachenforschung ist damit die prinzipiell und auch praktisch *lösbare* Aufgabe gestellt, einerseits herauszufinden, welche Verhaltenselemente sich ganz unabhängig von individuellem Lernen in arterhaltend funktionstüchtiger Weise entfalten, andererseits aber, welche Lern-, besser gesagt Dressur- und Lehrmechanismen vorhanden sind, die zusätzlich individuell gewonnene Information in anpassende Modifikation des Verhaltens umsetzen. Wenn nun ein Verhaltenselement seine gesamte Angepaßtheit phylogenetisch gewonnener Information verdankt, so ist, wie schon in der Kritik der gegenteiligen Anschauung (S. 317) dargelegt, günstigenfalls schon ein einziger Versuch ausreichend, um dies nachzuweisen. Das Vorhandensein von Lehrmechanismen kann natürlich nur durch den Nachweis ihrer spezifischen Funktion und durch genauere Analyse der letzteren erwiesen werden und bedarf somit stets weiterer Untersuchung. Daraus ergibt sich eine weitere Regel.

2 Die zweite Regel für den Versuch mit Erfahrungsentzug

Die zweite Regel lautet: Der Isolierungsversuch kann uns unmittelbar nur sagen, was *nicht* gelernt zu werden braucht. Lehrman (1953) hat diese Regel klar und richtig formuliert, aber nicht befolgt, indem er sich den Schlußfolgerungen von Birch und Riess anschloß, die gröblichst gegen sie verstießen.

Wenn man ein Tier in Gefangenschaft von frühester Jugend an aufzieht, ist es ungeheuer schwer zu vermeiden, daß gewisse körperliche Schäden entstehen. Diese aber haben unabsehbare Ausfälle und Störungen der phylogenetisch angepaßten Aktions- und Reaktionsnormen zu Folge: 1. Spontan auftretende, erbkoordinierte Bewegungen verlieren sehr leicht an Intensität bzw. erleiden eine Schwellenerhöhung der sie auslösenden Reize. 2. Angeborene Auslösemechanismen verlieren häufig ihre normale Selektivität. 3. Soziale Hemmungen verlieren an Kraft oder verschwinden. Unter den Bedingungen des Isolierungsversuchs, die auch häufig mit den Anforderungen ideal guter Tierhaltung in Konflikt geraten, müssen naturgemäß derartige Schädigungen mit noch größerer Wahrscheinlichkeit erwartet werden.

Ein Beispiel für den ersten der drei aufgeführten Typen von Ausfällen und die Gefahr seiner Vernachlässigung bietet meine Anatinenarbeit (1942), in der von mehreren der vergleichend untersuchten Schwimmentenformen behauptet wird, daß ihnen eine bestimmte Bewegungsform fehle. In Wirklichkeit aber wurden bei den in Altenberg unter bescheidenen Bedingungen gehaltenen Tieren nie die Schwellenwerte der aktivitätsspezifischen Erregung erreicht, die zur Auslösung der betreffenden Bewegung nötig sind, wie W. von de Wall inzwischen an weit besser gehaltenen Enten derselben Arten festgestellt hat.

Auch die Vernachlässigung der zweiten Störungsmöglichkeit, des Selektivitätsverlustes auslösender Mechanismen, hat mich einst zu einem Irrtum verleitet, der als Warnung dienen sollte. Junge Neuntöter, *Lanius collurio* L., die ich vor vielen Jahren aufzog, begannen kurz nach dem Flüggewerden mit größeren Bissen im Schnabel eigenartig wischende Bewegungen entlang den Sitzstangen und Gitterstäben ihres Käfigs zu vollführen. Ich vermutete alsbald, daß dies die Anfänge des bekannten, für den Neuntöter kennzeichnenden Aufspießens von Beute sei, und bot den Vögeln entsprechende Dornen in Gestalt von durch die Sitzstange geschlagenen, mit der Spitze etwa 2 cm vorragenden Nägeln. Die Neuntöter beachteten diese Gebilde zunächst überhaupt nicht; erst wenn sie rein zufällig mit der Wischbewegung an den Dorn gerieten und das Fleischstückchen sich daran festhakte, verstärkte sich die Bewegung gewaltig und die Beute wurde richtig aufgespießt. Nach wenigen Erfolgen dieser Art richteten die Vögel ihre Wischbewegungen gezielt auf die Dornen. Diese Beobachtung blieb jahrelang mein Paradebeispiel für eine »Trieb-Dressur-Verschränkung«. Als Gustav Kramer zum Zwecke von Versuchen über Zugorientierung erneut Neuntöter aufzog, wiederholte er bei dieser Gelegenheit obigen Versuch mit gleichen Ergebnissen. Als er aber seine Aufzuchttechnik durch Seidenraupenfütterung verbessert hatte, orientierten die so behandelten jungen Neuntöter ihre Spießbewegung sofort, ohne vorherigen Versuch und Irrtum auf Dornen, ja, sie behielten diese Orientierung sogar dann bei, als er ihnen biegsame Gummiattrappen bot, an denen die zielbildende Endhandlung nicht erfolgen konnte (G. Kramer nach U. von St. Paul, mündliche Mitteilung).

Als Beispiel für die dritte typische Störung, den Fortfall von Hemmungen, sei das jedem Zoofachmann bekannte Auffressen der neugeborenen Jungen genannt, das bei fleischfressenden und omnivoren Tieren so ungemein häufig vorkommt. Man begeht kaum eine Übertreibung, wenn man behauptet, es würden von in Gefangenschaft geborenen Jungtieren solcher Arten mehr aufgefressen als großgezogen. Die unter Zooleuten, Schweine- und Kaninchenzüchtern weit verbreitete Meinung, daß zahme, d. h. dem Menschen gegenüber vertraute Tiermütter besonders zum Auffressen ihrer Jungen neigen, ist sicherlich richtig; nur ist nicht die Zahmheit an dem Hemmungsausfall schuld, sondern die die Zahmheit bedingende Vorgeschichte solcher Individuen.

Unvollständigkeiten, die im Verhalten eines unter Erfahrungsentzug aufgezogenen Versuchstieres auftreten, können stets auf derlei pathologischen Defekten beruhen, am wahrscheinlichsten dann, wenn die Entzugsmaßnahmen, wie etwa Aufzucht von Affen im Dunkeln oder Anbringen eines Gummigkragens an Ratten, der das Tier am Beriechen und Belecken des eigenen Hinterteils verhindert, usw., massive körperliche Schädigungen setzen. Die unter solchen Umständen auftretenden Störungen ohne weiteres auf den Ausfall des Lernens zurückzuführen ist naiv.

Die wichtigsten Wissensgewinne erzielt der Versuch mit Erfahrungsentzug dann, wenn komplexe Verhaltenssysteme sich als rein phylogenetisch angepaßt erweisen, etwa wenn ein Star, der nie die Sonne und ihre Bewegung gesehen hat, die erstaunliche Fähigkeit bekundet, eine konstante Himmelsrichtung einzuhalten, und zwar auf Grund eines Verrechnungsapparates, der eine innere Uhr, die Ermittlung des Azimuth sowie Information über den Gang der Sonne zur Voraussetzung hat (K. Hoffmann 1952). In solchen Fällen verdient nicht nur der Scharfsinn des Experimentators, sondern auch seine hohe Kunst, Tiere wirklich gut aufzuziehen und zu halten, unsere größte Bewunderung.

Die Feststellung der Tatsache, daß uns der Versuch mit Erfahrungsentzug unmittelbar nur sagen kann, was ganz sicher angeboren, nicht aber, was erlernt sei, wurde von behavioristischer Seite als eine tendenziöse »Theorie« ausgelegt, die nur konstruiert worden sei, um den Begriff des »angeborenen« Verhaltens gegen die drohende Auflösung durch das Vordringen der Analyse der Lernvorgänge zu schützen *(highly protective theory)*. Die in der vorliegenden Abhandlung vorgeschlagenen Begriffsbildungen des phylogenetisch angepaßten und des individuell erlernten Verhaltens seien deshalb unbrauchbar, weil durch die eben diskutierte Leistungsbeschränkung des Isolierungsexperimentes jede Aussage darüber unmöglich werde, ob eine bestimmte Verhaltensweise von einer Tierart unter allen Umständen individuell erlernt werden müsse. Es sei ja nie die Möglichkeit auszuschließen, daß das Verhalten, dessen Erlerntwerden man an den Versuchstieren beobachtet, unter anderen Aufzuchtbedingungen, vergleichbar der Orientierung der Würger Kramers bei Seidenraupenfütterung, sich als unabhängig von individueller Erfahrung erweisen könnte. Deshalb sei die »Hypothese«, daß bestimmte Verhaltensweisen »angeboren«, d. h. phylogenetisch angepaßt seien, experimentell unwiderlegbar und somit ohne jeden wissenschaftlichen Wert.

Angesichts des erstaunlich tiefen Eindrucks, den dieses Argument mancherorts gemacht hat, halte ich seine ausführliche Widerlegung hier für angezeigt. Erstens setzt das Argument völlig unbegründeterweise voraus, daß eine einzige Art von Versuchen imstande sein müsse, »angeborenes« und »erlerntes« Verhalten voneinander zu trennen, bzw. daß es nur eine Methode, eben den Isolierungsversuch, gebe, dies zu tun. Genau wie etwa in der chemischen Analyse ein Test stets nur Anwesenheit oder Fehlen eines bestimmten Elementes zu behaupten gestattet, ist der Isolierungsversuch nur die Methode, die unter günstigen Bedingungen die sichere Aussage über das Vorhandensein einer bestimmten phylogenetischen Angepaßtheit des Verhaltens gestattet. Sowenig etwa der gerichtliche Mediziner aus dem Versagen des Arsentestes entnehmen kann, mit welchem anderen Gift das Opfer ermordet wurde, sowenig ist Analoges vom Isolierungsversuch zu verlangen. Das Argument vergißt, daß ein Lernvorgang als solcher erkannt werden kann, ohne den Versuch des Erfahrungsentzuges anzustellen, z. B. durch schlichte Beobachtung der Verhaltensontogenese im natürlichen Lebensraum. Es kann durchaus nicht das Anliegen des biologischen Forschers sein, durch ein einziges Experiment zwischen zwei Möglichkeiten zu entscheiden. Der Irrglaube, daß man dies überhaupt in der Lebensforschung immer können müsse, ist für atomistisches Denken kennzeichnend. Es ist auch in den »exakten« Naturwissenschaften legitim, schlicht festzustellen: Unter diesen und jenen Umständen geschieht dies und jenes; wenn ich den Stein frei im Raum loslasse, fällt er mit der Beschleunigung g zu Boden. Ebenso erlaubt ist es zu sagen: Gibt man der Ratte Nestmaterial, so lernt sie, Zusammentragen, Anhäufen, Tapezieren in ebendieser Reihenfolge auszuführen; gibt man ihr keines so lernt sie dies nicht. Beide Feststellungen sind gute Wissenschaft, unbeschadet der bekanntlich bestehenden, wenn auch sehr unwahrscheinlichen Möglichkeit, daß der Stein etwas ganz anderes tut, und der noch erheblich unwahrscheinlicheren, daß eine mit irgendwelchen Wundermitteln gefütterte, unter phantastischen Bedingungen gehaltene Ratte die obengenannte Reihenfolge ohne Selbstdressur innehält.

Zweitens aber gibt uns der Versuch des Erfahrungsentzugs, wenn auch nicht unmittelbare Auskunft über das, was gelernt wird, so doch verläßliche Hinweise darüber, *an welchen Stellen im Aktionssystem man nach Lernvorgängen zu fahnden hat.* Wer das Aktionssystem der untersuchten Tierart aus der Beobachtung im natürlichen oder doch möglichst natürlichen Lebensraum kennt und als erfahrener Tierpfleger mit der Symptomatologie der S. 344 ff. besprochenen gefangenschaftsbedingten Ausfälle vertraut ist, der kann aus dem defekten Verhalten des Versuchstieres sehr wohl Anhaltspunkte dafür gewinnen, welche Unstimmigkeiten der Systemfunktionen durch solche Ausfälle und welche durch Ausbleiben von Lernvorgängen bedingt sind. Intensitätsverlust von Instinktbewegungen und Defekte sozialer Hemmungen sind mit den durch Erfahrungsentzug erzeugten Störungen schlechterdings nicht zu verwechseln; auch kennen wir keinen Fall, in dem sie durch Lernen kompensiert wurden.

Wer dagegen die schon seit Wallace Craig bekannte andressierende Wirkung der zielbildenden Endhandlung und vor allem die Erscheinungsform dieser selbst kennt, braucht die unerfahrene Ratte in Eibl-Eibesfeldts Versuch nur einmal »ins Leere tapezieren« zu sehen, um den Verdacht zu fassen, daß hier ein eingebauter Lehrmechanismus der Untersuchung harre, zumal wenn andere Indizien die Annahme unwahrscheinlich machen, daß es sich um eine noch unfertige Verhaltensweise handle. Eingebaute Lehrmechanismen sind mit großer Wahrscheinlichkeit überall dort zu vermuten, wo man Instinktbewegungen mit steilem Anstieg und noch plötzlicherem Abfall aktivitätsspezifischer Erregung sowie mit nachfolgender Refraktärperiode findet, wie dies die zielbildende Endhandlung kennzeichnet. Gelingt es dann, unter Verwendung der letzteren als andressierendes Mittel, Lernvorgänge in Form der Entstehung einer bedingten Reaktion nachzuweisen, dann »hat« die untersuchte Art eben einen an dieser Stelle ihres Aktionssystems eingebauten Lehrmechanismus.

Dieser Schluß ist auch dann berechtigt, wenn, wie in dem einzigen bekannten Fall des Neuntöters, Lernen einen gefangenschaftsbedingten Ausfall phylogenetisch angepaßter Verhaltensmechanismen kompensiert. Ein gefangenschaftsbedingter Selektionsverlust des angeborenen Auslösemechanismus ist deshalb leicht mit einer unmittelbaren Folge des Erfahrungsentzugs zu verwechseln, weil es, wie S. 319 f. dargelegt, eine wichtige und sehr häufige Leistung des Lernens ist, die Selektivität der Gesamtreaktion zu erhöhen. Zumal wenn, wie beim Neuntöter, der angeborene Auslösemechanismus einer Orientierungsreaktion, die der zielbildenden Endhandlung unmittelbar vorausgeht, defekt wird, vermag die andressierende Wirkung der letzteren ihn zu kompensieren. Wahrscheinlich spielt diese Wirkung auch im normalen Freileben des Vogels eine Rolle; vielleicht lernt er so, welche Art von Büschen geeignete Dornen hat.

Die Behauptung, die den Kern des hier in Rede stehenden Argumentes ausmacht, nämlich daß die »Hypothese« vom phylogenetischen Angepaßtsein eines bestimmten Verhaltenselementes unwiderlegbar sei, wäre nur dann (und selbst dann nur teilweise) richtig, wenn das Zentralnervensystem von vornherein die Fähigkeit besäße, seine Funktionen an beliebiger Stelle zu verändern, und wenn weiter diese Veränderungen auf Grund einer prästabilierten Kenntnis von »Gut« und »Böse« ganz selbstverständlich zum Segen des organischen Systems ausschlügen. Nur dann nämlich wäre es wirklich unmöglich, den positiven Beweis für einen Lernvorgang zu erbringen. Es erhebt sich also als dritter Einwand gegen das Argument die ganze Kritik, die S. 313 f. an den obigen Annahmen geübt wurde.

Viertens und letztens ist es gar nicht wahr, daß unsere »protektive Theorie« niemals den sicheren Schluß zulasse, daß die Angepaßtheit einer bestimmten Verhaltensweise auf Lernen und nicht auf den vorangehenden phylogenetischen Vorgängen beruhe. In unzähligen Fällen kann man letzteres mit absoluter Sicherheit ausschließen: So leicht, wie sich Fälle auffinden lassen, in denen, wie bei den S. 315 aufgezählten Angepaßtheiten des Verhaltens des jungen Mauerseglers, die Herkunft der anpassenden Information aus individueller Erfahrung ausgeschlossen ist, kann man auch solche nachweisen, in denen es völlig unmöglich ist, daß eine spezielle Angepaßtheit des Verhaltens ohne das Hinzukommen bestimmter, individuell erworbener Informationen zustande gekommen sein kann. Dies gilt immer dort, wo Lernen das Tier befähigt, sein Verhalten an einmalige, nur für dieses eine Individuum geltende Umweltbedingungen anzupassen. Die junge Gans kann unmöglich genomgebundene Information darüber haben, wie die Physiognomie des Gatten aussehen wird, dessen untrügliches individuelles Erkennen Voraussetzung für alle sozialen und sexuellen Reaktionsweisen ist, die er bei ihr auslöst. Die wunderbare, der »Einsicht« funktionell gleichkommende Art und Weise, in der eine Ratte sämtliche in ihrem bekannten Wohngebiet überhaupt auftretenden räumlichen Probleme beherrscht, kann unmöglich auf phylogenetischer Information allein beruhen, denn die spezielle Strukturierung dieses Wohngebiets und die sich aus ihr ergebenden Raumprobleme sind ebenso einmalig wie das Individuum, das sie meistert.

3 Die dritte Regel für den Versuch mit Erfahrungsentzug

Aus der eben gegebenen Widerlegung der Behauptung, die zweite Regel des Experiments mit Erfahrungsentzug mache die sichere Feststellung von Lernvorgängen unmöglich, ergibt sich eine banale, aber oft völlig übersehene dritte.

Sie besagt, daß der Experimentator das Bewegungsinventar der untersuchten Tierart und die Symptomatologie der gefangenschaftsbedingten pathologischen Ausfälle genauestens kennen muß. Ist diese Bedingung erfüllt, so ist es leicht, auch kleinste Fragmente von Verhaltensweisen richtig zu erkennen und bei größeren die Stelle in der Handlungskette zu bestimmen, an welcher der normale Verlauf abbricht. Auch ist es nicht allzu schwer, einer fragmentarisch bleibenden Kette von Bewegungen auf Anhieb anzusehen, ob es sich um eine aus Mangel an Intensität unvollständig bleibende Instinktbewegung handelt, wie wir sie in Gefangenschaft so häufig sehen, oder aber um einen vollintensiven Ablauf, der nur deshalb die arterhaltende Leistung nicht vollbringt, weil er an falscher Stelle ausgeführt wird. In diesem Fall ist allerdings noch die Frage zu entscheiden, ob hieran der Ausfall einer Dressur die Schuld trägt oder ein Selektivitätsverlust an einem Auslösemechanismus.

Wer es sich nicht zutraut, das Aktionssystem einer Tierart bis ins kleinste »auswendig zu lernen«, und wem der geforderte »klinische Blick« fehlt, der lasse die Finger von der Verhaltensforschung. *Es ist aus methodologischen Gründen, die im Systemcharakter nervlicher Mechanismen liegen, prinzipiell unmöglich, verhaltensphysiologische Probleme ohne Beobachtung von Einzelheiten zu lösen*, etwa dadurch, daß man nur den Enderfolg der zu untersuchenden Verhaltensweise, etwa das Zustandekommen oder Nichtzustandekommen eines Nestes registriert, wie manche Forscher es nicht nur für erlaubt, sondern verblendeterweise auch noch für besonders »exakt« halten, als ob die tatsächliche Vielfalt der verhaltensbestimmenden Faktoren durch die bekannte Politik von *Struthio camelus* L. aus der Welt geschafft werden könnte.

4 Die vierte Regel für den Versuch der Aufzucht unter Erfahrungsentzug

Die vierte Regel, die bei jedem Isolierungsversuch beachtet werden muß, lautet: Immer muß untersucht werden, ob die Versuchsanordnung, die zwecks Ausschließung bestimmter Erfahrungsmöglichkeiten getroffen werden mußte, nicht auch bestimmte Reize fernhält, die auf Grund phylogenetischer Anpassung zur Auslösung der geprüften Verhaltensweisen nötig sind. Um zu entscheiden, ob dies der Fall sei, versetzt man einfach das unter Erfahrungsentzug großgewordene Tier in eine natürliche Umgebung und, zur Gegenprobe, ein normales Kontrolltier in die Bedingungen des Versuches.

Riess (1954) unterließ beides, als er mit Ratten Isolierungsversuche anstellte, indem er seinen Tieren jede Möglichkeit nahm, feste Gegenstände ins Maul zu nehmen und herumzutragen. Als er die Tiere anschließend in einen Testkäfig mit Nistmaterial setzte und sie in einer standardisierten Zeitspanne nicht mit dem Nestbau begannen, schloß er, daß Erfahrung im Hantieren mit festen Gegenständen eine notwendige Voraussetzung für das Nestbauen sei. Als Eibl-Eibesfeldt (1955) Riess' Versuche wiederholte, hatte ich Mühe, ihn zum oben erwähnten Kontrollversuch zu überreden, nämlich eine erfahrene Ratte in der Testsituation zu prüfen. Er hielt dies für überflüssig, da er von vornherein wußte, daß das Tier unter den betreffenden Umständen, d. h. nur 40 Minuten in unbekanntem Käfig belassen, nicht bauen würde, was auch zutraf. Den umgekehrten Versuch, nämlich unter Erfahrungsentzug großgewordene Tiere in natürlichere Bedingungen zu bringen, stellte Eibl-Eibesfeldt gleich in der Weise an, daß die für den Nestbau notwendigen Reizsituationen ermittelt wurden.

Wilde, in gleicher Weise vorbehandelte Wanderratten bauten auch in Käfigen mit Blechschirm nicht, wohl aber sofort, wenn man ihnen reichlichere Deckung bot. Bei Nichtbeachtung der zuletzt besprochenen Regel hätte bei bestimmten Versuchsanordnungen die Meinung entstehen können, es seien der weißen Laborratte bestimmte Verhaltenselemente angeboren, die von der wilden Wanderratte erlernt werden müssen.

Werden alle fünf hier aufgestellten Regeln genau beachtet, so erlaubt das Experiment mit Erfahrungsentzug zwei sichere Aussagen: Erstens, daß die Information, die bestimmten, oft sehr hoch differenzierten Angepaßtheiten des Verhaltens zugrunde liegt, phylogenetisch gewonnen und im Genom überliefert sei, zweitens, an welchen Stellen der Verhaltensketten Dressurvorgänge zu suchen sind, die dann allerdings noch des besonderen, durch andere Versuchsanordnungen zu erbringenden Nachweises bedürfen.

5 Die fünfte Regel für den Versuch der Aufzucht unter Erfahrungsentzug

Die fünfte Regel, die so selbstverständlich ist, daß es mir nie eingefallen wäre, sie zu formulieren, wenn nicht gröbste Verstöße gegen sie von seiten anerkannter Forscher vorlägen, lautet: Man kann gleiche Ergebnisse gleicher Versuchsanordnungen nur bei Tieren annähernd gleicher Erbanlage erwarten. Wie H. Spurway (1955) sehr richtig betont hat, kann man »wilde« Tiere genaugenommen nicht in Gefangenschaft fortzüchten, weil diese alle selektierenden Vorgänge so grundlegend ändert, daß schon nach wenigen Generationen der Zucht mit entsprechenden Änderungen des Genoms zu rechnen ist. Diese Änderungen können unter Umständen Verhaltensdefekte bewirken, die formal den durch unzureichende Aufzucht hervorgerufenen gleichen. Manche Buntbarsche, *Cichlidae*, wurden von Berufszüchtern in künstlicher Massenaufzucht vermehrt, so daß jeder Selektionsdruck auf das Erhaltenbleiben phylogenetisch angepaßten Brutpflegeverhaltens wegfiel. Bei *Pterophyllum eimeckei* und bei *Apistogramma ramirezi* hat dies in wenigen Jahren dazu geführt, daß unter den im Handel erhältlichen Tieren kaum noch solche sind, die zur Aufzucht der eigenen Brut befähigt sind; die meisten fressen ihre Eier kurz nach dem Ablaichen auf. Beim Texascichliden, *Herichthys cyanoguttatus*, haben Leyhausen und ich kurz vor dem Ende des letzten Krieges eine hochspezialisierte Warnbewegung des ♀ und eine durch sie ausgelöste, zur Mutter hin gerichtete Fluchtreaktion der kleinen Jungfische beobachtet. Bei dem Stamme dieser Art, der in wenigen Exemplaren in Deutschland den Krieg überlebt hat, fehlt sowohl die Warnbewegung wie die Reaktion der Jungen völlig.

Wenn derartiges bei Wildtieren eintritt, die nur wenige Jahre der natürlichen Selektion entzogen sind, dann sind bei Haustieren, für die dasselbe seit Jahrtausenden gilt, mindestens ebenso tiefgreifende Veränderungen zu erwarten. Nun wollten J. Hirsch, R. H. Lindley und E. C. Tolman 1955 Ergebnisse, die Tinbergen 1937 an Truthühnern, Silber- und Goldfasanen sowie an Graugänsen über phylogenetisch angepaßte Reaktionen auf Raubvögel erlangte, nicht nur in Zweifel ziehen, sie versuchten sie sogar zu widerlegen: »The Tinbergen hypothesis that ... was tested on the white leghorn chicken and found to be untenable under strict laboratory condition.« Dies ist genauso sinn- und einsichtsvoll, wie wenn jemand schriebe: »Die Hypothese des Herrn X, daß im Fell des Hamsters Melanine vorhanden seien, wurde unter exakten Laboratoriumsbedingungen an weißen Mäusen nachgeprüft und für unhaltbar befunden.« Wenn Herr X Melanine vorfand, war das auch keine »Hypothese«!

VIII Zusammenfassung

Aufgabe vorliegender Abhandlung ist:

A Den Begriff zu untersuchen, den die modernen Ethologen, die den Terminus »angeboren« nicht mehr auf Verhaltensweisen anwenden, mit der Bezeichnung »was wir früher als angeboren bezeichneten« verbinden.

B Die Leistungen und die Leistungsgrenzen des Experiments der Aufzucht unter Erfahrungsentzug aufzuweisen.

A I Folgende theoretische Einstellungen zum Begriff des Angeborenen werden kritisiert:

1 Die mancher behavioristischer Psychologen, die diesen Begriff ablehnen, weil a) die Dichotomie des Verhaltens in angeborene und erlernte Bestandteile nur ein Kunstprodukt sei, erzeugt dadurch, daß man keines von beiden anders als durch den Ausschluß des anderen definieren könne, und weil b) nie festzustellen sei, wieviel ein Organismus im Ei oder *in utero* gelernt habe.

2 Die vieler englisch publizierender Ethologen, die den Begriffen des Angeborenen und des durch Umgebungsfaktoren Hervorgebrachten aus praktisch-experimentellen Erwägungen allen Wert absprechen. Ein Versuch mit Erfahrungsentzug samt Kontrollexperiment könne nur die Wirksamkeit je eines einzigen Umgebungsfaktors auf die Entwicklung eines bestimmten Verhaltenselementes ausschließen. Dessen volle Erbgebundenheit zu behaupten sei selbst nach einer ungeheuren Zahl von Versuchen unmöglich, da stets noch ein weiterer, nicht untersuchter Faktor für die Ontogenese des betreffenden Elementes wesentlich sein könne.

Außerdem nehmen jene Forscher an, Lernen mische sich in jedes, selbst das kleinste phylogenetisch angepaßte Verhaltenselement, und das, was wir früher als »angeboren« und als »erlernt« bezeichneten, seien nur die Endglieder einer stufenlosen Übergangsreihe aller möglichen Verquickungen.

3 Die der älteren Ethologen, die »Angeborenes« und »Erlerntes« als konträre Begriffe betrachten und sich das Zusammenwirken beider als eine »Verschränkung« größerer, durch Lernen unbeeinflußbarer Verhaltenssysteme mit Lernmechanismen vorstellen, die an bestimmten, phylogenetisch »präformierten« Stellen der Verhaltensketten eingebaut sind.

II Kritik an 1 a: »Angeborenes« und »Erlerntes« sind nicht eines durch den Ausschluß des anderen definiert, sondern durch die *Herkunft der die Außenwelt betreffenden Informationen, die Voraussetzung jeder Angepaßtheit sind.* Wenn diese Definition zunächst neu zu sein scheint, so ist es der ihr entsprechende Begriff nicht. Wir haben immer an spezifisch *angepaßtes* Verhalten gedacht, wenn wir von Verhalten schlechthin sprachen, und an ein solches, dessen spezifische Angepaßtheit auf genomgebundenen »Planskizzen« beruht, wenn wir es »angeboren« nannten. Es gibt nur zwei Wege, auf denen die Information, die Voraussetzung jeder Anpassung ist, in das organische System gelangen kann:

1 Entweder ist es die *Art*, die ihre Umwelt mittels der »Methode« von Mutation und Selektion, die deduktionsloser Induktion gleichkommt, erforscht und die gewonnene Information im Genom speichert. Dieser Informationserwerb ist einem Lernen durch Versuch und Irrtum, die Speicherung einer Gedächtnisleistung funktionell analog.

2 Oder aber es ist das *Individuum*, das in Wechselwirkung mit seiner Umwelt weitere Information gewinnt. Dies geschieht erstens bei allen »unbedingten« Reaktionen auf Außenreize, die aber nur das hic et nunc des Verhaltens bestimmen, ohne seine Struktur zu modifizieren, zweitens aber durch adaptive Modifikation, die, wo sie Mechanismen des Verhaltens betrifft, Lernen genannt wird.

Die »Dichotomie« des Verhaltens in angeborenes und erlerntes ist in zweifacher Weise irreführend, aber durchaus nicht in der vom kritisierten Argument behaupteten:

1 Es ist weder durch Beobachtung noch durch Experimente auch nur im geringsten wahrscheinlich gemacht, noch weniger aber eine Denknotwendigkeit, daß jeder phylogenetische Verhaltensmechanismus einer adaptiven Modifikation durch Lernen unterliege, wenn auch jede »Handlung« – im Sinne einer funktionell ganzheitlichen Verhaltensweise – insofern individuell erworbene Information enthält, als Ort, Zeit und oft auch Richtung durch augenblicklich eintreffende Reize bestimmt werden, mit anderen Worten durch unbedingte Reflexe im Sinne I. P. Pawlows.

2 Umgekehrt aber enthält alles »erlernte« Verhalten insofern phylogenetisch gewonnene Information, als jeder Lernleistung ein unter dem Selektionsdruck eben dieser Funktion im Laufe der Stammesgeschichte entstandener physiologischer Apparat zugrunde liegt. Wer dies leugnet, kann nur durch Annahme einer prästabilierten Harmonie zwischen Organismus und Umwelt erklären, daß Lernen, von seltenen und aufschlußreichen Fehlleistungen abgesehen, stets arterhaltend zweckmäßiges Verhalten verstärkt, unzweckmäßiges aber auslöscht.

Die Häufigkeit des Zusammenwirkens von phylogenetischer Anpassung und adaptiver Modifikation des Verhaltens kann ebensowenig wie die weitgehende funktionelle Analogie der Wege, auf denen beide die jeder Angepaßtheit zugrunde liegende Information gewinnen, ein Grund sein, die Zweiheit dieser Wege zu leugnen und auf ihre prinzipiell stets mögliche Erforschung zu verzichten. Ebensowenig ist hier die Tatsache von Belang, daß phylogenetische Angepaßtheit die Information nur auf einem, adaptive Modifikation sie jedoch stets auf beiden Wegen bezieht. Den Begriffen der phylogenetischen Anpassung und der adaptiven Modifikation in ihrer Anwendung auf Verhalten allen analytischen Wert abzusprechen ist ebenso unsinnig, als wollte man dies auf einem beliebigen anderen biologischen Gebiet, etwa dem der Morphogenese, deshalb tun, weil beide Vorgänge sich oft in einer Wirkung überlagern und, im Fall der Phänokopie, manchmal sogar völlig gleiches bewirken.

Kritik an 1 b: Wiewohl die Möglichkeit des Lernens im Ei oder Uterus grundsätzlich besteht, kann dieses nur Anpassung an Bedingungen erzielen, die ebendort bereits gegeben sind, wie an Strukturen des eigenen Körpers, gewissermaßen allgegenwärtige physikalische Gesetze u. ä. Die Hypothese, es könnten im Ei Verhaltenselemente gelernt werden, die auf Umweltgegebenheiten passen, denen das Tier erst später begegnet, wie etwa die, daß das Hühnchen im Ei durch die passiven Bewegungen, welche der Herzschlag dem Kopf des Embryos aufzwingt, Elemente des Nahrungspickens lernen könne, enthält implizite den Glauben an prästabilierte Harmonie, wofern man nicht die Existenz eines besonderen, phylogenetisch angepaßten Lehrapparates annimmt.

Unter den Informationen, die komplexen, phylogenetisch angepaßten Verhaltenssystemen zugrunde liegen, wie etwa der Balz eines Springspinnenmännchens oder dem orientierten Fliegen eines Mauerseglers, ist der Anteil der durch Lernen gewonnenen selbst bei Zugeständnis der unwahrscheinlichsten Lernmöglichkeiten so gering, daß die Aussage, sie seien rein phylogenetisch angepaßt, eine so minimale Ungenauigkeit aufweist, wie sie wissenschaftlichen Aussagen selten beschieden ist.

Kritik an 2: Die Behauptung, angeborene und umgebungsbedingte Verhaltensmerkmale seien analytisch nicht voneinander zu trennen, weil unendlich viele Versuche mit Ausschaltung einzelner Umgebungsfaktoren samt Kontrollen nötig wären, um volle Genom-Abhängigkeit eines Verhaltenselementes zu erweisen, enthält einen Denkfehler: Sie läßt außer acht, daß jede Angepaßtheit des Verhaltens an eine bestimmte Umweltgegebenheit einer abbildenden Information derselben entspricht, *die nur von ihr selbst in das organische System gelangt sein kann.* Wenn beim Stichling Kämpfen auf das Merkmal »unten rot« anspricht und bekannt ist, daß der Rivale tatsächlich unten rot ist, so kann die im Auslösemechanismus enthaltene Information nur der Auseinandersetzung mit dem Objekt entstammen. Bleibt die Reaktion bei Ausschaltung individueller Auseinandersetzungen erhalten, so muß die Planskizze eines rezeptorischen Apparates, der selektiv auf »unten rot« anspricht und Kämpfen auslöst, als Ganzes im Genom gegeben sein. Es ist nicht nötig, alle anderen Umweltfaktoren zu untersuchen, da besagte Planskizze unmöglich in ihnen enthalten sein kann, selbst wenn sie zur Ausbildung der Reaktion nötig sein sollten, wie Futter, Sauerstoff usw. Der strukturelle Apparat aber, ohne dessen Erzeugung die Planskizze sich nicht in eine arterhaltende Funktion umsetzen könnte, ist ein *Merkmal*, auf das der Terminus »angeboren« anwendbar ist, unbeschadet der Tatsache, daß zu seiner ontogenetischen Entstehung unzählige Umweltgegebenheiten oft sehr spezifischer Art nötig sind. Das Ausklammern arterhaltender Funktion und phylogenetisch gewordener Struktur aus aller experimentellen Fragestellung entspricht den gleichen Denkfehlern der Behavioristen, die mit »operationellen« Begriffsbildungen allein auszukommen versuchen.

Die gleiche Verwandtschaft zu behavioristischen Lehrmeinungen zeigt die zweite zu kritisierende Annahme. Wie in Kritik von 1 a dargelegt, entbehrt die Hypothese allgemeiner und grundsätzlicher Modifizierbarkeit phylogenetisch angepaßter Verhaltensmechanismen stützender Tatsachen. Gegen die hier im besonderen zu kritisierende Annahme, daß auch kleinste Elemente modifizierbar seien, ist einzuwenden, daß dann auch eine entsprechende Anzahl besonderer Lernmechanismen oder aber prästabilierte Harmonie angenommen werden müßte. Auch ist die diffuse Mischbarkeit phylogenetischer und modifizierender Anpassung des Verhaltens schon deshalb theoretisch extrem unwahrscheinlich, weil das beschränkte Lernen, dessen ein Tier fähig ist, die komplizierten physiologischen Mechanismen phylogenetisch angepaßter Verhaltenssysteme, wie etwa den der Verrechnung der Sonnenbahn bei gewissen Orientierungsvorgängen u. ä., nur stören, nie aber adaptiv verbessern könnten, wenn diese an beliebiger Stelle durch Lernen veränderlich wären.

Es entspricht also einer theoretisch zu hegenden Erwartung, wenn voraussetzungslose Untersuchungen sowohl der Ontogenese wie auch der modifikatorischen Regulationsfähigkeit von Verhaltenssystemen immer nur an bestimmten, präformierten Stellen Lernvorgänge eingebaut finden, z. B. als zentrale, für komplexe Reizsituationen spezifische »Adaptation« oder Gewöhnung im afferenten Sektor von Auslösemechanismen, als Eichungsvorgang bei Zielmechanismen (Mittelstaedt 1957, Hess 1956), als »Uhrenstellung« bei circadischen Rhythmen, als »Einstellung« bei Navigationsmechanismen (Kramer 1955, Hoffmann 1952, Braemer 1959) sowie als Lernen einer richtigen Reihenfolge funktionell zusammengehöriger Instinktbewegungen (Eibl-Eibesfeldt 1955) usw.

Kritik an 3: Die schon in 1 a) kritisierte falsche Gegenüberstellung von »angeboren« und »erlernt« als disjunktiver Begriffe ist wohl nicht nur der Ausdrucksweise, sondern auch dem Denken älterer Ethologen vorzuwerfen. Phylogenetisch gewonnene Information kann durchaus in der Morphologie des Körpers enthalten sein und durch Lernvorgänge »dechiffriert« werden. Es ist daher wenigstens prinzipiell möglich, daß dieselbe Verhaltensweise auf Grund phylogenetisch gewonnener Information völlig angepaßt und gleichzeitig völlig erlernt ist. Doch findet in vielen experimentell untersuchten Fällen (Eibl-Eibesfeldt) die »Verschränkung« von phylogenetisch angepaßten Verhaltensweisen und Lernvorgängen genauso statt, wie schon Heinroth es sich vorgestellt hatte.

Atomistisches Denken ist den älteren Ethologen insofern vorzuwerfen, als sie sich – wenn auch in Antithese zu den Behavioristen – nur für phylogenetisch angepaßtes Verhalten interessieren und den Begriff des »erlernten« und »einsichtigen« Verhaltens als Sammeltopf für unanalysierte Restbestände verwendeten. Die Frage, welche phylogenetisch angepaßten Strukturen der Afferenz es seien, die das Lernen in arterhaltend günstige Bahnen lenken, wurde nie gestellt, und infolgedessen wurde lange Zeit übersehen, wie sehr der gesamte physiologische Mechanismus der zielbildenden Endhandlung *(consummatory act)* an die besondere Funktion angepaßt ist, als positives Dressurmittel zu wirken.

Solcher Atomismus richtete nur deshalb verhältnismäßig wenig Schaden an, weil das herausgegliederte Element, die Instinktbewegung oder Erbkoordination, ein weitgehend ganzheitsunabhängiger Baustein des Verhaltens ist, der von der Ganzheit des Systems her weit weniger beeinflußt wird, als er sie seinerseits beeinflußt. Heuristisch war meines Erachtens selbst die naivste Gegenüberstellung von »angeboren« und »erworben« weniger schädlich, als es die Annahme diffuser Mischbarkeit phylogenetischer und erlernter Verhaltensanpassung ist.

B Das Experiment der Aufzucht unter Erfahrungsentzug.

Das Experiment der Aufzucht unter Erfahrungsentzug ist das wichtigste Mittel zur Beantwortung der Frage nach der Herkunft der Information, die einer bestimmten Angepaßtheit des Verhaltens zugrunde liegt. Bei seiner Anwendung müssen fünf methodologische Regeln beachtet werden.

1 Der Versuch mit Erfahrungsentzug kann nur über die *Herkunft* einer als solcher erkannten Angepaßtheit des Verhaltens Auskunft geben. Auf Verhaltenselemente, deren Struktur nicht unter dem Selektionsdruck einer bestimmten arterhaltenden Funktion differenziert wurden – was indessen auch bei manchen Epiphänomenen des Verhaltens, wie Übersprung- und Intentionsbewegungen, der Fall ist –, kann die dem Versuch zugrunde liegende Fragestellung nicht angewendet werden. Für nichtstrukturierte Epiphänomene – und nur für solche – trifft die Erwägung (S. 304) zu, die zur Behauptung von der Unmöglichkeit experimenteller Trennung angeborener und umgebungsbedingter Verhaltensmerkmale führte.

2 Der Versuch kann *unmittelbare* Auskunft nur darüber geben, wel-

che Angepaßtheiten *nicht* des individuellen Lernens bedürfen, jene nämlich, die beim Versuchstier trotz Entzugs einschlägiger Erfahrungsmöglichkeit ungestört sind. Aus Ausfällen darf nie ohne weiteres geschlossen werden, daß der Defekt durch Informationsmangel erzeugt ist, der nur eine von vielen möglichen Ursachen darstellt. Kleinste Gesundheitsstörungen können Intensitätsverlust von Instinktbewegungen, Schwund sozialer Hemmungen und Verminderung der Selektivität angeborener Auslösemechanismen verursachen. Das Argument, der Isolierungsversuch sei analytisch wertlos, da er nur Angeborenes, nicht aber individuell Erworbenes zu diagnostizieren gestatte, wird gründlich widerlegt. Wer das Erscheinungsbild der gesundheitsbedingten Störungen kennt, kann höchstens die des angeborenen Auslösemechanismus mit Folgen von Erfahrungsentzug verwechseln. Daraus ergibt sich:

3 Der Experimentator muß reichliche Erfahrung in der Kunst der Tierhaltung besitzen, einen wohlgeübten »klinischen Blick« haben und sowohl das normale Aktionssystem der untersuchten Art als auch die Symptomatologie der erwähnten Störungen genau kennen.

4 In jedem Experiment mit Erfahrungsentzug muß besonders geprüft werden, ob die zu seinen Zwecken hergestellte Situation dem Tiere nicht auch gewisse Reize vorenthält, die für das Ansprechen wesentlicher angeborener Auslösemechanismen unentbehrlich sind. Diese Prüfung geschieht, indem man einmal das Versuchstier unter die Bedingungen des natürlichen Lebensraums der Art, das andere Mal ein normales Kontrolltier unter die des Versuches bringt. Unterlassen dieser Probe und Gegenprobe führte Riess (1954) zu völlig falschen Schlüssen.

5 Übereinstimmung von Ergebnissen, die erbgebundene Verhaltensweisen betreffen, kann nur bei Verwendung erbgleicher Tierstämme erwartet werden. Man kann also nicht an Puten und Fasanen gewonnene Resultate an weißen Leghorns nachprüfen (Hirsch, Lindley und Tolman 1955).

Haben Tiere ein subjektives Erleben?

(1963)

Es mag paradox scheinen, daß ich zu einem Vortrag vor Technikern und den Freunden der Technischen Hochschule eine Frage zum Thema wähle, die das Grenzgebiet zwischen Verhaltensphysiologie und Psychologie betrifft und die noch dazu ebenso unbeantwortbar ist wie die Grenze zwischen diesen Wissenschaften unüberschreitbar. Es ist aber eine Tatsache, daß die Verhaltensphysiologie gerade dort, wo sie sich mit den komplexesten, auf höchster Integrationsebene sich abspielenden Nervenvorgängen beschäftigt – also dort, wo sie mit der Psychologie in engste Berührung kommt –, sehr oft geradezu gezwungen ist, mit Begriffen zu arbeiten, die aus der Technik stammen. Eine der vier Abteilungen des Institutes für Verhaltensphysiologie, die von Dr. Horst Mittelstaedt, beschäftigt sich mit Biokybernetik, also mit der Regeltechnik der lebendigen Organismen. Begriffe der Nachrichtentechnik, vor allem diejenigen der Information, sind für das Verständnis der Funktionsweise des Zentralnervensystems unentbehrlich geworden. Es ist auch kein Zufall, wenn ein mikroskopisches Bild oder eine schematische Darstellung von Nervenbahnen und ihren Verbindungen so stark an entsprechende Wiedergaben nachrichtentechnischer Apparate, etwa einer Telefonzentrale, erinnert.

Psychologie ist die Lehre von den subjektiven Vorgängen des Erlebens, die man unmittelbar nur an sich selbst beobachten kann. Ich glaube, wir sollen im Deutschen daran festhalten, nur dies Psychologie zu nennen, und nicht, wie das in Amerika üblich ist, auch alle Zweige der objektiven Erforschung des Verhaltens. Aus dieser semantischen Pedanterie heraus heißt ja auch unser Max-Planck-Institut in Seewiesen nicht »für Tierpsychologie«, sondern »für Verhaltensphysiologie«, was aber keineswegs bedeutet, daß wir uns für subjektive Vorgänge nicht interessieren.

Die Frage meines Vortragstitels »Haben Tiere ein subjektives Erleben?« wird mir oft gestellt. Die Antwortet darauf lautet: »Wenn ich darauf antworten könnte, hätte ich das Leib-Seele-Problem gelöst!«

Wenn ich mit einer zahmen Wildgans spazierengehe und diese Gans streckt sich plötzlich, macht einen langen Hals und stößt einen leise schnarchenden Warnlaut aus, dann sage ich vielleicht: »Jetzt ist sie erschrocken.« Diese subjektive Kurzfassung besagt aber nur, daß ich weiß, die Gans hat einen fluchtauslösenden Reiz empfangen, und nach Gesetzlichkeiten der Reizsummation sind jetzt ihre Schwellenwerte für andere, ebenfalls fluchtauslösende Reizsituationen stark herabgesetzt. Wenn in diesem Augenblick auch nur ein Maikäfer vorübersummt, geht sie hoch und fliegt zum See zurück, meist zu meinem Ärger, weil ich sie beobachten, filmen oder sonstwas wollte. Daß ich sage, sie sei erschrocken, drückt den durchaus eingestandenen *Glauben* aus, daß sich in dem Vogel subjektive Vorgänge abspielen. Wir alle glauben, daß Tiere ein Erleben haben; schließlich haben wir Tierschutzgesetze und martern Tiere nicht unnötig. Wissenschaft aber ist meine Aussage, daß die Gans, die sich wie oben beschrieben verhält, viel leichter wegfliegen wird als sonst, denn Wissenschaft ist alles, was Dinge voraussagbar macht – eine hübsche Definition von Frank Fremont-Smith.

Mein Wissen um das subjektive Erleben meiner Mitmenschen und meine Überzeugung, daß auch ein höheres Tier, etwa ein Hund, ein Erleben hat, sind miteinander nahe verwandt. Beide beruhen *nicht* auf Analogieschlüssen, wie das von Geisteswissenschaftlern sehr lange angenommen wurde. Es ist eines der großen Verdienste meines verehrten, jüngst verstorbenen Lehrers Karl Bühler, unwiderleglich gezeigt zu haben, daß die Annahme anderer, ebenfalls erlebender menschlicher Subjekte ein unentrinnbarer Denkzwang ist, eine echte apriorische Notwendigkeit des Denkens und der Anschauung, ebenso evident wie irgendein Axiom. Bühler hat daher von der »Du-Evidenz« gesprochen. Auf sie ist eine merkwürdige erkenntnistheoretische Inkonsequenz mancher großer nichtrealistischer Philosophen zurückzuführen, die zwar das Zeugnis der Sinne und der Wahrnehmung für null und nichtig und daher das An-sich-Seiende für grundsätzlich unerkennbar erachten, aber dennoch, von ihrem Standpunkt aus eigentlich ganz ungerechtfertigtermaßen, die Existenz von anderen, dem Philosophen ähnlich erlebenden Mitsubjekten annehmen, obwohl sie von deren Existenz doch auch nur durch ihre ach so verachteten Sinnesorgane Kenntnis besitzen.

Damit soll nun keineswegs gesagt sein, daß der Analogieschluß jeglicher Tragfähigkeit entbehre. Selbstverständlich berechtigt die physiologisch-psychologische Parallelität oder »Isomorphie« der Vorgänge, die ich objektiv und subjektiv an mir selbst beobachte, zu dem Schluß, daß der Mitmensch, dessen physiologische Funktionen den meinen analog sind, bei dem gleichen physiologischen Geschehen auch Analoges erlebt wie ich. Auf Tiere angewandt, wird der Analogieschluß schon weniger tragfähig. Je unähnlicher die Struktur von Sinnesorganen und Nervensystemen derjenigen meiner eigenen ist, desto unähnlicher werden ihre Funktionen sein, und wie das Erleben sein mag, das mit ihnen einhergeht, ist mir grundsätzlich verschlossen und bleibt es, selbst wenn die Du-Evidenz mich zwingt, meinem Hund ein irgendwie geartetes Erleben zuzuschreiben. Je weiter wir im Reiche des Organischen nach unten steigen, desto weniger trägt der Analogieschluß, und bei den niedrigen Organisationsstufen verstummt auch die Du-Evidenz. Miesmuscheln töte selbst ich ohne jedes Mitgefühl.

Es gibt aber noch eine andere Form des Analogieschlusses, die vielleicht zu besser begründeten Vorstellungen über das subjektive Erleben der Tiere führt. Man kann sich nämlich zunächst einmal fragen, welche Nervenvorgänge denn eigentlich *bei uns selbst* mit subjektiven Erlebnissen einhergehen. Wir wissen längst, daß dies nur wenige unter sehr vielen sind. Viele ältere Psychologen und viele Geisteswissenschaftler nahmen als ganz selbstverständlich an, daß es die komplexesten, auf der höchsten Integrationsebene sich abspielenden zentralnervösen Vorgänge seien, die in unserem subjektiven Erleben aufleuchten. Man hört und liest oft, z. B. in dem sonst ganz ausgezeichneten alten Lehrbuch der Tierpsychologie von Hempelmann, diese oder jene einfacheren Vorgänge seien »noch« rein physiologisch erklärbar, jene anderen, komplexeren aber hätten eine psychologische Erklärung. Dies entspricht der Vorstellung, daß die Seele in der Pyramide der zentralnervösen Vorgänge gewissermaßen die Spitze einnehme, daß das subjektive Erleben nur zentralnervöses Geschehen von einem bestimmten Integrationsniveau an aufwärts begleite. Eng verbunden mit dieser Vorstellung ist auch jene andere, daß auf jenen höchsten Ebenen nervlichen Geschehens die Gesetze der Kausalität nicht mehr volle Gültigkeit besäßen, indem das Psychische einen regelnden oder richtunggebenden Einfluß auf das Physiologische ausübe, womit dann selbstverständlich der Erforschbarkeit auch des Körperlichen eine prinzipielle Grenze gezogen wäre. Diesen sehr grundsätzlichen und gefährlichen erkenntnistheoretischen Irrtum pflegte Erich von Holst, wenn er ihn erklärte, jedesmal mit einer Geste auszudrücken: Er hielt die flache Hand waagerecht, etwas über Augenhöhe, vor seine Stirn. Als einst ein berühmter deutscher Geisteswissenschaftler und Pädagoge auf einer Philosophentagung in Bremen einen Vortrag hielt, in dem ebendieser Irrtum, wenn auch in sehr komplexer und verkleideter Weise, zum Ausdruck kam, wollte ich sehen, was Holst, der in einer anderen Ecke des Hörsaales saß, darüber meinte. Er fing meinen

Blick auf und hielt die flache Hand in der beschriebenen Weise waagerecht hoch oben über seinen Kopf.

Eine andere, bei uns übliche Gebärde, der Freimaurergruß der Verhaltensphysiologen und guten psychophysischen Parallelisten, besteht darin, die flache Hand lotrecht zwischen die Augen zu halten, so daß eins an der Handfläche, das andere aber am Handrücken vorbeiblickt. Dieses Symbol besagt erstens, daß die Scheidewand zwischen den beiden großen Inkommensurablen, dem Physiologischen und dem Psychischen, unüberschreitbar ist, mit anderen Worten, daß das Verhältnis zwischen ihnen, wie Max Hartmann dies ausgedrückt hat, *a-logisch* ist. Zweitens aber besagt diese Gebärde, daß die Grenze nicht horizontal das Tiefere vom Höheren scheidet, sondern daß sie vertikal, von ganz unten bis ganz oben durch das Lebensgeschehen hindurchläuft.

Es gibt sehr einfache Nervenvorgänge, ja solche, die sich im vegetativen Nervensystem abspielen, die von intensivstem Erleben begleitet sind, man denke etwa an die Erscheinungen der Seekrankheit oder an die verschiedenen Formen der Wollust. Auf der anderen Seite gibt es hochkomplizierte, in ihrer Funktion den schwierigsten Operationen des logischen und mathematischen Denkens analoge Leistungen, z. B. die des Verrechnungsapparates unserer Wahrnehmung, die nicht nur völlig unbeseelt ablaufen, sondern auch bei größter Willensanstrengung unserer Selbstbeobachtung grundsätzlich unzugänglich sind.

Das Gleichnis, das in dem Ausdruck vom psychophysischen »Parallelismus« enthalten ist, hinkt also wie alle Gleichnisse. Zwar hat alles, was sich in unserem Erleben abspielt, sein Korrelat auf der Seite der nervenphysiologischen Vorgänge, aber keineswegs alles, was in unserem Nervensystem geschieht, hat sein Abbild in unserem subjektiven Erleben. *Was* von all dem inneren Geschehen in unserem Bewußtsein aufleuchtet, hängt von ganz anderen Umständen ab, die sowohl bei einfachsten wie bei komplexesten Vorgängen obwalten können. Um das diesen Umständen Gemeinsame hervorheben zu können, will ich zuerst ein paar sehr einfache und ein paar sehr komplexe Vorgänge im Zusammenhang mit den sie begleitenden Erlebnissen zu schildern versuchen.

Wie schon gesagt, gibt es einfache, auf niedrigster Integrationsebene und weit in der Peripherie unseres Organismus sich abspielende Vorgänge, die dennoch unser zentralstes Ich bis zum Ausschluß aller anderen Inhalte beschäftigen. Seekrankheit und Sinnenlust wurden schon genannt, ein fast noch eindrucksvolleres Beispiel ist der Schmerz, von dem Wilhelm Busch sagt: »Das Zahnweh, subjektiv genommen, ist ohne Zweifel unwillkommen, doch hat's die gute Eigenschaft, daß sich dabei die Lebenskraft, die sich nach außen oft verschwendet, auf einen Punkt nach innen wendet und hier energisch konzentriert« und weiter »... und einzig in der engen Höhle des Backenzahnes weilt die Seele.« Treffender kann man den Sachverhalt nicht darstellen! Neben dem Schmerz, dessen wesentlichste Leistung ganz offenbar darin liegt, den höheren Instanzen unseres Nervensystems zu melden, *wo* etwas nicht in Ordnung ist, gibt es noch viele ähnliche physiologische Mechanismen, die nur dazu da sind, uns von der Tatsache zu benachrichtigen, *daß* etwas nicht in Ordnung ist. Wir befinden uns übel und wissen nicht weshalb. Schon daß wir nur die eine Bezeichnung »Mir ist übel« für die aus verschiedensten Ursachen herrührenden Zustände haben, ist höchst charakteristisch. Es scheint, daß das vegetative Nervensystem »Fühler« – im regeltechnischen Sinne – in den verschiedensten homöostatischen Regelkreisen hat und bei jeglicher Abweichung von dem biologisch erwünschten Sollzustand den übergeordneten Instanzen die Meldung »übel« erstattet. Diese höheren Stellen aber, deren Funktion mit Erlebnissen einhergeht, nehmen solche Meldungen sehr ernst, jedenfalls beschäftigen sie sich intensiv mit ihnen. Wenn uns übel ist, lassen wir die Erlebnisse des Vortages in unserer Erinnerung vorüberziehen, und sehr häufig stellt sich dann schlagartig eine eindeutige Assoziation her: Beim Gedanken an den nicht ganz frischen Fisch, den ich gestern aß, wird mir noch übler, und ich nehme mir vor, beim Fischessen in Gasthäusern noch vorsichtiger als bisher zu sein.

Jene einfachsten, erlebnisbegleiteten Nervenvorgänge haben fast immer das Plus- oder Minus-Vorzeichen der Lust oder der Unlust und wirken an- oder abdressierend auf das Verhalten, das sie herbeiführte. »So war's recht, das tut nur bald wieder!« ermuntert die Lust, »Das laß in Zukunft sein!« warnt die Unlust. Dies ist die subjektive Seite des Vorganges, den Iwan Petrowitsch Pawlow als den »bedingten Reflex« bezeichnet hat. Derartige an- bzw. abdressierende Mechanismen enthalten schon vor jedem individuellen Lernen stammesgeschichtlich erworbene Information, denn sie »wissen« ja von vornherein, was für das Weiterleben des Organismus gut und was dafür schädlich ist. Yerkes und mit ihm viele Psychologen des klassischen Behaviorismus waren der Ansicht, daß es die Bedürfnisse der Gewebe seien, deren Erfüllung andressierend wirke. Rein theoretisch ist es denkbar, daß die von den höheren Stellen empfangene Meldung nur lautet: »Da stimmt etwas nicht« und daß es dem Versuchs- und Irrtumsverhalten des Lebewesens überlassen bleibt, herauszufinden, was zur Abstellung des Übelstandes zu unternehmen sei. In Wirklichkeit aber sind solche eingebauten Lehrmechanismen stets auf Grund reicher angeborener Information programmiert. Die Meldungen von Wassermangel, Hypoglykämie oder Unterkühlung unserer Gewebe sind ja auch nicht diffuse, unnennbare Übelkeiten, sondern heißen Durst, Hunger, Frieren usw. Ein sehr weit verbreiteter Dressurmechanismus, den Hull entdeckte, belohnt jedes Verhalten, das zu einer Lösung von vorher bestehenden Spannungen (*relief of tension*) führt. Die angeborene Information »Tu das, was zur Entspannung führt« leitet den Organismus in einer sehr großen Mehrzahl von Fällen zu einem biologisch richtigen, der Erhaltung des Individuums und der Art förderlichen Verhalten. Nur einer einzigen Umweltsituation gegenüber kann sie gefährlich werden: Auch Gifte, wie Alkohol und Beruhigungsmittel, führen zu einer Spannungslösung, die den Genuß dieser schädlichen Dinge mit Macht andressiert.

Diesen einfachsten und doch mit intensivstem, zentralem Erleben einhergehenden Nervenprozessen steht am anderen Ende einer langen Skala, durch alle denkbaren Übergänge mit ihnen verbunden, eine Reihe von hochkomplizierten Vorgängen gegenüber, die ohne seelische Beteiligung ablaufen, ja, wie schon gesagt, unserer Selbstbeobachtung nicht zugänglich sind. Jene Organisation unserer Sinnesorgane und unseres Nervensystems, die aus den einzelnen Sinnesdaten Wahrnehmungen aufbauen, vollführen vielfach so verwickelte Rechnungen und logische Folgerungen, daß der große Helmholtz dazu verführt wurde, ihre Leistungen für »unbewußte Schlüsse« zu halten. Wenn irgendwo in der Biologie die vom Menschen erdachten Rechenmaschinen mehr sind als ein Modell, dann in der Physiologie der Wahrnehmung.

Eine gutes Beispiel für die Leistung eines solchen Verrechnungsapparates bilden die sogenannten Konstanzleistungen. Wenn ich dieses Stück Papier unter weitgehend verschiedenen Beleuchtungen – in stark blauhaltigem Tageslicht, im rötlichen Licht des Abends und unter dem gelben Licht von Glühbirnen – unverändert als »rein weiß« sehe, obwohl es »objektiv« in jedem dieser Fälle völlig andere Wellenlängen reflektiert, so beruht dies auf der Leistung eines Meß- und Verrechnungsapparates, dessen Aufgabe es ist, nicht die gegenwärtige Beleuchtungsfarbe, sondern bestimmte, dem Papier konstant anhaftende Reflexionseigenschaften zu ermitteln. Die »unbewußten Schlüsse«, die das erreichen, will ich nun des rascheren Verständnisses halber etwas anthropomorph darstellen. Der Mechanismus geht von der »Hypothese« aus, daß alle im Gesichtsfeld befindlichen Gegenstände durchschnittlich alle Wellenlängen des Spektrums gleicherweise, ohne Bevorzugung einer bestimmten, reflektieren. Er mißt dann die Wellenlängen im ganzen Gesichtsfeld, zieht daraus den Durchschnitt und hält diesen für den in der Farbe des einfallenden Lichtes vorherrschenden Wert. Diese Farbe zieht er dann von den Wellenlängen ab, die mein Papier tatsächlich reflektiert und berichtet mir unmittelbar, welche Farbe das Papier reflektieren *würde*, wenn die Beleuchtungsfarbe »rein weiß« wäre. »Weiß« aber ist nichts anderes als ein von der Organisation dieses Apparates willkürlich gewählter Wert, der merkwürdigerweise vom natürlichen Sonnenlicht ein wenig nach der kurzwelligen Seite des Spektrums hin abweicht.

Dieser Verrechnungsapparat erreicht trotz Folgerichtigkeit seiner »Schlußfolgerungen« manchmal falsche Ergebnisse, dann nämlich, wenn die Prämisse seiner verallgemeinernden Hypothese unzutreffend ist. Wenn nämlich sehr viele Gegenstände im Gesichtsfeld z. B. Rot bevorzugt reflektieren, fällt der Apparat auf diese generell unwahrscheinliche, in seiner Programmierung nicht »vorgesehene« Sachlage herein und »nimmt an«, es sei die Beleuchtung Rot. Würde nun ein Gegenstand trotz roter Beleuchtung ein Spektrum reflektieren, das der »Null-Farbe« Weiß entspräche, so müßte er notwendigerweise die Eigenschaft haben, die Komplementärfarbe von Rot, nämlich Grün, stärker zu reflektieren als andere Wellenlängen. Genau dies »glaubt« nun unser Verrechnungsapparat in obigem Falle irrtümlicherweise und meldet uns Gegenstände als grün, die es gar nicht sind. Diese allbekannte Täuschung nennt man den Simultankontrast. Sehr viele, ja die meisten sogenannten »optischen Täuschungen« sind analoge Fehlschlüsse, zu denen die Mechanismen unserer Wahrnehmungskonstanz unter seltenen, in ihrer Programmierung nicht vorgesehenen Bedingungen kommen.

Die eben in anthropomorpher Weise geschilderte Leistung unserer Farbkonstanz wird in Wirklichkeit auf einem viel einfacheren Weg erreicht. Bekanntermaßen können ja Rechenapparate häufig einfacher verfahren als unsere mathematischen Operationen. Der Apparat teilt – völlig willkürlich – das kontinuierliche Spektrum in die Bänder der Farbqualitäten ein, setzt bestimmte, ebenso willkürlich gewählte Mischungsverhältnisse derselben gleich Null oder Weiß, das ebensowohl dadurch zustande kommen kann, daß je zwei bestimmte Farbbänder sich mischen, als auch dadurch, daß alle gleichmäßig zusammen gemischt werden. Je zwei zu Weiß sich ergänzende Bänder sind sogenannte Komplementärfarben. Für die Mitte des Spektrums, das Gelbgrün, wird eine Komplementärfarbe »frei erfunden«, der, ebenso wie dem Weiß, keine Wellenlänge, sondern ein Gemisch von Wellenlängen entspricht. Diese »künstliche« Komplementärfarbe zu Gelbgrün ist das sogenannte Purpur. Das Eintreffen jeder dieser Farben auf einem Teil der Netzhaut hat zur Folge, daß alle ihre anderen Teile die Komplementärfarbe melden, und zwar mit einer Intensität, die von derjenigen der wirklich einstrahlenden Farbe und der Größe des getroffenen Netzhaut-Areals abhängt. Dieser Mechanismus, der von Wilhelm Ostwald entdeckte Farbenkreis, leistet ganz genau jene Verrechnung, die ich eben in vermenschlichender Weise wiedergegeben habe.

An unseren Wahrnehmungsleistungen sind noch andere Verrechnungsapparate beteiligt, von denen viele unvergleichlich komplizierter sind als der eben geschilderte und von deren Mechanismen man dementsprechend auch viel weniger weiß. Stellen Sie sich vor, wie kompliziert die stereometrischen Operationen sind, die mein optischer Wahrnehmungsapparat vollziehen muß, um folgendes zu leisten: Wenn ich hier meine Pfeife vor meinen Augen hin- und herdrehe, diesen nähere und wieder von ihnen entferne, sehe ich das vertraute Objekt stets in gleicher Form und Größe. Das heißt also, daß mein Wahrnehmungsapparat imstande ist, alle Form- und Größenveränderungen meines Netzhautbildes richtig als Bewegungen und nicht als entsprechende Form- und Größenveränderungen der Pfeife zu interpretieren! Wenn die Pfeife plötzlich wirklich, wie ihr Netzhautbild es bei perspektivischer Verkürzung tut, ihren Stiel einzöge oder sich bei Annäherung aufblähte, würde ich sie sicher mit einem Schrei fallen lassen, denn mein Wahrnehmungsapparat würde sofort »merken«, daß sich diese Veränderungen des Bildes nicht aus der Stereometrie der Bewegung erklären lassen. Wir sind an diese Wunder der Verrechnung zu sehr gewöhnt, um uns über sie zu wundern. Man muß sich schon in eine meditative Stimmung versetzen, um das richtige philosophische Θαυμάζειν aufzubringen.

Alle diese Verrechnungsapparate funktionieren analog unserem rationalen Denken. Egon Brunswik hat sie deshalb als »ratiomorph« bezeichnet, was gut ausdrückt, daß sie der Ratio formal analog, aber keineswegs mit ihr gleichzusetzen sind. Sie alle verlaufen, um dies nochmals zu betonen, nicht nur ohne Beteiligung unseres Bewußtseins, sondern können auch bei aller Anstrengung unseres Willens in keiner Weise bewußt gemacht werden. Dies gilt auch für die Gestaltwahrnehmung und letzten Endes auch für die komplexeste aller Konstanzleistungen, die viele andere, wie auch die besprochenen Funktionen der Farb-, Größen- und Formkonstanz, in sich schließt, nämlich für die sogenannte Dingkonstanz. Diese ist es, die in unserer subjektiven Welt Gegenstände, Objekte, als einheitliche und wiedererkennbare Dinge erscheinen läßt. Alle derartigen Leistungen sind *objektivierend* im buchstäblichen Sinne dieses Wortes, denn sie heben die den realen Objekten anhaftenden Eigenschaften vom Hintergrund der akzidentellen Wahrnehmungsbedingungen ab. Sie vermelden uns weder die unzähligen einzelnen Sinnesdaten, aus denen sie ihre Information beziehen, noch auch den Weg, auf dem sie zu ihren Ergebnissen gelangt sind. Die klassische Gestaltpsychologie stellte den Satz auf: »Die Gestalt ist vor ihren Teilen«, was besagt, daß unserem Ich zuerst das Gesamtresultat zum Bewußtsein kommt; das geringe Maß, in dem manchmal konstituierende Teile der Gesamtmeldung bewußt gemacht werden können, beruht auf einer zeitlich auf die Meldung folgenden Rückfrage. Im physiologischen Geschehen aber sprechen ganz selbstverständlich zuerst die einzelnen peripheren Elemente unserer Sinnesorgane an, und es vergeht Zeit, die für Nervenleitung und Ansprechen der ganzen Kette zentralwärts gelegener Instanzen nötig ist, bis die integrierte Meldung bei unserem Ich eintrifft.

Mein Gleichnis für diesen Vorgang ist ein militärisches, doch zeigt die Art, wie ich mich dauernd in den Dienstgraden irre, daß ich kein Militarist bin: Die Schützen Meier, Müller und Schmidt haben Enteritis, zu deutsch Bauchweh. Sie melden das; der Zugführer meldet dem Hauptfeldwebel, und die »Mutter der Kompanie« kümmert sich bereits um Ursachen und meldet dem Leutnant, die Küche habe schlechtes Fett verwendet. Die Meldung, die der General – ich überspringe jetzt einige Stufen – vom Bataillonskommandeur erhält, besagt nur, daß ein Zahlmeister degradiert wurde, weil er billige Nahrungsmittel gekauft und den Preisunterschied veruntreut habe. Es wäre vollkommen verfehlt, in der aufs wesentliche zurückgeführten Information, die der General erhält, nach den einzelnen, peripheren Meldungen über die Verdauungsbeschwerden der einzelnen Schützen zu fahnden. Sie sind darin als Elemente einfach nicht mehr vorhanden, wiewohl sie die »Induktionsbasis« bilden, aus der die gemeldete Information gewonnen ist.

Genausowenig wie jener General um die erkrankten Soldaten weiß, wissen wir um die Daten, die z. B. unserer Entfernungswahrnehmung zugrunde liegen. Die auf dem Wege sogenannter Efferenzkopien gemeldeten Zusammenziehungen der Konvergenz- und Akkomodationsmuskulatur gelangen auf dem Instanzenweg ebensowenig bis zur Ebene des Bewußten wie die absolute Größe des Netzhautbildes, das ebenfalls in die Verrechnung eingeht. Wenn ich meine Brille hier vor meine Augen halte, bekomme ich nur die Information: »Hier, gerade hier, ist jetzt die Brille.«

Die afferente Nachrichtenübermittlung von den untergeordneten zu den übergeordneten Instanzen muß ganz notwendigerweise so organisiert sein, daß die jeweils niedrigere *mehr* Einzeldaten empfängt, als sie zur nächsthöheren weitergibt. Die Kompetenz jeder Instanz besteht darin, auf eigene »Verantwortung« die bei ihr einlaufenden Meldungen zu sichten, aus ihnen das für den ganzen Organismus Wesentliche herauszuziehen und eine vereinfachte, aber gehaltvollere Meldung weiterzuleiten. Die Organisation der Befehlsübermittlung ist in vieler Hinsicht das Spiegelbild der Afferenz. Wenn ich mich, hier rechts vom Rednerpult stehend, wieder meinen Notizen zuwenden will, gebe ich einfach den Impuls, dies zu tun. Ich gebe nicht etwa detaillierte Befehle, im linken Bein durch Innervation der hüftbeugenden und kniegelenksbeugenden Muskeln den Fuß vom Boden abzuheben, und an das rechte Bein die Anweisung, durch

Kontraktion der außenrotierenden Muskulatur den Körper nach links zu drehen usw. Die Einzelheiten der Ausführung überläßt mein Ich vielmehr getrost peripheren Instanzen. Diese vollbringen ihre Pflicht am besten, wenn man ihnen nicht ins Handwerk pfuscht. Auch hierfür habe ich ein Gleichnis, diesmal kein militärisches. Die Kunst, ein guter Institutsdirektor zu sein, besteht darin, daß man Mitarbeiter findet, von denen jeder in seinem kleineren und spezialisierteren Aufgabenkreis mehr kann als man selbst. Dies muß sogar dann so sein, wenn man dem Betreffenden die Erfüllung jener Aufgaben selbst beigebracht hat. Hier trifft genau das zu, was Mephisto von der Kunst der Hexe sagt: »Der Teufel hat sie's zwar gelehrt, allein der Teufel kann's nicht machen.« Genau dasselbe gilt für das Verhältnis zwischen unserem wollenden, befehlenden Ich und den seine Befehle in die Tat umsetzenden motorischen Instanzen. Nicht nur angeborene, sondern auch mit Bewußtsein und voller Absicht erlernte Bewegungsweisen laufen glatter und besser ab, wenn sich das Ich bei ihrer Ausführung nicht einmischt. Der österreichische Schriftsteller Gustav Meyrinck hat die störende Wirkung des beobachtenden Ichs in einem hochkomischen, satirischen, pseudo-indischen Märchen dargestellt: Der Tausendfuß wandelt in wunderbar kunstvoller Koordination seiner 500 linken und 500 rechten Beine fürbaß, da begegnet ihm die boshaft-tückische Kröte, sieht ihm eine Weile zu und spricht zu ihm: »O Verehrungswürdiger und Vielfüßiger, gestatte, daß ich armes nur Vierfüßiges eine Frage an dich stelle: Wie eigentlich machst du es, daß du immer dann den 357ten linken Fuß hochhebst, wenn der 358te rechte eben niedergesetzt wird, usw.?« Der Tausendfuß bleibt darauf wie angewurzelt stehen und kann keinen Schritt mehr laufen. Ganz Ähnliches kann passieren, wenn z. B. ein klinischer Chef es plötzlich für nötig hält, in gut eingelaufene und glatt ablaufende Funktionen seiner Untergebenen hineinzuregieren.

Die Analogie zwischen dem bewußten Ich und einer aus vielen Menschen aufgebauten Organisation ist viel merkwürdiger als uns zunächst bewußt wird. Sie ist wieder eine jener gar nicht selbstverständlichen Selbstverständlichkeiten, über die uns zu wundern wir allzuleicht vergessen. Sie wirft eine Reihe von Fragen auf, die vielleicht prinzipiell unbeantwortbar, aber dennoch sehr aufregend sind. Warum in aller Welt sind unserem Bewußtsein so enge Grenzen gezogen? Warum muß es sich, ganz wie das Gehirn des Befehlshabers, auf untergeordnete Instanzen verlassen, die ihm von der afferenten Seite her »vorgekaute«, vereinfachende und aufs Wesentliche ausgesiebte Meldungen erstatten? Warum kann es nach der efferenten Seite hin nur sehr allgemein gefaßte, ebenso einfache Befehle ausgeben an untergeordnete Stellen, die in eigener Machtbefugnis die praktischen Einzelheiten ausarbeiten und in die Tat umsetzen? All dies geschieht ja doch in dem *einen* Zentralnervensystem, dem ganzheitlichsten Organ, das wir kennen, und wir wissen, daß in ihm sowohl einfachste wie komplexeste Vorgänge von seelischem Erleben begleitet sein können. Warum also nicht alle auf einmal? Warum ist unser Ich so klein?

Sie haben mich eben die Worte »afferent« und »efferent« gebrauchen hören, »zuleitend« und »hinausleitend«. Zuleitend zu wem oder was? Hinausleitend wovon? Woher das Zugeleitete kommt, wissen wir gut, ebenso, wohin das Hinausleitende führt. Was aber sitzt dazwischen? Sie wissen vielleicht, daß die ältere Nervenphysiologie sich die Vorgänge im Gehirn zentralisiert und in Zentren lokalisiert vorgestellt hat. Man meinte, daß alle einschlägigen Meldungen zu einer bestimmten Stelle hinliefen, die, gewissermaßen wie ein guter Beamter sein umschriebenes Ressort hat, über die einlaufenden Meldungen entscheidet und teils seine eigenen Verfügungen trifft, teils an einen Vorgesetzten Bericht erstattet. In dieser Vorstellung steckt an sich schon etwas von der Annahme einer horizontalen Grenze zwischen dem »noch« Physiologischen und dem »schon« Psychischen. In der Vorstellung von »Zentrum« steckt nämlich etwas von der Annahme, daß in ihm ein Stückchen »Seele« sitzt, das »weiß«, was es zu tun hat, ohne daß dieses Wissen einer ursächlichen Erklärung bedarf. Als gute psycho-physische Parallelisten müssen wir aber fragen, welcher physiologische Apparat dort sitzt, der, um seine Funktion zu erfüllen, eigentlich schon ein ganzer Mensch sein müßte.

Mit dem Fortschreiten unseres nervenphysiologischen Wissens ist von der Zentrenlehre nicht viel übriggeblieben. Echte, lokalisierte Zentren mit Leistungen, wie man sie sich früher vorgestellt hat, gibt es nur für verhältnismäßig einfache Funktionen, wie etwa für die Atmung oder für gewisse Reizerzeugungsvorgänge, wie z. B. für jene, die den Herzschlag hervorrufen. Dennoch hat die Zentrenlehre ihren Wahrheitsgehalt, der zusammenfällt mit demjenigen, der bei kritischer Betrachtung auch dem Glauben an eine »horizontale« Schranke zwischen dem Physiologischen und dem Psychischen zugesprochen werden darf.

Gewiß sind jene nervlichen Strukturen, die ganzheitlichen und auch funktionell einheitlichen Leistungen zugrunde liegen, fast nie an einem Orte vereinigt. Gewiß geht der Instanzenweg, der am Sinnesorgan beginnt und »zentripetal« leitet, in durchaus fließendem Übergang in jenen anderen über, der »zentrifugal« leitet und sein Ende am motorischen oder sekretorischen Erfolgsorgan findet. Gewiß kann man im ganzen Verlaufe dieser Erregungsübermittlung nie sagen: »Hier ist das Zentrum, hier laufen alle Fäden zusammen.« In unserem üblichen Institutsjargon haben sich an die Stelle der Termini »afferent« und »efferent« daher die Ausdrücke »reizstromaufwärts« und »reizstromabwärts« eingebürgert. Immerhin aber ist dieser Reizstrom in gewissem Sinne zentralisiert: Viele Fäden laufen zusammen, vereinigen sich und werden daher, vom Sinnesorgan reizstromabwärts, immer weniger an der Zahl, bis sie sich dann nach der anderen Seite hin wieder verzweigen, vermehren und schließlich in einer Unzahl effektorischer Instanzen enden. Jene Region dieses Systems, in welcher die Nachrichten in den wenigsten leitenden Fäden laufen, jene Stelle also, an der die geleiteten Informationen am gewichtigsten und am wenigsten zahlreich sind, ist nun ohne allen Zweifel diejenige, deren Funktion am stärksten mit subjektivem Erleben Hand in Hand geht. Man kann zwar nicht von Zentren sprechen, wohl aber von einem »zentralsten« Anteil des nervlichen Geschehens. Dieser ist zwar nicht selbst hierarchisch organisiert, und gewisse Formen von Feldtheorie kommen seinem Verständnis wahrscheinlich weit näher als die alte Vorstellung von Zentren; aber als Ganzes verhält er sich zu den peripher gelegenen Instanzen beider Seiten, stromaufwärts wie stromabwärts, durchaus als Zentrum. In diesen am straffsten zusammengefaßten, kabelärmsten Bereichen der Nachrichtenübermittlung sitzt nun unser Erleben und benimmt sich merkwürdig ähnlich wie eine Spinne in ihrem Netz. Wie diese sitzt es nämlich nicht still an einem Punkt, sondern begibt sich jeweils dorthin, wo entweder etwas nicht in Ordnung oder wo etwas zu holen ist. Es kann sich völlig verzweifelt in die enge Höhle des Backenzahnes konzentrieren oder freudig dem Genuß ebenso peripherer Vorgänge hingeben. Wie die Spinne nur acht Beine hat, ihr Netz aber viel mehr Fäden, so kann sich unser Ich unverständlicherweise immer nur einen winzigen Anteil des zentralnervösen Geschehens gleichzeitig vergegenwärtigen. Deshalb *darf* es sich gar nicht mit allzuviel Einzelheiten abgeben, und es liegt die rein spekulative Annahme nahe, die zentralsten Instanzen müßten sich, um ihre Vielseitigkeit und Plastizität zu wahren, vor allzu speziellem Wissen um die Einzelheiten abschirmen. Dies beantwortet natürlich keineswegs die vorher gestellte Frage, warum wir nicht alles gleichzeitig erleben können, warum wir gleich dem vielgeplagten Herrn Direktor in einem uralten jiddischen Wiener Witz ausrufen müssen: »Bin ich a Vogel, daß ich sein kann an zwei Orten zu gleicher Zeit?«

Ich, als Seele in meinem Körper und als Direktor in meiner Abteilung, werde in drei typischen Fällen »beigezogen«: Wenn es eine besonders wichtige Entscheidung gilt, wenn etwas schiefgegangen ist und schließlich, Gott sei Dank, auch wenn etwas besonders Erfreuliches zu vermelden ist. Die Meldung der Unlust »So war's falsch« und die der Lust »So mach's wieder« sind wohl die stärksten verallgemeinernden und gekürzten Informationen, die unser Ich erhält. Die »Fähigkeit zu Lust und Leid«, wie Wilhelm Busch so schön sagt, ist sicherlich die Urform alles Erlebens. Gerade sie möchte ich auch den höheren Tieren zuschreiben, und zwar nicht nur auf Grund jenes Analogieschlusses, der sich auf die Tatsache gründet, daß Lohn und Strafe bei Tieren genauso an- und abdressierend wirken wie beim Menschen. Vielmehr spricht für diese Annahme auch, daß sehr viele höhere Tiere Ausdrucksbewegungen und -laute haben, die nicht etwa eine spezielle Art von lust- oder unlustbetontem Erleben ausdrücken, sondern Lust und Unlust schlechthin. Man sieht einem Hund ohne weiteres an, daß er traurig ist, nicht aber, weshalb er es ist. Bei einer jungen Wildgans ist der Unlustlaut, den wir meist kurz das Weinen nennen und der die Mutter alarmiert, in völlig gleicher Weise zu hören, wenn das Junge die Eltern verloren hat, wenn es hungrig ist, wenn es friert oder wenn es unterkriechen und schlafen will, kurz in allen unangenehmen Situationen, z. B. auch nach dem Flüggewerden bei der erwachsenen, aber noch von den Eltern abhängigen Gans, wenn sie in dem dünnen Eis des Sees eingebrochen ist und nicht wegkann. Daß sie auffliegen könnte, ist eine Lösung, die ihr nicht ohne weiteres einfällt. Ein erheiterndes Erlebnis mit einer sehr zahmen jungen Schneegans brachte mir einst mit zwingender »Du-Evidenz« nahe, daß auch ein solcher Vogel das generalisierende Negativerlebnis der Unlust hat. Die Gans wurde zwecks Erhaltung möglichst großer Anhänglichkeit von mir sehr verwöhnt. Täglich brachte ich ihr, wenn ich zum See ging, eine Handvoll Weizen mit. Einmal war der Weizen ausgegangen, und ich hatte mir zum Ersatz Hafer mitgenommen. Die Gans – sie hieß bezeichnenderweise das Prinzeßchen – kam mir von weitem freudig entgegengeflogen und wollte eben gierig nach den dargebotenen Körnern picken, als sie sah, daß es kein Weizen, sondern nur Hafer war. Da begann sie laut und herzbrechend zu weinen wie ein kleines Kind, dem man die Puppe weggenommen hat. In so einem Fall fühlt man unbedingt, daß ein Tier Erlebnisse hat. Meinem Lehrer Heinroth, dem Großvater der objektivierenden Verhaltensforschung, wurde sehr oft vorgeworfen, daß er das Tier in seinen physiologischen Gedankengängen wie eine Maschine behandle, worauf er zu antworten pflegte: »Im Gegenteil, Tiere sind Gefühlsmenschen mit äußerst wenig Verstand.«

Die wichtigen Entscheidungen, die die Anwesenheit des Direktors erheischen, werden immer dann fällig, wenn zwei verhältnismäßig hohe untere Instanzen verschiedener Meinung sind. Konflikte zwischen subalternsten Stellen werden gelöst, sei es durch Kompromißbildung, sei es dadurch, daß eine davon ihren Willen erhält, ohne daß eine Meldung solchen Geschehens bis zu unserem Ich durchkommt. Ich glaube, es war Henri Bergson, der als erster darauf hinwies, daß instinktive Verhaltensweisen manchmal ohne den zugehörigen Affekt, ja überhaupt ohne seelische Beteiligung ablaufen, solange sich ihnen kein anderes Motiv hindernd in den

Weg stellt. Die Flucht, das Furchtverhalten, ist nicht notwendigerweise mit dem Gefühl und Affekt des Sich-Fürchtens verbunden. Wenn mich beim Überqueren einer Gasse ein rücksichtsloser Autofahrer zu einigen rasanten Fluchtsprüngen zwingt, fürchte ich mich noch lange nicht. Wenn aber etwa in der Mitte der Straße ein kleines Kind hingefallen ist, das ich rasch retten und dabei den heranbrausenden Omnibus näher heranlassen muß, als ich es ohne diesen zweiten, meiner Flucht entgegentretenden Handlungsimpuls täte, *dann* empfinde ich Furcht.

Was ich Ihnen bisher erzählt habe über die Art und Weise, in der mein eigenes Erleben in einem bestimmten Teil des nervlichen Geschehens, an der engsten Stelle des sich verengenden und wieder erweiternden Erregungsstromes, haust, einmal hierhin, einmal dahin kriecht, manchmal bis weit in die Peripherie, bis in die Höhle des Backenzahnes: all das ist gute, deskriptive Wissenschaft wie alle Wiedergabe unvoreingenommener Beobachtung. Da es sich um Selbstbeobachtung handelt, kann ich im Grunde nicht wissen, ob dies alles bei Ihnen allen auch so ist, aber Ihr wiederholtes, beistimmendes Lachen bestärkt mich in dieser, von der Du-Evidenz sowieso axiomatisch diktierten Überzeugung. Auch bestärkt mich die wohlwollende Aufmerksamkeit, mit der Sie mir so lange gefolgt sind, in dem Glauben, daß diese Zusammenhänge nicht nur mir allein so interessant vorkommen. Nur möchte ich nun zum Schluß vermeiden, daß Sie etwa glauben, ich bilde mir ein, durch diese Überlegungen irgendwelche Probleme gelöst zu haben. Es ist nämlich leider das Gegenteil der Fall: Das Rätsel der Beziehung zwischen Leib und Seele wird durch die beschriebenen Tatsachen nur um ein paar Paradoxien bereichert.

Jede einzelne der nervlichen Leistungen, die eine seelische Seite haben kann, kann auch vorkommen, ohne daß ein Erleben sie begleitet. Das Plus und Minus, welches Lohn und Strafe als dressierende Mechanismen bei allen Lernvorgängen vor bestimmte Reizsituationen setzen, kann nicht nur leicht im elektronischen Mechanismus nachgeahmt werden, wie Grey-Walter mit seinen wundervollen Modellen gezeigt hat, es kann auch bei uns Menschen ohne Erlebnis, ohne die Korrelate von Lust und Unlust, funktionieren. Wie die Regeltechniker unter Ihnen wissen, kann man auch jenen anderen so oft mit Erleben einhergehenden Vorgang, das Treffen von Entscheidungen, wie ja überhaupt so ziemlich alle Operationen des menschlichen Geistes, von Maschinen vollziehen lassen. Wir kennen auch diese Leistung des Sich-Entscheidens von untergeordneten Instanzen des Zentralnervensystems, die unserem Bewußtsein nicht zugänglich sind. Wenn z. B. der Apparat unserer Formwahrnehmung Informationen vorgelegt bekommt, die zwei gleich wahrscheinliche Deutungen zulassen, so sagt er unserem Ich nichts von seiner Unsicherheit, sondern er »entschließt«

sich zu einer der beiden möglichen Interpretationen und meldet hartnäkkig nur diese. Beim Betrachten des Schattenbildes von einem rotierenden Gegenstand kann uns unser Verrechnungsapparat nur mit Sicherheit sagen, daß das Ding sich dreht, aber nicht, ob rechtsherum oder linksherum. Dennoch meldet er uns, daß das Bild sich ganz eindeutig in bestimmter Richtung drehe. Auf unsere strenge Rückfrage hin wird der Apparat manchmal unsicher und behauptet plötzlich das Gegenteil von dem, was er vorher sagte, wie ein Schulkind, das die Antwort auf eine Frage falsch geraten hat, und damit springt der gesehene Drehsinn des Schattenbildes plötzlich um. Die perspektivische Zeichnung der Kanten eines etwas schräg im Raum stehenden Würfels kann so aufgefaßt werden, als blicke man auf die obere der annähernd waagerecht liegenden Flächen, aber auch umgekehrt. Manche Menschen sind außerstande, den zuerst auftretenden Eindruck loszuwerden und die zweite Deutung zu sehen, manche können die beiden möglichen Wahrnehmungen willkürlich ineinander umspringen lassen.

Zuwendung und Abkehr können erfolgen, auch ohne daß Lohn oder Strafe subjektiv empfunden werden. Entscheidungen können getroffen, Entschlüsse gefaßt werden, ohne daß mit dem für diese Leistungen verantwortlichen Nervengeschehen ein subjektives Erleben parallelgeht. Warum aber muß dann mein Ich leiden, damit mein Organismus das nächstemal jene Situationen meidet, die seine Regelkreise stören und ihn schädigen? Warum wird unser Erleben jedesmal beigezogen, wenn eine wichtige Entscheidung fällig ist? Warum kann, wo doch ein Teil des nervenphysiologischen Geschehens unbeseelt verläuft, das Ganze dies nicht auch tun? Warum kann umgekehrt, wenn ein Teil der Nervenvorgänge von unserem Ich erlebt wird, nicht auch die Gesamtfunktion des so wohlintegrierten Systems den Inhalt unseres Erlebens bilden? Warum vor allem kann selbst von den grundsätzlich erlebbaren Vorgängen immer nur ein winziger Ausschnitt gleichzeitig in dem engen Lichtkreise unseres Erlebens aufleuchten?

Vielleicht, ja sogar wahrscheinlich ist ein Großteil dieser Fragen prinzipiell unbeantwortbar. Aber selbst wenn sich eine naturwissenschaftliche Antwort auf eine oder die andere von ihnen finden sollte, brächte uns dies der Lösung des Leib-Seele-Problems nicht um Haaresbreite näher. Das Verhältnis zwischen dem physiologischen und dem psychischen Geschehen ist, trotz der unleugbaren Parallelen und Isomorphismen, grundsätzlich alogisch, wie Max Hartmann dies in Anlehnung an Nikolai Hartmann ausgedrückt hat. Viele Verhaltensphysiologen und Nervenphysiologen, die des philosophischen Sich-Wunderns fähig sind, können trotz dieser erkenntnistheoretischen Überzeugung nicht davon lassen, über dieses Problem aller Probleme nachzudenken. Ja sogar die Wahl ihres wissenschaftlichen Forschungsobjektes wird von diesem Interesse maßgebend beeinflußt: Sie befassen sich mit Vorgängen, die jene inkommensurablen beiden Seiten haben, eine physiologisch erforschbare und eine der Selbstbeobachtung zugängliche. Es ist schön und edel, daß der denkende Mensch es nicht fertigbringt, selbst unlösbaren Problemen gegenüber die Hände in den Schoß zu legen. »Den lieb' ich, der Unmögliches begehrt«, sagt Mantho in Goethes Faust, während Mephisto sagt: »Oh, glaube mir, der tausend Jahre an dieser harten Speise kaut, daß von der Wiege bis zur Bahre kein Mensch den alten Sauerteig verdaut!« Ein Ausspruch eines großen deutschen Biologen darf den Zitaten aus dem größten Werk unseres größten Dichters getrost an die Seite gestellt werden. Alfred Kühn hielt vor vielen Jahren vor der Österreichischen Akademie der Wissenschaft einen Vortrag und schloß mit dem Goethewort: »Das höchste Glück menschlichen Denkens ist es, das Erforschliche erforscht zu haben und das Unerforschliche ruhig zu verehren.« Dann stutzte er, wurde unruhig und setzte, mit scharfer Stimme den schon einsetzenden Applaus übertönend, die Worte hinzu: »Nein, nicht ruhig, ruhig nicht, meine Herren.«

Anmerkungen

Vergleichende Bewegungsstudien an Anatinen: Zuerst erschienen in dem ›Journal für Ornithologie‹, 79, 1941 (Sonderheft).

1 Die in der vorliegenden Arbeit verwendeten lateinischen Namen sind durch neuere Nomenklatur-Konferenzen in manchen Fällen überholt. Da ich indessen der neuen Nomenklatur der *Anatinae*, insbesondere der Zusammenfassung fast aller Schwimmenten in die Gattung *Anas*, grundsätzlich nicht zustimme, lasse ich die alte Namengebung unverändert.

2 Zur Erklärung der Gruppennamen:
Anatiden: alle Entenvögel, also Enten *(Anatinae)* und Gänseartigen *(Anserinae)*, zu denen die echten Gänse *(Anserini)*, Schwäne *(Cygnini)* und die Baumenten *(Dendrocygnini)* gehören.

Die Schwimmenten *(Anatini)* gehören mit den Brandentenartigen *(Casarcini)*, Tauchenten *(Aythgini)* u. a. m. zu den *Anatinae.*

3 epigam = in Zusammenhang mit der Paarung.

4 P. Bernhardt, ›Journal für Ornithologie‹, 1940, S. 490.

5 Beobachtungen an Mischlingen von Braut- und Stockenten ergaben inzwischen, daß dieser Laut doch dem Decrescendoruf homolog ist.

Ganzheit und Teil in der tierischen und menschlichen Gemeinschaft: Zuerst erschienen in ›Studium Generale‹, 3/9, 1950.

1 Nach Tinbergen und Kuenen, ›Zeitschrift für Tierpsychologie‹, 3.

2 Nach Tinbergen und Kuenen, ›Zeitschrift für Tierpsychologie‹, 3.

3 Zunächst möchte es scheinen, es sei richtiger, umgekehrt zu sagen, der Auslöser bestehe meist aus auffallenden Struktur- und Farbdifferenzierungen, die durch besondere angeborene Bewegungsweisen zur Wirkung gebracht würden. Indessen zeigt die vergleichende Forschung, daß die Be-

wegungsweise so gut wie immer phyletisch älter ist als die ihre Wirkung unterstützenden morphologischen Merkmale.

Psychologie und Stammesgeschichte: Zuerst erschienen in G. Heberer *Psychologie und Stammesgeschichte*, Jena 2. Aufl. 1954.

1 Wenn mir von humanpsychologischer Seite (so von von Allesch) in vernichtendem Tone vorgeworfen wird, daß ich »keine Humanpsychologie kann«, so stimme ich diesem Urteil gelassen zu. Ich »kann« immer noch ebensoviel Humanpsychologie, wie die erfolgreichsten organischen Chemiker meiner Bekanntschaft Stoffwechselphysiologie »können«.

Gestaltwahrnehmung als Quelle wissenschaftlicher Erkenntnis: Zuerst erschienen in der ›Zeitschrift für experimentelle und angewandte Psychologie‹, 4, 1959.

Phylogenetische Anpassung und adaptive Modifikation des Verhaltens: Zuerst erschienen in der ›Zeitschrift für Tierpsychologie‹, 18/2, 1961.

1 Alle erdenklichen Möglichkeiten, Erfahrungen zu machen, kann man einem Tier natürlich nicht zugleich abschneiden. Wer wissen will, woher ein Vogel seinen Artgesang hat, legt je ein Ei in eine schalldichte Kammer (Sauer 1954, Messmers 1956, Thielckes 1960); um zu erfahren, welche Düfte ein Makrosmat erstmals mit welchen Reaktionen beantwortet, braucht man »duftdichte« Kammern (Dieterlen 1959) usw.

Haben Tiere ein subjektives Erleben?: Zuerst erschienen im ›Jahrbuch der Technischen Hochschule München‹, 1963.

Literaturverzeichnis

Alverdes, F. *Die Wirksamkeit von Archetypen in den Instinkthandlungen der Tiere*, ›Zoologischer Anzeiger‹, 119, 1937

Antonius, O. *Über Herdenbildung und Paarungseigentümlichkeiten der Einhufer*, ›Zeitschrift für Tierpsychologie‹, 1, 1937

Armstrong, E. A. *Bird Display and Behaviour*, London 1947

Aschoff, J. *Tierische Periodik unter dem Einfluß von Zeitgebern*, ›Zeitschrift für Tierpsychologie‹, 15, 1958

– *Zeitliche Strukturen biologischer Vorgänge*, ›Nova Acta Leopoldiana‹, N. F. 21, 1959

Baerends, G. P. *An Introduction to the Study of the Ethology of Cichlid Fishes*, Leiden 1950

– *Fortpflanzungsverhalten und Orientierung der Grabwespe* (Ammophila campestris), ›Tijdschrift voor Entomologie‹, 84, 1941

– *On the Life-History of Ammophila campestris*, ›Jur. Proc. Ned. Acad. Wetensch.‹, Amsterdam 1944

Bally, G. *Vom Ursprung und von den Grenzen der Freiheit. Eine Deutung des Spiels bei Tier und Mensch*, Basel 1945

Baumgarten, E. *Versuch über die menschlichen Gesellschaften und das Gewissen*, ›Studium Generale‹, 10, 1950

Bavelas, A. *Group Size. Interaction and Structural Environment. Group Processes*, Transactions of the Fourth Conference, 1957, The Josiah Macy Jr. Foundation New York

Beach, F. *Analysis of Factors Involved in the Arousal, Maintainance and Manifestation of Sex. Excitement in Male Animals*, ›Psych. Med.‹ 4, 1942

Bierens de Haan, J. A. *Die tierischen Instinkte und ihr Umbau durch Erfahrung*, Leiden 1940

Birch, H. G. *The Relation of Previous Experience to Insightful Problem-Solving*, ›Journal Comparative Psychology‹, 38,1945

Bohr, N. *On Atoms and Human Knowledge*, ›Deadalus‹ (American Academy of Arts and Science), Spring 1958

Bolk, L. *Vergleichende Untersuchungen an einem Fetus eines Gorilla und eines Schimpansen*, ›Zeitschrift für Anatomie‹, 81, 1926

– *Das Problem der Menschwerdung*, Jena 1926

Braemer, W. *Versuche zu der im Richtungssehen der Fische enthaltenen Zeitschätzung*, Verhandlungen der Deutschen Zoologischen Gesellschaft, Münster 1959

Bridgman, P. W. *Remarks on Niels Bohr's Talk*, ›Daedalus‹ (American Academy of Arts and Sciences), Spring 1958

Brunswik, E. *Scope and Aspekts of the Cognitive Problem*, in J. S. Bruner *Contemporary Approaches to Cognition*, Cambridge 1957

Bühler, Ch. *Das Seelenleben des Jugendlichen*, Jena 1922

Bühler, K. *Die geistige Entwicklung des Kindes*, Jena 1922

– Handbuch der Psychologie, I. Teil: *Die Struktur der Wahrnehmungen*, Jena 1922

Buytendijk, F. J. J. *Wege zum Verständnis der Tiere*, Zürich u. Leipzig 1940

Campbell, D. T. *Methodological Suggestions from a Comparative Psychology of Knowledge Processes*, Oslo 1959

Craig, W. *Appetites and Aversions as Constituents of Instincts*, ›Biological Bulletin‹, 34, 1918

Crane, J. *Comparative Biology of Salticid Spiders at Rancho Grande*, Part IV: *An Analysis of Display*, ›Zoologica‹, 34, 1949

Daanje, A. *On Locomotory Movements in Birds and Intention Movements Derived from them*, ›Behaviour‹, 3, 1950

Darwin, C. *Der Ausdruck der Gemütsbewegungen*, Stuttgart 1874

Dieterlen, F. *Das Verhalten des syrischen Goldhamsters*, ›Zeitschrift für Tierpsychologie‹, 16, 1959

Dilger, W. C. *The Comparative Ethology of the African Parrot Genus Agapornis*, ›Zeitschrift für Tierpsychologie‹, 17, 1960

Drees, O. *Untersuchungen über die angeborenen Verhaltensweisen bei Springspinnen*, ›Zeitschrift für Tierpsychologie‹, 9, 1952

Eibl-Eibesfeldt, I. *Beiträge zur Biologie der Haus- und der Ährenmaus nebst einigen Beobachtungen an anderen Nagern*, ›Zeitschrift für Tierpsychologie‹, 7, 1950

– *Beobachtungen zur Fortpflanzungsbiologie und Jugendentwicklung des Eichhörnchens*, ›Zeitschrift für Tierpsychologie‹, 8, 1951

– *Nahrungserwerb und Beuteschema der Erdkröte (Bufo bufo L.)*, ›Behaviour‹, 4, 1951

– *Vergleichende Verhaltensstudien an Anuren: Zur Paarungsbiologie des Laubfrosches*, Hyla arborea L., ›Zeitschrift für Tierpsychologie‹, 9, 1953
– *Angeborenes und Erworbenes im Nestbauverhalten der Wanderratte*, ›Naturwissenschaften‹, 42, 1955
– *The Interactions of Unlearned Behavior Patterns and Learning in Animals*, CIOMS-Symposium on Brain Mechanisms and Learning, Oxford 1961
Faber, A. *Die Lautäußerungen der Orthopteren I*, ›Zeitschrift für Morphologie und Ökologie der Tiere‹, 13, 1929
– *Die Lautäußerungen der Orthopteren II*, ebenda, 26, 1932
Fischer, E. *Die Rassenmerkmale des Menschen als Domestikationserscheinungen*, ›Zeitschrift für Morphologie und Anthropologie‹, 18, 1914
Freud, S. *Vorlesungen zur Einführung in die Psychoanalyse*, Wien 1930
Frisch, K. v. *Erinnerungen eines Biologen*, Berlin 1957
Gadow, H. *Vögel. Bronns Klassen und Ordnungen des Tierreiches*, 6, 4. Abt., Leipzig 1891
Gehlen, A. *Der Mensch, seine Natur und seine Stellung in der Welt*, Berlin 1940
Goethe, F. *Beiträge zur Biologie des Iltis*, ›Zeitschrift für Säugetierkunde‹, 15, 1940
– *Beobachtungen und Untersuchungen zur Biologie der Silbermöwe (Larus a. argentatus Pontopp.) auf der Insel Memmertsand*, ›Jahrbuch für Ornithologie‹, 85, 1937
– *Beobachtungen und Versuche über angeborene Schreckreaktionen junger Auerhühner (Tetrao u. urogallus L.)*, ›Zeitschrift für Tierpsychologie‹, 4, 1940
Grey Walter, W. *The Living Brain*, London 1953
Harlow, H. F., Meyer, D. R., und Harlow, M. K. *Learning Motivated by a Manipulation Drive*, ›Journal for Experimental Psychology‹, 40, 1950
– und McClean, F. G. *Object Discrimination Learned by Monkeys on the Basis of Manipulation Motives*, ›Journal of Comparative Physiology and Psychology‹, 47, 1954
Hasler, A. D. und Schwassmann, H. O. *Sun Orientation of Fish at Different Latitudes*, Cold Spring Harbor Symposia on Quantitative Biology, 1960
Hebb, D. O. *Heredity and Environment in Mammalian Behavior*, ›British Journal of Animal Behaviour‹, 1, 1953
Heberer, G. *Fortschritte in der Erforschung der Phylogenie der Hominoidea*, ›Ergebnisse der Anatomischen Entwicklungsgeschichte‹, 34, 1952

Heinroth, O. *Beiträge zur Biologie, insbesondere Psychologie und Ethologie der Anatiden*, Verhandlungen des internationalen Ornithologenkongresses, Berlin 1910
– *Die Brautente*, ›Journal für Ornithologie‹, 58, 1910
– und Heinroth, M. *Die Vögel Mitteleuropas*, Berlin 1924–1928
– *Über bestimmte Bewegungsweisen der Wirbeltiere*, Sitzungsberichte der Gesellschaft der naturforschenden Freunde, Berlin 1930
Heinz, H. J. *Vergleichende Beobachtungen über die Putzhandlungen bei Dipteren im allgemeinen und bei Sarcophaga carnaria L. im besonderen*, ›Zeitschrift für Tierpsychologie‹, 6, 1949
Hess, E. H. *Space Perception in the Chick*, ›The Scientific American‹, 195, 1956
Hess, W. R. und Brügger, M. *Das subkortikale Zentrum der affektiven Abwehrreaktion*, ›Helvetica Physiologica et Pharmacologica Acta‹, 1, 1943
Hilzheimer, H. *Historisches und Kritisches zu Bolks Problem der Menschwerdung*, ›Anatomischer Anzeiger‹, 62, 1926/27
Hinde, R. A. *Factors Governing the Changes in Strenght of Partially Inborn Response as Shown by the Mobbing Behaviour of the Chaffinch*, ›Proceedings of the Royal Society‹, 142, 1954
– *Changes in Responsiveness to a Constant Stimulus*, ›British Journal of Animal Behaviour‹, 2, 1954
– und Tinbergen, N. *The Comparative Study of Species-Specific Behavior*, Behavior and Evolution, ed. Roe and Simpson, New Haven 1958
Hirsch, J., Lindley, R. H. und Tolman, E. C. *An Experimental Test of an Alleged Innate Sign stimulus*, ›Journal of Comparative Physiology and Psychology‹, 48, 1955
Hoffmann, K. *Die Einrechnung der Sonnenwanderung bei der Richtungsweisung des sonnenlos aufgezogenen Stares*, ›Naturwissenschaften‹, 40, 1952
– *Versuche zu der im Richtungsfinden der Vögel enthaltenen Zeitschätzung*, ›Zeitschrift für Tierpsychologie‹, 11, 1954
Holst, E. von *Über den »Magnet-Effekt« als koordinierendes Prinzip im Rückenmark*, Pflügers Archiv für die gesamte Physiologie, 237, 1936
– *Versuche zur Theorie der relativen Koordination*, ebenda, 237, 1936
– *Vom Dualismus der motorischen und der automatisch-rhythmischen Funktion im Rückenmark und vom Wesen des automatischen Rhythmus*, ebenda, 237, 1936
– *Neue Versuche zur Deutung der relativen Koordination bei Fischen*, ebenda, 240, 1938

– *Entwurf eines Systems der lokomotorischen Periodenbildung bei Fischen, Ein kritischer Beitrag zum Gestaltproblem,* ›Zeitschrift für vergleichende Physiologie‹, 26, 1939
– *Aktive Leistungen menschlicher Gesichtswahrnehmung,* ›Studium Generale‹, 10, 1957
– und Mittelstaedt, H. *Das Reafferenzprinzip,* ›Die Naturwissenschaften‹, 37, 1950
Hull, C. L. *Principles of Behavior,* Appleton-Century, New York 1943
Huxley, J. S. *Man in the Modern World,* New York 1948
Jacobs, W. *Vergleichende Verhaltensstudien an Feldheuschrecken,* ›Zeitschrift für Tierpsychologie‹, 7, 1950
Jander, R. *Die optische Richtungsorientierung der roten Waldameise (Formica rufa L.),* ›Zeitschrift für vergleichende Physiologie‹, 40, 1957
Jennings, H. S. *Das Verhalten der niederen Organismen,* Berlin und Leipzig 1910
Kitzler, G. *Die Paarungsbiologie einiger Eidechsen,* ›Zeitschrift für Tierpsychologie‹, 4, 1942
Klüver, H. *Behavior Mechanisms in Monkeys,* Chicago 1933
Koehler, O. *Vom unbenannten Denken,* Verhandlungen der Deutschen Zoologischen Gesellschaft, Freiburg/Br. 1952
– *Zur Frage nach der Grenze zwischen Mensch und Tier,* ›Freiburger dies universitatis‹, 6, 1958
Kortlandt, A. *De uitdrukkingsbewegingen en geluiden van Phalacrocorax sinensis,* ›Ardea‹, 27, 1938
Krätzig, H. *Untersuchungen zur Lebensweise des Moorschneehuhns (Lagopus l. lagopus L.) während der Jugendentwicklung,* ›Journal für Ornithologie‹, 88, 1940
Kramer, G. *Die Sonnenorientierung der Vögel,* Proceedings IX. International Ornithological Congress, 1955
Kühn, A. *Die Orientierung der Tiere im Raum,* Jena 1919
Kummer, G. *Untersuchungen über die Entwicklung der Schädelform des Menschen und einiger Anthropoiden,* ›Abhandlungen zur exakten Biologie‹, 3, 1953
Kuo, Z, Y. *Ontogeny of Embryonic Behavior in Aves I and II,* ›Journal of Experimental Zoology‹, 61, 1932
Lehrman, D. S. *A Critique of Konrad Lorenz Theory of Instinctive Behavior,* ›Quarterly Review of Biology‹, 28, 1953
Leiner, M. *Ökologische Studien an Gasterosteus aculeatus,* ›Zeitschrift für Morphologie und Ökologie der Tiere‹, 14, 1929 und 16, 1930
Lorenz, K. *Über den Begriff der Instinkthandlung,* Folia Biotheoretica II, 1937

– *Durch Domestikation verursachte Störungen arteigenen Verhaltens,* ›Zeitschr. für angewandte Psychologie und Charakterkunde‹, 59, 1940
– *Die angeborenen Formen möglicher Erfahrung,* ›Zeitschrift für Tierpsychologie‹, 5, 1942
– *Über das Töten von Artgenossen,* Jahrbuch der Max-Planck-Gesellschaft, 1955
Matthaei, R. *Das Gestaltproblem,* München 1929
McDougall, W. *An Outline of Psychology,* 6. Aufl. London 1933
Messmer, E. und I. *Die Entwicklung der Lautäußerungen der Amsel,* ›Zeitschrift für Tierpsychologie‹, 13, 1956
Meyer-Holzapfel, M. *Triebbedingte Ruhezustände als Ziel von Appetenzhandlungen,* ›Naturwissenschaften‹, 28, 1940
Milani, R. *Osservazioni comparative et sperimenti sulle modalità del corteggiamento nelle cinque specie europee del gruppo ›obscura‹,* Istituto Lombardo di Science e Lettere, 84, 1951
Mittelstadt, H. *Prey Capture in Mantids, Recent Advances in Invertebrate Physiology,* University of Oregon Publ., 1957
Nice, M. *Studies of the Life History of the Song Sparrow, II, The Behavior of the Song Sparrow and other Passerines,* Transactions Linnaean Society of New York, 1943
Noble, K. G. und Bradley, H. T. *The Mating Behaviour of the Lizards, It's Bearing on the Theory of Sexual Selections,* ›Annals of the New York Academy of Sciences‹, 25, 1933
Pawlow, I. P. *Conditioned Reflexes: An Investigation of the Activity of the Cerebral Cortex,* Trans. G. V. Anrep., London 1927
Peiper, A. *Die »Instinkte« des Neugeborenen,* ›Zeitschrift für Psychologie‹, 136, 1935
Pelwijk, J. J. und Tinbergen, N. *Eine reizbiologische Analyse einiger Verhaltensweisen von Gasterosteus aculeatus L.,* ›Zeitschrift für Tierpsychologie‹, 1, 1937
Peters, H. *Experimentelle Untersuchungen über die Brutpflege von Haplochromis multicolor, einem maulbrütenden Knochenfisch,* ›Zeitschrift für Tierpsychologie‹, 1, 1937
Planck, Max *Sinn und Grenzen der exakten Wissenschaft,* ›Naturwissenschaften‹, 30, 1942
Poll, M. *Über Vogelmischlinge,* Verhandlungen des 5. Internationalen Ornithologen-Kongresses, Berlin 1910
Porzig, W. *Das Wunder der Sprache,* München-Bern 1950
Prechtl, H. F. R. und Knol, A. R. *Die Fußsohlenreflexe beim neugeborenen Kind,* ›Archiv für Psychiatrie und Zeitschrift für die gesamte Neurologie‹, 196, 1958

Richter, G. P. *Behavioral Regulators of Carbohydrate homeostasis*, ›Acta Neurovegetativa‹, 9, 1954
Riess, B. F. *The Effect of Altered Environment and Age on Motheryoung Relationship among Animals*, ›Annual New York Acad. Science‹, 57, 1954
Rösch, A. G. *Über die Bautätigkeit im Bienenstaat und das Altern der Baubienen*, ›Zeitschrift für vergleichende Physiologie‹, 6, 1927
Russell, W. M. S. und Russell, C. *Human Behaviour in an Evolutionary Setting*, IV. International Congress of Zoology, 9, 1954
Sander, F. *Experimentelle Ergebnisse der Gestaltpsychologie*, Berichte des 10. Kongresses für experimentelle Psychologie, Jena 1928
Sauer, F. *Die Entwicklung der Lautäußerungen vom Ei ab schalldicht gehaltener Dorngrasmücken*, ›Zeitschrift für Tierpsychologie‹, 11, 1954
Schindewolf, H. *Das Problem der Menschwerdung, ein paläontologischer Lösungsversuch*, ›Jahrbuch der preußischen geologischen Landesanstalt‹, 49, 1928
Schroeder, P. *Kindliche Charaktere und ihre Abartigkeiten*, Breslau 1931
Schwassmann, H. O. *Environmental Cues in the Orientation Rhythm of Fish*, Cold Spring Harbor Symposia on Quantitative Biology, 1960
– *Basic Principles of Sun Orientation in Fishes*, ›The Anatomical Record‹, 134, 1959
Seitz, A. *Die Paarbildung bei einigen Cichliden. I. Die Paarbildung bei Astatotilapia strigigena Pfeffer*, ›Zeitschr. für Tierpsychologie‹, 4, 1940
– *II. Die Paarbildung bei Hemichromis bimaculatus Gill*, ›Zeitschrift für Tierpsychologie‹, 5, 1943
– *Vergleichende Verhaltensstudien an Buntbarschen*, ›Zeitschrift für Tierpsychologie‹, 6, 1950
– *Untersuchungen über angeborene Verhaltensweisen bei Caniden*, ›Zeitschrift für Tierpsychologie‹, 7, 1950
Sombart, W. *Vom Menschen, Versuch einer geisteswissenschaftlichen Anthropologie*, Berlin 1938
Spurway, H. *The Causes of Domestication: An Attempt to Integrate some Ideas of Konrad Lorenz with Evolution Theory*, ›Journal of Genetics‹, 53, 1955
Storch, O. *Erbmotorik und Erwerbmotorik*, ›Akademischer Anzeiger der mathematisch-naturwissenschaftlichen Klasse der Österreichischen Akademie der Wissenschaften‹, Wien 1949
Thielcke-Polt, H. und Thielcke, G. *Akustisches Lernen verschieden alter schallisolierter Amseln*, ›Zeitschrift für Tierpsychologie‹, 17, 1960
Thorpe, W. H. *The Modern Concept of Instinctive Behaviour*, ›Bulletin of Animal Behaviour‹, 7, 1948

– *Learning and Instinct in Animals*, London 1956
Tinbergen, N. *Social Releasers and the Experimental Method Required for their Study*, ›The Wilson Bulletin‹, 60, 1948
– *An Objectivistic Study of the Innate Behaviour of Animals*, ›Bibliotheca Biotheoretica‹, 1, 1942
– *Die Übersprungbewegung*, ›Zeitschrift für Tierpsychologie‹, 4, 1940
– *The Study of Instinct*, Oxford 1951
– und van Iersel, J. J. A. *›Displacement Reactions‹ in the Three-Spined Stickleback*, ›Behaviour‹, 1, 1948
– und Kruyt, W. *Über die Orientierung des Bienenwolfes (Philantus triangulum Fabr.), III, Die Bevorzugung bestimmter Wegmarken*, ›Zeitschrift für vergleichende Physiologie‹, 25, 1938
– und Moynihan, M. *Head Flagging in the Black-Headed Gull; its Function and Origin*, ›British Birds‹, 45, 1952
Tolman, E. C. *Purposive Behavior in Animals and Men*, Appleton-Century, New York 1932
Uexküll, J. von *Umwelt und Innenleben der Tiere*, Berlin 1909
Verwey, J. *Die Paarungsbiologie des Fischreihers*, ›Zoologisches Jahrbuch, Abteilung für Allgemeine Zoologie‹, 48, 1930
Watson, J. B. *Psychology as the Behaviorist Views it*, ›Psychological Review‹, 20, 1913
Weidmann, U. *Über den systematischen Wert von Balzhandlungen bei Drosophila*, ›Revue Suisse de Zoologie‹, 54, 1951
Weiss, P. *Autonomus versus reflexogenous Activity of the Central Nervous System*, ›Proceedings of the American Philosophy Society‹, 84, 1941
Whitman, C. O. *Animal Behavior*, Biological Lectures of the Marine Biological Laboratory, Woods Hole (Mass.) 1898
Wormald, H. *The Courtship of the Mallard and other Ducks*, ›British Birds‹, 5, 1910
Ziegler, H. E. *Der Begriff des Instinktes einst und jetzt*, Jena 1920

Personenregister

Die römischen Ziffern hinter den Personennamen bezeichnen den *Band*, in dem der betreffende Name vorkommt; die arabischen Ziffern beziehen sich auf die *Seitenzahl.*

Sachregister

Die römischen Ziffern hinter den Stichworten bezeichnen den *Band*, in dem das betreffende Stichwort vorkommt; die arabischen Ziffern beziehen sich auf die *Seitenzahl*.

Konrad Lorenz

Der Abbau des Menschlichen
294 Seiten. Geb.
(Auch in der Serie Piper 498 lieferbar)

Die acht Todsünden der zivilisierten Menschheit
112 Seiten. Serie Piper 50

Er redete mit dem Vieh, den Vögeln und den Fischen
Tiergeschichten
215 Seiten mit 104 Zeichnungen des Verfassers. Geb.

Das Jahr der Graugans
200 Seiten mit 147 Farbfotos von Sybille und Klaus Kalas. Geb.

Die Rückseite des Spiegels
Versuch einer Naturgeschichte menschlichen Erkennens
353 Seiten. Geb.

So kam der Mensch auf den Hund
187 Seiten mit 110 Zeichnungen des Verfassers. Geb.

Das sogenannte Böse
Zur Naturgeschichte der Aggression
317 Seiten. Geb.

Über tierisches und menschliches Verhalten
Aus dem Werdegang der Verhaltenslehre. Gesammelte Abhandlungen
Bd. I: 412 Seiten mit 5 Abb. Serie Piper 360
Bd. II: 398 Seiten mit 63 Abb. Serie Piper 361

Konrad Lorenz

Das Wirkungsgefüge der Natur und das Schicksal des Menschen

Gesammelte Arbeiten
Herausgegeben und eingeleitet von Irenäus-Eibl-Eibesfeldt.
368 Seiten mit 23 Abb. Serie Piper 309

Die Evolution des Denkens

Herausgegeben von Konrad Lorenz und Franz M. Wuketits.
393 Seiten. Kt.

Konrad Lorenz / Franz Kreuzer
Leben ist Lernen

Von Immanuel Kant zu Konrad Lorenz
Ein Gespräch über das Lebenswerk des Nobelpreisträgers.
103 Seiten mit 1 Abb. Serie Piper 223

Karl R. Popper / Konrad Lorenz
Die Zukunft ist offen

Das Altenberger Gespräch
Mit den Texten des Wiener Popper-Symposiums. Hrsg. von Franz Kreuzer
143 Seiten. Serie Piper 340

Nichts ist schon dagewesen

Konrad Lorenz, seine Lehre und ihre Folgen
Die Texte des Wiener Symposiums, herausgegeben von Franz Kreuzer.
Mit Beiträgen von I. Eibl-Eibesfeldt, A. Festetics, B. Hassenstein, B. Lötsch, K. Lorenz, E. Oeser, R. Riedl, W. Schleidt, S. Sjölander, W. Wickler, F. Wuketits. 251 Seiten. Kt.

Piper 26/3c

PIPER